MAX PERUTZ: ICH HÄTTE SIE SCHON FRÜHER ÄRGERN SOLLEN
Aufsätze über Wissenschaft, Wissenschaftler und die Menschheit

Die Deutsche Bibliothek - CIP-Einheitsaufname

> **Perutz, Max:**
> Ich hätte Sie schon früher ärgern sollen: Aufsätze über Wissenschaft, Wissenschaftler und die Menschheit / Max Perutz. Übers.: Ursula Derx. - Purkersdorf: Hollinek, 1999
> Einheitssacht.: I wish I'd made you angry earlier <dt.>
> ISBN 3-85119-272-9

ISBN 3-85119-272-9

Übersetzt nach der englischen Originalfassung 1998 (Max Perutz: I Wish I'd Made You Angry Earlier – Essays on Science, Scientists, and Humanity, erschienen bei Cold Spring Harbor Laboratory Press, New York; ISBN 0-87969-524-2, Copyright 1998 by Vivien and Robin Perutz).
Übersetzung: Mag. Ursula Derx.

Alle Rechte vorbehalten.
Ohne schriftliche Genehmigung des Verlages dürfen diese Publikation oder Teile daraus nicht in andere Sprachen übersetzt oder in irgendeiner Form mit mechanischen oder elektronischen Mitteln (einschließlich Fotokopie, Tonaufnahme und Mikrokopie) reproduziert oder auf einem Datenträger oder einem Computersystem gespeichert werden.

© 1999 by Verlagsbuchhandlung Brüder Hollinek, A-3002 Purkersdorf
Hersteller: Verlagsbuchhandlung Brüder Hollinek, A-3002 Purkersdorf
Printed in Austria

MAX PERUTZ

Ich hätte Sie schon früher ärgern sollen

Aufsätze über Wissenschaft, Wissenschaftler und die Menschheit

[handwritten dedication:]
Für Christa und Erich
in dem herrlichen Jahr
2001

[signature]

VERLAG BRÜDER HOLLINEK
PURKERSDORF 1999

Graphische Darstellung jenes Hämoglobinmodells, das Max Perutz 1959 der wissenschaftlichen Welt präsentierte – 22 Jahre nachdem er seine Forschungsarbeit an diesem so wichtigen Molekül begonnen hatte. Das Modell entstand aus rein physikalischen Überlegungen, ohne Anhaltspunkte bezüglich der chemischen Beschaffenheit des Moleküls bzw. seines Aussehens. Die unregelmäßigen Blöcke repräsentieren die Elektronendichtemuster auf verschiedenen Ebenen im Hämoglobinmolekül. Das Molekül besteht aus vier Untereinheiten: zwei identischen Alphaketten (*hellen Blöcke*) und zwei identischen Betaketten (*dunklen Blöcke*). Der Buchstabe *N* auf der oberen Abbildung zeigt die Aminoenden der beiden Alphaketten; der Buchstabe *C* zeigt die Karboxyl-Enden. Jede Kette umhüllt eine Hämgruppe (*Scheibe*), die eisenhältige Struktur, die Sauerstoff an das Molekül bindet und das Blut rot färbt. Für dieses Modell wurde dem Autor 1962 der Nobelpreis für Chemie verliehen.

Meinen Kindern Vivien und Robin für die schonungslose Kritik meiner Manuskripte und Robert Silvers, Herausgeber der *New York Review of Books*, für seine wohlwollende Unterstützung

Inhalt

Vorwort VIII
Danksagungen XI

Von Pflugscharen zu Schwertern 1

Menschenfreund oder Menschenfeind? 1
Die Spaltung des Atoms 14
Das Patent auf die Bombe 27
Warum hat Deutschland die Bombe nicht gebaut? 39
Der Bombenkonstrukteur wird zum Dissidenten 46
Die Befreiung Frankreichs 55
Feindlicher Ausländer 62

Über Erfinder und Entdeckungen 93

Ein Hoch auf die Wissenschaft 93
Der andere Pasteur 101
Streit um das Vitamin C 111
Geheimnis aus den Tropen 119
Vergessene Pest 125
Große Flöhe haben kleine Flöhe 138
Gefährliche Druckfehler 141
Tödliches Erbe 145
Darwin hatte doch recht 148
Eine Leidenschaft für Kristalle 155

Photographien 159

Recht und Unrecht 171

Wer gibt uns das Recht, uns auf die Menschenrechte zu berufen? 171
Das Recht der freien Entscheidung 183
Von Schwertern zu Pflugscharen: Ist Nuklearenergie gefährlich? 191

Noch mehr über Entdeckungen 207

Wie Moleküle zusammenhalten 207
Ich hätte Sie schon früher ärgern sollen 215
Wie das Geheimnis des Lebens entdeckt wurde 218
Das zweite Geheimnis des Lebens 227
Wie W. L. Bragg die Röntgenanalyse erfand 247
Der Energiezyklus des Lebens 262
Das Wachstumshormon der Nerven 266
Nerven als Elektrizitätsleiter 269

Mein Buch der Zitate 272

Index 295

Vorwort

Ab und zu besuchen mich mit Fragebögen und Tonbandkassetten bewaffnete ernsthafte Männer und Frauen und wollen wissen, warum das Molekularbiologische Labor in Cambridge (wo ich arbeite) so unglaublich schöpferisch sei. Meistens sind es Sozialwissenschaftler, die in der interdisziplinären Organisation ihren heiligen Gral suchen. Oft bin ich versucht, sie auf das Florenz des 15. Jahrhunderts aufmerksam zu machen, damals eine Stadt mit weniger als 50.000 Einwohnern, die Leonardo, Michelangelo, Raffael, Ghiberti, Brunelleschi, Alberti und viele andere große Künstler hervorbrachte. Ich frage sie, ob sie denn untersucht hätten, ob die damaligen Herrscher von Florenz eine interdisziplinäre Organisation der Maler, Bildhauer, Architekten und Dichter geschaffen hatten, um diese Fülle an großer Kunst entstehen zu lassen. Oder ob sie denn herausgefunden hätten, wie die Stadt Paris im 19. Jahrhundert den Impressionismus geplant hatte, um Renoir, Cézanne, Degas, Monet, Manet, Toulouse-Lautrec und Seurat zu erschaffen? Meine Fragen sind gar nicht so absurd, wie sie im ersten Eindruck erscheinen, denn die Kreativität der Wissenschaft kann genauso wenig organisiert werden wie die der Künste. Kreativität entsteht spontan aus dem Talent des Individuums. Gut geführte Labors können sie fördern, während hierarchische Organisationsformen, starre und bürokratische Regeln mit Bergen an Papier sie verkümmern lassen können. Entdeckungen, wie das Wort schon sagt, können nicht geplant werden; plötzlich sind sie da und schauen aus unerwarteten Ecken, wie Puck im Sommernachtstraum.

In der Vergangenheit verdienten die meisten Wissenschaftler wenig Geld; nur wenige wurden berühmt, noch weniger reich. Einer der Charaktere in der Novelle von Fred Hoyle *The Black Cloud* stellt fest, daß Wissenschaftler sich immer irren und trotzdem immer weitermachen. Was treibt sie an? Oft ist es wie eine Sucht, Rätsel zu lösen, und ein Streben nach Anerkennung in der wissenschaftlichen Welt.

Die Wissenschaft hat die Welt verändert, aber die Wissenschaftler, die diese Veränderungen herbeiführten, haben selten die revolutionären Entwicklungen auf Grund ihrer Forschung vorausgesehen. Oswald Avery hat sich nicht eigens vorgenommen zu entdecken, woraus Gene gemacht sind; Hahn und Meitner haben die Spaltung des Urankerns nicht geplant; Watson und Crick waren überrascht, als sie anhand ihres Atommodels der DNA die Replikation der genetischen Information erkannten; und als Jean Weigle und Werner Arber über die bakterielle Virusinfektion einer Kolibakterie nachdachten, warum ein Stamm infiziert wurde, während ein anderer verschont blieb, konnten sie nicht wissen, daß 40 Jahre später ihre Fragestellung dazu führte, daß das Schaf Dolly geklont werden konnte. Wie Kinder auf Schatzsuche suchen Wissenschaftler und wissen nicht, was sie finden werden.

Nach Paul Ehrlich, dem Vater der Immunologie, brauchen Wissenschaftler vier Gs: Geschick, Geduld, Geld und Glück. Geduld kann oder kann auch nicht Erfolg bringen. Der Astronom Fritz Zwicky baute in Mount Palomar in Kalifornien einen neuen Typus eines Teleskops, um Bilder über eine große Fläche des Himmels einfangen zu können. Er wollte auf diesen Bildern Sternexplosionen suchen, Supernovas, die plötzlich aufleuchten und heller als Millionen Sonnen sein können. In der Zeit zwischen September 1936 und Mai 1937 machte Zwicky 300 Aufnahmen, auf denen er zirka 5000 bis 10.000 Nebel nach neuen Sternen absuchte. Diese Arbeit führte zur Entdeckung einer Supernova, wobei er Zeuge des letzten dramatischen Moments des Todes eines Sterns wurde. Zwicky könnte mit den Worten Ferdinands (beim Holzhacken) aus *Der Sturm* sprechen:

> *Es gibt mühevolle Spiele, und die Arbeit*
> *Versüßt die Lust dran; mancher schnöde Dienst*
> *Wird rühmlich übernommen, und das Ärmste*
> *Führt zu dem reichsten Ziel. Dies niedre Tagewerk*
> *Wär' so beschwerlich als verhaßt mir; doch*
> *Die Herrin, der ich dien', erweckt das Tote*
> *Und macht die Müh'n zu Freuden.*

Die Himmel waren Zwickys Herrin, und meine war Hämoglobin, das Protein der roten Blutkörperchen. Beim Versuch, ihre Struktur zu untersuchen, machte ich mehrere hundert Röntgenaufnahmen von Hämoglobinkristallen, wobei jede Aufnahme zwei Stunden dauerte. Einige dieser Aufnahmen machte ich während des Zweiten Weltkriegs, während ich Nächte im Labor verbrachte, um im Falle eines deutschen Luftangriffs Brandbomben zu löschen. In diesen Nächten stand ich alle zwei Stunden auf, drehte meinen Kristall um ein paar Grade, entwickelte die fertigen Filme und steckte neue Filme in die Kassette. Als alle Photos aufgenommen waren, begann die Arbeit erst richtig. Jedes Bild enthielt Hunderte kleine schwarze Flecken, wobei ich bei jedem Fleck, einem nach dem anderen, die Tiefe der Schwärze mit dem Auge messen mußte. Als die Daten nach sechsjähriger Arbeit endlich komplett erhoben waren, wurden sie von einer Londoner Firma in einen prähistorischen, mechanischen Lochkartencomputer gespeist, der tausende Zahlen als Ergebnis ausspuckte. Diese Zahlen waren noch kein Abbild der Struktur, die ich untersuchen wollte, sondern eine mathematische Abstraktion derselben: die Richtungen und Längen der 25 Millionen Linien zwischen den 5000 Atomen im Hämoglobinmolekül, ausgestrahlt von einer einzigen Quelle. Als ich mir das Resultat ansah, wurde ich ganz begeistert, weil ich zu erkennen glaubte, daß das Molekül einfach aus Bündeln paralleler Atomketten besteht, die in gleichmäßigen Abständen zueinander gereiht sind.

Kurz nach der Veröffentlichung meiner Ergebnisse kam ein Dissertant in mein Labor. Als erste Arbeit erbrachte er den Beweis, daß nur ein kleiner Teil des Hämoglobinmoleküls aus den gebündelten parallelen Ketten besteht, die ich mir zu sehen eingeredet hatte. Die Früchte jahrerlanger harter Arbeit hatten keinen Schlüssel zur tatsächlichen Molekülstruktur gebracht. Es war ein niederschmetterndes Beispiel verschwendeter Arbeit und der Geduld, ein Risiko, das bei wissenschaftlichen Arbeiten immer allgegenwärtig ist. Der Dissertant war Francis Crick, der später für seinen Anteil an der Erkenntnis über die Struktur der DNA berühmt wurde.

Die Artikel unter dem Titel „Von Pflugscharen zu Schwertern", „Über Erfinder und Entdeckungen" und „Recht und Unrecht" sind für die New York und London Review of Books und andere allgemein verständliche Fachzeitschriften geschrieben worden. Die letzten acht Abhandlungen unter dem Titel „Noch mehr über Entdeckungen" wurden für Wissenschaftler geschrieben und könnten für Laien schwerer verständlich sein. Ich schrieb den einen nichtwissenschaftlichen Artikel „Wer gibt uns das Recht, uns auf die Menschenrechte zu berufen", als ich eine Rede halten mußte.

Der Wissenschaftler hat kein ruhiges Leben. Dieses Buch enthält Detektivgeschichten, Erzählungen über Streit und Kampf, eine Liebesaffäre einer Frau mit Kristallen, eines Mannes schauerliche Faszination für Giftgas, Krebsheilmittel als altersschwache Illusionen von Nobelpreisträgern, einen Angriff auf soziale Relativisten, die enttäuschende Heimkehr eines Kriegshelden, aus dem ein Nobelpreisträger wurde, Phantome, die uns angeblich vergiften, und wirkliche, von stillen Helden besiegte Gefahren. Peter Medawar predigte, daß Wissenschaft immer ein leidenschaftliches Unterfangen und die Suche nach naturwissenschaftlichen Erkenntnissen ein Sprung ins Ungewisse ist. Sollte mein Buch den Leser davon überzeugen, so hat es seinen Zweck erfüllt.

Beim Bücherlesen notiere ich mir oft weise Aussprüche, die mir gefallen. Ich sammle die Zitate in einem 'Buch der Gemeinplätze', ein Name, der aus der Antike stammt, als griechische und römische Redner Metaphern sammelten, um sie auf öffentlichen („gemeinen") Plätzen für ihre Reden zu verwenden. Im 17. Jahrhundert führte Milton in seiner Schulzeit auf der Suche nach Wahrheit in Moral, Politik und Wirtschaft ein Buch der Gemeinplätze, um damit England, der Menschheit und Gott zu dienen. Ich hege meine Zweifel, daß meine Ziele bei der Sammlung der Sprüche so hehr waren, jedoch wurden viele davon meine Leitmotive. Ich entschloß mich, diese Spruchsammlung den Aufsätzen als Anhang beizufügen, in der Hoffnung, daß einige davon auch andere freuen werden.

Der große Klavierbegleiter Gerald Moore titelte seine Autobiographie „Bin ich zu laut?" Als ich einige meiner Artikel nochmals durchlas, wollte ich dieses Buch „Bin ich zu lang?" nennen. Bin ich nicht wie ein Vater, der seinen kleinen Sohn in den Tiergarten führt? Fragt der kleine Bub, warum die Giraffe so einen langen Hals hat, erklärt es ihm der Vater so lang, bis er merkt, daß der Bub gar nicht mehr zuhört. Der Vater sagt: „Aber Bub, du hörst ja gar nicht zu!" Darauf antwortet der Bub: „Nein Vater, ich will das alles gar nicht wissen." Sollten Sie, lieber Leser oder liebe Leserin, das alles gar nicht wissen wollen, überspringen Sie's und lesen Sie einfach beim nächsten Aufsatz weiter!

Danksagungen

Mein Dank gilt folgenden Verlagen für die Druckerlaubnis der Artikel, die ursprünglich in leicht abgeänderter Form veröffentlicht worden waren:

„Menschenfreund oder Menschenfeind?" wurde ursprünglich unter dem Titel „The Cabinet of Dr. Haber" veröffentlicht (20. Juni 1996. *The New York Review of Books* [Copyright Nyrev, Inc.]).

„Die Spaltung des Atoms" wurde ursprünglich unter dem Titel „A Passion for Science" veröffentlicht (20. Februar 1997. *The New York Review of Books* [Copyright Nyrev, Inc.]).

„Das Patent auf die Bombe" wurde ursprünglich unter dem Titel „An Intellectual Bumblebee" veröffentlicht (7. Oktober 1993. *The New York Review of Books* [Copyright Nyrev, Inc.]).

„Warum hat Deutschland die Bombe nicht gebaut?" wurde ursprünglich unter dem Titel „War on Heisenberg" veröffentlicht (18. November 1993. *London Review of Books*).

„Der Bombenkonstrukteur wird zum Dissidenten" wurde ursprünglich unter dem Titel „Patriotic Work" veröffentlicht (27. September 1990. *London Review of Books*).

„Die Befreiung Frankreichs" wurde ursprünglich unter dem Titel „Portrait of the Scientist as a Young Man" veröffentlicht (12. Mai 1988. *The New York Review of Books* [Copyright Nyrev, Inc.]).

„Ein Hoch auf die Wissenschaft" wurde ursprünglich unter dem Titel „High On Science" veröffentlicht (16. August 1990. *The New York Review of Books* [Copyright Nyrev., Inc.]).

„Der andere Pasteur" wurde ursprünglich unter dem Titel „The Pioneer Defended" veröffentlicht (21. Dezember 1995. *The New York Review of Books* [Copyright Nyrev, Inc.]).

„Streit um das Vitamin C" und „Das Wachstumshormon der Nerven" wurden ursprünglich unter dem Titel „Two Roads to Stockholm" veröffentlicht (13. Oktober 1988. *The New York Review of Books* [Copyright Nyrev, Inc.]).

„Geheimnis aus den Tropen" wurde ursprünglich unter dem Titel „A Mystery of the Tropics" veröffentlicht (16. Januar 1992. *The New York Review of Books* [Copyright Nyrev, Inc.]).

„Vergessene Pest" wurde ursprünglich unter dem Titel „The White Plague" veröffentlicht (26. Mai 1994. *The New York Review of Books* [Copyright Nyrev, Inc.]).

„Wie Moleküle zusammenhalten" wurde ursprünglich unter dem Titel „Linus Pauling 1901-1994. Obituary" veröffentlicht (1994. *Nature Structural Biology* 1: 667-671).

„Ich hätte Sie schon früher ärgern sollen" wurde ursprünglich unter dem Titel „I Wish I'd Made You Angry Earlier" veröffentlicht (23. Februar 1987. *The Scientist*).

„Große Flöhe haben kleine Flöhe" wurde ursprünglich unter dem Titel „Founder of Phage Genetics" veröffentlicht (1968. *Nature* 320: 639-640 [Copyright MacMillan Magazines Limited]).

„Wie das Geheimnis des Lebens entdeckt wurde" wurde ursprünglich unter dem Titel „Co-chairman's Remarks: Before the Double Helix" veröffentlicht (1993. *Gene* 135: 9-13 [Copyright Elsevier Science]).

„Gefährliche Druckfehler" wurde ursprünglich unter dem Titel „Dangerous Misprints" veröffentlicht (26. September 1991. *London Review of Books*).

„Tödliches Erbe" wurde ursprünglich unter dem Titel „A Deadly Inheritance and a Will of Iron" veröffentlicht (6. Oktober 1995. *The Times Higher Education Supplement*).

„Darwin hatte doch Recht" wurde ursprünglich unter dem Titel „A New View of Darwinism" veröffentlicht (2. Oktober 1986. *New Scientist* 36-38).

„Eine Leidenschaft für Kristalle" wurde ursprünglich unter dem Titel „Professor Dorothy Hodgkin" veröffentlicht (1. August 1994. *The Independent*, Obituaries) (NYR).

„Wer gibt uns das Recht, uns auf die Menschenrechte zu berufen?" wurde ursprünglich unter dem Titel „By What Right Do We Invoke Human Rights?" veröffentlicht (1996. *Proceedings of the American Philosophical Society.* 140: 135-147).

„Das Recht der freien Entscheidung" wurde ursprünglich unter dem Titel „The Right to Choose" veröffentlicht (8. Oktober 1992. *The New York Review of Books* [Copyright Nyrev, Inc.]).

„Von Schwertern zu Pflugscharen: Ist Nuklearenergie gefährlich?" wurde ursprünglich unter dem Titel „Is Britain Befouled?" veröffentlicht (23. November 1989. *The New York Review of Books* [Copyright Nyrev, Inc.]).

„Das zweite Geheimnis des Lebens" wurde ursprünglich unter dem Titel „Hemoglobin Structure and Respiratory Transport" veröffentlicht (1978. *Scientific America* 239: 92-125). Die Illustration der Vorderseite wurde diesem Artikel entnommen.

„Wie W. L. Bragg die Röntgenanalyse erfand" wurde ursprünglich unter dem Titel „How W. L. Bragg Invented X-ray Analysis" veröffentlicht (2. Februar 1990. *International Union of Crystallography*).

„Der Energiezyklus des Lebens" wurde ursprünglich unter dem Titel „A Cycle Ride to Stockholm" veröffentlicht (1982. *Nature* 296: 512-514 [Copyright MacMillan Magazines Limited]).

„Nerven als Elektrizitätsleiter" wurde ursprünglich unter dem Titel „Of Squids and Radar" veröffentlicht (1992. *Nature* 320: 639-640 [Copyright MacMillan Magazines Limited]).

Von Pflugscharen zu Schwertern

*Menschenfreund oder Menschenfeind?**

> „As far as science is concerned, there is no doubt whatsoever in my mind that to look upon it as a means of increasing one's power is a sin against the Holy Ghost."
> Karl Popper, *The Moral Responsibility of the Scientist*

> Fritz Haber: *It was never, ever my intention, to engineer more deaths by my invention.*
>
> Clara Haber: *Your process led to death and devastation.*
>
> Fritz Haber: *It saved the world that hurtled to starvation.*

Diese Zeilen aus dem Stück *Square Rounds* von Tony Harrison zeigen die Spaltung der Persönlichkeit von Fritz Haber und seiner wissenschaftlichen Laufbahn. Er war ein deutscher Chemiker, 1868 geboren, und war berühmt für seine erstmalige Synthese von Ammoniak aus dem Stickstoff der Luft; dadurch wurde die Synthese des Stickstoffdüngers möglich, die die Agrarproduktion der ganzen Welt dramatisch erhöhte. Er erwarb auch den zweifelhaften Ruhm, im ersten Weltkrieg Giftgas eingeführt zu haben.

Haber überragte sich selbst. Auf Photos sieht man ihn steif aufgerichtet, korrekt gekleidet mit Kneifer und gestärktem Kragen, wie er über seiner versammelten Mannschaft im Labor thront – ein Geheimrat par excellence. Im April 1933 wurde Haber als gebürtiger Jude von den Nazis aller offizieller Posten enthoben und teilte später einem Freund seine Gefühle mit: „Ich bin von ganzem Herzen ein Deutscher, immer gewesen, und jetzt erst fühle ich es besonders stark." Chaim Weizmann gegenüber beschrieb er sich als einer der mächtigsten Männer Deutschlands:

> Ich war mehr als ein großer Heeresführer, mehr als ein Industriekapitän. Ich war der Begründer großer Industrien. Meine Arbeit ebnete Deutschland den Weg zu einer großartigen industriellen und militärischen Expansion. Alle Türen standen für mich offen.

Auch in der Biographie von Dietrich Stolzenberg wird Haber als fanatischer Anhänger des glorreichen deutschen Reichs Bismarcks und des deutschen Kaisers dargestellt, ein Fanatismus, der für die heutige Generation schwer verständlich ist. Selbst nachdem Deutschland zur Republik geworden war, besuchte er den Kaiser im holländischen Exil. Er war ein Mann mit brilliantem Intellekt, mit weitreichenden Kenntnissen, großem Ehrgeiz, jedoch geprägt von einem Mangel an Menschlichkeit. Sein Vater, ein angesehener Geschäftsmann, handelte mit Farben und Pharmazeutika und hielt sich mehr an die preußische Tugenden, wie harte Arbeit,

---

*) Zu den Büchern *Fritz Haber, Chemiker, Nobelpreisträger, Deutscher, Jude. Eine Biographie* von Dietrich Stolzenberg (VHCH, Weinheim und New York) und *Der Fall Clara Immerwahr: Leben für eine humane Wissenschaft* von Gerit von Leitner (C. H. Beck, München).

Pflichterfüllung, Ordnung und Disziplin, als um die jüdischen Bräuche. Er zwang Fritz, in sein blühendes und gut geführtes Geschäft einzusteigen, aber sein Sohn verursachte schon bald durch unüberlegte Transaktionen einen schweren Verlust und durfte seinen eigenen Weg gehen. Er wählte die – in damaligen Augen – schlecht bezahlte akademische Laufbahn in der chemischen Wissenschaft. Sein Vater hätte es sich wohl nicht träumen lassen, daß Gäste von Fritz Haber eines Tages in dessen Berliner Residenz von goldenen Tellern dinieren würden.

Haber hatte sich bereits in der Schule für Chemie begeistert. Wie damals in Deutschland üblich, studierte er gleich an einer Reihe von Universitäten und landete schließlich an der Technischen Universität Karlsruhe. Da er wohl wußte, daß für Nichtchristen ein akademischer Berufsweg ausgeschlossen war, ließ er sich nach Lutheranischem Glauben taufen.

Zur Jahrhundertwende war es für jemanden ohne unabhängiges Einkommen schwer, eine akademische Laufbahn zu verfolgen, da Assistenten- und Lehrposten ehrenhalber angenommen wurden und allein mit den Studiengebühren der Studenten, die die jeweiligen Vorlesungen besuchten, bezahlt wurden. Nur Universitätsprofessoren erhielten ein angemessenes Gehalt. Seine Armut trieb Haber, durch Patente und Bücher Geld zu verdienen und Aufträge aus der Privatwirtschaft anzunehmen. Wie ein Besessener arbeitete er, immer mit dem Ziel vor Augen, an die Spitze zu gelangen. Als er eine heiß ersehnte Professur für physikalische Chemie dann doch nicht bekam, erteilte ihm der Altvater der Chemie Wilhelm Ostwald den Rat: „Errungenschaften, die das normale Maß übertreffen, fordern instinktiv die Opposition der Kollegen heraus."

Im Jahre 1901 heiratete Haber Clara Immerwahr, dreißig Jahre alt, Tochter einer angesehenen jüdischen Familie aus Breslau, die er bereits als Teenager gekannt hatte. In ihrer Biographie von Clara beschreibt Gerit von Leitner sie als ebenso ehrgeizig und entschlossen wie Fritz, hatte sie doch vehement gegen Vorurteile und Widerstände ankämpfen müssen, um als Frau die erste Doktorin der Naturwissenschaften an der Universität Breslau zu werden. Sie war gar nicht erfreut, als Haber bereits kurz nach der Geburt ihres ersten Sohnes Hermann zu einer dreimonatigen Amerikareise aufbrach.

Im Jahre 1908 wurde Haber bereits im Alter von nur vierzig Jahren ordentlicher Professor für physikalische Chemie in Karlsruhe. Ein Zeitgenosse beschreibt ihn als impulsiven, temperamentvollen, reaktionsschnellen und wortgewandten Vortragenden, der sich praktisch für jedes Thema engagieren konnte. Clara jedoch beschwerte sich in einem von Leitner zitierten Brief an eine Freundin über ihres Mannes Behandlung:

> Alles, was Fritz in diesen acht Jahren erreicht hat, habe ich verloren, und was von mir übrig ist, erfüllt mich mit tiefer Unzufriedenheit. Ich dachte immer, daß es nur wert sei zu leben, wenn man alle seine Fähigkeiten voll entwickelt und alles erlebt, was das Leben zu bieten hat. Deshalb wollte ich heiraten, denn sonst würde ja ein Teil meiner Seele unberührt bleiben.
>
> Meine Hochstimmung hielt nur kurz an ... denn Fritz war zu Hause und in der Ehe dermaßen dominant, daß ich, wenn ich mich nicht noch rücksichtsloser in den Vordergrund stellte, verkümmerte. ... Ich frage mich, ob höhere Intelligenz

einen Menschen wertvoller als andere macht, und ob nicht vieles von mir, das zum Teufel ging, weil es ein falscher Mann im Keim erstickte, nicht viel wertvoller ist als die wichtigste elektronische Theorie.

Will man sich in der Wissenschaft einen Namen machen, versuchen man, etwas zu machen, das noch niemand gelang. Im Jahre 1784 entdeckte der französische Chemiker C. L. Berthelot, daß Ammoniak aus einem Atom Stickstoff und aus drei Atomen Wasserstoff besteht. In den nächsten 125 Jahren versuchten viele Chemiker vergeblich, aus diesen beiden Gasen Ammoniak herzustellen, hauptsächlich deshalb vergeblich, weil sie die Gesetze chemischer Reaktionen noch nicht genug kannten. Haber war als ausgezeichneter Theoretiker und talentierter Versuchspraktiker überzeugt, dieses Problem lösen zu können, zuerst ohne jeden Hintergedanken einer praktischen Anwendung.[1] Er selbst und sein junger englischer Mitarbeiter Robert Le Rossignol führten eine genaue Untersuchung durch, welche Temperaturbereiche und Druckverhältnisse zur Verbindung von freien Stickstoff- und Wasserstoffgasen notwendig sind, um eine größere Menge Ammoniak als die winzigen bisher produzierten Mengen zu synthetisieren.

Das Ergebnis dieser Untersuchung war die Erkenntnis, daß auf die beiden Gase ein über zweihundertfacher Druck als der der Atmosphäre auf Meeresniveau bei einer Temperatur von 200 °C ausgeübt werden muß – extreme Bedingungen, die noch nie in einem Labor hergestellt worden waren. Selbst unter diesen Bedingungen bildete sich das Ammoniak nur sehr langsam. Zur Beschleunigung der Reaktion war ein Katalysator vonnöten, in diesem Fall ein Metall, auf dessen Oberfläche sich Wasserstoff und Stickstoff rascher verbinden würden. Haber und Le Rossignol versuchten es mit einem Metall nach dem anderen, bis schließlich das seltene Metall Osmium die Reaktion spektakulär beschleunigte. Stolz führten sie am 2. Juli 1909 vor den Direktoren der Badischen Anilin- und Soda-Fabriken, dem damals größten chemischen Unternehmen Deutschlands, ein Experiment vor, im Zuge dessen ungefähr 70 Tropfen Ammoniak pro Minute produziert wurden.

Salpeterminen in Chile waren damals die Hauptquellen für natürlichen Stickstoffdünger. Ihr Ertrag war jedoch begrenzt und – laut entsprechenden Hochrechnungen – bis um das Jahr 1940 bereits erschöpft. Ein Nitrat wurde auch aus Kohlengas hergestellt. Diese Art der Gewinnung konnte jedoch nicht annähernd den Bedarf erfüllen. Andererseits stand doch Stickstoff in der Luft in praktisch unbegrenztem Ausmaß zur Verfügung, Wasserstoff gab es reichlich in Kohlengas, und die Verbindung der beiden – Ammoniak – könnte entweder in Verbindung mit Schwefelsäure oder durch die Erzeugung von Nitraten mittels Oxidation als Dünger Verwendung finden.

Habers Demonstration überzeugte die Direktoren der Badischen Werke, und sie stellten ihre beiden besten Chemiker, Carl Bosch und Alwin Mittasch, mit hundert Prozent ihrer Zeit und unbegrenzten Mitteln für die Entwicklung eines Prozesses zur industriellen Produktion an. Badische Anilin erwarb das Vorkaufsrecht für sämtliche Osmiumvorkommen auf der Welt (110 Kilogramm), Mittasch führte jedoch auch 10.000 Testversuche einer Ammoniaksynthese mit 4000 anderen Katalysatoren durch. Schließlich entschied er sich für ein Gemisch aus dem reichlich vorhandenen und billigen Eisen mit kleinen Mengen Oxiden aus Aluminium, Kalzium und Kalium. Am 9. September 1913 starteten Bosch und Mittasch die erste

Produktionseinheit mit einem täglichen Ertrag von drei bis fünf Tonnen Ammoniak, einer tausendfachen Menge der von Haber und Le Rossignol im Testversuch erzeugten Menge. Zur heutigen Zeit wird auf der Welt hunderttausend Mal so viel Ammoniak für Dünger hergestellt; noch immer wird dafür mit uneingeschränkter Effizienz und Dauerhaftigkeit der Eisenkatalysator von Mittasch verwendet.

Haber erhielt großzügige Tantiemen und im Jahre 1918 den Nobelpreis für Chemie; Carl Bosch erhielt den Nobelpreis 1931 für die Entwicklung einer vollkommen neuen Technologie zur Produktion von Ammoniak unter Hochdruck, obwohl am 21. September 1921 bei einer Explosion eines Ammoniakwerkes in Oppau am Rhein 561 Menschen getötet und 7000 Menschen obdachlos wurden (Stoltzenberg erwähnt diesen ungeheuerlichen Unfall nicht).[2] Ungerechterweise ging Mittasch leer aus.

Haber hätte nach diesen großen Erfolgen sein Leben leicht nehmen können, aber das widersprach seiner rastlosen Natur. Auch wurde er in Kontroversen hinsichtlich seiner Entdeckungen verwickelt. Seine Patente wurden sofort von einer österreichischen Firma angefochten, die die Möglichkeit einer Ammoniaksynthese aus seinen Elementen vorgeschlagen und erste Experimente finanziert hatte. Auch andere Firmen hielten seine Patente für eine Goldmine und fochten sie an. Im Verlauf dieser Patentstreitigkeiten verfolgte Haber nicht mehr seine rein wissenschaftlichen Interessen, sondern nutzte neue Möglichkeiten.

Im Jahre 1910 gründete der Deutsche Kaiser die Kaiser-Wilhelm-Gesellschaft zur Förderung der Wissenschaft, eine halbstaatliche Einrichtung zur Unterstützung der Naturwissenschaften, die für die deutsche Wissenschaft und Schule von hohem Nutzen werden sollte. Diese Gesellschaft wurde von Leopold Koppel, einem geachteten jüdischen Bankier, unterstützt, der ebenso Geld für ein Institut für Physikalische Chemie in Berlin unter der Leitung von Fritz Haber finanzieren wollte. Haber stellte die Bedingung einer Professur an der Universität Berlin, der Mitgliedschaft in der Preussischen Akademie der Wissenschaften sowie eines Jahresgehalts von 15.000 Mark (entspricht heute ungefähr $ 85.000). Diese hohen Ansprüche wurden erfüllt, und Haber nahm den Posten an. Gemeinsam mit Max Planck und Walter Nernst, den führenden Berliner Physikern, überredete er nicht nur Albert Einstein, Zürich zu verlassen und nach Berlin zu übersiedeln, sondern zog auch viele ausgezeichnete junge Wissenschaftler an, die an seinem neuen Institut arbeiten wollten. Die Kaiser-Wilhelm-Gesellschaft errichtete auch ein zweites großes Institut für den größten deutschen Chemiker Emil Fischer, der den Nobelpreis, zum Teil für seine Arbeiten an Struktur und Synthese des Zuckers, im Jahre 1902 erhielt.

Im Oktober 1912 eröffnete Wilhelm II persönlich die beiden Institute. Zwei der Mitglieder, Otto Hahn und seine Mitarbeiterin Lise Meitner, die später auf Grund ihrer Entdeckung der Kernspaltung berühmt wurden, schlugen vor, den Kaiser in ihre Dunkelkammer mitzunehmen, um ihm die funkelnden Alphastrahlen des Radiums auf einem Leuchtschirm vorzuführen. Der Adjutant lehnte ab, denn Wilhelm könnte sich in der Dunkelheit fürchten.[3] (Währenddessen mußten die Frauen der Wissenschaftler zur korrekten Einstudierung des Hofknickses einen Gymnastiklehrer engagieren.)

Nitrate sind ein Hauptbestandteil von Sprengstoff. Als im August 1914 der Krieg ausbrach, verhinderten britische Blockaden den Salpeternachschub aus Chile nach Deutschland. Salpeter war die Hauptquelle für Nitrate. Nach der Invasion Belgiens eroberten die Deutschen im Hafen Antwerpens 20.000 Tonnen Salpeter. Trotzdem wären ohne Habers Ammoniaksynthese die deutschen Nitratbestände rasch erschöpft gewesen, und die Deutschen hätten sich geschlagen geben müssen. Haber meldete sich freiwillig zum Heer, dem er bereits in seiner Jugend gedient hatte, wurde jedoch auf Grund seines Alters abgewiesen. Vielmehr wurde er zum Leiter der Chemieabteilung des Kriegsministeriums bestellt. Er nahm im Dezember 1914 an Versuchen mit Tränengaspatronen teil, deren Wirksamkeit er wegen der zu großen Streuung des Gases als zu gering einstufte.

Laut seinem Assistenten Fritz Epstein schlug Haber daraufhin vor, eine größere Wirkung mittels Chlorgas zu erreichen.[4] Chlor ist ein grünlich-gelbes Gas, ist schwerer als Luft und verursacht heftiges Husten und Beeinträchtigungen der Sehkraft. Bei fortgesetzter Inhalation werden Augen, Mund, Nase, Hals und Lungen bis zum Erstickungstod vehement angegriffen. Nach Habers Vorschlag würde der Wind das Gas den Feinden zutreiben, wo es in die Schützengräben einfallen und die Soldaten aus der Deckung ins offene Schußfeld heraustreiben würde. Die Idee wurde vom Chef des Generalstabs Erich von Falkenhayn positiv aufgenommen. Da war aber noch diese unangenehme Sache mit den Den Haager Kriegskonventionen von 1899 und 1907, die Deutschland unterschrieben und ratifiziert hatte. Die erste Konvention lautete: „Die teilnehmenden Mächte verpflichten sich, keine Projektile zum alleinigen Zwecke der Verbreitung von Erstickungsgasen oder sonstigen abträglichen Gasen einzusetzen." Die zweite Konvention sprach auch ein Verbot gegen die Verwendung von Giften und Giftwaffen im Kriegsfall aus.

Falkenhayn fand, daß zwischen mit Giftgas gefüllten Projektilen und Gasen, die aus stationären Zylindern mit dem Wind dem Feind zugetrieben werden, zu unterscheiden sei, da letzteres in den Kriegskonventionen nicht erwähnt wird. Er setzte Haber zum Leiter der Herstellung geeigneter Zylinder ein und beförderte ihn vom Unteroffizier der Reserve zum Hauptmann. Habers Sohn Ludwig schreibt in seinem Lehrbuch über die Geschichte der Giftgase *The Poisoned Cloud*: „Mit Haber fand [das Oberkommando] einen brillanten Kopf und einen ungeheuer tatkräftigen Organisator, der zielgerichtet und vielleicht sogar skrupellos agierte."[5] Stoltzenberg bestätigt, daß Haber zweifellos der Initiator der Kriegsführung mit chemischen Waffen war.

Haber war von seiner Aufgabe besessen. Er arbeitete bis zur Erschöpfung, um die Erzeugung von hunderten Tonnen Chlorgas und tausenden Gaszylindern zu organisieren; er schulte Spezialtruppen zu Testzwecken ein; ja er überwachte ohne Rücksicht auf seine eigene Gefahr deren Einsatz an der Front.

Er stellte sogar seine eigenen jungen Mitarbeiter und viele andere Chemiker für diese Aufgabe an. Als Otto Hahn Einspruch erhob, seine Arbeit verstoße gegen internationales Recht, führte Haber an, daß die Franzosen 1914 mit der Verwendung von Tränengaspatronen in Gewehren als erste dagegen verstoßen hätten. Dies war nach Stoltzenberg und Ludwig Haber nicht wahr. Stoltzenberg schreibt: „Liest man die Berichte über Habers Tätigkeiten und Verhalten in dieser Zeit, hat man den

Eindruck, er sei von einer sich selbst gestellten Aufgabe besessen gewesen." Sein grenzenloser Ehrgeiz machte ihn entschlossen, den Krieg allein zu gewinnen. Er plante, das Chlorgas den Alliierten über eine fünfundzwanzig Kilometer breite Front vom Wind zutragen zu lassen, um die feindlichen Soldaten zu töten oder in die Flucht zu treiben. Massive deutsche Infanterie sollte nachfolgen und die alliierten Fronten durchbrechen. Er riet dem Oberkommando, das Gas nur einzusetzen, wenn der Sieg damit sichergestellt sei, und er drängte auf die Verwendung einer Art Gasmaske zum Schutz der deutschen Truppen.

Als das deutsche Oberkommando die Divisionskommandanten der verschiedenen Sektionen an der Front zur Zusammenarbeit bei einem derartigen Angriff aufforderte, lehnten alle außer Herzog Albrecht von Württemberg ab. Seine Truppen waren dreißig Kilometer von der belgischen Küste bei Ypres in hitzigem Gefecht. Dort installierten Habers Spezialtruppen an einer sieben Kilometer langen Front in den deutschen Schützengräben 5730 Zylinder mit 150 Tonnen Chlorgas. Es sollte dem Feind vom Ostwind zugetragen werden, aber Ostwind gab es durchschnittlich nur an einem von drei Tagen. Außerdem waren die Windverhältnisse nahe der See unverläßlich. Ludwig Haber schreibt:

> Da stand Haber nun, ein Akademiker in Uniform, dickbäuchig, selten ohne Zigarre, Hände in den Taschen und umgeben von jungen Gehilfen, respektvoll, geschäftig und unkonventionell in Kleidung und Gebahren.

Alle Kriegsdokumente sprechen ehrerbietig vom „Geheimrat Haber". Er überredete Otto Hahn, der ein Artilleriekommando innehatte, als „Beobachter" teilzunehmen. Auch die späteren Nobelpreisträger für Physik James Franck und Gustav Hertz gesellten sich zu Haber. Nur Max Born, ein weiterer junger Physiker an Habers Institut und späterer Nobelpreisträger, weigerte sich. Der Chemiker Hugo Stoltzenberg, der Vater von Habers Biographen, übernahm die Leitung der Chlorgas-Füllstationen nahe der Front. Bis 11. April 1915 waren die unhandlichen Zylinder, von denen jeder knapp 400 Kilogramm wog, nächtens installiert worden. Die Gasmasken für die deutschen Truppen kamen jedoch nie an.

Ludwig Haber schreibt in seinem Buch über die Arbeit seines Vaters mit Giftgas:

> Der erste Gasalarm wurde am 14. April um 22:30 gegeben und um 01:45 am 15. April wieder storniert. Der zweite kam am 19. April um 15:00 und wurde ebenfalls widerrufen. Nun war [das Oberkommando] bereits vorsichtig geworden und wollte nicht unbedingt alle Reserven, die im Osten für die russische Bedrohung der österreich-ungarischen Front abgestellt waren, für einen etwaigen Nachfolgeangriff einer Gasattacke abkommandieren. Der dritte Alarm wurde am 21. April um 17:00 gegeben, zuerst auf 22. April 04:00, dann auf 09:00 und schließlich auf den Nachmittag verschoben.

> Die Truppen, das Pionierkommando und die Spezialeinheit hatten nur wenig Schlaf gefunden und waren bereits äußerst angespannt. Sie waren sicher, daß die Alliierten bereits alarmiert waren. Und so war es auch. Bereits drei Wochen vorher waren die Franzosen, die sich bis dahin noch südlich der Salient aufgehalten hatten, von Kriegsgefangenen über die Installation der Zylinder und über die offensichtlichen Gaszylinderexplosionen im März informiert worden. Aber die Franzosen nahmen diese Warnungen nicht ernst ...

Innerhalb von zehn Minuten wurden 6000 Zylinder mit 150 Tonnen Chlor entlang der Frontlinie von 7000 Metern geöffnet. Ein spektakuläres Ereignis. ... Innerhalb von Minuten waren die französisch-algerischen Soldaten an der Front und hinter der Front eingekesselt und dem Ersticken nahe. Jene, die nicht in Erstickungskrämpfen niederbrachen, liefen davon, aber das Gas verfolgte sie weiter. Die Front brach zusammen.

Die Deutschen schlossen vorsichtig auf. Auch sie waren vollkommen überrascht und folgten der Gaswolke nur langsam, da sie selbst auch ungeschützt waren und noch immer Gasreste in den Niederungen und Ruinen waren. ... Die erste Hochstimmung der Deutschen über den schnellen Erfolg verwandelte sich rasch in große Enttäuschung, als ihre Einheiten nach dem Befehl zum Vormarsch auf erbitterten Widerstand stießen.[6]

Der Gasangriff forderte unter den Alliierten 15.000 Opfer, darunter 5000 Gefallene. Trotzdem kam es nicht zu Habers großem Sieg. Ein paar Tage später kam er enttäuscht und erschöpft nach Berlin zurück. Am Abend des 1. Mai hatten die Habers Gäste zum Abendessen. In derselben Nacht erschoß sich Clara mit der Dienstpistole ihres Mannes, während dieser schlief. Ihr vierzehnjähriger Sohn erwachte durch das Geräusch und fand sie in einer Blutlache im Garten. Am nächsten Morgen reiste Haber dienstbeflissen an die Ostfront ab.

Sowohl Gerit von Leitner in ihrer Biographie über Clara, als auch Tony Harrison in seinem Stück über Habers Laufbahn begründen ihren Selbstmord in ihrer Abscheu gegen Habers Arbeiten. Hatte er doch an seinem Institut direkt neben ihrem gemeinsamen Wohnsitz Tierversuche mit Chlor und anderen Giftgasen unternommen. Gerit von Leitner schreibt, daß Clara das Herz brach, als ein Freund aus der Studentenzeit an der Universität Breslau, der junge Chemiker Otto Sackur, bei einer Explosion im Institut ums Leben kam. Auch schreibt sie über einen Streit, im Zuge dessen Haber seiner Frau Clara vorwarf, daß ihr Tratsch Schuld am Versagen der Armee hatte.[7] Stoltzenberg fand keinerlei Hinweise, daß Claras Selbstmord ein Protest gegen Habers Kriegsaktivitäten war. Sie hatte jedoch laut Kurt Mendelsohns Buch *The World of Walter Nernst* Haber wiederholt angefleht, nicht für den chemischen Krieg zu arbeiten.[8] Gerit von Leitner fand einen Bericht von James Franck, daß Habers Teilnahme am Gaskrieg sicher Claras Selbstmord beeinflußte, und daß sich Haber für den Rest seines Lebens wegen ihres Todes bittere Vorwürfe machte.

Stoltzenberg schreibt, daß ihre Ehe zuerst glücklich war, daß sich jedoch nach der Geburt ihres Sohnes alles änderte, als Clara sich zu Habers Ärger mehr und mehr für häusliche „Trivialitäten" interessierte. Auch schreibt er, daß Clara mehr als einmal auf Grund von Depressionen ins Krankenhaus eingeliefert wurde, ein wichtiger Punkt, den von Leitner nicht erwähnt. Stoltzenberg zitiert Clara als eine jener Personen, „deren Suche nach Selbstverwirklichung sie eine Mauer um sich selbst errichten läßt, die schließlich ein selbst verursachtes Gefängnis wird". Clara schrieb einige Abschiedsbriefe, die jedoch nicht erhalten sind. Von Leitner vermutet, daß Haber sie vernichtet hat.

Einem Freund schrieb Haber von der Front: „Einen Monat lang dachte ich, nicht länger durchzuhalten. Aber jetzt wurde ich ruhiger, denn der Krieg mit seinen grauenhaften Bildern fordert alle meine Kraft." Er blieb weiterhin dem chemischen

Krieg verschrieben, und diese Aufgabe erfüllte ihn laut Stoltzenberg vollkommen. Sobald Haber das Chlorgas losgelassen hatte, standen die Alliierten den Deutschen um nichts nach, und der vorherrschende Westwind stand für sie wesentlich günstiger.

Habers Tun widersprach Montesquieus Ansicht, daß Wissen den Menschen gütiger macht. Trotz seiner Klagen über seine enorme Verantwortung an der Front fand er Zeit für die Entwicklung von Forschungsstrategien für die Rüstung, sobald der Krieg vorüber war. Während Teile des deutschen Militärs sich mit Annexionsplänen Belgiens und Teilen Nordfrankreichs sowie mit einer möglichen Invasion Englands beschäftigten, um den Engländern eine Lehre zu erteilen, brachte Haber seinen Förderer Koppel dazu, dem Kriegsminister die Finanzierung einer Kaiser-Wilhelm-Stiftung für Kriegstechnologie vorzuschlagen. Haber überredete auch Carl Duisberg, Chef der Chemiefirma Bayer, ein Kaiser-Wilhelm-Institut für chemische Kriegsführung mit ihm selbst als Direktor vorzuschlagen. Interessanterweise machte Haber diesen Vorschlag, obwohl er offensichtlich bereits 1916 davon überzeugt war, daß Deutschland den Krieg verlieren würde. Der Kaiser genehmigte die Stiftung am 17. Dezember 1916 mit Fritz Haber, Emil Fischer, Walter Nernst und drei weniger berühmten Chemikern im Verwaltungsrat. Zuerst zögerte die Kaiser-Wilhelm-Gesellschaft, mit der neuen Stiftung zusammenzuarbeiten. Eines ihrer Mitglieder fand, daß das Töten von Menschen nicht zu den Aufgaben der Gesellschaft gehöre. Aber schließlich gaben die Direktoren im September 1918 ihre Zustimmung, und das Kriegsministerium stellte diesem Projekt sechs Millionen Mark zur Verfügung.

Zwei Monate später kam der Zusammenbruch Deutschlands; Haber und Nernst wurden von den Alliierten unter Forderung ihrer Auslieferung als Kriegsverbrecher angeklagt. Haber floh in die Schweiz, wo er die Schweizer Staatsbürgerschaft erhielt, ein Privileg der ganz Reichen. Nach einigen Monaten wurde die Forderung nach Auslieferung von den Alliierten zurückgezogen. Haber kehrte nach Deutschland zurück, um beim Wiederaufbau zu helfen, und arbeitete unter Verletzung des Vertrags von Versailles weiterhin an der geheimen Produktion von Giftgas.

Schließlich holte sich die spanische Regierung deutsche Hilfe für die Produktion und Anwendung von chemischen Waffen, um die Abd-el-Krim-Revolte in Marokko niederzuschlagen. Die Sowjetunion schloß mit Deutschland ein Geheimabkommen zur Waffenproduktion einschließlich Giftgas ab, und der deutsche Kriegsminister errichtete eine geheime Produktionsstätte für chemische Waffen in der Nähe von Wittenberg. Haber leitete diese Unternehmungen durch seinen Gefolgsmann während des Krieges, Dr. Hugo Stoltzenberg, den Ludwig Haber wie folgt beschreibt: „Ein überzeugender Schurke, dem man unter anderen Umständen glauben würde, er könnte Pilze in der Wüste zum Wachsen bringen." Stoltzenberg errichtete in Spanien in der Nähe von Madrid eine Giftgasfabrik und beriet König Alfonso XIII. und seinen Diktator und Premierminister Primo de Rivera über die besten Gastaktiken zum Einsatz gegen die marokkanischen Rebellen.

Hugo Stoltzenberg handelte offensichtlich Verträge aus, die es ihm erlaubten, einige der Fabriken als Privatunternehmen aufzuziehen. Im Jahre 1925 trafen einander der deutsche Außenminister Gustav Stresemann und sein französischer Kollege Aristid Briand in Locarno und einigten sich auf ein Annäherungsabkommen, das von der deutschen Regierung die Schließung der geheimen Giftgasproduktionsstätten und der Fabriken Stoltzenbergs verlangte. Stoltzenberg ging bankrott. Er war wütend, als Haber seine Schadenersatzforderungen nicht unterstützte.

Die chemischen Waffen hatten an der Westfront keine Entscheidung herbeiführen können. Anders an der Südfront, wo die österreichische Armee nahe der heutigen Grenze zwischen Italien und Slowenien italienischen Truppen gegenüberstand. In meiner Jugend in Österreich belehrte man mich über „unseren" großen Sieg in Caporetto (dem heutige Cobarid in Slowenien) im Oktober 1917, als österreichische und deutsche Truppen die italienische Front durchbrachen und über hundert Kilometer nach Westen bis zum Fluß Piave vorrückten. (Der italienische Rückzug bildet auch den historischen Hintergrund zum Roman Ernest Hemingways *A Farewell to Arms*.)

In ihren Büchern schreiben Stoltzenberg und Ludwig Haber, daß der österreichische Durchbruch mittels eines Gasangriffes erfolgte, wobei eine von Otto Hahn und anderen Mitarbeitern Habers hergestellte Mischung aus Chlorgas und Phosgengas eingesetzt wurde. In seiner Autobiographie schreibt Otto Hahn, daß er dies später bereute.[9] Als Otto Hahn im September 1939 an einer Besprechung im deutschen Heereswaffenamt teilgenommen hatte, wo die Möglichkeit der Nutzung seiner Entdeckung der Kernspaltung für eine Atombombe diskutiert wurde, erklärte er: „Wenn meine Arbeit zur Entwicklung einer Kernwaffe führt, bringe ich mich um." Als er in Farm Hall in England interniert war und von Hiroshima hörte, war er verzweifelt. Er hätte jedoch dort glücklicherweise seinen Plan nur schwer ausführen können, wenn er noch an Selbstmord gedacht hätte.[10]

Emil Fischer verübte im Jahre 1919 – verzweifelt über den Tod seines Sohnes im Krieg, über die Niederlage Deutschlands und das Chaos nach dem Krieg – Selbstmord. Haber, scheint es, kannte kein Bedauern. Er rechtfertigte seine Erfindung chemischer Waffen mit der Feststellung, daß die Franzosen diese zuerst verwendet hätten, was nicht den Tatsachen entsprach, und daß diese Waffen humaner wären als hochexplosive Patronen, da die meisten Soldaten die chemischen Angriffe überlebt hätten. Er verschwieg aber, daß viele der Überlebenden für den Rest ihres Lebens an Körper und Geist gebrochene Menschen waren. Haber beriet die deutsche Regierung bei ihrer geheimen Produktion von chemischen Waffen bis 1933, verlagerte jedoch seine Hauptenergie auf den Wiederaufbau seines Institutes als führendes Forschungszentrum, um die deutsche Wissenschaft wiederaufleben zu lassen und die Kontakte zu Wissenschaftlern in anderen Ländern wiederherzustellen. Während Haber zu Hause dominant und herrschsüchtig war, war er klug genug, seine jungen Mitarbeiter wissenschaftlich frei arbeiten zu lassen. Nach ihren Seminaren würde er entschuldigend feststellen, daß er nicht allen Argumenten hätte folgen können, um diese dann viel klarer zusammenzufassen, als sie selbst es getan hatten. Alle Diskussionen waren unabhängig von Rang und Namen von der Suche nach wissenschaftlicher Wahrheit bestimmt. Habers Institut wurde nochmals ein hervorragendes Zentrum für chemische Forschung und trägt noch immer seinen Namen.

Der Vertrag von Versailles verlangte von Deutschland die Zahlung von Reparationen in goldenen Vorkriegsmark, was den Wiederaufbau erheblich verzögerte. Haber hatte gelesen, daß eine Tonne Meereswasser ein fünf- bis zehntausendstel Gramm Gold enthält, was für ihn bedeutete, daß die Ozeane bis zu acht Millionen Tonnen Gold enthalten. Nochmals nahm sich Haber vor, der alleinige Retter Deutschlands zu werden. Er beschloß, chemische Verfahren zur Gewinnung des Goldes aus Meereswasser zu entwickeln, um damit Deutschlands Reparationen zu bezahlen. Unter größter Geheimhaltung brachte er das notwendige Investitionskapital auf und nahm vierzehn junge Mitarbeiter auf. Er und seine Mitarbeiter gingen auf einem deutschen Passagierschiff nach New York und später nach Rio, verkleidet als Besatzungsmänner an Bord. Einige der ersten Analysen bestätigten seine hohen Schätzungen, aber auf Grund der Schwankungen beschloß Haber, alle Meerwasserproben zurück nach Berlin in sein Labor schicken zu lassen. Nach genauer Analyse von ungefähr fünftausend Proben aus der ganzen Welt berichtete Habers Assistent Johannes Jaenicke, einen durchschnittlichen Goldgehalt von nicht mehr als einem Tausendstel der ursprünglichen Schätzung. Es war ein niederschmetterndes Ergebnis.

1917 heiratete Haber Charlotte Nathan, eine attraktive und unabhängige Frau, einundzwanzig Jahre jünger als er, die seinen preussischen Sinn für Pflichterfüllung nicht teilte und vor allem gerne reiste. Eine Ehe mit einem Mann, der meistens auf Grund wichtiger Geschäfte weg war und erschöpft nach Hause zurückkehrte, befriedigte sie genauso wenig wie die völlig andere Clara, und die Ehe ging nach zehn Jahren in die Brüche. Ludwig Haber, der Autor von *The Poisonous Cloud*, ist Sohn dieser Verbindung.

Anfang 1933, einige Wochen bevor die Nazis die Macht ergriffen, schrieb Haber einem Freund: „Mit nachlassender Kraft kämpfe ich gegen meine vier Feinde, Schlaflosigkeit, die wirtschaftlichen Forderungen meiner geschiedenen Frau, Mangel an Zuversicht für die Zukunft und Bewußtsein über die schwerwiegenden Fehler, die ich in meinem Leben gemacht habe." Er beschrieb diese Fehler nicht näher, aber vielleicht waren auch Schuldgefühle gegenüber Clara dabei.

Im April 1933 befahlen die Nazis die Entlassung aller jüdischen Zivilangestellten, einschließlich derer der Kaiser-Wilhelm-Gesellschaft. Max Planck, ihr Präsident, verwendete seine offiziellen Beziehungen, um den neu ernannten Kanzler mit Nachdruck zu bitten, daß Haber und andere jüdische Wissenschaftler ihre Arbeit fortsetzen dürften. Hitler hielt dagegen, daß er nichts gegen Juden hätte, aber daß sie alle Kommunisten wären. Als Planck dies empört zurückwies und darauf hinwies, daß Deutschland sich selbst mit dem Hinauswurf seiner hervorragenden jüdischen Wissenschaftler einen großen Schaden zufügen würde, schlug sich Hitler aufs Knie, sprach immer schneller und schneller und steigerte sich in eine solche Wut, daß Planck das Zimmer verlassen mußte.

Haber sammelte nun seine ganze restliche Energie, um die Arbeit seiner jüdischen Mitarbeiter im Ausland auf sichere Beine zu stellen. Einstein, der sich zufällig in den Vereinigten Staaten aufhielt, verkündete öffentlich, daß er nicht nach Deutschland zurückkehren würde, da „Toleranz, Freiheit und Gleichheit der Bürger vor dem Gesetz" nicht länger anerkannt würden. Die Nazipresse reagierte mit einer Flut von Beschimpfungen und der zuständige Kommissionär der Preußischen Akademie der Wissenschaften verlangte disziplinäre Maßnahmen. Planck meinte, daß Einstein als Deutscher im Ausland für Deutschland eintreten hätte müssen, gleich welche Fehler das neue Regime machte, und beschloß, daß er nicht länger Mitglied der Akademie bleiben könnte. Als Planck diese seine Meinung den versammelten Mitgliedern darlegte, stimmte Haber zu, und nur ein einziger Physiker, der Nobelpreisträger Max von Laue, wagte, diesem schändlichen Ansinnen zu widersprechen. Einstein war zutiefst gekränkt. Als ihn ein Freund später fragte, wen er aller in Deutschland von ihm grüßen lassen sollte, erwiderte er: „Nur Laue." „Wirklich sonst niemanden?" „Nein, nur Laue."

Haber selbst floh schließlich nach Cambridge in England, wo ihn der Chemieprofessor William Pope, sein einstiger Widersacher im chemischen Krieg, in allen Ehren aufnahm. Die Laboranten jedoch, die in den Schützengräben gekämpft hatten, schnitten ihn. Bereits nach kurzer Zeit reiste Haber in die Schweiz, wo er im Alter von nur 65 Jahren kurz nach seiner Ankunft im Jänner 1934 an einem Herzinfarkt starb.

Hätte er gelebt, wären ihm seine Fehler auf grauenhafteste Weise bewußt gemacht worden. In seinem Stück *Square Rounds* spielt Tony Harrison darauf an, wenn Clara und ein verschleierter Chor singen:

He'll never live to see his fellow Germans use
his form of killing on his fellow Jews.

Als im Jahre 1919 alliierte Inspektoren die weitere Forschung über chemische Waffen verhinderten, wandte sich Haber der chemischen Schädlingsbekämpfung in der Landwirtschaft zu. Er wurde nationaler Kommissionär für Schädlingsbekämpfung und gründete eine neue Firma, die Deutsche Gesellschaft für Schädlingsbekämpfung. Das Unternehmen entwickelte ein Präparat aus einem Gemisch von Blausäure, die hochgiftig ist, und einem süßlich riechendem, leicht flüchtigen, nicht giftigen Reizmittel. Beide Substanzen wurden in ein poröses Pulver absorbiert. Eine andere Firma, Tesch und Stabonov, übernahm die Verteilung dieses Pulvers auf von Insekten befallenen Feldern und in Gebäuden. Sobald es auf ein offenes Feld ausgestreut wurde, verdunstete die Säure und tötete die schädlichen Insekten, während das Reizmittel die Menschen vor dem Gift warnte. Das Präparat hieß Zyklon B. Im Jahre 1943 erhielt Dr. Peters, der Direktor der Schädlingsbekämpfungsfirma, einen geheimen Auftrag zur Lieferung von Zykon B *ohne Reizmittel* nach Auschwitz und Oranienburg. Man sagte ihm, es würde zur Tötung von Kriminellen, unheilbar Kranken und geistig Behinderten verwendet werden. Man drohte ihm mit der Todesstrafe, sollte er nicht stillhalten.[11] So wurden schließlich die in Habers Institut entwickelten Pestizide als Instrument des Holocausts verwendet und töteten einige von Habers eigenen Verwandten.

Im Jahre 1946 wurde Dr. Tesch, der alleinige Inhaber der Firma Tesch und Stabonov, durch ein britisches Militärgericht wegen der Lieferung von Zyklon B nach Auschwitz verurteilt und gehängt. Es war eine Ironie des Schicksals, daß ausgerechnet Hugo Stoltzenberg, der in den Zwischenkriegsjahren im geheimen Giftgas produziert hatte, von den Briten als Treuhänder der Firma eingesetzt wurde. Im Jahre 1949 wurde Peters durch ein Frankfurter Gericht wegen Mittäterschaft an

Totschlag zu fünf Jahren Gefängnis verurteilt. Später verurteilte ihn ein Wiesbadener Gericht zu sechs Jahren wegen Mittäterschaft an Mord. Im Jahre 1955 wurde er wegen Mangels an Beweisen, daß er gewußt hätte, was in Auschwitz vor sich ging, freigesprochen.

Stoltzenbergs ausgezeichnete Biographie ist objektiv. Er gibt zu, daß es ihm schwer fiele, sich in Habers Rolle hineinzuversetzen, und seinen kompromißlosen Nationalismus und Patriotismus zur verstehen. Stoltzenbergs Dokumente zeigen, daß Haber trotz der allgemeinen Desillusionierung nach dem 1. Weltkrieg in Deutschland weiterhin als großer Patriot, Wissenschaftler und Staatsmann hoch geehrt wurde. Er nahm die Menschen durch seine Lebhaftigkeit, seinen Charme, seine altmodische Höflichkeit und seine ungeheure Schlagfertigkeit für sich ein. Es ist eine schreckliche Ironie des Schicksals, daß ausgerechnet seine menschenfreundlichste Erfindung, die Synthese von Ammoniak, der Menschheit unermeßlichen Schaden zufügte. Ohne diese Erfindung wäre den Deutschen bei ihrer Niederlage im lang geplanten Blitzkrieg gegen Frankreich die Munition ausgegangen.[12] Der Krieg wäre zu einem frühen Ende gekommen und Millionen junger Männer wären nicht umgekommen. Unter diesen Umständen wäre Lenin vielleicht nie nach Rußland gekommen, Hitler wäre nicht an die Macht gekommen, der Holocaust hätte nicht stattgefunden und die europäische Zivilbevölkerung von Gibraltar bis zum Ural wäre verschont worden.

Habers Synthese von Ammoniak als Düngemittel war eine ungeheuer wichtige Erfindung, aber im Gegensatz zur Relativitätstheorie war dafür nicht das einzigartige Genie eines Wissenschaftlers notwendig. Jeder talentierte Chemiker hätte diese Arbeit nach gar nicht so langer Zeit ebenfalls bewerkstelligen können und hätte dies zweifellos getan.

Anmerkungen und Literaturhinweise
Menschenfreund oder Menschenfeind?

[1] Siehe seine Rede anläßlich seiner späteren Ehrung als Nobelpreisträger, in *Les Prix Nobel, 1918 and 1919*. 1920. Nobel Foundation, Stockholm.

[2] Siehe Wilhelm Roggersdorf in Zusammenarbeit mit BASF, *In the realm of chemistry*. 1965. Econ Verlag, Düsseldorf und Wien.

[3] Diese Geschichte erzählte Lise Meitner vor vielen Jahren dem Autor dieses Artikels.

[4] Haber L. F. 1986. *The poisonous cloud*. Clarendon Press/Oxford University.

[5] Haber L. F. 1986. *The poisonous cloud*. S. 27. Clarendon Press/Oxford University.

[6] Haber L. F. 1986. *The poisonous cloud*. Clarendon Press/Oxford University.

[7] Ich bat Dr. von Leitner um die Quelle dieses Bericht. Sie schrieb mir jedoch, daß über diesen Streit keinerlei schriftliche Aufzeichnungen existieren. Sie selbst erfuhr davon von A. H. Frucht, dem Enkel des ersten Präsidenten der Kaiser-Wilhelm-Gesellschaft, Adolf von Harnack. Harnack wiederum hatte es von F. Schmitt-Ott, einem Freund Habers, der zu dieser Zeit Kulturminister für Wissenschaft und Schule war. Diesem gegenüber hatte Haber seine Schuldgefühle gebeichtet. Dr. von Leitner informierte mich auch freundlicherweise über die von James Franck überlieferten Berichte.

[8] Mendelsohn K. 1973. *The world of Walter Nernst: the rise and fall of German science*. Macmillan.

[9] Hahn O. 1970. *My life.*, Macdonald, London.

[10] 1993. *Operation epsilon: the Farm Hall transcripts*. University of California Press.

[11] Zyklon B wurde nicht zur Tötung von geistig Behinderten verwendet, da diese nicht nach Auschwitz kamen. Sie wurden in Deutschland mit Kohlengas getötet.

[12] Zur Dokumentation dieser Pläne siehe Fischer, F., 1975. *War of illusion: German policies from 1911 bis 1914*. Norton.

Die Spaltung des Atoms*

Die wissenschaftliche Laufbahn Lise Meitners umfaßt die wichtigsten Phasen in der Entwicklungsgeschichte der Atomphysik, von der Entdeckung der Radioaktivität im Jahre 1896 bis zur Entdeckung der Kernspaltung im Jahre 1938. Sie wurde 1878 in Wien geboren, arbeitete jedoch großteils in Berlin, wo Einstein sie „unsere Marie Curie" nannte. Als die Nazis sie vertrieben und sie alles verlor, wofür sie gelebt hatte, erfuhr ihr Leben eine tragische Wende. Und als schließlich die Atombombe über Hiroshima fiel, mußte sie erkennen, daß ihre Leidenschaft für Atomphysik letztlich den Weg für eine Waffe mit unvorstellbarer Zerstörungsgewalt geebnet hatte.

Sie stammte aus einer liberalen jüdischen Wiener Familie; ihr Vater war Rechtsanwalt, und sie wuchs nach ihren eigenen Worten in einer intellektuell besonders stimulierenden Atmosphäre auf. Wien hatte bis zum Ende des 19. Jahrhunderts und bis zum ersten Weltkrieg eine der führenden medizinischen Schulen der Welt und eine berühmte Universität. Auch war Wien ein lebendiges Zentrum für Literatur, Musik und Kunst. Zur Illustration des intellektuellen Nährbodens dieser Stadt führt ihre Biographin Ruth Sime die Namen Sigmund Freud, Viktor Adler und Theodor Herzl an, aber weder Adler, ein führender Geist des Sozialismus, noch Herzl, der Gründer des Zionismus, trugen viel zum kulturellen Leben Wiens bei. Sie vergißt die Erwähnung von Arthur Schnitzler sowie Otto Wagner und Adolf Loos, der beiden großen Pionieren der modernen Architektur, oder Josef Hoffmann und Koloman Moser, die die Wiener Werkstätte gründeten, die Wiege des modernen Designs. Sime erwähnt wohl die Ansichten des damaligen antisemitischen Wiener Bürgermeisters Karl Lueger, erwähnt aber nicht, daß Kaiser Franz Josef den Juden sehr wohlgesinnt war und nicht nur Mahler im Alter von nur 37 Jahren zum Direktor der Wiener Oper ernannte, sondern auch viele prominente Juden oder Männer jüdischer Abstammung zum Adel erhob, darunter den Vater des Philosophen Ludwig Wittgenstein sowie den Vater des Dichters Hugo von Hofmannsthal.

Bereits in jungen Jahren wollte Lise Meitner die gleiche Schulbildung genießen wie die männlichen Mitglieder der Gesellschaft ihres Alters, aber höhere Bildung war zu dieser Zeit für ein Mädchen ein Ding der Unmöglichkeit. Mädchen schlossen ihre Schulbildung normalerweise im Alter von vierzehn Jahren ab. Trotzdem ließ sie sich nicht abhalten und fand private Lehrer zur Vorbereitung auf die Aufnahmsprüfung an der Universität Wien, wo sie schließlich mit dem Studium der Mathematik und Physik begann. Sie hatte das Glück, Ludwig Boltzmann als Lehrer zu haben, einen der größten Physiker aller Zeiten.

Zu Beginn des 20. Jahrhunderts war das Studium der Radioaktivität das spannendste Thema der Physik. Zehn Jahre nach der Entdeckung des Radiums, als Meitner mit ihrer Forschungsarbeit begann, wußte man nur, daß Radium drei verschiedene Strahlenarten ausstrahlte: Alphastrahlen, positiv geladene Heliumkerne, die aus den Kernen der Radiumatome mit einer Geschwindigkeit von über

---

*) Zum Buch *Lise Meitner: A Life in Physics* von Ruth Lewin Sime (University of California Press).

14.000 km pro Sekunde herausschossen; Betastrahlen, die negativ geladenen Elektronen; und Gammastrahlen, elektromagnetische Wellen wie Röntgenstrahlen, aber mit höherem Eindringungsvermögen. Meitner begann mit der Erforschung der Alphastrahlen in Wien, als sich jedoch Boltzmann auf Grund von Depressionen das Leben nahm, beschloß sie, nach Berlin zu gehen. Obwohl sie ursprünglich nur ein paar Semester dort bleiben wollte, blieb sie dann 31 Jahre.

Zuerst nahm sie nur an Vorlesungen teil, bis sie im Jahre 1907 den jungen Chemiker Otto Hahn kennenlernte, und sie sich zu einer gemeinsamen Arbeit zur Erforschung der Radioaktivität entschlossen. Sie baten den berühmten Chemiker Emil Fischer um etwas Platz in seinem Labor; der wollte dort jedoch keine Frauen und gestattete nur widerwillig, daß sich Meitner in einer Holzwerkstatt im Parterre einrichtete, allerdings unter der Voraussetzung, sich nirgendwo anders blicken zu lassen. Allein um die Toilette aufzusuchen, mußte sie sich in ein nahes Café begeben.

Ihr Vater unterstützte sie zur Not, aber wie für Marie Curie war die Wissenschaft für sie eine Berufung, für die sie sogar bereit war, in Armut zu leben. Nach ihrer Rückkehr vom Sommerurlaub im Jahre 1908 ließ sie sich nach lutheranischem Glauben taufen, offenbar inspiriert vom Vorbild des großen Physikers Max Planck, der das deutsche protestantische Idealbild eines „hervorragenden, verläßlichen, unbestechlichen, idealistischen und großzügigen Mannes" repräsentierte, „der Kirche und Staat dient". Statt Kirche und Staat diente sie der Wissenschaft.

Hahn und Meitner waren gleich alt. Sie hatten nicht nur das gemeinsame Interesse an der Radioaktivität, sondern ergänzten einander hervorragend durch ihre jeweiligen Fähigkeiten. Hahn war ein anerkannter Chemiker, hatte jedoch keine Kenntnisse der Physik und Mathematik, während Meitner als Physikerin in der Chemie keinerlei Erfahrungen hatte. Schon bald machten sie sich einen Namen mit der Entdeckung von zwei neuen radioaktiven Elementen und von zwei verschiedenen Mechanismen, die beide zur Emission von Betastrahlen führen.[1] In ihrer Beziehung zueinander wichen Meitner und Hahn niemals von den strengen Regeln des guten Benehmens zwischen Mann und Frau ab: sie sprachen einander mit Fräulein Meitner und Herr Hahn an, gingen niemals miteinander zum Essen aus oder auf einen Spaziergang und vermieden jedes Zeichen einer Intimität, das vielleicht zu Tratsch hätte führen können. Erst nach sechzehn Jahren, lang nach der Revolution im Anschluß an den ersten Weltkrieg, nannten sie einander Lise und Otto und sprachen einander mit *du* an. Bis 1912 bekamen sie beide kein Gehalt. Dann wurde Hahn Mitglied des neu gegründeten Kaiser-Wilhelm-Institutes für Chemie, und Meitner wurde Plancks Assistentin. 1913 wurde auch sie Mitglied des Institutes, erhielt jedoch zuerst ein niedrigeres Gehalt als Hahn.

Als der Krieg im Jahre 1914 ausbrach, eilte sie nach Wien. Sie wurde von der patriotischen Begeisterung der Mengen mitgerissen, die die erwartungsvollen jungen Soldaten auf ihrer Abreise an die Front verabschiedeten – mitten unter ihnen ihre eigenen Brüder – und von der Freude über die ersten deutschen Siege. Trotz ihrer moralischen Stärke zeigen ihre Briefe keinerlei Anzeichen eines moralischen Zweifels hinsichtlich des österreichischen Angriffs auf Serbien oder der deutschen Invasion Belgiens. Meitner erwartete einen raschen Sieg der Deutschen. Aber ihre

Begeisterung war rasch verflogen, als sie dann als Röntgenassistentin und Krankenschwester hinter der russischen Front arbeitete und den schwer verwundeten und sterbenden jungen Soldaten begegnete. 1916 wechselte sie an die italienische Front, kehrte dann wieder an die russische zurück. Als sie dort nicht mehr gebraucht wurde, ging sie wieder nach Berlin. Dort wurde sie schon bald zur Leiterin der Physikabteilung des Kaiser-Wilhelm-Institutes ernannt und erhielt das gleiche Gehalt wie Hahn. 1919 wurde sie ordentlicher Professor. Ihre akademische Laufbahn scheint weder durch ihr Geschlecht noch durch ihre jüdische Abstammung behindert worden zu sein.

Es gelang Hahn und Meitner, ein wichtiges neues radioaktives Element, das Protactinium, zu isolieren. Meitner wurde einer der Stars der großen Berliner Physiker, zu denen Albert Einstein, Max Planck, Max von Laue, James Franck und später Erwin Schrödinger gehörten. Trotzdem blieb sie ein schüchterner Mensch. Sie schrieb Hahn:

> Habe ich Ihnen schon geschrieben, daß ich kürzlich über unsere Arbeit ein Kolloquium gab, und Planck, Einstein und Rubens [Professor für Experimentalphysik] danach lobende Worte sprachen? Daraus ersehen Sie, daß ich eine ganz passable Vorlesung hielt, obwohl ich dummerweise schon wieder großes Lampenfieber hatte ...

Im 19. Jahrhundert war man der Ansicht, daß jedes chemische Element nur aus Atomen einer Art besteht. Dagegen zeigte die Erforschung der Radioaktivität bald, daß einige Elemente aus Atomen verschiedenen Gewichts bestehen. Diese nennt man Isotope. Auch schien es unmöglich, ein Element in ein anderes zu verwandeln. Radioaktive Elemente jedoch verändern sich spontan der Reihe nach in verschiedene etwas leichtere Elemente. Zum Beispiel ist das schwerste damals bekannte Element Uran ein Gemisch von Isotopen, die 238-, 235- und 234mal so schwer sind wie ein Wasserstoffatom, das leichteste aller Elemente. Uran 238 zerfällt der Reihe nach in jeweils leichtere Elemente, eines davon ist Radium, dessen Radioaktivität alle 1690 Jahre um die Hälfte des ursprünglichen Werts abnimmt.

Es war Ernest Rutherford aus Cambridge in England, dem es erstmalig gelang, eine Umwandlung von Elementen durch das Bombardieren von Stickstoff mit Radium-Alphapartikeln künstlich herbeizuführen. Jedes Stickstoffatom wurde so zu einem schwereren Sauerstoffatom plus einem leichteren Wasserstoffatom. Alphapartikel drangen in leichtere Atome mit nur wenigen positiven Ladungen ein und verwandelten sie. Da sie jedoch positiv geladen waren, wurden sie von den hohen positiven Ladungen schwerer Kerne wie des Urans abgestoßen.

1932 entdeckte James Chadwick im Labor von Rutherford in Cambridge das Neutron, ein Partikel mit dem gleichen Gewicht wie ein Proton, dem Kern eines Wasserstoffatoms, aber ohne seine positive Ladung. Enrico Fermi in Rom fand, daß Neutronen von Atomkernen nicht abgestoßen werden, auch wenn sie eine hohe Ladung hatten. Er bestrahlte alle chemischen Elemente mit Neutronen, wandelte sie in andere Elemente um und erzeugte damit viele neue radioaktive Elemente.[2] Als er Uran mit Neutronen bombardierte, entstand eine komplexe Mischung radioaktiver Elemente. Von einigen dieser Elemente glaubte er, daß sie schwerer als Uran wären und nannte sie Transurane.

Hahn und Meitner standen einem der Ergebnisse Fermis skeptisch gegenüber und beschlossen gemeinsam mit dem jungen Chemiker Fritz Strassmann, eine nochmalige Untersuchung durchzuführen. Im Verlauf ihrer Experimente erzeugte die Bestrahlung des Urans mit Neutronen drei verschiedenen Serien radioaktiver Elemente. Von einigen dieser nahmen auch sie an, daß es sich um Transurane handelt.

Diese Arbeit war gerade in vollem Gange, als im März 1938 der Anschluß Österreichs an das Deutsche Reich erfolgte. Bis dahin war Meitner durch ihre österreichische Staatsbürgerschaft vor den Nazigesetzen geschützt gewesen; doch nun denunzierte sie einer ihrer Kollegen als Jüdin, deren Anwesenheit das Kaiser-Wilhelm-Institut gefährde. Ihre Anstellung wurde unhaltbar. Mehrere Kollegen aus dem Ausland luden sie ein, mit ihnen zu arbeiten, doch sie zögerte zu lange, bis schließlich ein neues Gesetz die Ausreise von technischen Experten aus Deutschland untersagte, und sie in der Falle saß. Ihr österreichischer Paß war ungültig, ein deutscher wurde ihr verweigert.

In dieser aussichtslosen Situation überredete der holländische Physiker Dirk Coster den Leiter der holländischen Grenzwachen, ihr die Ausreise nach Holland ohne gültigen Reisepaß zu gestatten. Er reiste nach Berlin und schmuggelte Meitner am 13. Juli 1938 über einen kleinen, wenig bewachten Grenzübergang nach Holland. Um jeden Verdacht zu vermeiden, überschritt sie nur mit zwei kleinen Koffern und der erlaubten Menge Devisen, der lächerlichen Summe von zehn Mark, die Grenze. Als sich Hahn von ihr verabschiedete, gab er ihr für den Notfall einen Diamantring, den er von seiner Mutter geerbt hatte. Diesen bewahrte Coster im Zug für sie in seiner Tasche auf. Zu ihrer beiden Enttäuschung gelang es Coster nicht, in Holland eine Anstellung oder wenigstens eine kleine Unterstützung für sie zu finden. Dieser Umstand rettete ihr das Leben, denn ein paar Jahre später hätten die Nazis sie verhaftet und nach Auschwitz gebracht. Statt dessen bot ihr der schwedische Physiker Manne Siegbahn eine Stelle in seinem neuen Labor in Stockholm an, die sie annahm. Das neutrale Schweden sollte ein sicherer Hafen werden, aber Meitner, damals 59 Jahre alt, war ohne Geld, Geräte und Mitarbeiter, gestrandet in einem Land, dessen Sprache sie nicht verstand.

Meitner heiratete nie. Es scheint, als hätte sie auch niemals einen Liebhaber gehabt. Sie hatte jedoch eine große Gabe für Freundschaften. In Berlin hatten die Plancks, die Hahns, die Laues, alle Antinazis, sie als Mitglied ihrer eigenen Familien aufgenommen. Außer Siegbahn, der mit ihr nichts anfangen konnte, begegneten ihr die Schweden weder ungastlich noch kaltschnäuzig; trotzdem fühlte sie sich ohne ihre Freunde und ohne ihre Arbeit verlassen, nach ihren eigenen Worten als „aufgezogene Puppe, die nicht wirklich lebte".

Vor ihrer Flucht hatte Meitner mit Hahn und Strassmann über ein eigentümliches neues radioaktives Element gesprochen, das nach der Bestrahlung von Uran mit Neutronen von Irène Curie, der Tochter Marie Curies, und Pavel Savitch in Paris entdeckt worden war. Einige Wochen später berichteten Curie und Savitch, daß sich dieses Element chemisch wie ein radioaktives Isotop von Lanthan verhielt, einem Element mit nur etwas mehr als der Hälfte des Gewichtes von Uran, das sich nur durch die Spaltung der bestrahlten Uranatome gebildet haben konnte. Hahn und

Strassmann wollten einfach nicht glauben, daß diese Spaltung tatsächlich stattgefunden hat, und beschlossen, das Experiment von Curie und Savitch selbst zu wiederholen. Nach der Bestrahlung einer Uranprobe mit Neutronen entdeckten sie Radioaktivitätsspuren, die sich wie die Radioaktivität von dem Radium chemisch ähnlichen Elementen verhielt, diese sich jedoch innerhalb von Stunden anstatt von Jahren halbierte. Wie könnten sie die für diese Art von Aktivität verantwortlichen Elemente isolieren und identifizieren?

Zur weiteren Bearbeitung eines solchen Problems fügten Chemiker normalerweise ihrer Lösung eine Verbindung eines bekannten, nicht radioaktiven Elementes als Trägerelement zu. Ließ man es dann aus der Lösung ausfallen, so daß es sich davon als nichtlösliches Salz trennte, würde es die unbekannte Radioaktivität mit sich tragen; in der Folge würden wiederum weitere, noch ausgeklügeltere Methoden die Radioaktivität vom Trägerelement trennen. Da die unbekannte Aktivität sich chemisch wie Radium verhielt, lösten sie ihr bestrahltes Uran in Säure und fügten dann ein Bariumsalz hinzu. Barium ist ein nicht radioaktives Element, das chemisch dem Radium ähnlich, jedoch viel leichter ist. Der Ausfall des Bariums als unlösliches Salz trug tatsächlich die neue Radioaktivität mit sich, während das Uran in der Lösung zurückblieb. Wäre die Radioaktivität von Radium selbst oder einem dem Radium ähnlichen Element verursacht gewesen, hätte Strassmann es nun vom Barium mittels einer von Marie Curie bereits einige Jahre vorher erstmals angewandten Methode isolieren können. Alle diesbezüglichen Versuche schlugen jedoch fehl.

Sie konnten es zwar noch immer nicht glauben, aber alles wies darauf hin, daß das Uranatom in Teile zerbrochen war, und daß einer dieser Teile ein radioaktives Isotop von Barium war. Hahn erinnerte sich später, daß in dieser Phase „die Möglichkeit einer Spaltung von schweren Atomkernen in verschiedene leichte vollkommen auszuschließen war". Am 25. Oktober schrieb er an Meitner: „Schade, daß Du nicht hier mit uns sein kannst, um diese spannende Curie-Aktivität aufzuklären." Sie trafen einander am 13. November in Kopenhagen, es gibt jedoch über dieses Treffen keinerlei Aufzeichnungen.

Strassmanns nächste Überlegung war, daß die Spuren des neuen radioaktiven Elementes für eine Trennung vom Barium zu klein wären. Um diese Möglichkeit zu prüfen, fügte er gleichermaßen kleine Spuren bereits bekannter chemischer Elemente dem Bariumsalz zu – und hatte keinerlei Schwierigkeiten, diese vom Barium zu trennen. Nun fragte er sich noch immer verwundert, ob sich vielleicht nur dieses bestimmte Salz (das Chlorid) des neuen Elementes vom Bariumchlorid nicht trennen ließ. So wandelte er das Bariumchlorid der Reihe nach in fünf andere Bariumsalze um. Jedesmal wurde die Radioaktivität mit dem Barium umgewandelt, aber bei keinem der Salze konnte sie vom Bariumsalz getrennt werden. Dadurch war bewiesen, daß sie von radioaktiven Isotopen von Barium verursacht war. Diese chemische Identifikation von kleinsten Spuren eines kurzlebigen radioaktiven Elementes war einzigartig. Mir gegenüber hat Lise Meitner einmal erwähnt, daß diese Leistung damals niemand anderer hätte bewerkstelligen können.

Hahn war noch immer von Zweifeln erfüllt, obwohl die Spaltung des Uranatoms eindeutig bewiesen war – ein einmaliges Ereignis in der Geschichte der Wissenschaften: er fragte Meitner in einem Schreiben vom 19. Dezember, ob es vielleicht ein schwereres Element als Barium mit den gleichen chemischen Eigenschaften geben könnte, und fügte hinzu: „Wir wissen selbst, daß [Uran] sich nicht einfach in [Barium] zerlegen kann. ... Falls es irgend etwas gibt, das Du zur Veröffentlichung vorschlagen könntest, würde es in gewisser Weise doch die Arbeit von uns dreien sein" – damit spielte er auf die Tatsache an, daß eine gemeinsame wissenschaftliche Veröffentlichung mit einer jüdischen Emigrantin politisch ein Ding der Unmöglichkeit war.

Zwei Tage später schrieb er: „Wie schön und aufregend wäre es gewesen, hätten wir wie früher zusammenarbeiten können. Wir können unsere Ergebnisse nicht zurückhalten, auch wenn sie physikalisch gesehen vielleicht absurd sind. Du siehst, es wäre eine gute Tat, wenn Du hier einen Ausweg fändest." Am selben Tag noch schrieb Meitner an Hahn zurück, daß sie ein völliges Zerbrechen des Urankerns schwer akzeptieren könnte, „aber schließlich haben wir in der Kernphysik so viele Überraschungen erlebt, daß niemand bestimmt sagen kann: es ist unmöglich". Hahn vervollständigte seine Veröffentlichung und kam zu folgendem Schluß:

> Die von uns beschriebenen Experimente zwingen uns als Chemiker, die [schweren] bereits früher als Radium, Aktinium und Thorium identifizierten Elemente mit den [viel leichteren] Elementen Barium, Lanthan und Cerium zu ersetzen, aber als „Nuklearchemiker", die der Physik nahestehen, können wir diesen Sprung noch nicht nachvollziehen, der allen bisherigen Erfahrungen der Nuklearphysik widerspricht.[3]

Andererseits erinnert sich Strassmann, daß er keine solchen Vorbehalte hatte.[4] Hahn erklärte nicht ausdrücklich, daß die Gegenwart von Barium ein Zerbrechen des Urankerns bedeutete, aber dies war allen klar, die seine Arbeit lasen.

Kurz nach Erhalt des Briefes von Hahn verbrachte Meitner Weihnachten mit Freunden und ihrem Neffen, dem jungen Physiker Otto Robert Frisch, an der Westküste von Schweden. Frisch arbeitete damals am Niels Bohr Institut für Physik in Kopenhagen. Frisch erinnert sich an dieses dramatische Treffen in seinen Memoiren:

> Als ich nach meiner ersten Nacht in Kungälv aus meinem Hotelzimmer kam, fand ich Lise Meitner mit einem Brief von Hahn, der sie offensichtlich sehr beunruhigte. Ich wollte ihr von einem neuen von mir geplanten Experiment erzählen, aber sie hörte mir nicht zu. Der Inhalt des Briefes war so dramatisch, daß ich zuerst eher skeptisch war. Hahn und Strassmann hatten entdeckt, daß diese drei Substanzen [die sie gefunden hatten] nicht Radium ... waren, [sondern] daß es sich um Isotope von Barium handelte.
>
> War es nur ein Irrtum? Nein, sagte Lise, Hahn wäre ein zu guter Chemiker. Aber wie konnte Barium aus Uran entstehen? Keine größeren Fragmente als Protone oder Heliumkerne (Alphapartikel) waren jemals zuvor von Kernen abgespalten worden, und zur Absonderung eines schweren Elements war nicht annähernd die notwendige Energie vorhanden. Auch war es unmöglich, daß der Urankern einfach gespalten werden konnte. Ein Kern war nicht ein Stück Material, das bersten oder brechen konnte. Nach Gedanken von George Gamov, die auch mit Argumenten von Bohr unterstützt wurden, war ein Kern eher wie ein flüssiger Tropfen. Vielleicht konnte sich ein Tropfen in einem allmählichen Prozeß in zwei kleine Tropfen teilen, indem er sich zuerst verlän-

gerte, dann zusammenzog und schließlich eher in zwei Teile zerrissen als gebrochen würde? Wir wußten, daß es starke Kräfte gab, die einem solchen Prozeß widerstehen würden, genauso wie die Oberflächenspannung eines normalen Tropfens seiner Teilung in zwei kleinere entgegenwirkt. Aber Kerne unterschieden sich von normalen Tropfen: sie waren elektrisch geladen, und diese Ladung wirkte der Oberflächenspannung entgegen [da sich positive Ladungen gegenseitig abstoßen].

An diesem Punkt der Diskussion angekommen, ließen wir uns auf einem Baumstrunk nieder (wir waren während all dieser Überlegungen im Wald durch den Schnee spaziert, ich mit meinen Skiern, während Lise Meitner ihrem guten Vorsatz, auch ohne Skier genauso schnell voranzukommen, gerecht wurde). Wir begannen, unsere Gedanken auf Papierschnitzel zu notieren. Wir kamen zu dem Schluß, daß die [positive] Ladung des Urankerns tatsächlich groß genug war, um den Effekt der Oberflächenspannung fast zur Gänze zu kompensieren; es könnte also der Urankern tatsächlich einem wabbelndem, unstabilen Tropfen gleichen, der sich beim geringsten Anstoß teilen würde, also zum Beispiel durch das Einwirken eines einzigen Neutrons.

Aber es gab noch ein weiteres Problem. Nach der Trennung würden die beiden Tropfen sich aufgrund ihrer elektrischen Ladung gegenseitig abstoßen und auseinanderdriften; sie würden eine große Geschwindigkeit und damit sehr hohe Energien entwickeln. ... Wo könnte diese Energie herkommen? Glücklicherweise hatte Lise Meitner die empirische Formel zur Berechnung der Masse von Kernen in ihrem Gedächtnis parat und berechnete, daß die beiden durch die Teilung des Urankerns entstehenden Kerne um zirka ein Fünftel der Masse eines Protons leichter als der ursprüngliche Urankern sein würden. Wenn Masse verlorengeht, entsteht Energie ... und ein Fünftel der Masse eines Protons entsprach genau [der notwendigen Energie]. Hier war also die Lösung, woher diese Energie stammte; alles paßte zusammen![5]

Frischs nüchterne Schilderungen lassen den Leser kaum das unglaubliche Ergebnis dieser Berechnungen erfassen. Er und Meitner verwendeten zur Berechnung der dem Verlust von einem Fünftel eines Protons entsprechenden Energiemenge Einsteins berühmte Formel $E = mc^2$.[6] Nach dieser Berechnung würde die Spaltung von einem Gramm Uran dieselbe Energiemenge wie das Verbrennen von zweieinhalb Tonnen Kohle erzeugen.

Warum hatten weder Hahn und Strassmann, noch Fermi, noch Curie und Savitch dies bemerkt? Sie fragten nur nach der chemischen Natur der durch die Bestrahlung von Uran mit Neutronen erzeugten neuen radioaktiven Elemente; keiner von ihnen wußte, daß diese Elemente aus einem Isotop mit dem 235fachen Gewicht eines Wasserstoffatoms entstanden, was weniger als einem Prozent der Masse des Urans entspricht. Da in ihren Experimenten nur ein Bruchteil der Atome der verwendeten winzigen Uranmengen gespalten wurde, blieb die Gewalt dieser Spaltung unbemerkt.

Nach seiner Rückkehr nach Kopenhagen führte Frisch ein Experiment zur Messung der Kraft der bei der Bestrahlung von Uran mit Neutronen herausschießenden Fragmente durch und bestätigte das Ausmaß dieser Kräfte auf Grund seiner und Meitners Berechnungen. Es war eine in der Forschung seltene Situation, die den Ideen Karl Poppers über die wissenschaftliche Methode entsprach. Die Gewalt der Reaktion war ohne Vorhersage durch eine Hypothese unbemerkt geblieben; Frisch hatte sie aber durch ein Experiment nachgewiesen, das diese Hypothese widerlegen sollte.

Meitner und Frisch sandten zwei Briefe an die britische Zeitschrift *Nature*, einer beschrieb ihre theoretische Erklärung der Ergebnisse von Hahn und Strassmann und war von beiden unterzeichnet,[7] während der andere von Frisch allein geschrieben wurde und seine Experimente zum Thema hatte.[8] Sie erläuterten, daß die neuen Radioaktivitäten, die Fermi und die Berliner Gruppe schwereren Elementen als Uran zugeschrieben hatten, mit einer einzigen Ausnahme Produkte der Spaltung des Urans in leichtere Elemente waren. Die eine Ausnahme war ein Vorläufer des Plutoniums, wie später entdeckt wurde. Was Curie und Savitch Lanthan genannt hatten, war ein Produkt des radioaktiven Zerfalls eines Bariumisotops, aber diese Möglichkeit lag ihren damaligen Gedanken fern.

Meitner und Frisch benutzten für das neue Phänomen (in Anlehnung an den biologischen Fachausdruck zur Beschreibung der spontanen Teilung von Hefezellen) den Ausdruck Fission – Spaltung. Sie gaben keinen Hinweis, daß die durch diese Reaktion freiwerdende Energie die Menschheit mit unbeschränkten Energiemengen auf beinahe ewige Zeiten versorgen könnte. Auch verschwiegen sie die Möglichkeit der Erzeugung einer Atombombe, obwohl diese Möglichkeit wohl jedem Physiker, der ihre Arbeiten las, klar sein mußte. Mit einem Hinweis dieser Art hätten sie damals wohl auch als sensationslüstern gegolten, und das war ihrer wissenschaftlichen Ehre nicht würdig. Die Arbeiten wurden im Februar 1939 veröffentlicht. Als Niels Bohr die Experimente von Frisch bei einer Konferenz der amerikanischen physikalischen Gesellschaft in Washington vortrug, löste er unter den Zuhörern eine solche Erregung aus, daß einige Physiker noch vor Ende seiner Rede den Saal verließen und ins Labor eilten, um die Experimente zu wiederholen. Am 7. Februar schrieb Bohr, der sich damals in Princeton aufhielt, einen Brief an die Zeitschrift *Physical Review*,[9] in dem er die Kernspaltung nicht dem häufigen Uran 238, sondern dem seltenen Isotop Uran 235 zuschrieb.

Der nächste schicksalschwere Schritt war ein Brief von Hans von Halban, Frederic Joliot und Lev Kowarsky an *Nature*, datiert 22. April 1939. Sie hatten entdeckt, daß die Bestrahlung von Uran mit Neutronen eine Emission von durchschnittlich dreieinhalb Neutronen pro absorbiertem Neutron verursacht (spätere Studien zeigten, daß es nur zweieinhalb waren). Diese Neutronen würden von anderen Uranatomen absorbiert werden und deren Spaltung verursachen, wodurch eine Kettenreaktion entstünde, die schließlich zu einer Explosion führen könnte. Die Frage war, welche Mengen an Uran für die Erzeugung einer solchen Explosion notwendig wären, ein Gramm oder eine Tonne?

Während ihrer Arbeit an der Universität von Birmingham in England berechneten Frisch und Rudolf Peierls im März 1940, daß ein Kilogramm Uran 235 zur Erzeugung einer Atombombe ausreichend wäre. Sie erläuterten auch genau, wie das seltene Isotop Uran 235 aus dem häufig vorkommenden Uran 238 erzeugt werden und wie es detonieren könnte. Diese Geheimschrift war der erste Schritt zur Veranlassung der Erzeugung der Atombombe, die Hiroshima zerstörte.[10]

Im Sommer 1941 engagierte Peierls den deutschen Physiker Klaus Fuchs zur Unterstützung weiterer theoretischer Arbeiten im Projekt Atombombe. Erst acht Jahre später fand er heraus, daß Fuchs ein überzeugter Kommunist war und Kopien aller ihrer Arbeiten, einschließlich der Geheimschrift von Peierl und Frisch, an die sowjetische Botschaft in London weitergeleitet hatte, wo sie der NKVD-Offizier für technische Intelligenz, Vladimir Barkovsky, sammelte. Im Alter von 82 Jahren berichtete Barkovsky im Mai 1996 bei einer Konferenz in Dubna, in der Nähe von Moskau, über seine Erfahrungen. Er nannte Fuchs „einen Helden, der der Welt einen großen Dienst erwies", aber das englische Volk war anderer Meinung. Barkovsky betonte, daß Fuchs nicht bezahlt wurde.

Meitner war erschüttert, als ihr bewußt wurde, daß die Hypothese über die Transurane, an der sie während ihrer letzten vier Jahre in Berlin gearbeitet hatte, nun widerlegt war, während sie nun durch ihre Ausreise aus Deutschland von der großen Entdeckung, zu der ihre Arbeit schließlich geführt hatte, ausgeschlossen war. Es war ihr kein Trost, daß sie und Frisch die ersten waren, die die Bedeutung der Entdeckungen von Hahn und Strassmann erkannt und veröffentlicht hatten. Genauso wenig fand sie Genugtuung aus der Tatsache, daß amerikanische Wissenschaftler eher sie und Frisch zitierten als Hahn und Strassmann, wahrscheinlich weil ihre Arbeiten in englischer Sprache verfaßt waren. Sie schrieb an Hahn: „Siegbahn wird jetzt langsam glauben, ... daß ich nie etwas bewerkstelligt habe, und daß Du in Dahlem die ganze physikalische Arbeit geleistet hast," und an ihren Bruder: „Leider habe ich alles falsch gemacht. Jetzt habe ich kein Selbstvertrauen mehr. Habe ich früher daran geglaubt, meine Sache gut zu machen, traue ich mir jetzt nichts mehr zu." Vielleicht glaubte sie auch, daß es ein Fehler war, die Experimente von Curie und Savitch nicht sofort weiter zu verfolgen, sondern sie nur in Frage zu stellen. Ihre Befürchtungen wurden durch die Verleihung des Nobelpreises für Chemie im Jahre 1944 an Hahn allein bestätigt. Erst nachdem die Unterlagen des Nobelpreis-Komitees fünfzig Jahre im Archiv begraben waren, erkannte man, daß das Nobelpreis-Komitee die Art ihrer Zusammenarbeit, die schließlich zur Entdeckung führte, fehl einschätzte und auch den schriftlichen und mündlichen Beitrag von Meitner nach ihrer Flucht aus Berlin in ihre Überlegungen nicht entsprechend einbezogen hatte.[12, 13]

Wegen des Krieges war das Komitee auch durch einen Mangel an Verbindung mit der übrigen Welt behindert. Hahn und Meitner waren bereits auf Grund ihrer früheren Entdeckungen und wiederum gemeinsam für die Entdeckung der Kernspaltung nominiert worden. Aber das Nobelpreis-Komitee für Chemie ignorierte diese Nominierungen und beschränkte seine Aufmerksamkeit auf die zwei Publikationen von Hahn und Strassmann, die auf Basis rein chemischer Methoden die Produktion von radioaktiven Isotopen von Barium anhand der Bestrahlung von Uran mit Neutronen nachwies. Nicht einmal Strassmann war als Preisträger in Erwägung gezogen worden, obwohl er eigentlich viele der Experimente durchgeführt und entscheidende Neuerungen eingeführt hatte, während Hahn selbst als gestandener Anti-Nazi in erster Linie damit beschäftigt war, Nazi-Angriffe gegen seine Person und gegen sein Institut abzuwehren. Es gab wohl einen Vorschlag, den Preis für Physik, gleichzeitig mit der Verleihung des Preises für Chemie an Hahn, an Meitner und Frisch zu verleihen, aber dieser ging an den großen Theoretiker Wolfgang Pauli. Später wurde dieser Vorschlag nicht wieder aufgegriffen, da bereits viele andere Kandidaten nominiert waren.

Während der ersten Kriegsjahre erzählte Hahn dem jungen Physiker Carl Friedrich von Weizsäcker: „Wenn meine Entdeckungen dazu führen, daß Hitler eine Atombombe bekommt, bringe ich mich um." Als er von Hiroshima erfuhr, war er tatsächlich nahe daran, sich das Leben zu nehmen, aber da er gerade in England interniert war, fehlten ihm alle Möglichkeiten, das durchzuführen. Schließlich gelang es seinem Freund Max von Laue, ihn zu beruhigen. Meitner schlug eine Einladung zur Mitarbeit im Team von Los Alamos aus. Sie wollte mit dem Bau einer Atombombe nichts zu tun haben. Im August 1945 genoß sie gerade in Schweden einen ruhigen Urlaub auf dem Land, als sie von einem Reporter einen Anruf erhielt, der sie über Hiroshima in Kenntnis setzte. Über alle Maßen erschüttert, wanderte sie viele Stunden lang allein durch die Gegend. Ihre Freunde hatten sie noch nie dermaßen außer sich erlebt. Es kam noch schlimmer, als sie von Reportern belagert wurde, die in ihr eine Person von öffentlichem Interesse sahen, die mitverantwortlich für die Atombombe war. Unter der Schlagezeile FLEEING JEWESS beschrieb einer dieser Zeitungsberichte ihre Flucht aus Deutschland, und daß sie die Geheimnisse der Atombombe mitgenommen und diese in der Folge den Alliierten übergeben hätte.

Meitner schrieb im September 1945 an ihre Schwester:

Ich fühle mich als Verräter, wenn amerikanische Juden ... mich besonders loben, weil ich jüdischer Abstammung bin. Ich bin keine gläubige Jüdin, weiß nichts über die Geschichte des Judentums und fühle mich den Juden nicht mehr als anderen Menschen verbunden. Und ist es nicht gerade jetzt, wo man sich nur mit ganzem Herzen wünschen kann, daß es auf dieser Welt keine Rassenvorurteile mehr gibt, besonders unglücklich, wenn Juden selbst rassistische Vorurteile haben?

Nichtsdestoweniger genoß Meitner ihren Ruhm und die Anerkennung, die sie in den Jahren nach dem Krieg sowohl in Deutschland als auch in den Vereinigten Staaten erhielt, und sie erneuerte die freundschaftlichen Beziehungen mit vielen ihrer alten Berliner Kollegen und anderen Physikern. Nach dem Tod von Einstein im Jahre 1955 schrieb sie an Max von Laue:

Obwohl ich Einstein während meiner Berliner Jahre hoch verehrte und ihm gegenüber eine hohe Zuneigung hatte, stolperte ich innerlich darüber, daß er keinerlei persönliche Beziehungen unterhielt. ... Erst viel später verstand ich, daß er diese Absonderung von anderen gerade wegen seiner großen Liebe und seinem Verantwortungsgefühl der Menschheit gegenüber brauchte.

Dem gegenüber stehen meine eigenen Erfahrungen, daß Menschen nicht deshalb eine besondere Liebe gegenüber der Menschheit im allgemeinen empfinden, weil sie absichtlich persönlichen Beziehungen aus dem Weg gehen, sondern weil sie vielmehr zum Aufbau und zur Entwicklung solcher Beziehungen nicht fähig sind. Peter Medawar erzählte mir über einen Kollegen, der die ganze Menschheit über alles liebte. Wollte aber ein Techniker, der für ihn arbeitete, sein Zimmer betreten, riskierte er damit sein Leben.

Im Jahre 1960 übersiedelte Meitner im Alter von 82 Jahren nach Cambridge zu Otto Frisch und seiner Familie, und ich hatte das Glück, sie kennenzulernen. Ich bewunderte ihren brillanten Geist, ihre selbstlose Hingabe für die Wissenschaft, ihre Wärme und ihren Sinn für Humor. Im Jahre 1964 lud mich die U.S. Atomenergiekommission ein, einen Kandidaten für den ehrenvollen Enrico-Fermi-Preis zu nominieren. Ich beschloß, Meitner zu nominieren. Da ich jedoch kein Physiker bin, bat ich Sir Lawrence Bragg und Hans Bethe um Unterstützung. Auch Hahn wurde gefragt, und dieser nominierte Strassmann. Ich war dann hoch erfreut, als die Kommission im Jahre 1966 den Preis gemeinsam an Meitner, Hahn und Strassmann verlieh. So wurde die Ungerechtigkeit, daß Meitner und Strassmann bei der Vergabe des Nobelpreises ausgelassen worden waren, doch nahezu wieder gut gemacht. Meitner war zu diesem Zeitpunkt bereits zu gebrechlich, um zur Preisverleihung nach Washington zu reisen. So kam Glenn Seaborg, der Vorsitzende der Kommission und der Entdecker der echten Transurane, nach Cambridge und überreichte ihr anläßlich einer kurzen Feier in meinem Haus den Preis.

Ruth Sime beschuldigt Hahn, den Beitrag von Meitner zu gering zu werten bzw. ihn gänzlich zu ignorieren, aber sie kann diese Anschuldigung nicht überzeugend untermauern. Sime zitiert Meitners Brief aus Stockholm an Hahn nach der Verleihung des Nobelpreises, in dem sie kritisch bemerkt, daß er in seinen Presseinterviews ihre Zusammenarbeit nicht erwähnt hatte. Das kann wohl wahr sein, aber andererseits anerkennt Hahn in seiner gedruckten Nobelpreis-Ansprache ihre gemeinsame Arbeit; auch im Lebenslauf als Anhang zu dieser Rede werden die Jahre ihrer Zusammenarbeit und die Themen ihrer gemeinsamen Arbeiten hervorgehoben.[14] Hahns Autobiographie beschreibt diese gemeinsame Arbeit im Detail und führt die entscheidenden Briefe ihrer Korrespondenz im Dezember 1938 im vollen Wortlaut an.[15]

Auch die Witwe von Frisch versicherte mir, daß Meitner in all den Jahren, während sie in Cambridge lebte, Hahn gegenüber nie anderes als tiefe Zuneigung ausdrückte. Manfred Eigen, ein jüngerer Nobelpreisträger für Chemie, war von der offensichtlichen herzlichen Freundschaft zwischen Hahn und Meitner beeindruckt, als er in den 60er Jahren einige Zeit mit ihnen in Göttingen verbrachte. Weizsäcker schreibt, daß er nie einen so anständigen und wohlwollenden Menschen kennengelernt hätte wie Hahn. Wenn Sime Hahn kritisiert, er prahle damit, daß die Physik nichts mit seinen und Strassmanns Entdeckungen zu tun gehabt hätte, so vergißt sie dabei, daß Chemiker dieser Generation wenig Physik lernten, so daß sie sich gegenüber Physikern geringer schätzten, deren Interpretationen ihrer Experimente sie unbedingt brauchten. Es könnte also die Prahlerei eher von dem Wunsch geleitet worden sein, dieses Gefühl zu kompensieren, als daß Hahn Meitners Beitrag herabwürdigen wollte. Sime berichtet auch, daß Hahn sagte, er und Strassmann hätten ihre Entdeckung nicht gemacht, wäre Meitner in Berlin geblieben. Darin steckt sicherlich ein Körnchen Wahrheit, denn Meitner hielt die Ergebnisse von Curie und Savitch für gefälscht und es nicht wert, sich darüber den Kopf zu zerbrechen.

Simes Berichte über die wissenschaftliche Arbeit von Meitner und ihren Kollegen sind genau, lesbar und jedem verständlich, der in Physik und Chemie ein Basiswissen hat. Sie veranschaulicht das Leben und die Persönlichkeit dieser bemerkenswerten Frau in lebendigen Bildern, und liefert damit einen Beweis für den Ausspruch Peter Medawars:

> Höchste Zeit, daß [Laien] den Irrglauben aufgeben, die wissenschaftliche Forschung sei eine kühle und leidenschaftslose Sache, ohne Fantasie, und daß ein Wissenschaftler ein Mensch sei, der einfach die Kurbel einer Entdeckungsmaschine dreht; denn auf jeder Stufe ist die wissenschaftliche Forschung ein leidenschaftliches Unternehmen und sie besteht in erster Linie in einem Durchbrechen zu einem schon Vorstellbaren, aber noch Unbekannten.[16]

Strassmann hat es sich verdient, als stiller Held erwähnt zu werden, nicht nur, weil er viele der entscheidenden Experimente durchführte. Als er in den 30er Jahren arbeitslos war, wollte er eher verhungern, als eine Stelle anzunehmen, die den Beitritt zur Nazipartei zur Voraussetzung hatte. Während des Krieges versteckten er und seine Frau die jüdische Pianistin Andrea Wolffenstein mehrere Monate in ihrer Wohnung, wobei sie ihr eigenes Leben riskierten. Wolffenstein überlebte, und vierzig Jahre später wurde Strassmann im israelischen Holocaust Museum als einer von vielen Deutschen geehrt, die sich weigerten, mit den Nazis zusammenzuarben.

Meitner starb 1968, einige Monate nach dem Tod ihres Freundes und Kollegen Otto Hahn.

Anmerkungen und Literaturhinweise
Die Spaltung des Atoms

[1] Sie fanden heraus, daß einige Betastrahlen direkt von radioaktiven Kernen ausgestrahlt werden, während andere aus der umgebenden Elektronenhülle durch Gammastrahlen ausgestoßen werden.

[2] Fermi verwendete eine mit Berylliumpulver gefüllte Glasphiole und Radon als Neutronenquelle.

[3] Hahn O. und Strassmann F. 6. Januar 1939. Über den Nachweis und das Verhalten der bei der Bestrahlung des Urans mittels Neutronen entstehenden Erdalkalimetalle. *Die Naturwissenschaften* pp. 11-15.

[4] Strassmann F. 1938 (privater Nachdruck in Mainz, 1978) *Kernspaltung*.

[5] Frisch O. 1979. *What little I remember*. pp. 115-116. Cambridge University Press.

[6] In dieser Gleichung steht E für Energie, m bedeutet Masse und c bedeutet Lichtgeschwindigkeit.

[7] Meitner L. und Frisch O. R. 11. Februar 1939. Disintegration of uranium by neutrons: a new type of nuclear reaction. *Nature* pp. 239-290.

[8] Frisch O. R. 18. Februar 1939. Physical evidence for the division of heavy nuclei under neutron bombardment. *Nature* p. 276.

[9] Bohr N. 15. Februar 1939. Resonance in uranium and thorium disintegration and the phenomenon of nuclear fission. *Physical Review* pp. 418-419.

[10] Diese Schrift wurde später in Margaret Gowings Buch veröffentlicht: *Britain and Atomic Energy, 1939-1945* (St. Martin's, 1964).

[11] Reed T. und Kramish A. November 1996. Trinity at Dubna. *Physics Today* p. 32.

[12] Carwford E., Sime R.L., und Walker M. 1. August 1996. A Nobel tale of wartime injustice. *Nature* pp. 393-395.

[13] Von Weizsäcker C. F. und Oelering J. H. J. 26. September 1996. Hahn's Nobel was well deserved. *Nature* p. 294

[14] Hahn O. From the natural transmutations of uranium to its artificial fission. In *Nobel lectures in chemistry 1942-1962*. 1964. Elsevier.

[15] Hahn O. 1968. *Mein Leben*. F. Bruckmann, München.

[16] Medawar P. 25. Oktober 1963. *The Times Literary Supplement* p. 850.

Das Patent auf die Bombe*

*) Zum Buch von William Lanouette in Zusammenarbeit mit Bela Szilard, Vorwort von Jonas Salk: *Genius in the Shadows: A Biography of Leo Szilard, the Man Behind the Bomb* (Scribner's/A Robert Stewart).

Am 13. August 1940 berichtete Lt. Col. S. V. Constant des amerikanischen Militärgeheimdienstes: „ENRICO FERMI ... Es ist anzunehmen, daß er Italien verlassen hat, weil seine Frau Jüdin ist. ... Er ist ohne Zweifel ein Faschist. ... Die Rekrutierung dieser Person für Geheimarbeiten ist nicht zu empfehlen." „Herr SZELARD. [sic] Er ist ein jüdischer Flüchtling aus Ungarn. Es ist bekannt, daß er aus einer Familie reicher ungarischer Kaufleute stammt, die den Großteil ihres Vermögens in die Vereinigten Staaten mitnehmen konnte. ... Es ist bekannt, daß er ausgesprochen pro Deutsch eingestellt ist."

Fermi war kein Faschist, und Szilard wurde von den Deutschen verfolgt; seine Familie war weder vermögend noch war sie überhaupt in die Vereinigten Staaten eingereist, aber was soll es. Hätte man dem militärischen Geheimdienst gefolgt, wäre die Atombombe vielleicht nie gebaut worden, und das Atomzeitalter wäre – zumindest damals – noch nicht angebrochen.

Leo Szilard wurde im Jahre 1898 als Sohn eines erfolgreichen jüdischen Zivilingenieurs in Budapest geboren. Er war geistig frühreif, aber körperlich faul. Er organisierte lieber die Spiele seiner Gefährten, als selbst daran teilzunehmen; er hatte enge Freunde, die er aber plötzlich wieder fallen ließ. Dieses Verhalten zeigte er sein ganzes Leben lang. Szilards Mutter war wohl ursprünglich Jüdin, aber nicht gläubig, und hatte sich im Laufe ihres Lebens ein eigenes religiöses Bild nach den Lehren von Jesus Christus gemacht. Diese ethischen Werte vermittelte sie auch ihren Kindern, wodurch die eine Seite von Leos Leben geleitet wurde. Die Kehrseite seines Lebens war von Hartnäckigkeit und einer Vervielfachung seiner Ängste aus Kindertagen geprägt.

Als Technikstudenten an der Budapester Technischen Universität unterstützten Leo und sein Bruder Bela im Jahre 1919 das nur kurze Zeit bestehende kommunistische Regime Bela Kuns. Nach dem Sturz der Regierung Bela Kun wurden sie von der Polizei verfolgt und von antisemitischen Studenten angegriffen. Leo beschloß, seine Studien in Berlin fortzusetzen. Um die Grenzpolizei abzulenken, ging er auf einen Ausflugsdampfer auf der Donau an Bord und fuhr nach Wien. Traurig sah er den ungarischen Ufern nach, so daß ihn ein alter ungarischer Bauer, der nach einem Heimaturlaub nach Kanada zurückreiste, tröstete: „Sei froh! Solange Du lebst, wirst Du diesen Tag als den glücklichsten Deines Lebens in Erinnerung behalten!" Szilard wäre nie berühmt geworden, wäre er zu Hause geblieben. Aber er verbrachte sein restliches Leben einsam als Vagabund, der in Hotels oder kurzfristigen Quartieren beheimatet war.

In Berlin inskribierte er als Student an der Technischen Universität, wie es sein Vater wünschte, aber die Technik langweilte ihn schon bald. Als er die wöchentlichen Physikseminare an der Friedrich-Wilhelm-Universität entdeckte, an denen Albert Einstein und andere hervorragende Wissenschaftler teilnahmen, wechselte er zur Physik. Für seinen Abschluß schrieb er eine brillante mathematische Diplomarbeit zum Thema einer Theorie zu den aus thermodynamischen Vorgängen entstehenden Schwankungen, die später veröffentlicht wurde. In einer weiteren genialen Arbeit beschrieb er die Art und Weise, wie die Entropie in einem thermodynamischen System durch die Intervention von intelligenten Wesen reduziert werden kann, womit er bewies, daß die Information einer negativen Entropie gleicht, d.h. weniger Unordnung bedeutet.[1] Diese zweite Arbeit war bereits ein Vorläufer der Informationstheorie, die von Claude E. Shannon und Warren Weaver entwickelt wurde.

Diese beiden Arbeiten sollten die einzigen größeren wissenschaftlichen Veröffentlichungen von Szilard bleiben. In seinen weiteren Berliner Jahren veröffentlichte er nur zwei kurze Kommentare zu Röntgenstrahlen, die wahrscheinlich hauptsächlich seinem Mitautor Hermann Mark zu verdanken waren. Andererseits reichte Szilard mehrere geniale Patente ein, eines davon gemeinsam mit Einstein, eine elektromagnetische Pumpe, die flüssige Metalle verwendete. Diese Erfindung sollte später im Manhattan Projekt von Nutzen sein. Weiters reichte er zu einem Zeitpunkt, als noch kein Physiker solche baute, zwei Patente für Atomzertrümmerer ein: einen linearen Partikelbeschleuniger im Jahre 1928 und ein Zyklotron im Jahre 1929. Die Patente sind im Original vorhanden und echt, aber Szilard entwickelte sie niemals auch nur im Versuchsstadium weiter.

Max Volmer, einer der führenden Physiker in Berlin, beschrieb Szilard als „einen der fähigsten und geistig regsten Menschen, den ich jemals kennenlernte. Nicht nur kennt er sich bei allen Entwicklungen der modernen Physik hervorragend aus, sondern er hat auch die Fähigkeit, sich mit Problemen auf allen Gebieten der klassischen Physik und physikalischen Chemie auseinandersetzen zu können." Jahre später erinnerte sich der große Zoologe Konrad Lorenz an Szilard als einen der intelligentesten Menschen, die er jemals kennenlernte. Anna Kapitsa, die Witwe des berühmten russischen Physikers Peter Kapitsa, sagte, daß Szilard wie ein Wasserfall vor Ideen förmlich sprühte, während Erwin Schroedinger, der Erfinder der Wellenmechanik, schrieb, daß „alles, was er sagte, immer kompetent und neuartig war" und von einer Art, „wie es keinem anderen einfallen würde".

Was war es nur, das diesen brillanten Mann davon abhielt, seine Ideen weiter zu verfolgen, bis auf ein einziges Mal, als er von purer Angst getrieben war? Dostojewskij schrieb seine Romane immer dann, wenn er gerade sein ganzes Geld verspielt hatte. Geldmangel war es aber keineswegs, was Szilard zu seiner täglichen Forschungsarbeit motivierte. Er hatte eine Aversion davor, an eine bestimmte wissenschaftliche Arbeit, an eine Stelle, ein Heim oder eine Frau gebunden zu sein, und blieb sein ganzes Leben lang rastlos. Viktor Weisskopf nannte ihn eine intelligente Hummel, was vielleicht abfällig klingt, aber er meinte damit auch, daß er für viele andere bei ihrer wissenschaftlichen Arbeit befruchtend war.

Szilard fürchtete immer das Schlimmste, und oft gab ihm das Schicksal recht. Ein paar Tage nach der Machtergreifung durch Hitler im Jänner 1933 besuchte er seine Familie in Budapest und teilte ihnen mit, daß er auswandere, denn Hitler würde bald ganz Europa einnehmen. Am 30. März 1933 verließ er Berlin mit einem

Zug nach Wien und nahm seine ganzen Ersparnisse in seinen Schuhsohlen versteckt mit. Noch am nächsten Tag las er, daß die Nazis begonnen hatten, die Passagiere genau dieses Zugs zu durchsuchen. Ab diesem Zeitpunkt hatte Szilard, egal wo er sich gerade aufhielt, stets zwei gepackte Koffer bei sich, nur für den Fall, daß er plötzlich fliehen müßte.

In Wien leistete Szilard seinen ersten Beitrag zur Unterstützung seiner wissenschaftlichen Kollegen. Er war zutiefst um die deutschen jüdischen Akademiker besorgt, die von den Nazis aus ihren Stellen vertrieben worden waren, und gründete die Wohlfahrtsorganisation Academic Assistance Council, die in erster Linie von freiwilligen Spenden britischer Akademiker finanziert wurde und entlassene Gelehrte bei ihrer Eingliederung in eine neue wissenschaftliche Laufbahn im Ausland unterstützte. Diese Organisation hieß später Society for the Protection of Science and Learning und hat noch immer ihren Sitz in London; tausende Akademiker, die wegen ihrer Rasse, Religion oder aus politischen Gründen verfolgt wurden, haben bis heute mit Hilfe dieser Gesellschaft ein neues Zuhause und eine neue berufliche Zukunft gefunden.

Dank bester Empfehlungen aus Berlin hätte Szilard in England sofort Arbeit gefunden, aber eine Vorlesung Lord Rutherfords, des Physikers und Entdeckers des Atomkerns, sollte sein Leben ändern. In der wissenschaftlichen Zeitschrift *Nature*, die Szilard damals sicherlich las, schloß Rutherford einen Vortrag „mit warnenden Worten an jene, die in atomaren Umwandlungen Energiequellen suchen, denn solche Erwartungen wären völlig aus der Luft gegriffen". Szilard hielt dagegen, daß auch der große Rutherford nicht wissen könnte, was ein anderer erfinden würde. Erst ein Jahr früher hatte James Chadwick, einer von Rutherfords jungen Kollegen in Cambridge, das Neutron entdeckt, als er eine dünne Folie aus Beryllium mit Alphapartikeln beschoß. Szilard erinnerte sich:

> Als ich vor der Ampel ... auf grünes Licht wartete und dann die Straße überquerte, fiel mir plötzlich ein, daß eine nukleare Kettenreaktion entstehen könnte, wenn man ein Element findet, das von Neutronen gespalten wird, und das *zwei* Neutronen ausstoßen würde, während es *ein* Neutron absorbierte, falls die eingesetzte Masse entsprechend groß wäre. Im Moment wußte ich zwar nicht, wie man ein solches Element finden sollte oder welche Experimente notwendig wären, aber diese Idee ließ mich nie wieder los.

Zuerst dachte Szilard nur an Energiegewinnung und reichte ein Patent zu seiner Idee ein. In der Patentschrift schloß er mit folgenden Worten:

> Wir wollen nun die Zusammensetzung des Materials diskutieren, mit welchem die Kettenreaktion zustande kommen könnte. ... (a) Reine Neutronenketten ... sind nur möglich, wenn ein metastabiles Element vorhanden ist, ... das eine entsprechende Masse erreicht, um sich unter Freisetzung von Energie in seine Bestandteile zu zerlegen. Elemente wie Uran oder Thorium sind Beispiele ...

Das Patent ist mit 12. März 1934 datiert. Das war viereinhalb Jahre früher als Otto Hahn und Fritz Strassmann die Kernspaltung von Uran mittels Neutronen entdeckten. Sie konnten von diesem vorausschauenden Patent Szilards nichts wissen, denn sobald ihm die militärische Bedeutung dieser Erfindung bewußt wurde, übergab er es unter der Auflage der Geheimhaltung der britischen Admiralität.

Die Welt hatte Glück, und Szilard versuchte nie, Uran oder Thorium mit Neutronen zu beschießen, sondern verwendete Beryllium und später Indium, die beide zu keiner Kernspaltung führten. Nach vier Jahren zeitweise unterbrochener, jedoch vergeblicher Forschungsarbeit schrieb Szilard am 21. Dezember 1938 aus New York an die Admiralität und bat sie, sein nutzloses Patent zurückzulegen. Nur einen Monat später erfuhr er, daß Hahn und Strassmann seine Ideen verifiziert hatten. Am 2. Februar 1939 schrieb Szilard deshalb nochmals an die Admiralität und bat sie, sein Patent doch zu behalten. Zuerst war er hocherfreut, daß er recht gehabt hatte, doch bald versetzte ihn die Idee, daß die Deutschen eine Atombombe bauen und diese Hitler in die Hand geben könnten, in Angst und Schrecken.

Szilard hielt sich zu einem wissenschaftlichen Besuch in den Vereinigten Staaten auf, als er erfuhr, daß Chamberlain und Daladier am 30. September 1938 mit Hitler den Pakt von München unterzeichnet hatten. Aus Angst vor einem Krieg kehrte er nicht zu seiner Forschungsarbeit nach Oxford zurück. Er schrieb an Professor Lindemann, dem späteren Lord Cherwell, daß er sich nicht länger auf seine Forschung konzentrieren könne:

> Meiner Meinung nach wären alle, die für den wissenschaftlichen Fortschritt arbeiten möchten, gut beraten, nach Amerika zu übersiedeln, wo sie auf weitere zehn oder fünfzehn Jahre ungestörter Arbeit hoffen können.

Auf die Idee, daß vielleicht britische Wissenschaftler von sich aus bleiben und ihrem Land dienen wollten, kam er nicht.

In New York lernte Szilard den italienischen Physiker Enrico Fermi kennen. Dieser hatte, als er noch in Rom lebte, mit der Bestrahlung von Uran mit Neutronen begonnen, um schwerere Elemente als Uran zu erzeugen. Uran war damals das schwerste bekannte Element. Aber er hatte dabei die Kernspaltung nicht entdeckt. Fermi hatte gerade für seine Arbeit den Nobelpreis erhalten und war mit seiner Familie direkt aus Stockholm in die Vereinigten Staaten ausgewandert.

Fermi konnte die Ergebnisse von Hahn und Strassmann vorerst nicht glauben, aber andere bestätigten diese rasch und entwickelten sie weiter. Im März 1939 entdeckten Szilard und Walter Zinn, daß beim Beschießen von Uran mit Neutronen tatsächlich weitere Neutronen ausgestoßen wurden, genau wie er gedacht hatte. In Paris kamen Frédéric Joliot, Hans von Halban und Lev Kowarski zum gleichen Ergebnis, das sie in einem Brief an *Nature* veröffentlichen. Einen Monat später schrieben sie einen weiteren Brief, in dem sie feststellten, daß 3,5 Neutronen im Verhältnis zu einem gespaltenen Uranatom ausgestoßen würden (die richtige Zahl liegt zwischen 2 und 3). Nach dem Fall von Paris im Juni 1940 arbeiteten Halban und Kowarski unmittelbar unter meinem Büro an der alten Schule für Anatomie der Universität Cambridge weiter an ihren Experimenten. Oft habe ich mich gefragt, wie stark sie mich wohl mit ihren Neutronen bestrahlt haben, aber bis jetzt scheint mir das nicht geschadet zu haben.

Auf Grund ihrer Ergebnisse war die Konstruktion einer Atombombe im Prinzip möglich, womit Szilards Befürchtungen bestätigt wurden, aber sie wußten nicht, wie groß ein Stück Uran sein müßte, um zu explodieren. Außerdem wußte man, daß Uran ein Gemisch einer größeren Komponente der Masse 238 und einer kleineren Komponente der Masse 235 war, wobei man nicht wußte, welche der

Komponenten spaltbar war. Erst Niels Bohr bewies auf Basis theoretischer Überlegungen, daß es die kleinere Komponente war, die nur zu 0,71 Prozent im natürlichen Uran vorkommt. Trotzdem war die Entwicklung nicht mehr aufzuhalten.

Im Sommer 1939 gründete Deutschland als erstes Land eine Forschungsstation zum Zweck des Studiums der militärischen Anwendung der Kernspaltung. Szilard vermutete dies mit vollem Recht. Er und sein ungarischer Kollege Eugene Wigner befürchteten einen Angriff Deutschlands auf Belgien, um Kontrolle über die Uranbergwerke im belgischen Kongo zu gewinnen. Sie wußten, daß Einstein mit dem belgischen König und der Königin befreundet war, und baten ihn, diese zu warnen. Sie entwarfen gemeinsam mit Einstein einen entsprechenden Brief, aber Szilard fand plötzlich, daß das Schreiben vielleicht an die falsche Adresse gerichtet sei. Er besprach die Angelegenheit mit dem Wall-Street-Ökonom Dr. Alexander Sachs, der Präsident Roosevelt persönlich kannte und sich erbötig machte, diesem einen Brief zu überbringen.

Nachdem sie wochenlang am Text gefeilt hatten, warnten Szilard und Wigner schließlich den Präsidenten, daß „dieses neue Phänomen auch zur Konstruktion von Bomben führen würde, und es denkbar wäre – jedoch keineswegs sicher, daß ein neuer Typ extrem gewaltsamer Bomben gebaut werden könnte". Sie empfahlen dem Präsidenten, einen Kontaktmann zu den Physikern zu ernennen, der die Regierung auf dem Laufenden halten und Aktionen insbesondere zur Sicherung der Uranbestände empfehlen könnte. Scheinbar waren damals weder Szilard oder Wigner noch Einstein auf die Idee gekommen, daß eine Regierung die Forschung selbst finanzieren könnte.

Der Brief an Roosevelt war mit 21. August 1939 datiert, aber Sachs bekam erst am 11. Oktober 1939 einen Termin bei Roosevelt, sechs Wochen nach der Invasion Deutschlands in Polen. Als Roosevelt den Brief erhielt, beauftragte er den Leiter des National Bureau of Standards, Lyman J. Briggs, mit der Einberufung eines beratenden Ausschusses zur Untersuchung des Problems. 10 Tage darauf tagte das Komitee erstmals. Mit dabei waren Szilard, Wigner und Edward Teller, die für ihre Uranforschung eine Zusage über 6000 Dollar erhielten.

Szilard sandte daraufhin einen zehn Seiten langen Bericht an Briggs, in dem er die notwendigen Forschungsarbeiten zur Klärung, ob Uran eine Kettenreaktion hervorrufen könnte, näher erläuterte. Auch organisierte er die Beschaffung des notwendigen chemisch reinen Urans und Graphits. Er gewann auch Fermi zur Mitarbeit, um Brocken beider Elemente abwechselnd gitterartig zu einem Block aufzuschichten. Aber er erhielt für diese Arbeit nichts bezahlt und hatte auch sonst keine Stelle. Ende 1939 schrieb er verärgert an einen reichen Freund, der ihm 2000 Dollar geliehen hatte:

> Leider habe ich im vergangenen Jahr absolut nichts verdient, weil ich nur mit dieser Uranforschung beschäftigt war. Mir scheint, ich werde auch nächstes Jahr offensichtlich nichts verdienen.

Die versprochenen 6000 Dollar wurden erst sechs Monate nach der Sitzung des Briggs-Komitees freigegeben. Bis dahin hatte Fermi das Interesse an dem Projekt bereits verloren, während Szilard auf Grund von Berichten über den Fortschritt der Deutschen in immer größere Besorgnis geriet. Als das Geld endlich da war, konnte er die für ein entscheidendes Experiment benötigten Mengen Uran und Graphit kaufen. Man dachte, daß durch die Uranspaltung freiwerdende Neutronen zwischen den Kohlenstoffatomen des Graphits hin und her springen würden, wodurch sie zwar verlangsamt, aber nicht absorbiert würden. Die verlangsamten Neutronen würden in anderen Uranatomen eine Kernspaltung verursachen, wodurch weitere Neutronen ausgestoßen würden. Das Experiment sollte diese These beweisen, aber dafür wurde Graphit ohne jegliche Verunreinigung durch andere Atome, die die Neutronen absorbieren würden, benötigt.

Szilard fand einen Hersteller, der Graphit mit dem notwendigen Reinheitsgrad erzeugen konnte. In der Folge konnten er und Fermi beweisen, daß Graphit dieser Reinheitsstufe so wenig Neutronen absorbierte, daß eine Kettenreaktion möglich war. Fermi wollte diese Ergebnisse veröffentlichen, aber Szilard hielt ihn zurück, was vielleicht die Welt vor dem Untergang bewahrte. Wir wissen heute, daß die Deutschen die gleichen Experimente, aber mit nicht reinem Graphit, durchführten, wobei sie zu dem falschen Schluß kamen, daß Graphit zu viele Neutronen absorbierte, um eine Kettenreaktion zu bewerkstelligen. Sie entschieden sich daher in der Folge für schweres Wasser. Durch diese Fehleinschätzung konnte bei den deutschen Experimenten nie eine erfolgreiche Kettenreaktion in den atomaren Blöcken hergestellt werden. Mit einer Veröffentlichung ihrer Ergebnissen durch Fermi und Szilard hätten die Deutschen ihren fatalen Fehler erkannt.

Die Zensur von Veröffentlichungen über die Kernspaltung wurde nochmals im Mai 1940 ein Thema, als Louis A. Turner, ein Physiker aus Princeton, Szilard einen Bericht sandte, in dem er ausführte, daß die Absorption von Neutronen durch Uran 238 dieses in das spaltbare Element 239 umwandeln könnte, das später Plutonium genannt wurde. Dieses könnte leichter aus dem Uran gewonnen werden als das spaltbare Uranisotop 235 und würde sich daher besser für eine Bombe eignen. Szilard hatte keinerlei Möglichkeiten, die Veröffentlichung von Turners Bericht zu verhindern, aber er war erleichtert, als das von Roosevelt neu gegründete Defense Research Committee über alle Uranforschungsarbeiten eine Zensur verhängte.

Diese Zensur hatte jedoch eine unvorhergesehene und verhängnisvolle Wirkung. George N. Flerov war ein aufstrebender junger russischer Physiker und hatte bereits vor dem Krieg mit seiner eigenen Forschung zur Kernspaltung begonnen. 1942 hielt er sich in der Stadt Voronež auf und erhielt ein paar Tage Heeresurlaub. Er ging in die Bibliothek des Instituts für Physik, um sich über alle neuen Veröffentlichungen auf diesem Gebiet, seit er eingezogen worden war, zu informieren. Er bemerkte sofort, daß es plötzlich keinerlei amerikanische Veröffentlichungen mehr zu diesem heißen Thema gab. Er schrieb Stalin einen Brief und warnte ihn, daß die Amerikaner offensichtlich an einer Atombombe arbeiteten. Stalin hatte wohl frühere Warnungen seiner Spione ähnlichen Inhalts als zu weit hergeholt betrachtet und nicht beachtet, aber der Brief von Flerov überzeugte ihn, und er beauftragte sofort die Entwicklung einer russischen Bombe. So hat wohl die amerikanische Zensur den Deutschen wichtige Informationen vorenthalten, war aber andererseits der Anlaß zur atomaren Wettrüstung mit der Sowjetunion.

In den USA begann man mit der Errichtung von atomaren Blöcken zuerst in Columbia und später in Chicago unter Arthur Compton. Fermi übernahm die Leitung der experimentellen Arbeiten und führte viele Experimente selbst durch, während Szilard nie selbst zupackte, sondern nur so vor Ideen sprühte und Quellen für reines Graphit und Uran organisierte. Nach Pearl Harbor bot Compton sowohl Fermi als auch Wigner hohe Stellungen an, Szilard jedoch nicht. Wigner erinnert sich in seiner Autobiographie, wie er das Angebot annahm. „Ich war mir wohl bewußt, daß meine Tätigkeit ein unmoralisches Element enthielt. Aber viel mehr beunruhigten mich die unmoralischen Taten eines Mannes jenseits des Ozeans: Adolf Hitlers."[2] Er beschreibt, wie das gesamte Team ständig von einer nagenden Furcht geplagt wurde, daß durch einen einzigen kleinen Fehler die Deutschen früher zum Ergebnis kommen könnten.

Edward Teller und John von Neumann waren zwei weitere Theoretiker ungarischer Herkunft, die in das Projekt einbezogen wurden. Wigner schrieb, daß niemand, den er jemals kennenlernte, Tellers Fantasie übertraf. Er grübelte nicht über komplizierte mathematische Formeln, wie andere Theoretiker es oft taten, sondern hatte eine brillante Gabe, physikalische Phänomene zu verstehen. Heute kann man sich nur wünschen, daß Teller sich nicht in das nutzlose und teure „Star Wars"- Programm verrannt hätte, das er Präsident Reagan aufhalste. Wigner schreibt, daß von Neumann ein Experte für Explosionen war. Seine präzisen Berechnungen überzeugten Robert Oppenheimer und andere, daß sogenannte Implosionen (die Kompression des spaltbaren Materials, umgeben von konventionellen Zündstoffen) die Atombombe zünden würden.

Von Neumann, Teller, Wigner und Szilard waren alte Schulfreunde aus Budapest. Sie waren Mitglieder einer ganzen Generation brillanter jüdischer ungarischer Emigranten. Wigner schreibt ihren Erfolg zum Teil der hervorragenden Schulbildung in Budapest zu, die ihnen einen guten Start ermöglichte, andererseits aber auch der erzwungenen Emigration mit der Notwendigkeit, in einem neuen Land Fuß zu fassen.

In seiner Autobiographie beschreibt Wigner, daß sich Szilard als Initiator des Manhattan-Projektes einen besonderen Posten erwartete. Er wäre gerne Leiter des Labors in Chicago geworden, aber Wigner gibt Compton recht, der ihm diese Stelle nicht gab, da er keineswegs fähig gewesen wäre, eine Gruppe von Wissenschaftlern zu leiten, und andererseits auch als Physiker nicht gut genug war. Er war wohl eine sprudelnde Quelle neuer Ideen, erwartete jedoch von anderen, diese auszuarbeiten, auch wenn es völlig verrückte Ideen waren. Außerdem hatte er keinen Sinn für die tägliche theoretische und experimentelle Routinearbeit der Wissenschaft. Wigner spricht Szilard sogar jeglichen Beitrag zu einer wirklich guten neuen wissenschaftlichen Idee ab, was ich selbst jedoch im Anbetracht der posthum veröffentlichten Sammlung wissenschaftlicher Arbeiten als ungerechtfertigt empfinde. Außerdem hat Szilard durch seine oft nur nebenbei geäußerten Ideen von vielen anderen Wissenschaftlern Dank geerntet. Wie auch immer, Szilard wurde jedenfalls mit der Zeit immer weiter aus dem Manhattan-Projekt verdrängt. Er wurde nicht mehr Mitglied des Teams in Los Alamos, wo schließlich die Atombombe endgültig entworfen und gebaut wurde.

Mit seiner offenen Abneigung gegenüber jeder Autorität und seiner unberechenbaren und undisziplinierten Art verscherzte es sich Szilard mit General Leslie

R. Groves, dem Kommandanten des Manhattan-Projektes. Offensichtlich war Szilard für Groves der Stein des Anstoßes im Manhattan-Projekt, ein Mann mit „zweifelhafter Diskretion und unsicherer Loyalität," während Szilard Groves für dumm hielt und ihm das offen zeigte. Schließlich verärgerte Szilard Groves dermaßen, daß dieser folgendes Schreiben verfaßte, das vom Kriegsminister Henry L. Stimson an die Staatsanwaltschaft gerichtet war:

> Die Vereinigten Staaten sehen sich unverzüglich gezwungen, Leo Szilard aus Chicago, der Mitarbeiter in einem der geheimsten Projekte des Kriegsministeriums ist, vom Dienst zu suspendieren.
>
> Für den weiteren Verlauf des Krieges ist es von großer Wichtigkeit, Herrn Szilard, einen feindlichen Verbündeten, für die Dauer des Krieges zu internieren. Wir ersuchen um Ausstellung eines Haftbefehls gegen Herrn Szilard und bitten, ihn in Gewahrsam zu nehmen und den befugten Vertretern des Gesetzes zu übergeben.

Als Stimson seine Unterschrift verweigerte, veranlaßte Groves das FBI, Szilard auf Schritt und Tritt zu verfolgen. In Groves' Autobiographie wird diese infame Verfolgung mit keinem Wort erwähnt. Offensichtlich hat er sich später dafür geschämt.

Als Außenseiter des Projektes hatte Szilard nun Zeit zum Nachdenken über die möglichen Konsequenzen der Bombe. Nochmals bat er Einstein um Hilfe, um Präsident Roosevelt seine Meinung kundzutun. Am 25. März 1945 warnte er den Präsidenten, daß „unsere Demonstration einer Atombombe den Wettlauf um die Produktion solcher Waffen zwischen den Vereinigten Staaten und Rußland beschleunigen würde, daß wir aber bei der Weiterverfolgung dieses eingeschlagenen Weges unseren ersten Vorsprung in einem solchen Wettlauf rasch verlieren könnten". In einem früheren Entwurf dieses Briefes schrieb er prophetisch: „Nach diesem Krieg wird es denkbar sein, auf alle Städte der Vereinigten Staaten auch aus sehr großen Entfernungen mittels Raketen Atombomben abzuwerfen." Szilard schlug vor, die Verwendung der Bombe hinauszuzögern und eine internationale Kontrollinstanz einzusetzen. Aber Roosevelt starb, bevor ihn das Schreiben Szilards erreichte. Szilard konnte nicht wissen, daß bereits drei Jahre früher die nukleare Wettrüstung begonnen hatte, und daß Stalin diese höchstwahrscheinlich nicht beendet bzw. auch keine internationale Kontrolle akzeptiert hätte. Außerdem erging noch vor seinem Brief ein Schreiben von General Groves an Roosevelt, in dem er durch den Einsatz der Atombombe ein Ende des Krieges gegen Japan versprach, was auch tatsächlich der Fall war.

Ab 1945 war Szilard frenetisch damit beschäftigt, mittels öffentlicher Auftritte und privater Verhandlungen die Welt von seiner eigenen Erfindung zu retten. Im Jahre 1961 sprach der Radiomoderator Edward R. Murrow über Szilard und sagte, daß er durch die Bombe „nur mehr einen einzigen Lebenszweck verfolgte, nämlich mit all seinem Einsatz mitzuhelfen, das Zeitalter des Schreckens, für das er selbst Mitverursacher war, wieder zu beenden". Szilard selbst sagte später vor dem Fernsehsender CBS, daß er sich keiner Schuld bewußt sei, aber diese Aussage wird durch seinen Versuch, im Jahre 1945 die Veröffentlichung des Smyth-Reports zu verhindern, Lügen gestraft. Dieser Bericht beschrieb die wissenschaftlichen Grundlagen zum Bau der Atombombe sowie den riesigen administrativen Apparat und großen industriellen Einsatz zur Bewerkstelligung dieses Vorhabens. Szilard fürchtete, daß man ihn auf Grund dieses Berichtes als Kriegsverbrecher hinstellen würde. Nach der Veröffentlichung verlangte er, allerdings erfolglos, die Bereitstellung eines persönlichen Leibwächters durch die Armee.

Im Mai 1946 bat Szilard Einstein für die Gründung des Emergency Committees of Atomic Scientists um Hilfe, das Geld für die Aufklärung der Öffentlichkeit über Atomenergie beschaffen sollte. Für den Fall, daß die nukleare Wettrüstung nicht zu kontrollieren wäre, empfahl Szilard, 30 bis 40 Millionen Amerikaner aus den großen Städten möglichst gestreut aufs Land auszusiedeln.

Szilard trat vehement gegen die antikommunistische Hetzjagd des Un-American Activities Committees des Repräsentantenhauses auf, das in den späten 40er Jahren und Anfang der 50er Jahre aktiv wurde. Er schlug vor, daß alle Akademiker mit einem Prozent ihres Einkommens ihre entlassenen Kollegen unterstützen sollten. Er war außer sich, daß kein Mensch gegen die Aktivitäten dieses Komitees auftrat. Ich kenne jedoch zumindest ein mutiges Mitglied der Harvard Fakultät, der das tat. Es war der Biochemiker John T. Edsall. Dieser schrieb Protestbriefe an die *New York Times* und an Lewis L. Strauss, dem Leiter der Atomenergiebehörde. Laut Edsall sprachen sich ungefähr zwei Drittel der Wissenschaftler bei dem Oppenheimer-Hearing im Zeugenstand zu seinen Gunsten aus.

Szilard heiratete am 13. Oktober 1951 seine langjährige Freundin Trude Weiss, eine Wiener Physikerin. Nachdem er sich am nächsten Morgen getrennt hatte, empfand er bereits die Bande der Ehe als extreme Bedrohung und schrieb ihr: „Ich verlor völlig die Hoffnung auf 'Freiheit' und fühlte mich einfach schrecklich, ja ich war nicht fähig, irgend etwas im Labor zu arbeiten, ich war abwesend, hatte Schweißausbrüche und Pulsrasen. Drei Tage befand ich mich in diesem Zustand." Er konnte seiner Ängste nicht Herr werden und erkundigte sich in verschiedenen Staaten über den Ablauf einer Scheidung. Seine geduldige Braut riet ihm wieder einmal, wie schon früher, einen Psychoanalytiker, Psychiater oder Eheberater aufzusuchen, aber ohne Erfolg. Schließlich gelang es Szilard aber doch, diese neue Bindung zu akzeptieren.

Szilard schmiedete Überlebensstrategien für den Fall eines Atomkriegs, dessen Ausbruch für ihn drohend bevorstand. Er plante die Gründung einer Schule in Mexiko, die die Kinder seiner Freunde besuchen könnten. Als Eisenhower im Jahre 1958 Truppen in den Libanon entsandte, erklärte er: „Sollte es zu einer Konfrontation kommen, verlasse ich das Land." Tatsächlich packte er während der Kubakrise sein Hab und Gut in fünfzehn Gepäckstücke ein und floh gemeinsam mit seiner Frau nach Genf. Erst mehrere Monate später kehrte er zurück. In Genf betrat Szilard das Büro von Viktor Weisskopf, Direktor von CERN, dem Europäischen Labor für Kernforschung, mit den Worten: „Ich bin der erste Flüchtling aus dem dritten Weltkrieg." Zu diesem Zeitpunkt hatten sich seine Interessen bereits der Molekularbiologie zugewandt. Er erkannte den starken Impuls, den CERN der Physik in Europa gebracht hatte, und schlug daher vor, daß ein ähnliches internationales molekularbiologisches Labor für Europa einen entscheidenden Aufschwung in der Molekularbiologie bringen könnte. Auf Grund seiner Initiative gründeten meine Kollegen und ich die Europäische Organisation für Molekularbiologie (EMBO), die Austauschprogramme und Workshops finanzierte und später die europäischen Regierungen von der Notwendigkeit einer Gründung eines Labors nach Szilards Vorstellungen überzeugte.

Einige Jahre davor hatte Szilard einen Plan ausgeheckt, der ein Abkommen zwischen den USA und der Sowjetunion zur Basis hatte. Die beiden Länder sollten sich auf sogenannte „Schwesterstädte" einigen, die zur gegenseitigen Zerstörung bestimmt seien und im Falle eines Konfliktes sofort evakuiert würden. Er schrieb zu diesem Thema zwei sehr wortreiche, überladene und mit Wiederholungen gespickte Abhandlungen für das *Bulletin of Atomic Scientists* und legte den Regierungen weitere undurchführbare Vorschläge unter dem Titel „Wie man mit der Bombe leben und überleben kann" vor. Er hielt sich für klüger als die Politiker und beschloß, mit Chruschtschew direkt zu verhandeln. Es gelang ihm tatsächlich, bei dessen Besuch in New York im September 1960 einen zweistündigen Termin zu bekommen.

Er legte ein Memorandum in russischer Sprache mit dem Inhalt vor, daß die USA und die Sowjetunion einen Atomsperrvertrag über Kernversuche unterzeichnen sollten, dessen Einhaltung von unabhängigen Personen überwacht werden sollte (dies sollten in den USA Amerikaner und in der UdSSR Russen sein, die für das Aufzeigen von schweren Vergehen insgesamt mit 1 Million Dollar honoriert werden sollten). Chruschtschew hatte bereits zwei Jahre davor ein einseitiges Stillhalteabkommen zu Atomversuchen erklärt. Szilard warf den Amerikanern vor, weitere Atomversuche zwecks Entwicklung taktischer Nuklearwaffen durchzuführen, während Chruschtschew behauptete, an solchen Waffen kein Interesse zu haben. Szilard empfahl auch in seinem Memorandum die Errichtung einer direkten Telephonverbindung zwischen den beiden Regierungen, die für Notfälle sofort zur Verfügung stünde. Dieser Vorschlag gefiel Chruschtschew, er wurde jedoch erst nach der Kubakrise, als ein solches Telephon dringendst benötigt gewesen wäre, implementiert. Einem Reporter gegenüber sagte Szilard, er hätte in Chruschtschew einen „gleichgesinnten Geist gefunden, ... einen unerschrockenen und intuitiven Strategen, der persönlich für die Kontrolle der Atomwaffen eintrat".

Was Szilard nicht wußte, war die Tatsache, daß dieser gleichgesinnte Geist nur deshalb ein einseitiges Stillhalteabkommen erklärt hatte, weil eine Explosion das sowjetische Plutoniumwerk zerstört hatte. Sobald dieses wieder aufgebaut war, ebbte auch Chruschtschews Interesse an der Kontrolle der Atomwaffen wieder ab. Die Sowjetunion sollte später insgesamt fünfzig Atomwaffen zünden, darunter die neue sechsundfünfzig Megatonnen schwere Wasserstoffbombe, die größte, die jemals gezündet wurde, die unter der Leitung von Andrej Sacharow gebaut worden war. Chruschtschew und Breschnew umarmten Sacharow öffentlich vor dem gesamten Politbüro für diese Leistung.

Szilard reiste im Oktober 1960 nach Moskau und nahm an einer Konferenz der von Albert Einstein und Bertrand Russell im Jahre 1955 gegründeten Pugwash-Gruppe teil. Ziel dieser Gruppe waren Treffen amerikanischer, westeuropäischer und sowjetischer Atomphysiker zur Diskussion von Beschränkungen der atomaren Wettrüstung. Szilard blieb noch einige Zeit nach der Konferenz in Moskau, aber es gelang ihm trotz ständiger Versuche nicht, einen nochmaligen Termin bei Chruschtschew zu bekommen.

Noch im selben Jahr wurde Kennedy zum Präsidenten gewählt. Szilard quartierte sich mit seiner Frau in einem Hotel in Washington ein. Es war die gleiche Mischung aus Eitelkeit und Naivität, mit der er sich zum selbsternannten Verhandlungspartner Chruschtschews gemacht hatte, die ihn nun veranlaßte, die neue Regierung in Fragen des Friedens und der Abrüstung zu beraten, obwohl man ihm sagte, daß „die Leute in der Regierung eher auf den Rat derer hören, die sie selbst gefragt haben, als auf solche, die ihren Rat von sich aus anbieten". Er gründete auch die Bewegung „Scientists for Peace", denn „Wissenschaftler sind nicht nur klüger als Kongreßabgeordnete, sondern im Gegensatz zu Politikern auch integer und rein." Vielleicht war es ein Glück für Szilard, daß er nicht lang genug lebte, daß sein Glaube an die Integrität und Reinheit der Wissenschaftler erschüttert worden wäre.

Im Jänner 1962 gründete er das Council for a Livable World. Diese Interessengemeinschaft wird von Mitgliedern finanziert, die an der Überwachung der Atomwaffen und an allgemeiner Abrüstung interessiert sind. Sie unterstützt die Wahl und die Aktivitäten von Senatoren, die ihrem Ansinnen nahestehen, und arbeitet auch heute noch. Hatte sich Szilard nach dem Krieg für Molekularbiologie interessiert, so setzte er nun seine Idee eines Institutes für fundamentale Forschung um und gründet das außerordentlich erfolgreiche Salk Institute in La Jolla in Kalifornien. Dort hatte er mit seiner Frau nun erstmals seit seiner Abreise aus Budapest vor 45 Jahren einen festen Wohnsitz. Nur drei Monate später erlitt er einen Herzinfarkt und starb.

War es ein gutes Leben? Szilard war einsam und von Ängsten geplagt, die teilweise rationaler, teilweise jedoch irrationaler Natur waren und seiner lebhaften Phantasie zuzuschreiben waren. Als sich Szilard zum Beispiel im Alter von über dreißig Jahren in Oxford mit einem Mädchen am Fluß Isis verabredete, zog er, statt mit ihr mit dem Boot zu fahren, dieses sofort ans Ufer, weil ihn selbst das seichte Wasser dieses trägen Flusses in Angst und Schrecken versetzte. Auch hatte er immer Angst davor, in der Toilette das Wasser herunterzulassen, da er sein Kindheitstrauma vor fließendem Wasser niemals überwinden konnte. Dies rettete ihm sogar einmal das Leben. Als der ungarische Onkologe Georg Klein nach ihm die Toilette benützte, sah er Blut im Urin Szilards und diagnostizierte, daß dieser Blasenkrebs hatte. Klein empfahl eine Operation. Szilard war lange unschlüssig, entschied sich dann jedoch nach Lektüre der Literatur über die Wirkung von Strahlen auf Tumoren zur Behandlung mittels Bestrahlung. Diese selbstgewählte Therapie wurde dann im Sloan-Kettering Memorial Hospital in New York durchgeführt, und er wurde geheilt.

Seine großen Fähigkeiten als Wissenschaftler blieben im Großen und Ganzen brach liegen, denn er hatte keinen Sinn für systematische Forschung. Alles, was er brauchte, waren seiner Meinung nach Ideen. Die Ausarbeitung dieser Ideen konnten andere, weniger bedeutende Sterbliche, übernehmen. Nur als er von panischen Ängsten geplagt wurde, die Deutschen könnten ihm zuvorkommen, arbeitete er besessen an der Verifizierung der Kettenreaktion von Neutronen, dem Verhalten von Graphit unter Neutronenbeschuß und am Entwurf des ersten Atomblocks. Angst vor den Deutschen trieb ihn auch dazu, die Arbeit an der Atombombe zu beginnen, während die panische Furcht vor deren Konsequenzen sein restliches Leben bestimmte. War seine große Furcht vor den Deutschen gerechtfertigt? Nach Veröffentlichung der Unterlagen von Farm Hall und anderer Beweisstücke zeigte sich, daß die deutschen Wissenschaftler weder erfolgreich eine nukleare Kettenreaktion in einem Uranblock erzeugen konnten, noch die kritische Masse für eine Bombe auch nur ansatzweise berechnen konnten.[3]

War der Abwurf der Atombombe über Japan gerechtfertigt? Oft heißt es, daß dieser Schlag überflüssig war, denn Japan stand bereits kurz vor der Kapitulation. Der Historiker Gordon Craig informierte mich jedoch, daß es in Wirklichkeit keine überzeugenden Beweise dafür gibt, daß das japanischen Militärkommando tatsächlich zur Kapitulation bereit war. Ohne Atombombe wäre es möglicherweise zu einer Invasion der amerikanischen Armee in Japan gekommen. Die in einem solchen Fall absehbaren großen Verluste wollte Präsident Truman nicht riskieren. Laurens van der Post war Kriegsgefangener in Java und erzählt, daß die japanische Armee den Befehl hatte, im Falle einer Invasion der Amerikaner alle Kriegsgefangenen der Alliierten zu töten. Auch diese Umstände sollten wir wohl in Betracht ziehen, ehe wir die Entscheidung zum Abwurf der Atombombe verurteilen.

Anmerkungen und Literaturhinweise

Das Patent auf die Bombe

[1] Entropie ist ein Maß für den Grad der Unordnung in einem System.

[2] Wigner E. (aufgezeichnet von Andrew Szanton). 1992. *The recollections of Eugene P. Wigner* p. 209. Plenum Press.

[3] Siehe die veröffentlichten Auszüge zu diesen Unterlagen im *New York Review*, 31. August 1992. pp. 47-53.

Warum hat Deutschland die Bombe nicht gebaut?*

Hat Deutschland im zweiten Weltkrieg keine Atombombe gebaut, weil es die deutschen Physiker nicht wollten oder weil sie es nicht konnten? Diese Frage wird nun endlich mit den erst kürzlich veröffentlichten geheimen Gesprächsaufzeichnungen aus Farm Hall beantwortet. Farm Hall ist ein englisches Landhaus in der Nähe von Huntingdon, nicht weit von Cambridge, wo Heisenberg und andere deutsche Atomphysiker im Sommer 1945 interniert waren.

Heisenberg nahm auf Grund seiner revolutionären mathematischen Theorie, die er bereits im Alter von 24 Jahren entwickelt hatte, unter den deutschen Physikern eine besondere Stellung ein. Er wurde 1901 in Würzburg geboren. In dieser Universitätsstadt hatte Röntgen ein paar Jahre vorher die Röntgenstrahlen entdeckt. Heisenbergs Vater war dort Professor für griechische Philosophie. Heisenberg selbst war ein Musterschüler, besonders in Mathematik und Physik. Getreu nach den Worten des Genetikers André Lwoff, „L'art du chercheur, c'est d'abord de se trouver un bon patron", begann er seine Laufbahn in der Physik als Schüler des größten deutschen Lehrers Arnold Sommerfeld.

Die Atomphysik der frühen 20er Jahre konzentrierte sich auf das Elektronenmodell von Niels Bohr, der auf Basis der Lehre von der Mechanik nach Newton und der Quantentheorie von Max Planck die konzentrischen Kreisläufe der Elektronen berechnete, die wie Planeten um den einer Sonne ähnlichen Atomkern kreisen. Diese Theorie Bohrs war auf die Spektren des einfachsten Atoms mit nur einem Elektron, nämlich Wasserstoff, ausgerichtet, während die Spektren größerer Atome sowie viele andere Beobachtungen unberücksichtigt und ungeklärt blieben. Heisenberg verwarf die Mechanik nach Newton und verfolgte eine neue Art der „Quantenmechanik", die viele bisher nicht geklärte Phänomene korrekt voraussagte und daher von den meisten Physikern als ungeheurer Fortschritt angenommen wurde. Weitere Verbesserungen seiner Theorie führten Heisenberg zur Entwicklung des sogenannten Unsicherheitsprinzips, wonach es unmöglich sei, Position und Impuls eines Atompartikels gleichzeitig zu messen. Interessanterweise war es gerade die philosophische Einsicht, die diesem Prinzip zugrunde lag, diese jedoch fälschlicherweise auf die makroskopische Welt übertrug, die Heisenberg so berühmt wie Einstein machte. Im Jahre 1932 erhielt er für seine Entdeckung den Nobelpreis für Physik. Die Quantenmechanik ist nach wie vor die theoretische Basis für viele Erkenntnisse der heutigen Physik und Chemie. So wären zum Beispiel Mikrochips, Computertechnologie, ja die gesamte elektronische Industrie ohne dieses Prinzip nicht existent.

Ich lernte Heisenberg kurz nach seiner Nobelpreisverleihung als Vortragenden an der Wiener Universität kennen, wo ich Chemie studierte. Ich wußte nichts von ihm, erwartete mir einen wohlbeleibten Professor und war völlig überrascht, als ein schlanker junger Mann ohne jeden Pomp den Raum betrat, der eher wie einer

---

*) Zu den Büchern *Heisenberg's War: The Secret History of the German Bomb* von Thomas Powers (Cape) und *Operation Epsilon: The Farm Hall Transcripts* (mit einführenden Worten von Charles Frank; Institut für Physik).

von uns Studenten wirkte. Wir alle waren tief beeindruckt. Das nächste Mal erlebte ich ihn im Jahre 1949 in Cambridge, als er meiner Frau und mir erklärte, daß er niemals für Hitler eine Atombombe habe bauen wollen. Wir hatten Glück, daß er uns nicht wie einem Physiker aus Oxford, einem deutschen Flüchtling, der einige Familienmitglieder unter den Nazis verloren hatte, erklärte: „Die Nazis hätten länger an der Macht bleiben sollen, dann wären sie ganz passabel geworden." Wir glaubten Heisenberg bezüglich des Baus der Atombombe, lasen jedoch später das Buch *Alsos* von Samuel Goudsmit, der behauptet, daß Heisenberg nur deshalb die Geschichte erfunden hätte, er hätte die Atombombe gar nicht bauen wollen, weil er nach dem Krieg eine Entschuldigung dafür suchte, daß Deutschland die Atombombe nicht zustande gebracht hatte (allerdings schrieb Goudsmit kurz vor seinem Tod an Heisenberg einen Brief, um sich für diese Anschuldigung zu entschuldigen). Powers dokumentiert mit einer ganzen Reihe an Beweisstücken, daß Goudsmits Anschuldigung nicht hält, und bestätigt auch die Schlußfolgerung von David Irving in dessen Buch *The German Atomic Bomb*, daß die deutschen Physiker sehr wohl einen Reaktor bauen wollten, jedoch keine Atombombe. Auch die geheimen Aufzeichnungen ihrer Kommentare zu Hiroshima haben diese Annahme weiter erhärtet. Heisenberg hielt die Atombombe offensichtlich für nicht verwirklichbar.

Nachdem im April 1939 Hans von Halban, Lev Kowarski und Frédéric Joliot in Paris entdeckten, daß die durch die Absorption eines einzigen Neutrons ausgelöste Spaltung eines Uranatoms die Emission von mehr als zwei Neutronen verursachte, war es jedem Physiker sofort klar, daß damit der Weg zu einer nuklearen Kettenreaktion mit gleichzeitigem Freiwerden von enormen Energiemengen offenstand. Zwei Physiker aus Göttingen informierten das Wissenschaftsministerium in Berlin über die mögliche Anwendung der Uranspaltung zur Energiegewinnung in einem Reaktor, während Paul Harteck aus Hamburg an das deutsche Kriegsministerium schrieb, daß „es höchstwahrscheinlich möglich ist, einen Sprengkörper mit einer vielfachen Sprengkraft herkömmlicher Waffen zu erzeugen. ... Das Land, das einen solchen Sprengkörper als erstes verwendet, wird gegenüber anderen Ländern einen immensen Vorteil haben." Auf Grund dieses Schreibens gab es im September 1939, zwei Wochen nach der Invasion der Deutschen in Polen, im Waffenamt der deutschen Armee eine Konferenz.

Bei dieser Besprechung wurde beschlossen, auch Heisenberg für diese Aufgabe zu gewinnen. In der Folge beschloß dieser gemeinsam mit seinem Kollegen Karl Friedrich von Weizsäcker, einen Atomblock zu bauen (sie nannten diesen Uranmaschine), der nach dem Krieg als Energiequelle zur Verfügung stehen würde. Außerdem sahen sie damit zum damaligen Zeitpunkt die Chance, junge deutsche Physiker vor dem Einrücken zu bewahren. Als Weizsäcker jedoch im Mai 1940 erkannte, daß das in einem solchen Block generierte Plutonium leicht vom Uran getrennt werden könnte und sich damit als Sprengstoff eignen würde, sandte er einen diesbezüglichen Bericht an das Waffenamt der deutschen Armee. Heisenberg war jedoch andererseits sicher, daß eine solche Bombe nicht rechtzeitig für den Krieg fertig werden könnte, auch wenn es theoretisch möglich wäre. Diese Ansicht vertrat er auch wiederholt den Behörden gegenüber. Im März 1941 gelang es Fritz Reiche, einem älteren jüdischen Physiker aus Berlin, in die Vereinigten Staaten auszuwandern. Durch ihn ließ der Atomphysiker Fritz Houterman ausrichten, daß „Heisenberg nicht länger dem Druck der Regierung widerstehen wird können, die

Atombombe tatsächlich zu entwickeln, obwohl er diese Arbeit, so gut es geht, hinauszögert". Es gelang Heisenberg tatsächlich, diesem Druck standzuhalten, indem er einfach immer wieder seine – richtige – Meinung kundtat, daß es zu lange dauern würde.

Als der Krieg in eine kritische Phase eintrat und die Physiker offensichtlich keine entsprechenden Entwicklungen hervorbrachten, berief im Juni 1942 der von Hitler neu ernannte Minister für Rüstung und Munition, Albert Speer, eine Konferenz zwischen hohen Offizieren der Armee und der Luftwaffe und den Atomphysikern ein, um den Bau von Atomwaffen dringend zu beschleunigen. Heisenberg hielt eine einführende Rede über die Atomforschung im allgemeinen. Laut den Memoiren Speers fragte ihn Speer anschließend direkt, „wie die Atomphysik für den Bau von Atombomben angewendet werden könne". Heisenberg wußte wohl, daß nach Hitlers Anweisungen keine teuren Projekte, die länger als neun Monate dauern würden, genehmigt würden, und antwortete, daß „die wissenschaftliche Lösung gefunden ist, daß dem Bau einer solchen Bombe nichts im Weg steht, daß jedoch die Entwicklung der technischen Voraussetzungen für die Produktion Jahre dauern würde, mindestens zwei Jahre, auch wenn das Programm höchste Unterstützung bekommt". Heisenberg versicherte seinen Zuhörern auch, daß Deutschland frühestens 1945 mit einer amerikanischen Atombombe zu rechnen hätte. Die Physiker beschwerten sich, daß ihre Arbeit durch Geldmangel behindert würde, als jedoch Speer fragte, wieviel Geld unmittelbar benötigt würde, nannte Weizsäcker die Summe von 40.000 Mark, was auch für damalige Verhältnisse sehr wenig Geld war. Speer sagte auch zweiundzwanzig Jahre später in einem *Spiegel*-Interview, daß diese geringfügigen Forderungen der Physiker wohl ein Hinweis dafür waren, daß die Entwicklungsarbeiten gerade erst begonnen hätten. Heisenberg selbst berichtet von einer Entscheidung der Regierung, mit bescheidenen Mitteln weiter an der Entwicklung eines Kernreaktors zu arbeiten.

Die Frage war: womit? Ein Kernreaktor mit natürlichem Uranmetall oder Uranoxid als Treibstoff benötigt einen Moderator, eine Reaktionsbremse aus einer Substanz, in der die Neutronen hin- und herspringen und dadurch verlangsamt, jedoch nicht absorbiert würden. Die einzigen geeigneten Substanzen schienen entweder reiner Kohlenstoff zu sein, wie er in Graphit vorkommt, oder schweres Wasser, also Wasser, in dem der Wasserstoff durch das schwerere Wasserstoffisotop Deuterium ersetzt wird. Fermi verwendete für seinen ersten Reaktor, den er in Chicago baute, Graphit. Der deutsche Physiker Walther Bothe fand experimentell, daß Graphit eine zu hohe Wahrscheinlichkeit der Neutronenabsorption besaß, um sich als Moderator zu eignen, obwohl es in geeigneter Menge zur Verfügung stand. Was Bothe nicht erkannte, war, daß die Neutronen nicht von den Kohlenstoffatomen, sondern von Verunreinigungen des Graphits absorbiert wurden. Auf Grund dieser falschen Resultate entschieden sich die Deutschen für schweres Wasser. Ihre einzige Quelle dafür war ein hydroelektronisches Werk in Vermork, Norwegen, das Überkapazitäten für die Produktion von schwerem Wasser verwendete.

Als Norwegen den britischen Geheimdienst informierte, daß die Deutschen große Mengen schweres Wasser bestellt hatten, wußten die Briten genau, daß dies nur einem Zweck dienen könnte. Im Jahre 1942 schlug ein Angriff britischer Fallschirmjäger auf das Werk unter großen Verlusten fehl. Im Februar 1943 unternahm die norwegische Untergrundbewegung einen heldenhaften und brillant geplanten Angriff auf das Werk, wodurch die Produktion von schwerem Wasser, ohne daß ein Mensch zu Schaden kam, für Monate unterbrochen wurde. Und direkt nach der Wiederherstellung des Werkes wurde es im November 1943 von der amerikanischen Luftwaffe endgültig zerstört. Die Deutschen ließen die verbleibenden Bestände an schwerem Wasser nach Deutschland verfrachten. Ein norwegischer Widerstandskämpfer versenkte die Fähre, auf der die Fracht einen Fjord überqueren sollte. Bei dieser Aktion verloren 23 Norweger ihr Leben. Auch dank dieses Opfers hatten die Deutschen niemals genug schweres Wasser, um eine Kettenreaktion in einem Atomblock aufrechtzuerhalten, und konnten mit dem Bau einer Plutoniumbombe nicht einmal beginnen. Ihr Versuchsblock war aus Uranwürfeln konstruiert, aber auch diese waren nach einem Angriff der Alliierten auf das Werk, das diese herstellte, nicht mehr erhältlich. Die Deutschen erkannten, daß das schwere Wasser auch durch normales Wasser ersetzt werden könnte, wenn die Blöcke aus Uran bestünden, das mit dem spaltbaren Isotop 235 angereichert ist, aber sie konnten keines erzeugen. Alle Experimente zur Anreicherung des Urans scheiterten.

Nach einer Besprechung im Harnack-Haus fragte Heisenberg Speer und Erhard Milch, den General der deutschen Luftwaffe, jeweils unter vier Augen und sehr diskret, wie ihrer Meinung nach der Krieg ausgehen würde. Beide deuteten an, daß Deutschland wahrscheinlich verlieren wird, obwohl diese Gespräche noch einige Monate vor den verlorenen Schlachten bei Stalingrad und bei El Alamein stattfanden. Noch im selben Sommer waren sich Heisenberg und Karl Friedrich Bonhoeffer (der Bruder des Dietrich Bonhoeffer, den Hitler später wegen seiner Beteiligung am Anschlag im Juli 1944 hinrichten ließ) sowie andere Physiker aus Göttingen einig, daß ein Sieg Deutschlands eine Katastrophe wäre; niemals ließ er eine solche Meinung bei Besuchen im Ausland verlauten – hätte er doch sein Leben riskiert, wenn solche Bemerkungen den deutschen Behörden zu Ohren gekommen wären. Offensichtlich verdoppelte er daraufhin seine Bemühungen, das Leben deutscher Physiker zu retten. Einer seiner Kollegen, Walter Gerlach, erhielt sogar von Göring die Genehmigung, jeden Physiker, der zu Forschungsarbeiten für die „Uranmaschine" benötigt wäre, vom Wehrdienst zu befreien. Gerlach wiegte sich im Glauben, daß die siegreichen Alliierten nach dem Krieg die Erfahrungen der deutschen Physiker benötigen würden, um Kernkraft zu erzeugen.

Die Niederschriften aus Farm Hall und die von Irving und Powers zitierten Dokumente beweisen jedoch, wie weit die Deutschen im Jahre 1945 hinten nach waren – sie hatten nicht einmal den Punkt erreicht, den die Briten bereits 1941 erreicht hatten, noch ehe die Amerikaner sich einschalteten. In Deutschland gab es keine vergleichbaren Ergebnisse, wie das Memorandum von Peierl und Frisch im März 1940, das eine Schätzung der kritischen Masse einer Uranbombe enthielt, sowie Vorschläge, wie diese zu bauen sei und ihre voraussichtlichen Auswirkungen einschließlich der radioaktiven Strahlung. Auch nichts Vergleichbares zum „Maud Report" vom Juli 1941, der detaillierte technische Empfehlungen auf Basis von Pilotexperimenten zur Erzeugung von Uran 235 enthielt, und zwar in einer ausreichenden Menge, um fünf Atombomben pro Monat zu erzeugen. Auch sollten wir uns vor Augen halten, daß die Briten bis Juni 1941, als Hitler die Sowjetunion angriff, allein gegen Deutschland kämpften, und daß der erste Besitz von Atomwaffen ihnen eine große Chance eingeräumt hätte, eine Unterwerfung durch Hitler abzuwenden.

Die Niederschriften von Farm Hall enthüllen die große Enttäuschung der deutschen Physiker, als sie erkannten, daß Amerikaner und Briten ihnen weit voraus waren. „Ihr seid alle zweitklassig," schimpfte Hahn seine Kollegen, als er von Hiroshima hörte. Sie erkannten jedoch nicht, daß ihre Feinde auch teilweise dank der Arbeit vieler brillanter „nicht-arischer" Deutscher, Österreicher und Italiener, die von den Nazis zur Emigration gezwungen worden waren, erfolgreich gewesen waren. Hahn meinte auch: „Ich muß ehrlich sagen, ich hätte den Krieg sabotiert, wäre es mir möglich gewesen." Und er sagte: „Ich danke Gott auf meinen Knien, daß wir die Bombe nicht gebaut haben." Heisenberg sagte, daß „wir sicherlich eine Uranmaschine hätten herstellen können, aber ich dachte niemals daran, daß wir eine Bombe machen würden, und im Grunde meines Herzens war ich richtig froh, daß es eine Maschine und keine Bombe sein sollte. Ich muß das zugeben." Weizsäcker sagte:

> Ich glaube, wir sollten nicht nach Entschuldigungen dafür suchen, daß wir keinen Erfolg hatten, sondern wir müssen zugeben, daß wir auch nicht wirklich wollten. Aber auch wenn wir mit der gleichen Energie wie die Amerikaner dieses Projekt verfolgt hätten, und es wie sie gewollt hätten, hätten wir aller Wahrscheinlichkeit nach keinen Erfolg gehabt, denn sie hätten unsere Fabriken zerstört.

Später stellte er fest: „Wenn ich mich frage, für welche Seite ich lieber gearbeitet hätte, wäre die Antwort: für keine." Vielleicht hat er sein Memorandum an das Waffenamt vom Mai 1940 vergessen. Walter Gerlach, der administrative Leiter eines der Uranprojekte, fürchtete, daß „eine Rückkehr nach Deutschland für uns schrecklich werden wird. Wir werden diejenigen sein, die alles sabotiert hatten". Bei einer anderen Gelegenheit sagte er: „Ich ging mit offenen Augen meinem Niedergang entgegen, aber ich dachte, ich könnte deutsche Physiker retten, und das ist mir auch gelungen."

Es ist wahr, daß die Deutschen Hemmungen hatten, eine Atombombe zu bauen – Hahn, da er die Idee absolut fürchterlich empfand, und Heisenberg, da er sicher war, nicht rechtzeitig fertig zu werden –, aber sie hätten die Atombombe auch nicht bauen können, hätten sie gewollt, teilweise wegen militärischer Aktionen der Alliierten, teilweise auf Grund ihrer eigenen wissenschaftlichen, technischen und organisatorischen Mängel, aber in erster Linie auch deshalb, weil selbst die Amerikaner mit ihren weit größeren Ressourcen die erste Atombombe erst im Juli 1945 fertigstellen konnten, zwei Monate nach der Kapitulation Deutschlands.

Zuerst hoffte Heisenberg als Patriot auf einen Sieg Deutschlands. Er wiegte sich im Glauben, daß die Nazis Deutschland Ordnung und selbstloses Ziel bringen würden, und schließlich auch die Judenverfolgung einstellen würden. Erst 1942 scheint er seine Meinung geändert zu haben, als er dem Mittwochverein beitrat, einem Debattierklub, in dem auch acht führende Deutsche Mitglieder waren, die später als Konspiratoren des Julianschlags von 1944 hingerichtet wurden. Heisenberg verhielt den Atem, entging aber dem Arrest.

Der britische Geheimdienst wußte sehr wohl, daß die Deutschen wenig Fortschritte machten. Zum Beispiel berichtete im Januar 1944 der Leiter von Tube Alloys (Codename für die Atombombe): „Jeder uns verfügbare Hinweis läßt nur den Schluß zu, daß die Deutschen keine groß angelegten Arbeiten hinsichtlich TA durchführen. Unserer Meinung nach ... führen die Deutschen nur akademische Arbeiten sowie kleinere Forschungsarbeiten durch." Der für die Bombe verantwortliche amerikanische General Leslie Groves blieb skeptisch und verlangte, daß das Kaiser-Wilhelm-Institut in Berlin-Dahlem, sowie Hahn und Heisenberg persönlich zu primären Zielen von Luftangriffen erklärt würden. Die Amerikaner zerstörten das Institut für Chemie von Hahn, verfehlten jedoch das Institut für Physik von Heisenberg.

Es gibt auch Hinweise auf eine amerikanische Verschwörung zur Entführung oder Ermordung Heisenbergs. Es begann mit einem Plan zu seiner Entführung anläßlich seines Besuches zu einer Gastvorlesung in Zürich im November 1942, der jedoch wieder fallen gelassen wurde. Die Verschwörung erreichte ihren Höhepunkt, als Moe Berg, ein ehemaliger Baseball-Champion und damaliges Mitglied der OSS, den Auftrag erhielt, Heisenberg zu erschießen. Mit einer geladenen Pistole in der Tasche ließ er sich ins Haus des Professors für Experimentalphysik, Paul Scherrer, einladen. Danach begleitete er Heisenberg zurück ins Hotel, aber er behielt seine Waffe in der Tasche, offensichtlich weil er nichts gehört hatte, das darauf hinwies, daß Heisenberg eine Bombe baute.

In langen Gesprächen hatte Heisenberg Scherrer erzählt, daß er und seine Kollegen einen Kernreaktor bauten. Scherrer war ein prominenter Kollege unter den europäischen Physikern und scheint als regulärer OSS-Informant agiert zu haben. Sein Gespräch mit Heisenberg wurde sofort weitergeleitet. In Farm Hall verriet Heisenberg, daß er in Scherrers Institut seinen eigenen Informanten eingeschleust hatte, der ihn auf dem Laufenden hielt, woran die Amerikaner arbeiteten. Bedenkt man jedoch, wie überrascht und ungläubig Heisenberg auf die Nachricht von Hiroshima reagierte, scheint ihn dieser Informant nicht wirklich gut informiert zu haben. Die deutsche SS hatte auch ihre eigenen Informanten auf Scherrers Party, die Heisenberg denunzierten, er hätte zugegeben, daß der Krieg verloren sei, obwohl Heisenberg seine Gastgeber mit den zusätzlich eingestreuten Bemerkungen verärgert hatte, er wünschte, Deutschland hätte gewonnen, und er wüßte nichts über Massenvernichtungen der Juden.

Heisenberg war ein Patriot und sah Deutschland als Bollwerk der europäischen Kultur. Er erkannte nicht, daß gerade die Nazis diese Kultur zerstörten, hatten sie ihn doch sogar heftig angegriffen, daß er weiterhin diese „jüdische" Relativitätstheorie lehrte, die doch sicherlich eine der wichtigsten Errungenschaften dieser Kultur war. Er sympathisierte nicht mit den Nazis. Andererseits hatte er keinerlei Einfühlungsvermögen für die Opfer der Nazis, ein Umstand, der seinen ehemaligen Gönner Niels Bohr für den Rest seines Lebens gegen ihn aufbrachte. Im Jahre 1941, gerade als sich die deutsche Armee Moskau näherte, traf Heisenberg Bohr während eines offiziellen Besuches im von Deutschland okkupierten Dänemark. Er erklärte Bohr, daß ein deutscher Sieg über Rußland wünschenswert sei. Er bedauerte die Zerstörung Polens, fügte aber hinzu, man müßte den Deutschen zugute halten, daß sie Frankreich nicht auch zerstört hätten. Diese Bemerkung verärgerte Bohr zutiefst. Auch riet er Bohr, dessen Mutter Jüdin war, mit den offiziellen Stellen an der deutschen Botschaft in Berührung zu treten, da ihn diese schützen könnten. Für Bohr war das gleichbedeutend mit Hochverrat. Schließlich gewann Bohr den Eindruck, Heisenberg wollte ihn als Vermittler für ein Übereinkommen zwischen deutschen und amerikanischen Physikern gewinnen, keine Atombombe zu bauen. Diesen Vorschlag lehnte Bohr entschieden ab, dachte er doch, daß Heisenberg auf diese Weise versuchte, Informationen über die Aktionen der Amerikaner zu erhalten. Über das Treffen von Bohr und Heisenberg schrieb Michael Frayn das brilliante Drama „Copenhagen", das im Londoner Theater 1999 außerordentlich erfolgreich war.

Bei einem Besuch im von Deutschland besetzten Holland im Jahre 1943 erzählte Heisenberg einem holländischen Kollegen, Hendrick Casimir, daß es immer schon Deutschlands historische Aufgabe gewesen sei, die westliche Kultur gegen Übergriffe osteuropäischer Horden zu verteidigen, eine Aufgabe, der weder Frankreich noch England in geeignetem Maße nachgekommen wären. Er sagte auch, daß ein von Deutschland dominiertes Europa das geringere Übel wäre und daß sich die Nazis bessern würden, sobald der Krieg vorbei sei. Casimir war außer sich vor Wut. Solche Bemerkungen vergaß niemand, so daß es nach dem Krieg mit den alten Freundschaften endgültig vorbei war. Später schrieb Casimir:

> Ein Genie ist ein Schöpfer von Dingen, die anfangs seine eigene Vorstellungskraft überschreiten. In diesem Sinne war Heisenberg sicherlich ein Genie. Aber diese Eigenschaft ist selten gepaart mit einer Gabe des Einfühlungsvermögens und des Verständnisses für andere. Diese Gabe hatte Heisenberg nicht. Es war sein größtes menschliches Versagen, daß er das volle Ausmaß der Verworfenheit der damaligen Führer Deutschlands nicht erkannte und nicht verstand.

Es kam auch vor, daß Physiker aus neutralen oder besetzten Gebieten den Alliierten Informationen über die Atomforschung der Deutschen weitergaben, die sie ihrerseits von „abtrünnigen" deutschen Wissenschaftlern erhalten hatten. Es ist in der Tat besonders tragisch, daß diesen Mitteilungen kein Glauben geschenkt wurde, sondern daß der Bau der Atombombe unter ständiger Panik und, wie wir heute wissen, grundloser Angst vorangetrieben wurde, die Deutschen könnten diese zuerst fertigstellen. Schließlich müssen wir zumindest dafür dankbar sein, daß Deutschland bereits zwei Monate vor Fertigstellung der Atombombe mit konventionellen Waffen besiegt wurde, obwohl der Architekt der amerikanischen Atombomben, Robert Oppenheimer, diesen Umstand angeblich bedauert hat.

*Der Bombenkonstrukteur wird zum Dissidenten**

Anscheinend gab es zwei verschiedene Sacharows, die kaum je miteinander kommunizierten. Der erste war der kaltblütige Erfinder der russischen Wasserstoffbombe, der zweite der furchtlose Führer der Menschenrechtsbewegung in Rußland. Zwanzig Jahre lang, von 1948 bis zu seiner Entlassung im Jahre 1968, leitete Sacharow die wissenschaftlichen Arbeiten zur Entwicklung und Perfektion von immer noch tödlicheren Waffen. Er widmete sich vorbehaltlos und mit all seiner Energie dieser Arbeit, die er selbst als Paradies des Theoretikers bezeichnete. Sein Einfallsreichtum und sein Genie wurden belohnt. Bereits im Alter von 32 Jahren wurde er – so jung wie keiner vor ihm – zum ordentlichen Mitglied der Akademie der Wissenschaften gewählt. Dreimal erhielt er die Goldmedaille als Held der sozialistischen Arbeiterschaft. 1962 nahm er an einem Bankett im Kreml teil. Er saß zwischen Chruschtschew und Breschnew, die ihn vor dem gesamten Politbüro und Präsidium des Obersten Sowjets umarmten und ihm für seine patriotische Arbeit dankten, „die dazu beitrug, einen neuen Krieg zu verhindern". Diese Arbeit war die Konstruktion einer neuen „verbesserten" Wasserstoffbombe von noch nie dagewesener Durchschlagskraft. Es gibt keinerlei Hinweise dafür, daß sich Sacharow irgendwann gefragt hätte, ob es klug war, diese schrecklichen Massenvernichtungswerkzeuge in ihre Hände zu legen, oder ob es überhaupt einen Grund gab, diese Waffen zu entwickeln, auch nicht, als er die wahre Natur der Regime Chruschtschews und Breschnews bereits durchschaut hatte.

Sacharow wurde 1921 in Moskau geboren. Sein Vater war ein guter Physiker, der als Verfasser populärwissenschaftlicher Bücher recht wohlhabend wurde. Er war ein intelligenter, warmherziger und toleranter Mann. Sein Leitmotiv war: „Ein Gefühl für Mäßigung ist das höchste Geschenk der Götter." Sein Sohn bewunderte dieses Motto, gab aber zu, daß es ihm schwer fiel, es zu befolgen. Die Grausamkeiten und Terrorakte, die das Leben seiner Jugend in den 30er Jahren beherrschten, hinterließen bei ihm und allen seinen Zeitgenossen ihre Spuren. Roy Medwedjew berichtet, daß schätzungsweise mindestens vier- bis fünfhunderttausend Menschen – unter ihnen auch hohe Offiziere – erschossen wurden und mehrere Millionen gefangengenommen wurden. „Die geistige Atmosphäre der UdSSR kann nicht ohne rückwirkende Betrachtung dieser Zeit erklärt werden," schreibt Sacharow, „es war eine lähmende Angst, die zuerst die großen Städte erfaßte, und sich auf die gesamte Bevölkerung ausbreitete. Bis heute, zwei Generationen später, hat diese Angst ihre Spuren an uns hinterlassen. Die Repressionen waren allgegenwärtig und grausam und lösten gerade wegen ihres irrationalen Charakters Panikreaktionen aus. Es war einfach unmöglich zu ergründen, wie oder warum jemand als Opfer ausgewählt wurde." Sich selbst beschreibt er als „peinlich introvertiertes" Kind, das „in seiner eigenen Gedankenwelt vollkommen versunken" war, und von diesen schrecklichen Begebenheiten nur wenig mitbekam. In der Schule hatte er keine Freunde, auch nicht während der ersten drei Jahre als Physikstudent an der Universität Moskau. Hier machte ihm nur der Gegenstand Marxismus-Leninismus Schwierigkeiten, in

---

*) Zum Buch *Memoirs* von Andrej Sacharow (übersetzt in die englische Sprache von Richard Lourie; Hutchinson).

erster Linie deshalb, weil er sich Worte ohne Bedeutung einfach nicht merken konnte. Es kam ihm gar nicht in den Sinn, daß vielleicht der Marxismus-Leninismus nicht gerade die für die Befreiung der Menschheit am besten geeignete Philosophie war.

Im Juni 1941, als Sacharow bereits im dritten Jahr an der Universität studierte, erfolgte die Invasion durch die deutschen Truppen. Als Moskau im Oktober 1941 selbst in Gefahr war, brach eine allgemeine Panik aus, und „nachdem eine Woche lang ein unbeschreibliches Chaos herrschte", wurde die Universität nach Aschchabad in der Turkmenischen Republik evakuiert. Die Reise dorthin dauerte einen Monat lang. Sacharow kümmerte sich in dieser Zeit wenig um Freundschaften, sondern verbrachte diese Zeit mit dem stillen Studium der Quantenmechanik und Relativitätstheorie. Das schlimmste, was er in Aschchabad erlebte, war sein ständiger Hunger.

Nach vierjährigem Studium und einer Abschlußprüfung in theoretischer Physik graduierte er mit allen Ehren. Er wurde nicht zum Heer eingezogen, sondern in eine weit entfernte Munitionsfabrik zur Arbeit entsandt. Die lange Reise dorthin öffnete ihm erst die Augen über das schreckliche Leid, das dieser Krieg dem Land gebracht hatte. Die Züge waren mit ausgemergelten Menschen überfüllt, denen Sorgen und Verwirrung ins Gesicht geschrieben standen, die ununterbrochen erzählten, als ob sie von einem Zwang besessen wären, ihre schrecklichen Erfahrungen, die sie noch immer verfolgten, mit jemandem zu teilen. In der Fabrik mußten Männer und Frauen in 11-Stunden-Schichten für magere Essensrationen arbeiten. Die Arbeiter der Nachtschicht mußten sich oft bis mittags um ihr Brot anstellen, und keiner durfte das Werk verlassen. Sacharow bewies sich hier erstmalig als genialer Erfindergeist. In dieser Fabrik wurden panzerbrechende Stahlkerne von Panzerabwehrgeschoßen in Salzbädern gehärtet. Dieser Prozeß schlug manchmal fehl. Sacharow erfand auf Basis einer brillanten physikalischen Erkenntnis eine schnelle und harmlose Methode, um die Qualität des Stahls zu testen. Es wurde ihm ein Patent zugesprochen und eine Zahlung von 3000 Rubel in bar. Er heiratete Klawa, die an der Fabrik als Labortechnikerin beschäftigt war, und zog zu ihr und ihren Eltern.

Ende 1944 verschaffte ihm sein Vater eine Stelle am physikalischen Institut der Akademie der Wissenschaften in Moskau, wo er als Dissertant mit Igor Tamm, einem hervorragenden Theoretiker und späteren Nobelpreisträger, zusammenarbeitete. Hier arbeitete er vier Jahre lang in der theoretischen Physik. Er erhielt sein Doktorat und wurde Laborangestellter. Im Juni 1948 erfuhr er von Tamm, daß er in einer Spezialeinheit von Wissenschaftlern an Forschungsarbeiten zur Konstruktion einer Wasserstoffbombe mit der tausendfachen Durchschlagskraft der Bomben, die Hiroshima und Nagasaki zerstört hatten, mitarbeiten sollte. Sacharow schreibt, daß ihn niemand gefragt hätte, ob er bei dieser Arbeit mitmachen wollte, aber er verschrieb sich dieser Aufgabe mit all seiner Energie und Konzentration. Er wußte sehr wohl, daß er eine fürchterliche und unmenschliche Waffe entwickeln sollte, war aber überzeugt, daß seine Arbeit wichtig war. Er sah sich als Soldat in einem Krieg der Wissenschaften. Ein Krieg gegen wen? Darauf gibt Sacharow uns keine Antwort. Er schreibt:

Die ungeheuerliche destruktive Gewalt, das Ausmaß unserer Aufgabe und der Preis, der dafür von unserem armen, hungrigen, vom Krieg erschütterten Land bezahlt wurde, die vielen durch fehlende Sicherheitsvorkehrungen verursachten Unfälle und der Einsatz von Zwangsarbeitern in unserem Bergwerk und in der Fabrik, all diese Dinge entzündeten in uns ein Gefühl der Dramatik und inspirierten uns zu maximalem Einsatz, damit diese Opfer, die wir als unausweichlich akzeptierten, wenigstens nicht umsonst wären.

Opfer wofür? Um den Sowjets die Niederschlagung des ungarischen Aufstandes im Jahre 1956 zu ermöglichen und ihnen die Sicherheit zu geben, daß es niemand wagen würde, sie aufzuhalten? Sacharow wirft diese Frage nicht auf, obwohl ihm die brutale Gewalt des sowjetischen Regimes immer mehr bewußt wurde. Er verteidigte seine Arbeit weiterhin mit dem Argument, daß strategisches Gleichgewicht und gegenseitige Abschreckung den Frieden sicherten, obwohl er im Jahre 1973 ausländischen Korrespondenten erzählen sollte, daß die Sowjetunion „ein Land hinter einer Maske" war, „eine geschlossene, totalitäre Gesellschaft, die unvorhersehbare Aktionen setzte". Er erklärten ihnen weiters, daß der Westen niemals eine militärische Überlegenheit der Sowjets zulassen dürfe, während er doch selbst bis 1968 sein Bestes gerade für diese Überlegenheit gegeben hatte.

1949 befahl der gefürchtete Chef der Geheimpolizei Beria, den Stalin als Verantwortlichen für dieses Projekt eingesetzt hatte, die Übersiedlung von Sacharows Team zur „Installation", dem sowjetischen Gegenstück zu Los Alamos, einem Geheimlabor im Ural, das mittels Zwangsarbeit errichtet worden war und vom Rest der Welt komplett abgeschirmt war. Im Juli 1953 war alles für einen Test der ersten Wasserstoffbombe in der Kasachensteppe vorbereitet, als es plötzlich jemandem einfiel, daß sie vollkommen auf den radioaktiven Niederschlag nach der Explosion vergessen hatten. Nach den Berechnungen der Physiker müßten Zehntausende Menschen evakuiert werden, wollte man sie nicht einer Strahlung von mehr als zweihundert Röntgen aussetzen (600 Röntgen hätten bereits den Tod der Hälfte der den Strahlen ausgesetzten Bevölkerung verursacht). Entweder müßte man die Bombe aus einem Flugzeug fallen lassen, was eine Verzögerung von mehreren Monaten bedeutet hätte, oder Zehntausende Menschen, einschließlich Alte, Kranke und Kinder, müßten über weite Strecken und auf schlechten Straßen mit Armeefahrzeugen evakuiert werden, was viele nicht überleben würden. Trotzdem wurde entschieden, die Evakuierung durchzuführen. Man sagte den Menschen, sie würden nach einem Monat zurückkehren können. Tatsächlich durften sie erst acht Monate nach dem Test ihre Heimat wieder betreten. Sacharow erwähnt auch nicht die durch diesen Test verursachte hohe Leukämieanfälligkeit unter der Bevölkerung von Kasachstan, obwohl er immer mehr Zweifel bezüglich der moralischen Verantwortung solcher atmosphärischer Tests hegte. Pawlow, der für die Installation verantwortliche KGB-General, versuchte ihn folgendermaßen zu beruhigen:

> Der Kampf zwischen den Kräften des Imperialismus und des Kommunismus ist ein Todeskampf. Die Zukunft der Menschheit, das Schicksal und das Glück von zehn Millionen Menschen, die hier leben oder erst zur Welt kommen werden, ist vom Ausgang dieses Kampfes abhängig. Wir müssen stark sein, um zu gewinnen. Wenn uns unsere Arbeit und unsere Tests Kraft für diese Schlacht gibt, und das ist sicherlich der Fall, so spielen die Opfer dieser Tests oder andere Opfer keine Rolle.

Marschall Vasilewski sagte ihm: „Sie haben keinen Grund, sich zu quälen. Militärische Manöver verursachen immer Opfer. Zwanzig oder dreißig Todesfälle muß man dafür in Kauf nehmen."

Die Physiker behaupteten, daß die Gewalt der Bombe die für eine thermonukleare Explosion errechnete Durchschlagskraft erreicht hatte. Man feierte mit den Verteidigungsoffizieren und gratulierte Sacharow zu seinem „außerordentlichen Beitrag zur Sache des Friedens". Die Physiker sprachen nicht die Wahrheit, denn nach amerikanischen Analysen verursachte dieser erste Test zwar einen radioaktiven Niederschlag, aber nicht in einem solchen Ausmaß, wie ihn eine thermonukleare Fusion erzeugt hätte. Die Explosion war von einer einfachen Kernspaltung verursacht worden. Wahrscheinlich wagten Sacharow und seine Kollegen es nicht, ihr Scheitern zuzugeben, denn Premier Malenkow hatte bereits öffentlich verkündet, daß die Sowjetunion die Wasserstoffbombe besitzt. Sacharow nimmt dazu nicht Stellung. Erst im Jahre 1955 wurde mit seiner „dritten Idee" eine echte thermonukleare Explosion erzeugt.

Eines Tages erschien eine Kommission, um die politische Verläßlichkeit der leitenden Mitarbeiter zu überprüfen. Sie befragten Sacharow, ob er an die Chromosomentheorie der Vererbungslehre glaubte. Dies war, wie wir wissen, eine politische Frage. In den 30er Jahren hatte der Agrarwissenschaftler Lysenko Stalin überzeugt, daß er bei Erntepflanzen günstige vererbbare Veränderungen herbeiführen könnte, indem er einfach ihre Umgebung veränderte. Als Genetiker diese Theorie in Frage stellten, wurden die Mendelschen genetischen Gesetze als antimarxistische Häresie proklamiert. Als Sacharow antwortete, daß diese Theorie ihm richtig erscheint, tauschten die Fragesteller bedeutungsvolle Blicke aus, sagten jedoch nichts. Ein anderer Physiker gab die gleiche Antwort, aber da seine Rolle in dem Projekt weniger wichtig war, sollte er sofort entlassen werden. Dies wurde nur durch die Intervention Sacharows und anderer führender Physiker verhindert.

Sacharow war in zunehmendem Maße über die weltweiten Auswirkungen des radioaktiven Niederschlags als Folge nuklearer Explosionen besorgt. Im Jahre 1959 verlautbarte Chruschtschew ein einseitiges Stillhalteabkommen zu nuklearen Testversuchen. Dies schien eine dermaßen noble Geste zu sein, daß Amerika und Großbritannien unter dem Druck der Öffentlichkeit diesem Beispiel bald folgen mußten. Im Juni 1961 informierte Chruschtschew Sacharow, daß die Tests wieder aufgenommen werden müßten, da die UdSSR weniger Tests als ihre Gegner durchgeführt hätten. Sacharow erwiderte, daß die Wissenschaftler aus der Wiederaufnahme der Atomversuche keinerlei Vorteile gewinnen könnten, da im Gegenteil die USA dadurch Vorteile gewinnen würden, und die Gespräche zum Stopp von Atomversuchen, Abrüstungsverhandlungen und der Weltfriede selbst gefährdet würden. Statt einer direkten Antwort nutzte Chruschtschew das folgende Bankett zu einer verärgerten und äußerst groben Schimpftirade auf Sacharow, er solle seine Nase nicht in politische Angelegenheiten stecken, von denen er nichts verstehe. Alle saßen völlig versteinert da und wagten nicht, in Sacharows Richtung zu blicken. Sacharow erwähnt nicht, daß Chruschtschew das einseitige Stillhalteabkommen nur deshalb erklärt hatte, um Amerikaner und Briten ebenfalls zu einem Teststopp zu bewegen, weil ein großes Feuer in einer Atommülldeponie im Ural das angrenzende Plutoniumwerk zerstört hatte, so daß die Sowjets keine weiteren Bomben erzeugen konnten.

Schließlich mußte sich Sacharow mit dem Beschluß zu doppelgleisigen Versuchen im Jahre 1962 geschlagen geben. Nach dem Vorbild der Vereinigten Staaten, die ein Atomwaffenlabor in Livermore als Konkurrenzunternehmen zu Los Alamos gegründet hatten, gründete Chruschtschew ebenfalls ein Konkurrenzunternehmen zur Installation. Bis 1962 hatten die beiden Labors jedes für sich eine noch mächtigere und todbringende thermonukleare Waffe entwickelt, aber es gab nur geringe Unterschiede zwischen den beiden. Sacharow errechnete, daß der radioaktive Niederschlag jeder dieser Waffen Hunderttausende Krebserkrankungen verursachen würde. Trotz seiner Warnungen mußten beide getestet werden, um den Wettbewerbsgeist der beiden Labors zu stimulieren und um den Amerikanern die nukleare Stärke der UdSSR zu demonstrieren. Sacharow setzte sich mit seinem ganzen Einfluß dafür ein, daß diese Versuche verhindert würden. Schließlich telephonierte er sogar mit Chruschtschew. Dieser gab eine ausweichende Antwort, und beide Atomwaffenversuche wurden durchgeführt. „Ein schreckliches Verbrechen wurde da begangen, und ich konnte nichts tun, es zu verhindern," schrieb Sacharow:

> Ich fühlte eine ungeheure Ohnmacht, eine unerträgliche Bitterkeit, Scham und Erniedrigung in mir. Ich legte meinen Kopf auf den Schreibtisch und weinte. Dies war wahrscheinlich die schrecklichste Lehre meines Lebens: Du kannst nicht auf zwei Sesseln gleichzeitig sitzen. Ich beschloß, daß ich mich in Zukunft nur mehr für die Beendigung von biologisch abträglichen Atomversuchen einsetzen würde. Nur aus diesem Grund verließ ich die Installation nicht, wie ich angedroht hatte. Später, als der Vertrag zur Beschränkung von Atomversuchen in Moskau unterzeichnet wurde, fand ich andere Gründe, meinen Rücktritt hinauszuschieben.

Sacharow sagt nicht, welches diese Gründe waren, und es ist befremdlich, daß er nicht bereits Bau und Test einer einzigen Bombe als Verbrechen betrachtete.

Er trat nicht zurück, sondern wurde stufenweise entlassen. Das erste Mal erregte er das Mißfallen der Partei im Jahre 1964, als er öffentlich und mutig gegen die Aufnahme eines der Anhänger Lysenkos als Mitglied der Akademie der Wissenschaften auftrat. Lysenko, der selbst anwesend war, verlangte, daß Sacharow verhaftet und unter Anklage gestellt würde, und Keldysch, der Präsident der Akademie, erteilte Sacharow einen Verweis, die jüngeren Mitglieder der Akademie applaudierten ihm jedoch heftig. Später richtete Sacharow ein Schreiben an Chruschtschew, um sein Auftreten gegen Lysenko wissenschaftlich zu begründen. Chruschtschew war jedoch wütend und befahl dem Leiter des KGB, Material gegen Sacharow zu sammeln. Er wurde nur gerettet, weil Chruschtschew selbst abtreten mußte, und sich kurz danach Lysenko endgültig geschlagen geben mußte.

Mit dieser Episode endet der erste Teil der Autobiographie Sacharows. In erster Linie enthält dieses Buch lebhafte Schilderungen der Persönlichkeiten, Einstellungen und Ereignisse, die das Bestreben der Sowjetunion um den Sieg im nuklearen Rüstungswettlauf und, sollte es notwendig werden, in einem Atomkrieg prägten. Durch seine persönlichen Erfahrungen mit Kontakten zu den höchsten Kreisen der Sowjetführung gelingt ihm eine hautnahe Schilderung dieser Persönlichkeiten, ohne ihre in der Öffentlichkeit propagierte glatten Rhetorik und mit all ihrer ruchlosen Sucht nach Macht und barbarischen Gleichgültigkeit gegenüber Leid und Tod ihres eigenen Volkes.

Im Jahre 1967 war es ein Buch des Historikers Roy Medwedjew, das Sacharows Flucht aus seiner Welt, die er selbst „hermetische Welt" nennt, begründet hat. Dieses Buch, *Let History Judge,* öffnete Sacharow hinsichtlich der Verbrechen Stalins, die ihm bis dahin überhaupt nicht bewußt geworden waren, die Augen. Noch im selben Jahr erfolgte seine erste Intervention, der viele folgen sollten, um angeklagte oder gefangengenommene Dissidenten zu unterstützen. Er schrieb zur Verteidigung von Alexander Ginsburg und seinen Mitarbeitern einen privaten Brief an Breschnew. Breschnew antwortete nicht. Statt dessen reagierte der für die Installation verantwortliche Minister Efrim Slawski auf Sacharows Brief, indem er ihn seines Postens als Leiter der theoretischen Abteilung enthob und sein Gehalt von 1000 auf 550 Rubel pro Monat kürzte. Sacharow blieb jedoch stellvertretender wissenschaftlicher Direktor der Installation.

Sacharow selbst nennt diese Episode den Wendepunkt seines Lebens. Seit diesem Zeitpunkt beschäftigte er sich in zunehmendem Maße mit der Sache der Menschenrechte, der Umwelt, eines Endes des kalten Krieges und der Reform der Sowjetunion. Er kaufte sich ein Kurzwellenradio und hörte BBC und the Voice of America. Es wurde ihm ein Bedürfnis, zu den wichtigsten Themen unserer Zeit Stellung zu nehmen. Diese Ideen schrieb er in einem leidenschaftlichen Aufsatz mit dem Titel *Progress, Peaceful Co-existence and Intellectual Freedom* nieder. Der Aufsatz beginnt mit einer Warnung an die Welt vor den Gefahren eines thermonuklearen Krieges. Er basiert in allen Teilen fest auf der marxistisch-leninistischen Ideologie. Sacharow befürwortet weitreichende soziale Veränderungen und vermehrtes öffentliches Eigentum in den kapitalistischen Ländern, sowie die Beibehaltung des öffentlichen Eigentums an den Produktionsmitteln in den sozialistischen Ländern. So wie Martin Luther die katholische Kirche reformieren und sie nicht verlassen wollte, wollte Sacharow den Sozialismus beibehalten, ihn jedoch von der Parteiherrschaft befreien. In seiner Autobiographie läßt Sacharow seine sozialistische Überzeugung überhaupt nicht durchdringen, was sehr schade ist, denn der Leser hätte sonst mitverfolgen können, daß er sich nur langsam und schrittweise vom orthodoxen Kommunismus loslöste. Dies tat seinem großen moralischen Mut und seinem Freidenkertum keinen Abbruch, hatte er beide doch bereits durch einen solchen Aufsatz in einer Zeit unter Beweis gestellt, als er noch in den Fängen der Installation, isoliert von der intellektuellen Schicht Moskaus, in der Einöde saß.

Als Kopien dieses Aufsatzes im Samisdat auftauchten, berief der Leiter des KGB, Andropow, den Forschungsdirektor der Installation zu sich und erteilte ihm wegen dieses ketzerischen Papiers, das in seinem Labor entstanden war, einen Verweis. Nachdem der volle Wortlaut in einer holländischen Tageszeitung veröffentlicht worden war, bedrängte Efrim Slawski Sacharow, er solle offiziell erklären, die holländische Zeitung hätte einen vorläufigen Entwurf seines Aufsatzes ohne Erlaubnis veröffentlicht. Sacharow lehnte dieses Ansinnen entschieden ab und beharrte auf seinem Standpunkt. Der Minister lehnte die Warnung Sacharows vor einem Atomkrieg schlichtweg ab, da er noch immer der Meinung war, die Sowjetunion würde die imperialistischen Kräfte in einem Atomkrieg besiegen, genau so, wie die Amerikaner ihrerseits der Meinung waren, die Vereinigten Staaten würden in einem Krieg den Kommunismus besiegen. Dieses Gespräch fand im Juli 1968 während der letzten Wochen des Prager Frühlings statt. Der Minister versicherte Sacharow, das Zentralkomitee schließe eine Intervention aus, aber am 21. August rückten die Truppen des Warschauer Paktes in die Tschechoslowakei ein. Sacharows Glaube in das sowjetische System war endgültig gebrochen. Schon bald nach diesem Gespräch mit dem Minister wurde ihm der Zutritt in der Installation verwehrt, was einer Entlassung gleichkam.

Bereits im März 1969 erfolgte ein neuer Schicksalsschlag. Seine Frau Klawa starb an einem Krebsleiden. Monatelang befand er sich in einem Taumel, unfähig, in Wissenschaft oder öffentlichem Leben irgend etwas zu bewegen. Er verabsäumte es, Klawas Eltern über ihren Tod zu informieren, ein eigentümliches Verhalten, das er später bereute (die Niederschrift über dieses Kapitel seines Lebens wurde in der englischen Übersetzung ausgelassen).

Im Mai 1969 versetzte ihn der Minister zurück an das physikalische Institut der Akademie der Wissenschaften in Moskau, wo seine berufliche Laufbahn begonnen hatte. Er erhielt ein bescheidenes Gehalt zur Aufbesserung seines akademischen Einkommens. Sacharows eigenen Berichten zufolge war seine wissenschaftliche Arbeit ab diesem Zeitpunkt weniger gewichtig. Er investierte seine gesamte Energie in den Kampf gegen Ungerechtigkeiten jeglicher Art. Im Jahre 1970 wurde er von einem Bekannten zur Mitarbeit in einem Menschenrechtskomitee eingeladen, das die Menschenrechtsprobleme der Sowjetunion untersuchen und veröffentlichen wollte. Zuerst war Sacharow skeptisch, ob dies nicht zu viele unberechtigte Hoffnungen wecken würde, und daß das Komitee machtlos sein würde, die Flut an Hilferufen, die zu erwarten wären, zu bewältigen. Trotzdem machte er mit und begrüßte die ihm durch die wöchentlichen Besprechungen ermöglichten Kontakte, besonders den mit Elena Bonner, da er bis dahin „nicht gerade mit einer Vielzahl an Freunden verwöhnt" worden war.

Seine Unfähigkeit zu engen persönlichen Beziehungen zeigte sich auch im Zusammenleben mit seiner eigenen Familie. Er zeichnet ein freudloses Bild seines Familienlebens, ohne Wärme, Zuneigung und Humor. Alles, was er über seine Beziehung zu Klawa und, nach ihrem Tod, zu seinen Kindern zu sagen hat, ist, daß er „immer Konflikte vermieden" hat, daß sein Wohlstand ihm und Klawa nie viel Glück gebracht hätte, und daß ihr Leben leer gewesen wäre und ihren Kindern nie viel Freude gebracht hätte. Er schreibt, daß er sein Leben außerhalb seiner Familie umso erfolgreicher gestalten konnte, je weniger er sich um diese unlösbaren persönlichen Angelegenheiten kümmerte. Diese kalten und distanzierten Äußerungen Sacharows zu seiner Frau Klawa erinnern mich an Einsteins herzlose Bemerkungen über seine Frau in seiner Korrespondenz mit Max Born. Nach Klawas Tod schenkte er sein ganzes Geld, das er für verschiedene Preise erhalten hatte, insgesamt 139.000 Rubel, wohltätigen Einrichtungen. Er dachte überhaupt nicht daran, daß vielleicht seine Kinder dieses Geld benötigt hätten. Er verhielt sich hier ähnlich wie Leo Tolstoi, der alle Tantiemen seiner Bücher wohltätigen Zwecken spendete, während seine Familie mittellos dastand. Vielleicht haben alle drei ihren Mangel an

Liebe zu denen, die ihnen am nächsten standen, mit einer Liebe zur ganzen Menschheit wettzumachen versucht.

Auch ein tragisches Schicksal hat seine Ironie. Sacharow hat seinem eigenen Leben keine ironische Komponente abgewinnen können. In seinen 600 Seiten langen Memoiren kommt keine einzige witzige Bemerkung vor, ja ich frage mich, ob er jemals lachte. Wollte er seine tödlichen Erfindungen wiedergutmachen, indem er ein Friedensengel wurde? Sein Buch enthält keine Andeutung eines Bedauerns, nicht einmal in den Passagen, wo er dem Westen rät, daß die UdSSR nur durch den Einsatz ähnlich schrecklicher Waffen dazu zu bringen wäre, ihre gigantischen Interkontinental- und Mittelstreckenraketen zu eliminieren. Hatte er völlig vergessen, daß diese Waffen zumindest teilweise ein Produkt seiner eigenen Arbeit waren?

Im Jahre 1972 heiratete Sacharow Elena Bonner. Über sie schreibt er mit größter Hochachtung. Die zweite Hälfte seiner Autobiographie schildert einerseits die Untaten einer alles beherrschenden, abgebrühten, hinterlistigen, korrupten und zynischen Schreckensherrschaft, die theokratisch den heiligen marxistischen Gral verteidigt, und andererseits Sacharows heldenmütigen Kampf um die Menschenrechte, um politische Entspannung und Abrüstung, für die Emigration der Juden und gegen Ungerechtigkeiten aller Art, obwohl er dabei ständig durch bösartige Verfolgung und diverse Einschüchterungsversuche des KGB bedroht wurde. Einer seiner ersten Fälle war Schores (russische Schreibweise des Namens des französischen Sozialisten Jean Jaurès) Medwedjew, Biologe und Zwillingsbruder des Roy Medwedjew, der inhaftiert und in einem psychiatrischen Krankenhaus gefangengehalten wurde, als sein „skandalöses" Buch *The Rise and Fall of Lysenko* im Westen veröffentlicht worden war. Als Reaktion darauf trat Sacharow während einer internationalen Konferenz über Biochemie und Gentechnik, die in Moskau stattfand, zur Tafel, schrieb die Nachricht über Medwedjews Verhaftung an und forderte alle Teilnehmer zur Unterzeichnung einer Protestnote auf. Die Folge war, daß der Physiker Alexandrov, Nachfolger von Keldysch als Präsident der Akademie, Sacharow mitteilte, er selbst benötige psychiatrische Behandlung. Nichtsdestoweniger führte der von Sacharow und Roy Medwedjew initiierte Sturm internationaler Proteste bereits kurze Zeit später zur Entlassung Schores Medwedjews.

Nicht nur für Wissenschaftler oder Dissidenten setzte sich Sacharow ein, sondern auch für andere Fälle ungerechter Behandlung. So wurden in den frühen 60er Jahren zwei Schwarzmarkthändler zu 15 Jahren Gefängnis verurteilt. In den Arbeitslagern plauderten sie aus, daß auch Mitglieder der Elite zu ihren Kunden gehört hätten. Die so in Verruf gebrachte Elite brachte sie zum Schweigen, indem sie das Strafrecht änderten und den Schwarzhandel zu einem Kapitalverbrechen machten. Die Männer wurden erneut vor Gericht gestellt und zum Tode verurteilt. Sacharow protestierte – vergeblich – gegen eine Bestrafung auf Basis eines Gesetzes, das erst nach der begangenen Tat verabschiedet worden war.

Sacharows Rat an den Westen, den Sowjets bei Atomwaffen keine Oberhand zu überlassen, und sein späterer Aufruf an das Internationale Rote Kreuz, ein Recht auf Inspektion der sowjetischen Gefängnisse, Arbeitslager und psychiatrischen Krankenhäuser zu fordern, führte zu einer Pressekampagne gegen ihn, die üblich war, wenn das Politbüro einen Schauprozeß mit der Beeinflussung der öffentlichen

Meinung vorbereiten wollte. Diesmal wurde er vielleicht durch ein Telegramm vom Präsidenten der Akademie der Wissenschaften der USA, Philip Handler, gerettet:

> Sollte Sacharow seiner Möglichkeiten beraubt werden, dem sowjetischen Volk und der Menschlichkeit zu dienen, könnte es extrem schwierig werden, die amerikanischen Vorstellungen einer Zusammenarbeit auf wissenschaftlicher Ebene zwischen den beiden Staaten zu verwirklichen, da diese Zusammenarbeit vollkommen vom freiwilligen Einsatz und guten Willen der einzelnen Wissenschaftler und wissenschaftlichen Institute abhängig ist.

Trotzdem wurde ein russischer Mathematiker, der Sacharow in einem offenen Brief verteidigte, von seiner Stelle entlassen.

Schließlich beschloß das Politbüro, Sacharow ins Exil nach Gorki zu senden und ihn auf diese Weise ruhigzustellen. Dort gab es ein ganzes KGB-Regime, das jede seiner Bewegungen überwachte und kontrollierte. Ich hatte gedacht, genug über den KGB zu wissen, ehe ich dieses Buch las. Aber das Ausmaß an Bagatellstrafen und gemeinen Niederträchtigkeiten, die Sacharow in seinen Memoiren schildert, überstieg meine Vorstellungen gewaltig. Die Autobiographie endet mit der Episode im Dezember 1986, als zwei Techniker und ein KGB-Beamter Sacharows Exilwohnung in Gorki betraten, um ein Telephon zu installieren. Am nächsten Tag rief Gorbatschow an und sprach eine Einladung nach Moskau aus, wo „Sacharow seine patriotische Arbeit fortsetzen" könnte. Zwanzig Jahre zuvor war dies der offizielle Startschuß für seine Arbeit an Atomwaffen gewesen. Hatte Gorbatschow statt dessen Sacharows Kampagne zur Beendigung des kalten Krieges im Sinn?

*Die Befreiung Frankreichs**

Erfolgreiche Leute folgen in ihren Autobiographien oft dem Beispiel von Charlie Chaplin, der uns zuerst mit seinem jugendlichen schauspielerischen Talent erfreut, das ihm nach entbehrungsreicher Kindheit Glück und Ruhm brachte, und uns in der Folge mit einer Aufzählung seiner Filme und all der wichtigen Leute, die er kannte, langweilt. Dagegen verrät François Jacob mit keiner Silbe, daß er Präsident des Pasteurinstituts in Paris und als einer der führenden Biologen der Welt Nobelpreisträger war, sondern beschreibt uns ein Leben, das für die Tragödie und die Wiedergeburt Frankreichs symbolisch ist. Jacob wurde im Jahre 1920 in Paris geboren. Er stammt aus einer wohlhabenden bürgerlichen jüdischen Familie und hatte eine glückliche Kindheit. Er besuchte in Paris die Schule, wollte zuerst wie sein Großvater mütterlicherseits Soldat werden. Dieser war ein mit vier Sternen dekorierter jüdischer General der französischen Artillerie, ein weiser Mann voll Lebenskraft und Mut, ein Patriot ohne chauvinistische Züge, ein menschlicher Soldat, der die „Statue Interieure" des Titels war, und an ihm versuchte sich der junge François ein Beispiel zu nehmen. Das obligate Sprungbrett einer militärischen Karriere war die Ecole Polytechnique. Aber die drakonischen Lehrer des *Lycée*, die die jungen Menschen für ihren Eintritt in diese berühmte Institution vorbereiten sollten, waren dermaßen sadistisch, daß Jacob die Schule verließ und lieber Chirurg werden wollte.

Jacob gibt uns keinen chronologischen Lebensbericht, sondern eine Auswahl an lebhaften Eindrücken und Episoden, wie einen bunt gemischten Lichtbildervortrag. Er betrachtet sein Leben als „eine Folge verschiedener Ichs – ich möchte fast sagen, verschiedener Fremder. ... Würde ich sie erkennen, wenn ich ihnen auf der Straße begegnete?" Trotzdem gab er mir das Gefühl, als ob die Launen und Phantasien dieser Gestalten meine eigenen wären, als ob ich das von seiner reizenden Mutter über alles geliebte einzige Kind wäre, als ob ich selbst in seiner Anatomieklasse Leichen seziert hätte, ich die Arroganz General de Gaulles kennengelernt („die Majestät einer gotischen Kathedrale") oder mit dem Charme, dem Scharfsinn und der Arroganz seines Kollegen Jacques Monod gelebt hätte.

Als der junge François Napoleon bewunderte, erklärte ihm sein Großvater, man solle niemanden zum Idol machen, weder große Männer, da sie keine Götter seien, noch Götter, da sie nicht existierten. Als der General sein Ende nahen fühlte, wies er den Jungen an, nicht an ein Weiterleben nach dem Tod zu glauben. Er ergriff seine Hände, blickte ihm tief in die Augen und wiederholte: „Da ist nichts. Absolut nichts. Die absolute Leere. So bleibst du meine einzige Hoffnung. Du und die Kinder, die du haben wirst." An Stelle einer Religion eröffnete der General dem Jungen den Glauben an Frankreichs große Institutionen. Jacob schreibt:

---

*) Zum Buch *La Statue Interieure: An Autobiography* von François Jacob (Editions Octile Jacob, Paris).

> Die Verfassung, die Regierung, das Beamtentum, die Armee ... das Polytechnikum waren ein bißchen wie das Pantheon, der Triumphbogen, Notre Dame. ... Sie waren das unzerstörbare Bollwerk unseres Landes, unseres Lebens. ... Ich konnte mir kaum vorstellen, daß es etwas besseres geben könnte.

Und trotzdem passierte im Frühling 1940 das Unvorstellbare – unter dem Einfluß von Hitlers Panzern brach das ganze Gebäude seiner Vorstellungen zusammen. Ein paar Tage, ehe die Deutschen Paris erreichten, starb Jacobs Mutter an Krebs. Trostlos und seiner Illusionen beraubt, floh er nach Bordeaux und nahm die Fähre nach England. „Ruhiges, sicheres, ordentliches, zuversichtliches England", im Gegensatz zum chaotischen, geschlagenen und demoralisierten Frankreich. Im Gedenken an seinen Großvater war er fest entschlossen, gegen die Eindringliche zu kämpfen. Sein Medizinstudium, seine Familie, seine Freundinnen, „alles mußte zurückstehen, bis er wieder nach Frankreich zurückkehren würde". Aber würde er sie je wiedersehen?

Bereits auf der nächsten Seite finden wir ihn im August 1944 als medizinischen Hilfsoffizier der Freien Französischen Armee an Bord eines britischen Landungsbootes, das den Kanal überquert. Am Horizont machte er bereits das Gelobte Land aus, die Küsten Frankreichs. Für diesen Augenblick hatte er während der vergangenen vier bitteren Jahre seines Exils gelebt, aber noch in derselben Woche, als sie in der Normandie landeten, wurden seine Hoffnungen auf eine triumphale Rückkehr nach Paris durch eine deutsche Bombe zerstört. Er wurde am rechten Arm, am Bein und am Brustkorb beinahe tödlich getroffen. Er hätte sich in einer Grube schützen können, als die Bomber näher kamen, aber er blieb bei einem tödlich verwundeten Kameraden, der ihn anflehte, ihn nicht allein zu lassen. Für diese heroische Anteilnahme mußte er fast ein Jahr im Krankenhaus verbringen, seinen geplanten Berufsweg als Chirurg (dies erschien ihm als der „beste Beruf der Welt") aufgeben und sein restliches Leben mit chronischen Schmerzen verbringen (die er verheimlichte).

Jacob erinnert sich an die Jahre seines Soldatentums in einzelnen Vignetten. Er beschreibt vier nostalgische, einsame Silvesterabende, die er alle an verschiedenen von Gott verlassenen Orten in Afrika verbrachte, und einen fünften, den er im kahlen Zimmer eines Pariser Krankenhauses verbrachte. Im Jahre 1942 nahm er am grauenhaften, jedoch siegreichen Marsch des General Leclerc teil, der tausend Meilen durch die Wüste von Tschad in Zentralafrika bis zur Küste Libyens am Mittelmeer führte: „Als wir das Meer erreichten, glaubten wir, in der Entfernung die Küste Frankreichs zu sehen." Er läßt uns die gemischten Gefühle der französischen Soldaten, die zwischen Erwartung und Furcht hin- und hergerissen wurden, miterleben, als sie einen Angriff der Deutschen in der Wüste Tunesiens erwarteten, und seine Enttäuschung darüber, daß er nur mit Wundverbänden kämpfen durfte. Die schlecht ausgerüstete, teilweise europäische, teilweise afrikanische französische Truppe hielt sich tapfer, hätte aber ohne die verwegene Hilfe der britischen Royal Air Force nicht den Sieg erringen können, deren Flugzeugen die Freien Franzosen „mit dankbaren Gefühlen nachblickten, da sie ihnen mehr verdankten, als sie jemals würden zurückzahlen können". Jacob beschreibt seinen Siegestaumel:

> Nachbarn aus Frankreich und Deutschland waren in ein unbewohntes Land ohne Leben gekommen, um sich gegenseitig umzubringen. Es war ein fremdes

Land, das innerhalb von nur wenigen Stunden in die Hölle verwandelt worden war und nun wieder völlig friedlich und ruhig dalag. Die Dunkelheit, die die Schatten der Umgebung langsam einhüllte, die einbrechende Nacht schien die Einheit der Welt zu bezeugen. Ich fühlte mich wie neugeboren. Wie ein entlaufener Gefangener, der am Abend eines langen Fußmarsches den Gipfel eines Berges erreicht, wo er ein Land vorfindet, das ihn in Frieden willkommen heißt. Das Universum erschien mir vollkommen und geheimnisvoll, wie ein junges Tier. Über diesen Sanddünen, über den Bergen war das Meer. Und über dem Meer war Frankreich: so grün und so voller Leben. Und zum ersten Mal in drei Jahren wußte ich und fühlte ich ganz genau mit jeder Faser meines Körpers, daß die Rückkehr nach Frankreich kein Traum mehr war. Daß uns nichts und niemand mehr von einer Rückkehr nach Hause aufhalten würde. Nichts als der Tod.

Jacobs Geschichte ist vom Tod überschattet. Sein Buch beginnt nach dem Krieg in Paris mit einem Besuch eines einbeinigen Kameraden, der Jacob anfleht, ihm vom Leben zu erlösen, sollte sein Leiden unerträglich werden. Jacob tut so, als hätte er nichts gehört, und kommt sich wie ein Feigling vor, der den *cri de coeur* seines Kameraden ignoriert. Er stellt sich seine eigene Hilflosigkeit im hohen Alter vor, wie er wie seine stolze Großmutter verrückt würde, hilflos dem Mitleid anderer ausgeliefert. Wir können nicht verhindern, geboren zu werden, schließt er, aber wir können uns den Augenblick unseres Todes aussuchen, falls wir den richtigen Augenblick nicht versäumten und es zu spät wäre. Aber wann ist der richtige Augenblick?

Im Krieg in Afrika entging er 1943 in einer mondlosen Nacht nur knapp dem Tod, als er durch die Wüste Tunesiens marschieren mußte, entlang der deutschen Front, um einem französischen Außenposten medizinisch zu helfen. Er ging allein. Eine deutsche Handgranate explodierte hinter ihm. Er warf sich auf den Boden und blieb in kaltem Schweiß vor Angst gelähmt, wie ihm schien, stundenlang liegen. Erst das Bellen eines Hundes rüttelte ihn auf, er versuchte sich zusammenzureißen und fand heraus, daß er gerade fünf Minuten dort gelegen war. Als er in der Dunkelheit weiterging, stand er plötzlich einem deutschen Wachposten gegenüber. Sollte er weglaufen? Er ging weiter und erwartete, durch eine Salve in den Rücken getötet zu werden, aber wie durch ein Wunder ließ ihn der Deutsche am Leben. Noch Jahre später wacht er zu Hause neben seiner Frau in kaltem Schweiß gebadet auf, wie gelähmt vor Angst, den bitteren Geschmack des Todes im Mund und seine toten Freunde vor Augen. Schwerfällig steht er auf und geht auf Zehenspitzen zum Zimmer seiner Kinder, „und betrachtet ihre Gesichter, bis diese die Gesichter der Toten auslöschten". „Am Abend eilte ich nach Hause, um diese wunderschöne Frau und diese herrlichen Kinder wiederzusehen. ... Es war wie die Rückkehr des Frühlings, mit den Blättern an den Bäumen, der Sonne, den Blumen. Es war wie die Wiedergutmachung des Krieges, des Todes."

Doch dieses Glück machte fünf einsame und bittere Jahre wett, nachdem er in der Normandie nur knapp dem Tod entronnen war. Nur wenige Wochen nachdem ihn die Rettung im Jahre 1944 nach Paris gebracht hatte, fand ihn sein Vater endlich im Krankenhaus Val-de-Grâce. Der Besuch ließ den stechenden Schmerz über den Verlust seiner Mutter wieder aufleben, ein Schmerz, der unerträglich wurde, als ihm sein Vater höchst verlegen auf tragikomische Weise beichtete, daß er bald wieder heiraten würde. Ein weiterer Besuch war Odile, seine erste Liebe, die ihm mitteilte, daß sie bald einen anderen Mann heiraten würde. Am Tag des Waffenstillstands im Mai 1945, am Tag des Triumphes, neun Monate nach seiner Verwundung, war Jacob noch immer im Krankenhaus und stand kurz vor einer weiteren Operation, weil ein Granatsplitter aus seiner infizierten Hüfte entfernt werden mußte. Als er schließlich entlassen wurde, wollte ihn niemand haben. „Jeder ging seiner Wege, als ob es mich nicht gäbe." Er beendete sein Studium, aber seine Verletzungen machten ihm eine chirurgische Laufbahn unmöglich. Die Chirurgie war aber der einzige Zweig der Medizin, der ihn interessierte. Wie ein trotziges Kind, das kein anderes Spielzeug will als sein Lieblingsspielzeug, gab er die Medizin komplett auf.

Frankreich war noch immer von der geldgierigen kleinbürgerlichen Schicht dominiert, deren Liebäugeln mit dem Faschismus vor dem Krieg und während des Krieges in seinen Augen für die Niederlage Frankreichs verantwortlich war. Seine Abscheu vor dieser Einstellung trieb ihn zu Zusammenkünften der Kommunisten, aber sie waren ihm auch zuwider: „ihre Worte, die Bedeutung ihrer Worte, ihre mit Autorität begründeten Argumente, ihre ständigen Anspielungen auf die heiligen marxistischen Texte, die Gewißheit der ... Redner ..., recht zu haben, im Besitz der Wahrheit zu sein ... sowohl der politischen als auch der moralischen Wahrheit" stießen ihn ab.

> Woran konnten Leute meiner Generation noch glauben, wenn sie weder religiös noch kommunistisch waren? Ihre Jugend war ihnen gestohlen worden; ihre Freunde getötet; ihre Hoffnungen, ihre Begeisterung dahin. Welche Bedeutung, welchen Sinn konnten sie Worten wie *Ehre, Wahrheit, Gerechtigkeit* und sogar *Heimat* noch geben?

Jacob zeichnet ein Bild seiner selbst, mit ruhmreichen Träumen, aber ohne Ahnung über seine eigenen Fähigkeiten, seinen Beruf, ohne Frau und ohne Heim. Er befaßte sich oberflächlich mit Antibiotika, schrieb Drehbücher, arbeitete ein paar Tage lang in einer Bank, verließ diese voller Abscheu, kaufte sich ein Buch über Jus und legte es nach nur drei Seiten wieder zur Seite. Er war rastlos, an nichts interessiert, aller Illusionen beraubt. Dies ist der traurigste und poetischste Teil seines Buches.

Der Wendepunkt kam, als er eine junge Musikerin aus einer jüdischen bürgerlichen Familie, wie seine Familie es gewesen war, kennenlernte. Ihr charmantes Aussehen erinnerte ihn an seine Mutter. „Wie immer, wenn ich ein Mädchen kennenlernte, war ich verlegen und alles andere als schlagfertig." Trotzdem verliebte sie sich in ihn. Nur kurz nach ihrer Hochzeit verbrachten sie mit einem Cousin von ihr den Abend. Dieser hatte wie Jacob im Krieg gedient und arbeitete nun mit dem großen Biologen Boris Ephrussi in der Forschung. Als Jacob den stürmischen Schilderungen dieses Mannes zuhörte, kam ihm der Gedanke: „Wenn er das kann, warum nicht auch ich?" Er schob seine Minderwertigkeitsgefühle zur Seite und sprach bei zwei Biologieprofessoren vor und fragte, ob sie ihn als Lehrling aufnehmen würden. Beide lehnten ihn ab, aber Jacques Tréfouël, der Direktor des Pasteur-Institutes, übersah Jacobs scheinbare „scheue Arroganz", kümmerte sich nicht darum, daß er, wie er selbst zugab, die Biologie nicht kannte, und gab ihm ein Forschungsstipendium. Dies war der Wendepunkt in Jacobs Leben.

Jacob brauchte einen Lehrer. Er wandte sich an den großen Mikrobiologen André Lwoff, aber Lwoff sagte, er hätte keinen Platz frei. Jacob versuchte es erneut. Lwoff lehnte ab. Jacob war beharrlich. Eines Tages traf er Lwoff in besonders guter Laune an, da er gerade eine Entdeckung gemacht hatte, und er sagte „Ja". Danach behandelte ihn Lwoff wie einen Sohn, ermutigte ihn und gab ihm Selbstsicherheit. Ich fand Ähnlichkeiten zu David Keilin, den ehemaligen Lehrer Lwoffs in Cambridge, der auch mein Lehrer war und der mir ebensoviel Ermutigung und Zuneigung entgegenbrachte, wie Jacob von Lwoff erhielt. Sah Lwoff in Keilin ein Vorbild?

Jacob fand rasch heraus, daß wissenschaftliche Forschung keineswegs „so kalt, beflissen, steif ... und langweilig ist, wie man allgemein glaubt. Ganz im Gegenteil, es ist eine Welt voller Freude, Überraschungen, Wißbegierde und Phantasie." „Man konnte leben, reisen, essen und eine Familie ernähren, indem man seine meiste Zeit damit zubringt, zu tun, was man liebt. Allein dies erschien mir wie ein Wunder und kaum zu glauben." Wie ich das heute noch immer empfinde.

Für Jacob ist die Forschungsarbeit im Labor so dramatisch wie Kämpfe in der Wüste. Die Würze seiner Arbeit ist die amüsierte Beobachtung der verschiedenen Charaktere und Eigenarten seiner Kollegen. Sein Katalog *Homo sapiens scientificus* enthält eine Reihe gut bekannter Molekularbiologen. Der erste ist James Watson:

> Groß und dürr und mit seinem einfältigen Blick hatte er einen unnachahmlichen Stil. Unnachahmlich gekleidet: fliegende Rockschöße, ausgebeulte Knie, bis zu den Knöcheln heruntergerutschte Socken. Unnachahmlich in seiner erstaunten Art, seinem Benehmen: seine Augen waren immer vorstehend, sein Mund immer offen. Er sprach kurze, abgehackte Sätze, die mit „Ah! Ah!" endeten. Unnachahmlich auch in seiner Art, ein Zimmer zu betreten: Er steckte seinen Kopf herein, wie ein Hahn, der nach seiner besten Henne Ausschau hält, um den bedeutendsten Wissenschaftler der Anwesenden auszumachen und sich auf seine Seite zu schlagen. Eine überraschende Mischung aus linkischem Wesen und Scharfsinn, kindisch in den Dingen des täglichen Lebens und reif in Sachen der Wissenschaft.

Jacob begann mit der Erforschung der Genetik von Bakterien und Viren, eines Gebietes, das ihm die Formulierung von Hypothesen erlaubte, deren experimentelle Prüfung und eine mögliche Antwort am nächsten Tag. Diese Art der Arbeit war für seinen rastlosen, faustischen Geist ideal geeignet. („Sobald ich ein Ergebnis erreicht hatte, interessierte es mich bereits nicht mehr.") Innerhalb von nur wenigen Jahren gelang Jacob in Zusammenarbeit mit Elie Wollman die Erfindung einer brillanten Methode zur Abbildung der Reihenfolge der Gene entlang des Chromosoms eines Kolibakteriums. Diese Bakterien paaren sich, indem sie zu Paaren verschmelzen, und während ihrer Verschmelzung werden die Gene vom männlichen Bakterium an das weibliche weitergegeben. Das Durcheinanderwirbeln in einem Mixer reißt sie auseinander. Wenn man sie nach erfolgter Paarung in zeitlichen Abständen auseinanderriß, wurden die Gene, wie Jacob und Wollman entdeckten, vom männlichen Bakterium an das weibliche in einer fixen zeitlichen

Abfolge weitergegeben, wobei ihre Sequenz im Chromosom sichtbar wurde, das, wie sich herausstellte, eine kreisförmige doppelte spiralförmige DNA war:

> Die drei oder vier Jahre des Studiums der Kopplung der Bakterien, die erotische Induktion, der *Coitus interruptus* waren eine Zeit der reinen Freude. Es war eine Zeit der Aufregung und Euphorie. Aber meine Erinnerungen daran sind erstarrt. Sie hat ihren Niederschlag in Artikeln, Berichten, Zusammenfassungen und Vorlesungen gefunden. Sie hat ihre Farbe verloren und ist in einer viel zu oft erzählten Geschichte verdorrt. Eine Geschichte, die so logisch erscheint, so klar durchdacht, daß sie jede Spannung verloren hat und den Geschmack der täglichen Forschungsarbeit schon lange nicht mehr in sich trägt. Was ihr Leben gegeben hat, ging im Lauf der Zeit verloren. Verloren sind die fruchtlosen Versuche, die gescheiterten Experimente, die falschen Ansätze, die Zweifel, die Schwertstöße ins Wasser, die grundlosen Freudenausbrüche und die Wut auf sich selbst oder andere. Vorbei sind die Stunden, in denen endlose Säulen gezählt wurden, die Ängste, die Unsicherheiten und das endlose Warten. Alles wurde glatt und poliert. Es wurde eine glatte Geschichte mit einem Anfang, einem Mittelteil und einem Ende; mit gut geschmierten, gut formulierten und gut vorbereiteten Experimenten, eines nach dem anderen, die ohne Fehler, ohne Zögern und nahtlos argumentierbar zur offensichtlichen Wahrheit führten. Es war die Wahrheit, die nun in allen Genetikbüchern zu lesen ist.
>
> Manchmal kamen auch andere Fragmente der Vergangenheit wieder ans Licht. Sie tauchten auf und waren da. Eindrücke. Zum Beispiel ein plötzliches Glühen in meinen Wangen, wenn ich ein altes Foto von Jacques Monod ansah, wie er leicht ironisch lächelte. Sofort fühle ich mich in sein Büro zurückversetzt und sitze direkt vor ihm. Es ist ein Raum in der Mitte des Ganges im Erdgeschoß. Ich bin zu ihm gekommen, um ihm mitzuteilen, was ich gerade an diesem Morgen herausgefunden hatte. Es war ein noch immer unsicheres Ergebnis. Aber ich mußte darüber sprechen, meine Geschichte erzählen und meine Aufregung mit jemandem teilen. Um zu denken, um weiterzukommen, muß ich die Sache mit jemandem besprechen. Nur so kann ich Ideen ausprobieren, sie in einem Spiegel erkennen. Und niemand kann das besser als Jacques. Er hört mir zu. Er schaut mich an. Er stützt sein Kinn in seine Hand auf und vergräbt es in seinen Fingern. Er stellt mir Fragen. Er steht auf. Er geht zur Tafel und zeichnet ein Diagramm. Kehrt zurück. Fragt plötzlich, ob ich ein bestimmtes Gegenexperiment durchgeführt hätte, ohne das mein Ergebnis wertlos wäre. Ich fühle, wie ich verwirrt rot werde. Ich habe auf dieses Gegenexperiment völlig vergessen. Ein leichtes ironisches Lächeln spielt um die Lippen Jacques. Das Lächeln auf dem Foto. Ich möchte im Erdboden versinken.

Jacobs Geschichte endet am Weihnachtsabend des Jahres 1960, als er und Monod ihre berühmte Arbeit über die genetische Regulierung der Synthese von Proteinen fertigstellten, mit dem ein neues Zeitalter für unser Verständnis von lebenden Zellen begann. Es war bekannt, daß alle chemischen Reaktionen in lebenden Zellen durch Enzyme beschleunigt werden und daß alle Enzyme Proteine sind. Es war auch bekannt, daß die Struktur jedes Proteins von dem Gen bestimmt wird, von dem es kodiert wird. Die meisten Enzyme entstehen nur bei Bedarf, wobei sich zeigt, daß es einen Mechanismus geben muß, der ihre Synthese steuert. Aber es war nicht bekannt, welcher Mechanismus dies ist. Jacob und Monod entdeckten, daß es zwei Arten von Genen gibt: solche, die Proteine kodieren, und jene, die die Geschwindigkeit steuern, mit der solche Proteine erzeugt werden. Diese Steuergene drehen die Synthese von Proteinen auf und wieder ab, je nachdem, wie sie chemisch stimuliert werden. Jacob und Monod entdeckten diese Gene in Kolibakterien und schilderten ihren Mechanismus nahezu richtig. Sie vermuteten, daß es ähnliche Mechanismen in allen Lebensformen gibt, getreu nach Monods berühmtem Ausspruch: „Alles, was im Escherich-Bakterium richtig ist, stimmt auch für Elefanten." Und er hatte fast recht! Mit dieser Entdeckung erhielten Jacob und Monod, gemeinsam mit Jacobs geliebtem und bewundertem Lehrer André Lwoff, den Nobelpreis für Physiologie oder der Medizin des Jahres 1965.

Feindlicher Ausländer

Es war ein wolkenloser Sonntagmorgen im Mai 1940. Ein Polizist erschien in unserer Wohnung, um mich zu verhaften. Er sagte, ich würde nur ein paar Tage weg sein, aber ich packte wie für eine lange Reise. Ich sagte meinen Eltern Lebewohl.

Sie brachten mich gemeinsam mit über hundert anderen Menschen aus Cambridge weg nach Bury St. Edmunds, in eine kleine, etwa vierzig Kilometer östlich gelegene Garnisonstadt, und sperrten uns in eine Schule ein. Wir wurden in eine riesige, leere Turnhalle verfrachtet, wo wir mit verdunkelten Oberlichten, die sich mehr als neun Meter über unseren Köpfen befanden, im Dämmerlicht ausharren mußten. Einer der Gefangenen starrte ununterbrochen auf ein leeres Blatt Papier, und ich fragte mich, warum, bis er mir schließlich zeigte, daß durch ein winziges Loch in der dunklen Decke die Sonne auf das Papier projiziert wurde, und man darauf die Schatten von Sonnenflecken erkennen konnte. Er lehrte mich auch die Berechnung der Entfernungen zwischen Planeten und Sternen und deren Parallaxen, sowie der Entfernungen zwischen astronomischen Nebeln und den Rotverschiebungen ihrer Spektren. Er war ein warmherziger und feinfühliger Deutscher katholischen Glaubens, der im Observatorium der Universität Cambridge vor den Nazis Zuflucht gefunden hatte. Jahre später wurde er Astronomer Royal für Schottland. In diesem Frühling des Jahres 1940 war er einer von Hunderten deutschen und österreichischen Flüchtlingen, alle Akademiker und Antinazis, die meisten jüdischer Herkunft, die die Behörden in einer panischen Reaktion auf den deutschen Angriff auf die Niederlande in Befürchtung auf die unmittelbare Gefahr einer Invasion Englands zusammengetrieben hatten.

Wir verbrachten etwa eine Woche in Bury und wurden dann nach Liverpool gebracht, später in der Nähe nach Huyton, wo wir in den Rohbauten einer neuen Siedlung einige Wochen lang kampieren mußten. Wir hausten in leeren, alleinstehenden zweistöckigen Doppelhäusern, jeweils mehrere von uns gemeinsam in einem der kahlen Räume mit nackten Wänden, und hatten absolut nichts zu tun, als eine Niederlage der Alliierten nach der anderen zu beklagen und uns zu fragen, ob England durchhalten würde. Unser Kommandant war ein Mann mit einem weißen Schnurrbart, ein Kriegsveteran aus dem ersten Weltkrieg, als ein Deutschen noch ein Deutscher war, während ihn jetzt diese neuerdings zu beachtenden feinen Unterschiede zwischen Freund und Feind verwirrten. Er betrachtete eine Gruppe von Internierten, die gerade mit ihren Käppchen und Seitenlocken im Lager ankamen, und bemerkte: „Ich hatte keine Ahnung, daß es unter den Nazis so viele Juden gibt." Er sprach es wie „Nasis" aus.

Damit wir ja nicht auskamen, um unseren Todfeinden zu Hilfe zu eilen, brachte uns die Armee nach Douglas, einem Badeort auf der Insel Man, wo wir in alten Pensionen einquartiert wurden. Ich teilte ein Zimmer mit zwei Deutschen, klugen medizinischen Forschern, die mir die Augen über die verborgene Welt der lebenden Zellen öffneten. Dies war eine willkommene Abwechslung, die meine Gedanken von meinem leeren Magen ablenkten. An manchen Tage brachten uns die Soldaten hinaus zu einem Spaziergang in der umliegenden Gegend. Entlang von Hecken flankierter Gassen spazierten wir in Zweierreihen wie brave Schulmädchen. Eines Tages, es war Ende Juni, sagte einer unserer Wachen beiläufig: „Die Schweine haben unterzeichnet." Diese grobe Äußerung bezog sich auf Frankreichs Waffenstillstand, wodurch die Briten die alleinigen Kriegsgegner Deutschlands wurden.

Ein paar Tage später besuchte uns ein schmallippiger Heeresarzt, um alle Männer unter dreißig zu impfen. Was war da wohl los? Bald sollten wir es erfahren. Wir wurden am 3. Juli nach Liverpool zurückbefördert, wo wir an Bord eines großen Truppentransporters mit dem Namen Ettrick zu unbekannten Gefilden aufbrachen. Zirka zwölfhundert Menschen waren in einem der stickigen Fachträumen dieses Schiffes in Reih und Glied zusammengepfercht. In einem anderen Frachtraum waren deutsche Kriegsgefangene untergebracht, die wir wegen ihrer Armeerationen beneideten. Am zweiten Tag der Reise erfuhren wir, daß ein deutsches U-Boot einen anderen Truppentransporter versenkt hatte, die Arandora Star, auf der ebenfalls internierte österreichische und deutsche Flüchtlinge sowie Italiener nach Übersee geschafft werden sollten. Über sechshundert der insgesamt fünfzehnhundert Menschen ertranken. Auf Grund dieses Vorfalles gab man uns Rettungsgürtel.

Wie Fledermäuse hingen die Hängematten der Leute in Reih und Glied von der Decke der Messe und schwankten mit dem Seegang hin und her. Bei hohem Seegang wurde der Boden zu einer stinkenden Kloake. Eine Menge Küchenschaben kam zum Vorschein, die sich ursprünglich verkrochen hatten. In dieser mißlichen Lage ergriff Prinz Friedrich von Preußen, der damals in England lebte, die Initiative, rekrutierte eine Schar Studenten aus seinem College, stattete sie mit Mops und Kübeln aus und stellte die Hygiene wieder her. Diese Aktion erntete großen Beifall, und jeder zollte ihm größten Respekt. So wurde der Enkel des Kaisers und Cousin des Königs George VI. der König der Juden. Seine Erscheinung war durchaus die eines Prinzen, und es gelang ihm unter Einsatz seiner königlichen Persönlichkeit die diensthabenden Offiziere zu überzeugen, daß wir keine Mitglieder der fünften Kolonne waren, wie es in den Instruktionen des britischen Heeresministeriums verlautete. Der befehlshabende Oberst nannte uns trotzdem Abschaum der Menschheit, und im Zorn befahl er einmal seinen Soldaten, uns die Bajonetten anzusetzen. Diese dachten anders und ignorierten ihn.

Eines Tages verlor ich mit hohem Fieber das Bewußtsein. Als ich wieder zu mir kam, befand ich mich in einem sauberen Schiffslazarett, das von jungen deutschen Ärzten eingerichtet worden war. Das Schiff fuhr gerade die breite Mündung des St. Lawrence Rivers stromaufwärts, und am 13. Juli ankerten wir schließlich am Rande der weiß leuchtenden Stadt Quebec. Die kanadische Armee brachte uns in ein Barackenlager auf einer Burg hoch über der Stadt. Wir befanden uns in der Nähe jenes Schlachtfeldes, auf dem der englische General James Wolfe im Jahre 1759 die Franzosen besiegt hatte. Wir mußten uns nackt ausziehen, damit uns die Soldaten nach Läusen absuchen konnten. Auch konfiszierten sie unser ganzes Geld und andere nützliche Gegenstände, aber es gelang mir, den Inhalt meiner Börse aus dem Fenster der Hütte zu werfen, als wir darauf warteten, durchsucht zu werden, und die Soldaten so zu überlisten. Am nächsten Tag klaubte ich alles wieder auf, als die Soldaten weg waren. Manchmal sind Juwelen am besten am Misthaufen aufgehoben.

In Kanada änderte sich unser Status. Wir waren nicht länger interniert, sondern zivile Kriegsgefangene, wodurch wir berechtigt waren, Kleidung – Marinejacken mit roten Tuchabzeichen am Rücken – und Armeerationen zu erhalten, was wir nach zwei Tagen ohne Essen sehr begrüßten. Trotzdem waren diese kanadischen Fleischtöpfe kein wirklicher Trost für unseren neuen Status, denn wir fürchteten, für die restliche Zeit des Krieges interniert zu bleiben, und, was das Schlimmste wäre, im Falle einer Niederlage Englands an Deutschland ausgeliefert und von Hitler liquidiert zu werden. Die Tatsache meiner Verhaftung, Internierung und Deportierung als Feind durch die Engländer, die ich als meine Freunde betrachtet hatte, verbitterte mich noch mehr als der Verlust meiner Freiheit an sich. War ich zuerst von meinem eigenen geliebten Heimatland Österreich als Jude verstoßen worden, so wurde ich jetzt von meiner Wahlheimat England als Deutscher verbannt. Da wir zuerst von der Außenwelt vollkommen abgeschnitten waren, konnte ich nicht wissen, daß die Engländer selbst, darunter die meisten meiner Freunde und wissenschaftlichen Kollegen, eine Kampagne gestartet hatten, um die Anti-Nazi-Flüchtlinge und die vielen Akademiker unter ihnen zu befreien.

Ich war als Dissertant im Jahre 1936 aus Wien nach Cambridge gekommen und hatte dort meine wissenschaftliche Arbeit mit der Erforschung der Struktur von Proteinen begonnen. Im März 1940, einige Wochen vor meiner Verhaftung, hatte ich stolz mein Ph. D. in Empfang genommen, das ich für eine Dissertation über die Kristallstruktur von Hämoglobin, dem Protein der roten Blutkörperchen, erhalten hatte. Meine Eltern waren kurz vor Beginn des Krieges zu mir nach Cambridge gekommen. Ich fragte mich, wann ich sie wiedersehen würde. Aber besonders frustriert waren ich und die aktiveren unter meinen Kameraden darüber, daß wir untätig unsere Zeit absitzen mußten und nicht im Kampf gegen Hitler mithelfen konnten. Ich hatte keine Ahnung, daß ich schon bald als freier Mann nach Kanada zurückkehren sollte, um in einem der originellsten und gleichzeitig absurdesten Projekte des zweiten Weltkriegs mitzumachen.

Unser Lager bot ein majestätisches Panorama des St. Lawrence und des grünen Landstrichs südlich davon. Ein stickig heißer Tag folgte dem anderen. Die Zeit schleppte sich dahin, die Freiheit winkte von den Bergen jenseits der Grenze zu den Vereinigten Staaten. Mir fiel der Rat des Bischofs an König Richard II. ein: „Herr, Weise jammern nie vorhand'nes Weh, Sie schneiden gleich des Jammers Wege ab." Wie könnte ich wohl über diesen Stacheldrahtzaun entkommen? Angenommen, ich könnte dieses Hindernis überwinden, ohne von den Wachen bemerkt zu werden, die von den Wachtürmen aus ihre Maschinengewehre auf uns richteten. Wer würde mich nach der Entdeckung meiner Flucht beim Morgenappell verstecken wollen und können? Wie könnte ich die Amerikaner überzeugen, mich zu meinem Bruder und meiner Schwester gehen zu lassen, statt mich auf Ellis Island einzusperren? Mit diesen Fragen zermarterte ich mein Gehirn, wenn ich abends im Gras am Rücken lag, das leise Pfeifen entfernter Züge vernahm und die in feinen Farben über den Himmel flackernden Nordlichter beobachtete. Bald sprang ich in meinen Träumen im Dunkeln auf Lastzüge auf oder kämpfte mir meinen Weg durch dichte Bergwälder oder träumte von Mädchen!

Mit meinem vor vier Monaten erworbenen Cambridge Ph.D. war ich unter den Akademikern des Lagers der Rangälteste und organisierte eine Lageruniversität. Mehrere Mitarbeiter meines Lehrkörpers in Quebec sind mittlerweile – wenn auch auf verschiedene Art und Weise – berühmt geworden. Der Wiener Mathematikstudent Hermann Bondi, jetzt Sir Hermann, lehrte brillant die Vektoranalyse. Er hatte eine hohe, von lockigem Haar umrankte Stirn und erschien ohne jegliche Unterlagen zum Unterricht, wo er die komplexesten Aufgaben an der Tafel löste. Bondi verdankt seinen Ritterstand seinem Amt als Chefwissenschaftler im englischen Verteidigungsministerium und seinen Ruhm der Theorie des unveränderlichen Zustands des Universums. Diese Theorie besagt, daß das Universum, indem es sich erweitert, ständig Masse erzeugt, so daß die Dichte der Masse im Universum für alle Zeiten gleich bleibt. Ein Universum dieser Art würde nicht mit einem großen Knall begonnen haben, da es keinen Anfang hat und kein Ende haben würde. Bondi entwickelte diese Theorie gemeinsam mit einem anderen Wiener, der ebenfalls mit uns interniert war, Thomas Gold, der wie er selbst noch Student in Cambridge war, und der später Professor für Astronomie an der Universität Cornell wurde. Der dritte Autor dieser Theorie war Fred Hoyle, ein Cambridge-Kosmologe und Science-Fiction Schriftsteller.

Theoretische Physik wurde klar von Klaus Fuchs unterrichtet, einem großen, nüchternen und zurückhaltenden Mann, Sohn eines deutschen protestantischen Pastors, der von Hitler als Sozialdemokrat verfolgt wurde. Klaus Fuchs war der deutschen kommunistischen Partei kurz vor der Machtübernahme durch Hitler beigetreten und kurz danach nach England geflohen, wo er an der Universität Bristol Physik studierte. Nach seiner Freilassung aus der Internierung wurde er zur Arbeit am Atombombenprojekt rekrutiert, zuerst in Birmingham und später in Los Alamos. Als der Krieg vorbei war, wurde er zum Leiter der Abteilung theoretische Physik der neu gegründeten britischen Atomenergieforschungsbehörde in Harwell ernannt. Überall war Fuchs wegen seiner großartigen wissenschaftlichen Arbeit hoch angesehen. In Harwell selbst war er durch seine unermüdlichen Bemühungen um die Sicherheit bekannt. Bis dann im Sommer 1949, kurz vor der Explosion der ersten russischen Atombombe, das Federal Bureau of Investigation den begründeten Verdacht hegte, daß ein britischer Wissenschaftler Atominformationen an die Russen weitergegeben hätte, wobei die Personenbeschreibung des FBI mit Fuchs übereinstimmte. Nach mehreren Verhören brach Fuchs zusammen. Im Jänner 1950 gestand er, daß er von Anfang an die Russen über das meiste, was er selbst über das angloamerikanische Projekt wußte, einschließlich über den Entwurf der ersten Plutoniumbombe, informiert hatte. Einige Tage nachdem Fuchs wegen Spionage verurteilt worden war, versicherte der Premierminister Clement Attlee dem Parlament, daß der Geheimdienst wiederholt „die notwendigen Erkundigungen" über Fuchs eingeholt hätte und daß absolut nichts darauf hingewiesen hätte, daß Fuchs ein fanatischer Kommunist wäre. Genauso wenig war es mir aufgefallen, als ich Fuchs in Kanada kennenlernte, aber als ich dies einem alten Kollegen gegenüber erwähnte, sagte er mir, daß er und Fuchs als Studenten derselben kommunistischen Zelle angehört hatten. „Die notwendigen Erkundigungen" konnten also nicht sehr tiefgreifend gewesen sein.

Um neun Uhr dreißig war Sperrstunde. Die Fenster unserer Baracke wurden mit Stacheldraht verschlossen. Die Türen wurden versperrt, die Eimer verteilt. In Doppelkojen gepfercht, versuchten ungefähr hundert Menschen in einem Raum zu schlafen. Die Luft war zum Schneiden dick. In der Koje über mir lag mein bester

Freund aus unseren Studententagen in Wien. Wir hatten die Moskitoschwärme im Norden Lapplands überstanden und hatten gemeinsam auf einem kleinen Robbenfänger im stürmischen arktischen Meer beinahe Schiffbruch erlitten. Diese gemeinsamen Abenteuer hatten uns gegen die physischen Entbehrungen der Internierung zwar immun gemacht, aber unser unbändiger Drang nach Freiheit machte es uns immer schwerer, die Gefangenschaft zu ertragen. Da wir keine andere Abwechslung hatten, machten wir uns einen Sport daraus, die Gedanken unserer streng nach Vorschrift agierenden Bewacher zu lesen. Eines Tages wurde jedem der Gefangenen gestattet, eine Postkarte an seine nächsten Anverwandten in England zu senden, aber nach zwei Wochen wurden alle Postkarten – ohne Erklärung – wieder zurückgegeben. Das ganze Camp kochte vor Wut und Enttäuschung, aber mein Freund und ich vermuteten, daß der Armeezensor die Karten, nachdem sie einige Wochen herumgelegen waren, deshalb wieder retourniert hatte, weil nicht jede Karte den vollen Namen des Absenders aufwies. Einen Monat später erhielten meine Eltern in Cambridge meine Karte mit der lakonischen Mitteilung, daß Kriegsgefangener Max Perutz sicher und wohlauf sei.

Eines Tages erfuhren wir gerüchteweise, daß unser schön gelegenes und gut organisiertes Lager aufgelöst werden sollte und die Insassen auf zwei andere Lager aufgeteilt werden würden. Würde man Freunde trennen? Wie sollte die Trennung erfolgen, nach Alter oder Alphabet? Ich vermutete, daß die frommen Quebecer uns nach Gläubigen und Ketzern aufteilen würden, also Anhänger römisch-katholischen Glaubens gegenüber Andersgläubigen, und meine Vermutung wurde bald bestätigt. Da mein Wiener Freund Protestant war, während ich selbst Katholik war, waren wir für verschiedene Lager vorgesehen. In schweren Zeiten wachsen Freunde zusammen. Unser Wienerisch, der Sinn für Humor meines Freundes und unsere gemeinsamen Erinnerungen an unbeschwerte Studententage mit Mädchen, Skifahren und Bergsteigen hatten uns in diesem Haufen fremder Leute geholfen, uns in unsere eigene Welt zu flüchten. Ich entschloß mich, bei den Protestanten und Juden zu bleiben, wo es auch viele Wissenschaftler gab, und fand bald einen Protestanten, der seinerseits lieber bei den Katholiken blieb. Wie Ferrando und Guglielmo, die hübschen Schwäne aus „Così Fan Tutte", tauschten wir unsere Identität. Der falsche Max Perutz wurde mit den Gläubigen in den Himmel eines wohl ausgestatteten Armeelagers geschickt, während ich, der echte, mit den Ketzern und Juden ins Fegefeuer eines Lokomotivschuppens in der Nähe von Sherbrooke, Quebec, verbannt wurde. Fürs erste gab es fünf Kaltwasserhähne und sechs Latrinen für 720 Männer.

Einige Wochen später wurde unsere Komödie der Irrungen enttarnt. Der strenge Camp Commander war wohl vom Edelmut meiner Motive beeindruckt, verurteilte mich jedoch trotzdem zu drei Tagen Haft im dortigen Polizeigefängnis. Hier war ich eindlich ein bißchen allein, aber nicht ganz. Sie sperrten mich in einen Käfig ein, der einem Affenkäfig eines altmodischen Tiergartens ähnelte. Es gab keinen Stuhl, kein Bett, nur eine Holzpritsche zum Liegen. Ich konnte nicht einmal dem Eingekerkerten in Oskar Wildes „Ballad of Reading Gaol" nachfühlen,

With such wistful eye
Upon that little tent of blue
Which prisoners call the sky,
And at every drifting cloud that went
With sails of silver by,

(Mit welch sehnsüchtigem Blick
auf dieses kleine blaue Zelt,
das Gefangene Himmel nennen,
und mit jeder treibenden Wolke, die
mit silbernen Segeln vorbeizog,)

denn ich sah kein bißchen Himmel. Doch ich hatte einige Bücher in meinen Knickerbockers hineingeschmuggelt. Im Gegensatz zu dem armen Soldaten, der auf der anderen Seite des Gitters zu meiner Bewachung auf und ab marschierte, konnte mir nicht langweilig werden. Ich konnte ungestört lesen und schlafen. Nur ab und zu wurde ich von Betrunkenen gestört. Die kleinen Milben, die sich in meine Haut bohrten, weckten mich nicht auf. Erst nachdem sie es sich dort einige Wochen gemütlich gemacht hatten, konnte ich wegen des schrecklich juckenden Ausschlags nicht schlafen.

Wieder im Sherbrooke Camp, sank mir mit der Aussicht auf vergeudete Jahre jede Hoffnung, aber der Lagerkommandant lud mich wieder vor. Diesmal teilte er mir mit, daß das britische Innenministerium meine Freilassung angeordnet hat, und daß man mir eine Professur an der Neuen Schule für Sozialforschung in New York anbot. Dann fragte er mich, ob ich nach England zurückkehren oder bis zu meiner Einreisebewilligung in die Vereinigten Staaten im Lager warten wolle. Ich erwiderte, daß ich nach England möchte. Nun äußerte er seine Bewunderung, ich sei ein feiner Soldat. Weder zuvor noch in späteren Tagen hat das jemand zu mir gesagt, denn meine Entscheidung begründete sich allein darauf, daß ich zu meinen Eltern, zu meiner Freundin und zu meiner Forschungsarbeit nach England wollte, während ich aus der sicheren Entfernung in Sherbrooke vor den U-Booten und dem Blitzkrieg keine Angst hatte. Meine amerikanische Professur war von der Rockefeller Foundation im Rahmen einer Rettungskampagne für die von der Foundation vor dem Krieg unterstützten Akademiker arrangiert worden. Prinzipiell war ich damit zu einem amerikanischen Einreisevisum berechtigt, aber ich war mir sicher, daß ich es als Kriegsgefangener ohne Paß niemals bekommen würde. Der Kommandant machte mir Hoffnungen auf eine baldige Heimkehr.

Von unserm Hügel auf der Burg von Quebec aus hatten wir die Schiffe auf dem St. Lawrence beobachten können, aber in unserem Lokomotivschuppen konnten wir nur die Männerschlangen vor den Latrinen beobachten. In Quebec hatten wir eine Extrahütte zum Studium gehabt, aber hier scheiterten meine Versuche, unter dem Lärm und Gerede der Männer mathematische Gleichungen zu lösen, im Chaos. Es gab Lagerkomitees, die sich in aussichtslosen Diskussionen über Nebensächlichkeiten verloren, und Möchtegern-Rechtsanwälte, die sich gern selber zuhörten. In unerträglicher Langeweile wartete ich tatenlos Tag für Tag auf meine Abreiseerlaubnis, aber die Wochen vergingen, und meine Gefangenschaft schleppte sich dahin.

Ich wußte fast nichts von Zuhause, bis auf Hinweise, daß mein Vater im Alter von 63 Jahren, ein anglophiler Mann von Jugend an, auf der Insel Man interniert war. Später erfuhr ich, daß er sein Schicksal mit einem kleinen alten Wiener mit fein geschnittenen Zügen teilte, der verzweifelt war, daß sein Lebenswerk zum zweiten Mal unterbrochen worden war. Es war Otto Deutsch, der Autor des damals unvollständigen Katalogs von Franz Schuberts gesammelten Werken. Er stellte das Kompendium in späteren Jahren in Cambridge fertig.

Anfang Dezember wurde ich mit einigen anderen zur Freilassung bestimmten Gefangenen aus diesem und anderen Lagern schließlich in einem Zug ostwärts verfrachtet. Von den Zugfenstern aus sahen wir jeden Tag das gleiche Bild des schneebedeckten Waldes, ja wir hatten den Eindruck, daß wir nur reisten, um am selben Ort zu bleiben, wie Alice, als sie mit der roten Königin davonläuft. Ich hatte traurig von meinem Wiener Freund Abschied genommen, hatte aber voller Freude seinen Vater unter den Gefangenen im Zug angetroffen, von dem mein Freund schon glaubte, er sei auf der Arandora Star ertrunken. Einige Wochen vorher hatte sein Vater erfahren, daß sein Sohn in einem anderen kanadischen Lager interniert sei und um Versetzung in dieses Camp gebeten. Nun hatte ihn die Armee auf diesen Zug verfrachtet, der ihn nur noch weiter weg brachte. Schließlich landeten alle aus dem Zug wiederum in einem anderen Lager, diesmal in einem Wald nahe Fredericton, New Brunswick. Niemand sagte uns, warum oder für wie lange.

Im arktischen Wetter zog ich mir eine Bronchitis zu, die mir die dunklen Winterstunden endlos erscheinen ließ. Mein Vater hatte mich gelehrt, das Judentum als Hochburg des toleranten Liberalismus zu betrachten, aber hier schockten mich Juden, die eine brutale Verschrobenheit an den Tag legten wie die der SA. Sie waren Mitglieder der Sternbande, die später in Israel für viele sinnlose Morde verantwortlich wurde, einschließlich des Mordes an dem schwedischen Grafen Folke Bernadotte, der als Gesandter der Vereinten Nationen im Konflikt zwischen Arabern und Israelis vermitteln sollte.

Zu Weihnachten wurden wir schließlich nach Halifax gebracht, wo uns ein Beauftragter des britischen Innenministeriums erwartete, der scharfsinnige und menschliche Alexander Paterson, der alle Internierten, die nach England zurückkehren wollten, zu befragen hatte. Seine Mission war von öffentlicher Kritik begleitet. „Warum nicht gleich General de Gaulle internieren?" war eine der sarkastischen Schlagzeilen einer Londoner Tageszeitung, die das Kriegsministerium mit beeinflußte, seine Politik zu ändern. Paterson erklärte uns, daß es nicht möglich war, uns früher nach Hause zu senden, da die Kanadier darauf bestanden hätten, daß Kriegsgefangene nicht ohne Militäreskorte transportiert werden dürften, hatten aber weder einer Freilassung in Kanada zugestimmt, noch sich bereit erklärt, uns nach England zu eskortieren, sondern die Auffassung vertreten, daß unsere Internierung britische Angelegenheit sei. Das britische Kriegsministerium hatte jetzt die Vorschrift buchstabengetreu erfüllt, indem wir von einem einzigen Offizier nach Hause begleitet wurden.

Mit dem gebildeten Captain als Anstandsdame gingen wir 280 Männer an Bord des kleinen belgischen Dampfers Thysville, der von der britischen Armee einschließlich der kompletten Mannschaft requiriert worden war, darunter ein guter chinesischer Koch. Von diesem Augenblick an wurden wir als Passagiere und nicht als Gefangene behandelt, aber ich war erneut sehr besorgt, als die Thysville noch tagelang vor Anker blieb. Keiner hatte uns gesagt, daß wir auf die Zusammenstellung eines großen Konvois warten mußten. Als wir schließlich in See stachen, zählte ich über dreißig Schiffe verschiedener Bauart und Größe, die sich über ein riesiges Gebiet verteilten. Zuerst wurden wir von kanadischen Zerstörern begleitet, glitten aber bald aus ihrer Reichweite hinaus, und unsere verbliebene Eskorte bestand aus einem einzigen Handelsschiff, einem Passagierdampfer mit ein paar Kanonen an Bord, und einem einzigen U-Boot. Keines der beiden war den mächtigen deutschen Kriegsschiffen Scharnhorst und Gneisenau gewachsen, die, wie wir im Radio hörten, den Atlantik nicht weitab von unserer Route umstreiften. Wir fuhren mit nur neun Knoten, der Geschwindigkeit des langsamsten Frachtschiffes, und nahmen einen weit nördlichen Kurs, damit wir in der arktischen Nacht verborgen waren. Sowohl mein Wiener Freund als auch sein Vater waren mit an Bord.

Zu Beginn der Reise stand ich an der Reling und sah einen Torpedo in jeder Welle. Wie Coleridges Ancient Mariner,

> Alas! (thought I, and my heart beat loud)
> How fast she nears and nears!

> (O weh! [dachte ich, und mein Herz schlug laut]
> Wie rasch sie näher und näher kommt!)

Aber mit der Zeit verlor ich meine Angst und konnte Wind und Wellen genießen. Ich schlief in einer warmen Kabine in reinen Laken, nahm täglich ein heißes Bad, hatte regelmäßige Mahlzeiten gemeinsam mit meinen Freunden und spazierte an Deck in der frischen Luft oder zog mich in einen ruhigen Salon zum Lesen zurück. Gegen Ende der dritten Woche wurden wir von den großen schwarzen Flugbooten der Küstenwache begrüßt, die uns umkreisten und uns wie Schäferhunde ihre Schäfchen vor U-Booten beschützten. Eines grauen Wintermorgens ging der ganze Konvoi im Hafen von Liverpool sicher vor Anker.

Bei der Landung wurde ich aus der Internierung in aller Form entlassen und bekam eine Bahnfahrkarte nach Cambridge. Dort sollte ich mich bei der Polizei als „enemy alien" (feindlicher Ausländer) melden. Als ich noch am selben Abend bei meiner Freundin in der Nähe von London ankam, erschien ich ihr dermaßen fit, daß sie dachte, ich käme von einer Urlaubsreise zurück. Aber sie bewunderte doch meine hervorragenden Nähkünste, womit ich mein Tweedsakko vor dem endgültigen Zerfall bewahrt hatte, damit ich nicht die blaue Gefangenenjacke mit dem roten Kreis am Rücken tragen mußte. Am nächsten Morgen holte mich unser treuer Labortechniker an der Station Cambridge ab und begrüßte mich nicht als feindlichen Ausländer, sondern als lang vermißten Freund. Er überbrachte mir die gute Nachricht, daß mein Vater bereits einige Wochen vorher aus der Internierung auf der Insel Man entlassen worden war, und daß sowohl er als auch meine Mutter sicher in Cambridge waren. Es war Jänner 1941.

Nur drei Jahre später ging ich als Repräsentant der britischen Admiralität nach Kanada zurück und wurde in Ottawa in einer Suite des Luxushotels Château Laurier untergebracht, ohne vorher auf Läuse untersucht zu werden. Diese Wendung meines Schicksals verdankte ich dem ehemaligen Journalisten und Amateurstrategen Geoffrey Pyke, einem exzentrischem Mann, der mich für ein Projekt mit dem mysteriösen Namen Habakuk aufnahm. Im Jahre 1938 hatte ich an einer Expedition in die Schweizer Alpen teilgenommen, wo wir Untersuchungen anstellten, wie winzige Schneeflocken, die auf den Gletscher fallen, zu großen Eiskörnern werden. Ich wäre nie auf die Idee gekommen, daß ich die dabei gewonnenen Erfahrungen für einen Kriegseinsatz nutzen könnte. Als ich aus der Internierung zurückkehrte, bestärkte mich mein Professor, W. L. Bragg, meine Forschungsarbeiten zur Struktur des Proteins wieder aufzunehmen, unter weiterer Unterstützung der Rockefeller Foundation, und abgesehen von der Aufgabe, in der Nacht am Dach des Labors nach Brandbomben Ausschau zu halten, verlangte lange Zeit kein Mensch meine Hilfe für etwaige Kriegsdienste.

Bis mich eines Tages ein Telephongespräch dringend nach London beorderte. Ich sollte mich in einem Apartment in Albany einfinden, das sich in einem Haus des exzentrischen Sir William Stone befand, der auch als Gutsherr von Piccadilly bekannt war. In diesem Haus hatten Parlamentsmitglieder und Schriftsteller, wie Graham Greene, Zweitwohnungen gemietet. Dort sollte ich Pyke, eine hagere Gestalt mit einem langen schmalen Gesicht, eingefallenen Wangen, feurigen Augen und ergrauenden Schläfen treffen, der inmitten einer Menge Bücher, Zeitungen und Papiere thronte und überall Zigarettenstummel verstreut hatte. Er wirkte wie ein Spion im Film und begrüßte mich in geheimnisvoller und gewichtiger Manier. Er teilte mir mit leiser, aber eindringlicher Stimme mit, daß er mich im Namen von Lord Louis Mountbatten, dem damaligen Chef der Combined Operations, um meine Hilfe beim Bau von Tunnels in Gletschern ersuche.

Es vergingen sechs weitere Monate, bis mich Pyke erneut zu sich rief. Diesmal versuchte er, mich zuerst mit einer Tirade provokativer Bemerkungen aus der Reserve zu locken. Dann setzte er die Miene eines Mannes auf, der einem anderen seine intimsten Geheimnisse offenbart, und erklärte mir, daß er meine Hilfe für das wichtigste Projekt dieses Krieges benötige, es sei dies ein Projekt, von dem nur er, Mountbatten und unser gemeinsamer Freund John Desmond Bernal Bescheid wüßten. Als ich ihn fragte, worum es sich denn handelte, versicherte er mir, daß er es mir natürlich gerne anvertrauen würde, mir als Freund, der von Anfang an seine Ideen verstanden und geschätzt hatte, aber daß er versprochen hätte, alles für sich zu behalten, damit nicht der Feind, oder noch schlimmer, diese Bande Dummköpfe, auf die Churchill zur Kriegsführung angewiesen war, davon erfahren würde.

Ich verließ ihn erregt und nicht viel klüger als zuvor, was man wohl von mir erwartete, aber ein paar Tage später sagte mir Bernal, mein früherer Doktorvater in Cambridge, daß ich Wege finden sollte, Eis stärker zu machen und es schneller gefrieren zu lassen. Zu welchem Zweck, sollte mich nicht kümmern. Das Projekt hatte höchste Priorität, und ich konnte jede benötigte Hilfe und Gerätschaften erhalten. Trotz meiner Gletscherforschung war ich mir nicht sicher, welche Stärke Eis tatsächlich hatte. Auch konnte ich in der Literatur nur wenig darüber finden. Die ersten Versuche zeigten rasch, daß Eis sowohl spröde als auch weich ist, und ich fand keinen Ansatz, wie man es stärker machen könnte.

Dann gab mir eines Tages Pyke einen Bericht, von dem er meinte, er sei für ihn schwer verständlich. Er war von Hermann Mark, meinem ehemaligen Professor für physikalische Chemie in Wien, der dort seinen Posten verloren hatte, als die Nazis über Österreich herfielen, und nun am polytechnischen Institut von Brooklyn gelandet war. Als Fachmann für Plastikstoffe wußte er, daß viele dieser Stoffe in reinem Zustand spröde sind, jedoch durch eingebettete Fasern, wie Zellulose, verstärkt werden können, in der Art wie Beton mit Stahldrähten verstärkt werden kann. Mark und sein Assistent Walter P. Hohenstein rührten etwas Baumwolle oder Zellstoff, das Rohmaterial von Zeitungspapier, ins Wasser, dann froren sie es ein und fanden heraus, daß diese Zusätze das Eis drastisch verstärkten.

Als ich ihren Bericht gelesen hatte, schlug ich meinen Vorgesetzten vor, unsere Experimente mit reinem Eis zu verwerfen und ein Labor zur Herstellung und zum Testen von verstärktem Eis einzurichten. Die Combined Operations erwarben ein großes Fleischlager fünf Etagen unter der Erde unter dem Smithfield Market, der in Sichtweite zu St. Paul's Cathedral liegt, und bestellten einige elektrisch geheizte Anzüge, die normalerweise für Flieger angefertigt wurden, um uns bei Temperaturen um die minus 20 °C warm zu halten. Sie kommandierten einige junge Kommandotruppen als Techniker zu meiner Unterstützung ab, und ich lud den damaligen Physikstudenten und späteren Dozenten für Technik, Kenneth Pascoe, ein, zu uns zu kommen und mir zu helfen. Zum Gefrieren des nassen Zellstoffbreis bauten wir einen großen Windkanal. Das gewonnene verstärkte Eis zersägten wir in große Blöcke. Unsere Versuche bestätigten schon bald die Ergebnisse von Mark und Hohenstein. Eisblöcke aus Eis, das nur vier Prozent Zellstoff enthielt, war beim Vergleich gleichen Gewichts genauso stark wie Beton. Um dem Initiator des Projekts die gebührende Ehre zu erweisen, nannten wir dieses verstärkte Eis in Anlehnung an „concrete", das englische Wort für Beton, „pykrete". Wir stellten einen sechzig mal sechzig Zentimeter breiten und dreißig Zentimeter dicken Eisblock auf und schossen darauf mit einer Gewehrkugel. Der Block aus reinem Eis wurde zertrümmert. Beim gleichen Versuch auf Pykrete machte die Kugel ein kleines Loch und blieb, ohne Schaden anzurichten, einfach stecken. Ich stand bei meinen Vorgesetzten hoch im Kurs, aber trotzdem wollte mir keiner sagen, wofür Pykrete benötigt wurde, nur, daß es für Habakuk sei. Das Buch von Habakuk besagt: „Seht auf die Völker, schaut hin, staunt und erstarrt! Denn ich vollbringe in euren Tagen eine Tat – würde man euch davon erzählen, ihr glaubtet es nicht." Aber damit konnte ich das Rätsel nicht lösen.

Eines Tages sandte Mountbatten Pyke zur Unterstützung von Habakuk mit einer persönlich an den kanadischen Premierminister Mackenzie King gerichteten Empfehlung von Winston Churchill nach Kanada. King empfing Pyke mit offenen Armen und sagte, „Mr. Chamberlain hat mir so einen netten Brief über Sie geschickt." Er war ja nur einen Premierminister hinten nach. Während Pyke die Hilfe der Kanadier sicherstellte, entschloß sich Mountbatten, die Wunder des Pykrete allen britischen Stabschefs vorzustellen. Für diese Präsentation bereiteten Pascoe und ich kleine Stäbe vor, einen Teil aus reinem Eis und einen Teil aus Pykrete, die exakt die gleiche Größe hatten. Wir konnten die Eisstäbe leicht mit der Hand brechen, während die Stäbe aus Pykrete nicht zu zerbrechen waren, auch wenn man es noch so sehr versuchte. Zusätzlich bereiteten wir auch große Blöcke aus jedem der Materialien als Ziele für Schießversuche vor.

Habakuk war so geheim, daß niemand wissen sollte, wer ich war, damit nicht meine Nationalität (Österreich = Berge = Gletscher = Eis) oder meine Forschungsvergangenheit etwas verraten würde. Pascoe und ich arbeiteten im Keller des Fleischlagers, während in den oberen Stockwerken stämmige Smithfield-Arbeiter in schmierigen Arbeitsanzügen riesige Leiber Frischfleisch zwischen dem Aufzug und dem Geschäft hin und her trugen. Nie gaben sie uns etwas davon ab, was unsere mageren Essensrationen aufgebessert hätte.

Wer würde den Stabschefs das Pykrete vorführen? Sicher kein Zivilist und sicher kein Österreicher, ein feindlicher Ausländer noch dazu! So wurde Lieutenant Commander Douglas Grant mit dieser Aufgabe betraut, ein Architekt in Friedenszeiten, der Habakuk verwaltete. Er hatte mit Pykrete bis dahin noch nie zu tun gehabt, aber er trug eine Uniform. Ich gab ihm unsere Eisstäbe und die Stäbe aus Pykrete, alles gut in Trockeneis in Thermosbehälter eingepackt, sowie die großen Blöcke aus Eis und aus Pykrete, und wünschte ihm viel Glück. Am nächsten Tag wartete ich auf eine Nachricht, aber nichts kam.

Die Rationierung hatte ihre Auswirkungen auch auf die kleinen Restaurants und Teehäuser in der Stadt. Pascoe und ich nahmen deshalb meistens den Bus und fuhren die ausgebombte Fleet Street hinunter bis zum Hauptquartier der Combined Operations in Richmond Terrace, gleich neben Whitehall, wo wir ein preisgünstiges ordentliches Essen bekommen und uns gleichzeitig über den neuesten Tratsch informieren konnten. Aber an diesem Tag war der immer unterhaltsame Pyke noch immer in Kanada, und alle anderen schienen uns aus dem Weg zu gehen. Nach dem Mittagessen suchte ich Grant auf, der normalerweise recht unkompliziert war, und fand ihn in düsterer Stimmung vor. Als er unsere kleinen Stäbe herumreichte, konnten die alten Herren weder die aus Eis noch die aus Pykrete zerbrechen. Dann hatte er mit einem Revolver in den Eisblock geschossen, der auch wie geplant zertrümmert wurde, aber als er in den Block aus Pykrete schoß, prallte die Kugel ab und traf den Reichsstabschef auf der Schulter. Er war unverletzt, aber die Aussicht auf Habakuk war getrübt. Es sollte noch schlimmer kommen.

Während Pykes Abwesenheit hatte ein Admiralskomitee unter der Leitung des Chefs des Marinebauamtes eine Untersuchung über Habakuk durchgeführt und darüber ein wenig enthusiastisches Memorandum an Mountbatten geschickt. Als Pyke davon in Kanada hörte, empfand er diese Nachricht als Bestätigung seiner Abneigung gegen das konservative britische Establishment, die er mit einem spöttischen Motto auszudrücken pflegte: „Nichts darf jemals das erste Mal getan werden." Sofort kabelte er zurück: „Streng geheim. Nur persönlich an den Chef der kombinierten Operation" mit folgender Mitteilung: „Chef des Marinebauamtes ist ein altes Weib. Unterzeichnet Pyke." Die Klassifikation „Streng geheim" war normalerweise für Angelegenheiten der Heeresführung vorbehalten, und die Mitteilung wurde daher mit Respekt behandelt. Trotzdem kam der Inhalt seinem Opfer zu Ohren – einem Admiral. Außer sich vor Wut, daß sein Mut von einem wahnsinnigen Zivilisten in Frage gestellt würde, stürmte er ins Büro Mountbattens und verlangte die sofortige Entlassung Pykes. Für Habakuk schien es zu Ende zu gehen. Aber dann kam Pyke in Hochstimmung aus Kanada zurück, da seine Mission erfolgreich war, und vor allem, da ein Prototyp, den die Kanadier am Patricia See in Alberta durchgeführt hatten, phantastische Ergebnisse gebracht hatte. Ein Prototyp wovon?

Geoffrey Pyke wurde im Jahre 1893 als Sohn eines jüdischen Rechtsanwalts geboren. Sein Vater starb, als der Bub nur fünf Jahre alt war, und hinterließ seine Familie mittellos. Geoffreys Mutter hat sich offensichtlich mit allen Verwandten zerstritten und ihren Kindern das Leben zur Hölle gemacht. Sie sandte Geoffrey nach Wellington, eine versnobte Privatschule, die hauptsächlich von den Söhnen von Armeeoffizieren besucht wurde. Trotzdem bestand sie darauf, daß er die orthodoxe jüdische Kleidung trug und die jüdischen Rituale befolgte. So wurde er zum Opfer von Verfolgungen und begann seinerseits das Establishment tief zu hassen. Obwohl er die Schule nicht abschloß, war es ihm damals trotzdem möglich, ein Rechtsstudium in Cambridge zu beginnen.

Als der erste Weltkrieg kam, entschloß sich Geoffrey zum Abbruch seines Studiums und wurde Kriegskorrespondent. Der Beginn seiner Laufbahn war für ihn typisch: Er überzeugte den Herausgeber des *Daily Chronicle,* ihn in die Hauptstadt des Feindes nach Berlin zu entsenden. Er kaufte sich von einem amerikanischen Matrosen einen Paß und kam über Dänemark nach Berlin, wurde aber schon bald gefaßt. Man sagte ihm, er würde als Spion erschossen werden. Nach kurzer Zeit Gefängnis wurde er in ein Internierungslager in Ruhleben gebracht. Ein knappes Jahr später erschien die Daily Chronicle mit der Schlagzeile „Korrespondent flüchtet aus Ruhleben". Nach genialer und peinlich genauer Planung ihrer Flucht gelang es Pyke und einem anderen Engländer, Edward Falk, über Holland zurück nach England zu gelangen.

Da er nun überzeugt war, jedes Problem durch genaues Nachdenken lösen zu können, erfand Pyke ein untrügliches System, um im Metallhandel auf der Börse Geld zu machen. Er war damit anfänglich erfolgreich und verwendete im Jahre 1924 das Geld zur Finanzierung eines gewagten neuen Experiments im Schulwesen. Er gründete die Malting House School in Cambridge, wo Kinder zwischen zwei und fünf Jahren keinen formalen Unterricht erhielten, sondern durch zweckorientiertes Spiel angeleitet wurden, sich selbst Wissen anzueignen, als „Entdeckung der Idee der Entdeckung". Eine Zeitlang war die Schule ein großer Erfolg und war ein Labor, wo die große Kinderpsychologin Susan Isaacs das intellektuelle Wachstum und die soziale Entwicklung von jungen Kindern studierte. Pykes Anwalt empfahl ihm dringend, der Schule sein Vermögen, das er im Metallhandel erwirtschaftet hatte, zu stiften, aber er hatte noch mehr grandiose Pläne im Erziehungswesen.

Zur Finanzierung dieser Pläne kaufte er auf Kredit Metalle bei verschiedenen Brokern, die er über das volle Ausmaß seiner Geschäfte im Unklaren ließ. Einmal besaß er sogar ein Drittel des Gesamtbestandes der ganzen Welt an Zinn. Dann kam der Tag, als Pyke von seinen unfehlbaren Graphiken irregeleitet wurde. Die Preise fielen, als sie steigen sollten, und Pyke war bankrott. Seine Schule mußte schließen, seine Ehe ging in die Brüche und er wurde krank. Er versuchte sich nochmals als Journalist, aber niemand wollte seine langen Artikel lesen, und so lebte er von der Gunst seiner Freunde.

Mitte der 30er Jahre war er wieder auf dem Weg nach oben. Er organisierte eine Kampagne zur Übermittlung von Hilfsgütern an die Loyalen des spanischen Bürgerkriegs. Später stellte er eine Bande junger englischer Freiwilliger auf, die im

Nazi-Deutschland eine heimliche Meinungsumfrage durchführen sollten. Mit den Ergebnissen wollte er Hitler beweisen, daß die Deutschen nicht in den Krieg ziehen wollten, aber Hitler kam der Auswertung der Umfrage mit der Invasion in Polen zuvor.

Trotz seiner Fehlschläge war Pyke fest davon überzeugt, daß er besser wußte, wie eine Arbeit durchzuführen sei, als diejenigen, deren Aufgabe es gerade war, und als der Krieg ausbrach, war er geneigt, den Soldaten zu erklären, wie sie ihn gewinnen könnten. Zuerst hörte man nicht auf ihn, aber er ließ nicht locker und wurde schließlich über Verbindungen zu hochrangigen Personen Mountbatten vorgestellt.

Im März 1942 schlug Pyke dem Chef der kombinierten Operationen vor, alliierte Kommandotruppen mit Fallschirmen in den norwegischen Bergen landen zu lassen, um auf dem Jostedalsbreen, einem großen Gletscherplateau, eine Basis für Untergrundkämpfer gegen die deutsche Besatzungsmacht zu etablieren. Von dieser Basis aus könnten die Kommandotruppen in der Nähe gelegene Städte, Fabriken, hydroelektrische Stationen und Bahnen angreifen. Diese Truppen sollten mit einem Schneefahrzeug nach Pykes eigenem Entwurf ausgestattet werden, das es ihnen ermöglichen sollte, wie der Blitz über den Gletscher, die Berge hinauf und hinunter und durch die Wälder zu gleiten. Pyke überzeugte Mountbatten, daß eine solche Streitkraft unverletzbar wäre, da sie im Gletscher sicher verborgen wäre und außerdem sogar im Fall, daß sie eine große deutsche Armee ausheben wollte, diese erfolgreich abwehren könnte. Trotz Churchills enthusiastischem Ausspruch „Noch nie in der Geschichte des menschlichen Konfliktes haben so wenige so viele festgehalten," wurde der Plan fallengelassen, vielleicht weil jemandem aufgefallen war, daß es in der Nähe des Jostedalsbreen keine Städte, Fabriken, hydroelektrische Stationen oder Bahnen gab. Das Schneefahrzeug, das Pyke dafür verlangt hatte, war mittlerweile von Studebaker gebaut worden. Man nannte es Weasel. Es wurde im Krieg in Frankreich und Rußland erfolgreich eingesetzt und fand später für Forschungsexpeditionen am Südpol Verwendung.

Während sich Pyke in den Vereinigten Staaten befand, um die Produktion von Weasels zu organisieren, stellte er seine große These über Habakuk auf. Im diplomatischen Gepäck sandte er die These von New York an das Hauptquartier der Combined Operations in London, versehen mit einer Etikette, daß niemand anderer als Mountbatten das Paket öffnen dürfe. Hinter der ersten Seite war ein grünes Blatt Papier mit einem Zitat G. K. Chestertons eingelegt: „Father Brown laid down his cigar and said carefully: 'It isn't that they can't see the solution. It is that they can't see the problem.'" (Vater Brown legte seine Zigarre weg und sagte vorsichtig: 'Es ist nicht so, daß sie die Lösung nicht sehen. Es ist so, daß sie das Problem nicht sehen.') In seinem Begleitbrief schrieb Pyke, „Der Deckname für dieses ... Projekt ist einesteils wegen seiner besonderen Eigenheit und andererseits Ihretwegen Habakuk, 'parce qu'il était capable de tout.'"

Ich kann mich nicht entsinnen, daß mir jemals irgend jemand offiziell anvertraut hätte, wofür der Name Habakuk stand, aber mit der Zeit sickerte das Geheimnis durch, wie Säure aus einer rostigen Kanne. Pyke erkannte, daß Flugzeuge oft jenseits ihrer Reichweite von Flugplätzen auf festem Boden benötigt werden. Er argumentierte, daß konventionelle Flugzeugträger zu klein wären, um die für einen

Angriff auf entfernte Küsten benötigten schweren Bomber und schnellen Kämpfer starten zu lassen. Allein um die Luftwaffe zur Deckung der alliierten Flotte über den gesamten Atlantik auszuweiten, würden Flugzeugträger benötigt. Solche Trägerschiffe würden es Flugzeugen erlauben, von den Vereinigten Staaten nach England zu fliegen statt mit dem Schiff transportiert zu werden. Sie würden auch eine Invasion in Japan erleichtern. Aber welches Material war noch in ausreichender Menge vorhanden? Für Pyke gab es nur eine Antwort: Eis. Eis gab es in unbeschränkten Mengen in der Arktis. Eine Insel auf Eis schmilzt sehr langsam und kann niemals sinken. Eis kann mit nur einem Prozent der für die Produktion der gleichen Menge Stahl benötigten Energie erzeugt werden. Pyke schlug vor, daß ein Eisberg, sei es ein natürlicher oder ein künstlicher, als Landebahn dienen sollte, der innen für die sichere Stationierung der Flugzeuge hohl sein müßte.

Mountbatten informierte Churchill über den Vorschlag von Pyke. Churchill schrieb darauf seinem Stabschef General Hastings Ismay:

> Ich erachte die sofortige Evaluierung dieser Ideen als sehr wichtig. ... Die Vorteile einer schwimmenden Insel oder von Inseln, auch wenn sie nur zum Auftanken von Flugzeugen verwendet würden, wären so enorm, daß sie außer Diskussion stehen. Es wäre nicht schwierig, in jedem der jetzt diskutierten Kriegspläne einen Ort für solch ein „Trittbrett" zu finden.
>
> Dieser Plan läßt sich nur verwirklichen, wenn wir die Natur die ganze Arbeit tun lassen und als Material nur Meerwasser und niedrige Temperaturen verwenden. Der Plan ist wertlos, wenn er den Transport einer Unzahl Männer, riesiger Mengen Stahl oder Beton in entfernte Regionen der arktischen Nacht vorsehen müßte.
>
> Mir schwebt ungefähr folgendes Verfahren vor: Wir gehen zu einem weit nördlich gelegenen Eisfeld, das zirka zwei Meter dick ist, aber von Eisbrechern erreicht werden kann. Wir schneiden eine Form wie ein Eisschiff aus der Oberfläche aus, bringen die notwendige Anzahl von Pumpen an den Seiten des Eisdecks an und sprühen dann Salzwasser auf die Oberfläche, um die Dicke zu verstärken und die Oberfläche zu glätten. Mit der Zeit sinkt so der Eisberg immer tiefer ins Wasser. Warum sollte man nicht dazwischen Stahlgitter legen, um das Absenken zu beschleunigen und zu stabilisieren. Das zunehmende Gewicht und die Tiefe des Eisbergs helfen, die Struktur vom umliegenden Eis abzulösen. Mindestens 30 Meter Tiefe sollte erreicht werden. An geeigneten Stellen können die notwendigen Rohre für Treibstoff und Elektrizität installiert werden. Gleichzeitig würden irgendwo an Land die Hütten, Werkstätten und andere Gebäude fertiggestellt werden. Sobald sich der Berg nach Süden bewegt und sich von dem umliegenden Eis ablöst, können Schiffe anlegen und alle Gerätschaften, einschließlich ausreichender Flak, an Bord bringen.

Könnte ein Eisfloß, das dick genug wäre, um die Wellen des Atlantik auszuhalten, rasch genug gebaut werden? Um die Antwort auf diese Frage zu finden, hatten Pyke und Bernal mich zu Hilfe gerufen, durften mir aber nicht sagen, wie die Frage lautete. Wie jeder, der hinter seinem Haus einmal eine Eisbahn machen wollte, weiß, dauert es auch bei sehr kalten Temperaturen sehr lange, bis eine dicke Schicht Wasser gefriert, weil der dünne Eisfilm, der sich an der Oberfläche bildet, die Übertragung der Wärme des darunterliegenden Wassers in die darüber liegende kalte Luft verzögert. Mit Churchills Methode würde es ungefähr ein Jahr dauern, bis ein Eisschiff von 30 Meter Dicke aufgebaut werden könnte, und auch dann nur unter der Voraussetzung, daß seine Zerstörung durch die Einwirkung natürlicher Kräfte irgendwie verhindert würde. Wie sieht es mit einem natürlichen Eisfloß aus? In den Dreißigerjahren hatte eine russische Expedition herausgefunden, daß selbst das Packeis am Nordpol nicht dicker als 3 Meter war. Die Wellen des Atlantik können bis zu 27 m hoch sein und können von Wellenkamm zu Wellenkamm einen Abstand bis zu 450 m haben. Unsere Versuche zeigten, daß eine drei Meter dicke Eisplatte, die auf zwei Messerschneiden im Abstand von nur 240 m aufgehängt wird, in der Mitte bricht. Außerdem würden Bomben und Torpedos das Eis zerstören, auch wenn sie es nicht versenken. Auch haben natürliche Eisberge eine viel zu kleine Oberfläche für ein Flugfeld und neigen dazu, sich plötzlich umzudrehen.

Das Projekt wäre 1942 aufgegeben worden, wäre nicht Pykrete entdeckt worden. Es ist viel stärker als Eis und nicht schwerer. Es kann wie Holz bearbeitet werden und wie Kupfer in verschiedene Formen gegossen werden. Wird es in warmes Wasser eingetaucht, bildet sich auf der Oberfläche eine Isolierschicht aus aufgeweichtem Zellstoff, der das Innere vor weiterem Schmelzen schützt. Trotzdem fanden Pascoe und ich einen schwerwiegenden Fehler: Obwohl Eis für den Hieb einer Axt hart ist, ist es weich für die ständige Einwirkung der Schwerkraft, weshalb die Gletscher wie Flüsse fließen, und zwar schneller im Zentrum als an den Rändern, und schneller an der Oberfläche als in ihrem Bett. Würde man ein Schiff aus normalem Eis bei einer Temperatur, die dem Gefrierpunkt von Wasser entspricht, hinstellen, würde es langsam unter seinem eigenen Gewicht wie Kitt einsacken. Unsere Tests zeigten, daß ein Schiff aus Pykrete wohl langsamer einsacken würde, aber nicht langsam genug, außer man würde es bei einer tiefen Temperatur von minus 15 °C halten. Um die Schale dermaßen kalt zu halten, müßte die Oberfläche des Schiffes mit einer Isolierhaut geschützt werden, und in seinen Frachträumen müßte ein Gefriersystem mitgeführt werden, das die kalte Luft in ein kompliziertes Rohrsystem leitet.

Trotz allem ging die Arbeit voran. Experten bestimmten die Anforderungen, Marine-Ingenieure arbeiteten an ihren Zeichenbrettern und Komitees hielten lange Sitzungen. Die Admiralität wollte, daß das Schiff den größten bekannten Wellen gewachsen war, dreißig Meter hoch und 600 Meter von Wellenkamm zu Wellenkamm, obwohl dermaßen riesige Wellen nur ein einziges Mal beobachtet worden waren, und zwar im Nordpazifik nach lang anhaltenden Stürmen. Sie wollten, daß das Schiff einen eigenen Propellerantrieb hat mit ausreichend Kraft, um im ärgsten Sturm nicht abgetrieben zu werden, und daß seine Oberfläche Torpedos widersteht, was bedeutete, daß es mindestens zwölf Meter dick sein müßte. Die Marineluftwaffe wollte ein Deck 15 Meter über der Wasseroberfläche, 60 Meter breit und 600 Meter lang, damit auch schwere Bomber darauf starten und landen könnten. Die Strategen wollten eine Reichweite von 12.000 km. Der endgültige Plan gab dem Bergschiff, wie es genannt wurde, eine Verdrängung von 2,200.000 Tonnen, das war sechsundzwanzig Mal so viel wie die der Queen Elizabeth, damals das größte Schiff auf See. Turboelektrische Dampfgeneratoren sollten 33.000 Pferdestärken erzeugen, um sechsundzwanzig Elektromotoren anzutreiben, jeder davon mit einer Schiffsschraube ausgestattet und in einem eigenen Gehäuse auf beiden Seiten des Schiffsrumpfes befestigt. Diese Motoren sollten das Schiff mit einer Geschwindigkeit von sieben Knoten antreiben, die Mindestgeschwindigkeit, um ein Abtreiben im Wind zu verhindern.

Das schwierigste Problem was das Steuern. Zuerst dachten wir, das Schiff könnte gesteuert werden, indem einfach die relative Geschwindigkeit der Motoren auf jeder Seite verändert würde, wie ein Flugzeug, das sich am Boden bewegt, aber die Marine beschloß, daß ein Ruder wichtig wäre, um das Schiff auf Kurs zu halten. Das Problem der Aufhängung und Betätigung eines Ruders in der Höhe eines fünfzehnstöckigen Gebäudes wurde nie gelöst. Ja sogar heute noch verursachen Ruder bei Supertankern Probleme, die nur ein Zehntel der Tonnage des Bergschiffs haben. Im Jahre 1978 wurde der Supertanker Amoco Cadiz wegen Ruderversagens auf die Felsen vor der Küste von Britanny getrieben und vergoß sein Öl über die weißen Strände.

Während die Pläne für das Bergschiff mit jeder Besprechung des Komitees komplizierter wurden, war Pyke mit seinen Gedanken bereits weit voraus und überlegte, wie mit Hilfe solcher Schiffe der Krieg gewonnen werden kann. Er argumentierte, daß Bergschiffe bei der Invasion in feindliche Gefilde schwierige Probleme lösen könnten, da man mit ihrer Hilfe direkt im Hafen des Feindes landen könnte. Die gegnerischen Truppen würden wie versteinert, ja buchstäblich festgefroren sein. Wie stellte er sich das vor? Bergschiffe sollten riesige Tanks mit unterkühltem Wasser mitführen, Wasser, das in flüssigem Zustand bis unter den normalen Gefrierpunkt gekühlt sein würde, das auf Feinde gesprüht werden und sie sozusagen versteinern würde. Dann würde noch mehr unterkühltes Wasser auf die Küsten gepumpt werden, um Bollwerke aus Eis zu erzeugen. Im Schutz solcher Bollwerke könnten sich die alliierten Truppen sammeln und zum Sturm auf die Stadt vorbereiten. Pyke lieferte Science Fiction in höchster Qualität. In Wirklichkeit wurde bisher unterkühltes Wasser nur in Form winziger Tröpfchen beobachtet, aus denen Wolken bestehen. Pyke konnte in der gesamten verfügbaren wissenschaftlichen Literatur sicherlich keinerlei Berichte über die Erzeugung von unterkühltem Wasser in einer größeren Menge als einen Fingerhut voll gefunden haben. Dies minderte seinen Enthusiasmus, Tonnen davon zu verwenden, nicht im geringsten.

Mein nächstes Problem war das Finden einer geeigneten Stelle zum Bau eines Bergschiffes. Wie könnten wir Churchills vernünftigem Befehl folgen, die Natur die Arbeit tun zu lassen? Ich studierte alle Wetterkarten dieser Erde, konnte aber keine einzige Stelle finden, wo es kalt genug wäre, zwei Millionen Tonnen Pykrete innerhalb eines Winters zu frieren. Die Natur würde mit künstlichen Kühlanlagen unterstützt werden müssen. Schließlich wählten wir Corner Brook in Neufundland, wo der von dortigen Fabriken erzeugte Zellstoff in einer knapp ein Quadratkilometer großen Gefrieranlage mit Wasser vermischt und zu Blöcken gefroren werden sollte. Das Problem, wie unser Ungetüm von einem Schiff vom Stapel gelassen werden könnte, sollte mit einem riesigen aus mit Schraubzwingen zusammengehaltenen Holzbarkassen bestehenden Floß umgangen werden, auf das die ersten Pykrete-Blöcke aufgelegt werden würden. Dieses Floß würde mit der wachsenden Menge an Pykrete langsam sinken. Der Prototyp sollte im Winter 1943/44 gebaut werden. Im folgenden Winter sollte dann eine ganze Flotte Bergschiffe an der Küste des Nordpazifiks rechtzeitig für die Invasion in Japan fertiggestellt werden.

Eines Tages rief mich Mountbatten in sein Büro und fragte mich, wer Habakuk bei einer hochrangigen Konferenz vertreten sollte. Ich schlug Bernal vor, denn er war der einzige Mann, der die obersten Kriegsführer mit technischem Wissen, intellektuellem Niveau und Überzeugungskraft beeindrucken konnte. Als Sohn eines wohlhabenden katholischen Bauern aus Irland saugte er schon in jungen Jahren Wissen wie ein Löschpapier auf und war fasziniert von der Naturwissenschaft. Einmal versuchte er durch Lichtbündeln einer Petroleumlampe Röntgenstrahlen zu erzeugen, um durch seine Hand hindurchzusehen, und setzte beinahe den ganzen Hof in Brand. Dafür erntete er von seinem Vater Prügel. Im Jahre 1922 wurde er zum Kommunismus bekehrt und blieb sein ganzes Leben lang ein treues Parteimitglied. (Er starb 1971.) Bernal wird im jüngst erschienenen Buch *The Climate of Treason* von Andrew Boyle als einer der Gründer der Cambridge-Kommunisten in den 30er Jahren genannt, aber er machte aus seiner Mitgliedschaft nie ein Geheimnis und wurde niemals der Illoyalität gegenüber Großbritannien bezichtigt. Als Cambridge-Student der frühen 20er Jahre studierte er Naturwissenschaften und später Röntgen-Kristallographie, eine physikalische Methode zur Bestimmung der Anordnung der Atome in Festkörpern. Als ich als Dissertant 1936 zu ihm kam, war er am Höhepunkt seiner Schaffenskraft. Er hatte eine wilde Mähne blonder Haare (keinen Bart), funkelnde Augen und lebhafte und ausdrucksvolle Züge. Wir nannten ihn Weiser, denn er wußte alles, angefangen von der Physik bis zur Kunstgeschichte. Er war ein Bohemien und hinreißender Don Juan, ein rastloses Genie, das ununterbrochen nach etwas noch Wichtigerem suchte als die gerade vorliegende Arbeit.

Als der Krieg begann, ersuchten die Behörden Bernal um seine Einschätzung möglicher Bombenschäden aus Luftangriffen. Als er um Anstellung seines früheren Forschungsassistenten zu seiner Unterstützung ersuchte, wurde dieses Ansuchen zu seiner Verwunderung aus Sicherheitsgründen abgelehnt. Bernal fand die Entscheidung lächerlich und verlangte Einsichtnahme. Als man ihm nach anfänglichem Zögern den Akt zeigte, las er, daß man seinen Assistenten als nicht vertrauenswürdig erachtete, weil er mit dem berüchtigten Kommunisten Bernal in Verbindung stand.

Mountbatten umgab sich gerne mit unkonventionellen Leuten, als Gegengewicht zur orthodoxen Marine, und er schätzte das reiche Wissen Bernals und sein originelles Angehen jedes Problems. Mountbatten selbst beeindruckte mich sehr mit seiner raschen Entscheidungskraft. Die hochrangige Konferenz wurde für August 1943 in Quebec angesetzt und wurde von Roosevelt und Churchill geleitet. Bernal führte den Pykrete vor, der die Kriegsführer dermaßen beeindruckte, daß sie dem Projekt Habakuk höchste Priorität verliehen. Detailpläne zum Bau eines Prototyps sollten in Washington erstellt werden. Das britische Team wurde dorthin beordert, mit Ausnahme von Pyke, dessen sarkastische Art das amerikanische Militär so verärgert hatte, daß ihm das Kommen verboten wurde.

Als die Beamten des amerikanischen Konsulats in London meinen ungültigen österreichischen Paß sahen, sagten sie, sie könnten einem feindlichen Ausländer kein Visum erteilen, auch nicht aus kriegswichtigen Gründen. Mountbattens Stabschef löste dieses kleine Hindernis mit einem Anruf im Innenministerium und verlangte, daß sie mich innerhalb einer Stunde zu einem britischen Staatsbürger machen sollten. Aber, wie ein Pfarrer, der mir nichts dir nichts eine Eheschließung ohne vorheriges Aufgebot durchführen soll, bestand das Innenministerium zumindest der Form halber auf die üblichen Einbürgerungsverfahren. Noch in derselben Nacht besuchte mich ein Detektiv in meinem Quartier. Könnte ich wohl vier in England geborene und ansässige Personen nennen, die meine Loyalität bezeugen könnten? Normalerweise, fügte der Detektiv hinzu, müßte er jeden einzelnen davon genauest überprüfen, aber in meinem Fall würde er ein Auge zudrücken. Welche nahen Verwandten hätte ich in feindlichen Gebieten? Normalerweise würde er meine Antworten gegenprüfen, aber in meinem Fall würde er ein Auge zudrücken. War ich jemals wegen einer Straftat verurteilt worden? Ja, in Cambridge wegen Fahrradfahrens ohne Licht. Normalerweise würde er meine polizeilichen Unterlagen überprüfen, aber in meinem Fall würde er ein Auge zudrücken. Dieser Scherz dauerte eine Stunde, dann durfte ich sein Formular unterschreiben. Angenommen, ich hätte die Geheimnisse des Pykrete an die Eskimos verraten. Hätte wohl der Premierminister dem Parlament versichert, daß die „notwendigen Erkundigungen" bei meiner Einbürgerung eingeholt worden waren, um sicherzustellen, daß ich nicht schon in jungen Jahren ein Eskimosympathisant gewesen war? Am nächsten Morgen schwor ich vor einem Friedensrichter dem König Gefolgschaft. Meine Frau mußte nur zu Hause in Cambridge ein Blatt Papier unterschreiben. Am nächsten Tag erhielt ich einen funkelnagelneuen blauen Paß, der mich als britischen Staatsangehörigen laut Einbürgerungsurkunde vom 3. September 1943 auswies. Man kann nicht Engländer werden, wie man Amerikaner werden kann, aber zumindest waren wir nicht mehr feindliche Ausländer, die interniert werden könnten, und mein neuer Paß löste das Visumproblem für die Vereinigten Staaten.

Die anderen Mitglieder des Habakuk-Teams waren bereits per Schiff nach New York abgereist. Um sie einzuholen, wurde ich auf dem Luftweg nachgesendet. Zuerst brachte mich ein Sunderland-Flugboot von Bournemouth nach Shannon, wo die britischen Offiziere an Bord Zivilkleidung trugen, um die Neutralität Irlands nicht zu verletzen. Von Shannon brachte uns ein Zivilflugboot der Pan Am in vierzehn Stunden nach Neufundland und von dort in den Hafen von New York, wo wir 34 Stunden nach unserer Abreise aus London landeten. Eine Rekordzeit! Als der Einreisebeamte in meinem Paß sah, daß ich erst genau vier Tage britischer Staatsangehöriger war, beschloß er, diesen ausländischen Spion zu entlarven, den die gerissenen Briten ihren ahnungslosen Verbündeten unterjubeln wollen, und unterzog mich einem scharfen Verhör. Nachdem ich ihm fast meine gesamte Lebensgeschichte mit Ausnahme meines unfreiwilligen Aufenthalts in Kanada erzählt hatte, begann er mich nach Verwandten in den Vereinigten Staaten zu befragen. Ein Bruder. Wie heißt er? Wann wurde er geboren? Was ist sein Beruf? Wo lebt er? Mir sank das Herz, als mir einfiel, daß das Haus meines Bruders vom FBI durchsucht worden war, nachdem sie herausfanden, daß er mit einem Kriegsgefangenen in Kanada in Briefverkehr stand. Würde das der Einreisebeamte in seinen Unterlagen finden? Wenn ja, so zuckte er mit keiner Wimper, sondern fuhr mit der Befragung fort. Noch andere Verwandte? Eine Schwester. Wo lebt sie? Prytania Street, New Orleans. Plötzlich verzog sich sein angespanntes Gesicht zu einem breiten Grinsen. „Aber das ist doch die Straße, wo ich geboren wurde." Und schon war ich drinnen. Keiner, dessen Schwester in Prytania Street in New Orleans lebt, kann ein Spion sein.

Als ich in Washington ankam, stellte ich mir vor, daß das britische Team bereits sechzehn Stunden am Tag mit der Planung der Konstruktion des Bergschiffes beschäftigt war, und war umso mehr erstaunt, sie alle zu meiner Begrüßung mitten am Nachmittag eines Arbeitstages am Bahnhof anzutreffen. Sie fragten gleich, wie wohl bei meiner Abreise das Wetter in London gewesen war, eine Frage, die ich als Ausdruck von Heimweh diagnostizierte, und schienen gar keine Eile zu haben, zur Arbeit zurückzukehren. Am nächsten Morgen meldete ich mich zur Arbeit in einer Baracke vor dem Gebäude des Marineministeriums und erfuhr, daß wir zur Zeit nichts tun konnten, bis Habakuk von den Marinetechnikern des Ministeriums untersucht worden sei und deren Bericht vorliegt. Lord Zuckerman, ein weiterer wissenschaftlicher Berater von Mountbatten während des Krieges, erklärte mir erst kürzlich, warum uns damals in Washington niemand Beachtung schenkte. Nur kurz nach unserer Ankunft in Washington verließ Mountbatten die Combined Operations und wurde Oberbefehlshaber der alliierten Kräfte in Südostasien. Da er die Hauptantriebskraft für Habakuk darstellte, sackte die Priorität des Projekts auf Null ab.

Um meine Zeit nicht allzusehr zu vertrödeln, bat ich um Erlaubnis, die kanadischen Physiker und Techniker zu besuchen, die parallel zu unseren Tests ebenfalls Eis und Pykrete geprüft hatten und ein Modelleisschiff gebaut hatten, das komplett isoliert und gekühlt am Patricia Lake lag. Bei dieser Gelegenheit betrat ich Kanada wieder als freier Mann, aber ich wich der Frage meines Gastgebers, ob dies mein erster Besuch in Kanada sei, aus.

Wieder in Washington, nahm ich mir in einem Außenbezirk Washingtons ein Quartier. Dort hörte ich, wie ein republikanischer Mitbewohner Roosevelt beschuldigte, er wäre eine noch größere Bedrohung als Hitler. Ich las in der Kongreßbibliothek oder kletterte am felsigen Ufer des Potomac, bis schließlich die Marine der Vereinigten Staaten beschloß, daß Habakuk ein falscher Prophet sei. Ein Grund war die für die Kühlanlage zum Einfrieren des Pykrete benötigte ungeheure Menge an Stahl. Es wäre dafür mehr Stahl benötigt worden als für den Bau eines ganzen Flugzeugträgers aus Stahl, aber das Hauptargument war, daß an Land basierende Flugzeuge bereits immer größerer Entfernungen zurücklegen konnten, so daß schwimmende Inseln nicht mehr benötigt würden. Das war das Ende des raffinierten Projekts von Pyke.

Für einen Zivilisten war es schwer, einen Platz an Bord eines Schiffes zurück nach England zu finden, aber schließlich wurde mir eine Kabine erster Klasse auf der Queen Elizabeth zugewiesen, auf Englands neuestem und schnellstem Dampfer. Als ich meine Kabine betrat, wurde mir klar, daß ich sie mit weiteren fünf Personen teilen mußte. Einer davon war ein großer würdevoller Herr, der sich als Mr. Coffin vorstellte, Vorsitzender der presbyterianischen Kirche in den USA, und stolz verkündete, er fahre nach England, um mit der Königin Tee zu trinken. Um seinen traurigen Namen Coffin Lüge zu strafen, unterhielt er uns andere Tag für Tag mit einem großen Fundus an Geschichten. Auch hielt er uns in der Nacht durch sein lautes Schnarchen wach.

Mit an Bord waren vierzehntausend amerikanische Soldaten, die zur Verstärkung der großen Armeen geschickt wurden, die im folgenden Sommer Frankreich befreien sollten. Unter großen Schildern „Glücksspiele verboten" rutschten die Dollars alle paar Minuten haufenweise von der einen Seite der Loungetische auf die andere, wenn sich das große Schiff neigte, da es zur Vermeidung der U-Boote einen Zickzackkurs fuhr. Nach sechs Tagen dampften wir die Clydemündung stromaufwärts und sahen an einem dämmrigen Wintermorgen eine große Kriegsflotte der Alliierten vor Anker liegen. Die drohenden grauen Umrisse zwischen dunklen, von Nebeln verhüllten Berghängen machten die Szene dramatisch, wie ein Turner-Gemälde von einem schottischen Loch.

Als ich meinem Vorgesetzten in der Admiralität am nächsten Morgen über die Abfuhr von Habakuk berichtete, war er nicht überrascht. Pyke war enttäuscht, aber er war bereits mit neuen Plänen beschäftigt. Einer davon war der Bau einer gigantischen Röhre von Burma nach China, viel leichter als der Bau einer Straße über die Berge, wie er argumentierte. Durch diese Röhre könnten alliierte Soldaten, Panzer und Gewehre mittels Preßluft wie mit der Rohrpost nach China befördert werden, um dort Chiang Kai-shek bei der Abwehr der japanischen Truppen zu unterstützen.

Ein anderer Plan Pykes sieht die Zerstörung der rumänischen Ölfelder vor, aus denen Deutschland fast seinen gesamten Treibstoff bezog. Im Dunkel der Nacht sollte ein Flugzeuggeschwader die Felder mit hochexplosiven Brandbomben angreifen, während ein anderes Schwadron in der Nähe eine Kommandotruppe abspringen lassen sollte, die die Felder am Boden zerstören sollte. Wie könnte sie die Verteidigungslinien durchbrechen? Verkleidet als rumänische Feuerwehrmänner sollten sie eine Feuerwehrstation einnehmen und mit deren Autos unter dem Vorwand, die durch den Luftangriff verursachten Brände löschen zu müssen, in das Ölfeld einfahren. In Wirklichkeit würden sie die Brände weiter anfachen.

Schon einige Monate vorher war ich zur Überzeugung gelangt, daß der Bau und das Steuern von Bergschiffen so schwierig wäre, wie mir damals eine Reise zum Mond vorkam. Trotzdem war Habakuk nur eines von mehreren offensichtlich unmöglichen Projekten, die während des Krieges geplant wurden. In jedem der Fälle war nicht so sehr die absolute Durchführbarkeit die entscheidende Frage, sondern welche strategischen Vorteile im Verhältnis zu den dafür erforderlichen Personen und Hilfsmitteln durch dieses Projekt erzielt werden können. Im Nachhinein scheint es überraschend, daß Mountbatten auch nur eines der Projekte Pykes ernst genommen hatte, aber Mountbatten war einerseits das jüngste Mitglied der Stabschefs und war andererseits der Leiter einer Organisation, die die Planung von unkonventionellen Kriegsmethoden zur Aufgabe hatte. Deshalb zog er in seiner Zentrale immer Männer in seinen Bann, die nicht aus der Militärakademie kamen und deren Ideen vom Feind nicht vorausgeahnt werden könnten, und es war im völlig egal, ob sie Socken anhatten oder nicht.

In Friedenszeiten wären Pykes Ideen sicher als Science Fiction abgetan worden, was sie ja auch waren, aber in wissenschaftlichen Belangen verließ sich Mountbatten auf den Rat von Bernal, ohne zu bemerken, daß eine der größten Schwächen Bernals sein mangelndes kritisches Urteilsvermögen war. Pyke war wie Descartes selbstherrlich überzeugt, daß ein intelligenter Mensch jedes Problem durch Nachdenken lösen kann, und teilte nicht die Bescheidenheit von Francis

Bacon, daß „Argumente nicht ausreichend sind, um Neues zu entdecken, denn die Natur ist um vieles scharfsinniger als jedes Argument". Ich kehrte nach Cambridge zurück, zuerst traurig, daß mein Bestreben, im Krieg gegen Hitler hilfreich zu sein, nicht mehr Früchte getragen hatte, aber später erleichtert, daß ich in einem Projekt gearbeitet hatte, das zumindest niemanden tötete, nicht einmal den britischen Generalstabschef.

Bis vor kurzem wußte ich nicht, wie und warum die britische Regierung vor einigen Jahrzehnten den Entschluß faßte, mehrere Tausende unschuldige deutsche und österreichische Flüchtlinge und Italiener, die in England lebten, zu internieren und außer Landes zu schaffen, während sie bereits wieder begannen, sie freizulassen, als die Gefahr einer Invasion durch die Deutschen noch lang nicht abgewendet war. In der Zwischenzeit habe ich *Collar the Lot!* von Peter und Leni Gillman gelesen, die Geschichte der Internierung von Ausländern in England, die sie auf Basis eines genauen Studiums von offiziellen, nach dreißig Jahren freigegebenen Dokumenten sowie Interviews mit vielen Augenzeugen schrieben.

Das Buch deckt eine bedrückende Geschichte auf: Gleichgültigkeit der Behörden, Intrigen zwischen den Ministerien, Hysterie der Medien, öffentliche Lügen, Lügen dem Parlament und den Regierungen der Dominions des britischen Commonwealth gegenüber und, wie John Maynard Keynes über David Lloyd George sagte, Entscheidungen auf Basis von anderen Gründen als dem Wesentlichen der Sache. Das Buch erzählt auch von menschlichem Leid und von ein paar wenigen aufrechten Menschen, die durch ihren persönlichen Einsatz eine Wende herbeiführten.

Die Geschichte beginnt im Herbst 1939, als das Innenministerium auf keinen Fall die großangelegte Internierung von fast dreißigtausend harmlosen Deutschen in verwahrlosten Gefangenenlagern des ersten Weltkrieges wiederholen wollte. Innenminister Sir John Anderson errichtete deshalb Tribunale, die deutsche und österreichische Flüchtlinge vor Verfolgung durch die Nazis klassifizierten, und ordnete an, daß nur jene, von denen man annahm, daß sie eine dem Naziregime gegenüber loyale Einstellung hatten, interniert werden.

Am 9. April 1940 fielen deutsche Truppen in Norwegen ein. Man nahm an, daß sie von einer fünften Kolonne norwegischer Nazis und von deutschen, als Flüchtlinge getarnten Spionen unterstützt wurden. Einen Monat später begann die Invasion Hollands und Belgiens, und Winston Churchill hielt am 11. Mai seine erste Kabinettssitzung. Auf Betreiben der Stabschefs mußte Anderson widerstrebend von seinem vorurteilsfreien Kurs abweichen und alle jungen männlichen Deutschen und Österreicher, die nahe der von der Invasion bedrohten Küste lebten, internieren.

Ein paar Tage später kehrte der britische Gesandte in Den Haag Sir Nevile Bland nach London zurück und brachte alarmierende Geschichten über den Verrat deutscher Zivilisten in Holland mit. Das Foto zeigt ihn mit einem herablassenden nichtssagenden Gesicht, wie eine Figur aus Evelyn Waughs Farce über die britische Oberschicht. Er sah seine große Stunde gekommen und warnte die Nation Ende Mai über den Rundfunk: „Nicht die Deutschen oder Österreicher, die entdeckt werden, sind die große Gefahr, sondern diejenigen, die zu schlau sind, entdeckt zu werden." Nachdem die Stabschef über diese tiefgreifende Wahrheit nachgedacht hatten, warnten sie das Kabinett, daß ausländische Flüchtlinge eine höchst gefährliche Quelle staatsgefährdender Aktivitäten" sind, und empfahlen die Internierung aller Flüchtlinge aus dem Ausland. „Mitleidlos sollte alles unternommen werden, um Aktivitäten einer fünften Kolonne auszuschließen."

Am 24. Mai teilte Churchill dem Kabinett mit, daß er dafür sei, alle Internierten vom Vereinigten Königreich wegzubringen. Neufundland und St. Helena waren zwei der ungastlichen Orte, die Churchill für unsere Verbannung vorschlug. General Jan Smuts übertraf ihn noch mit dem Vorschlag der Falkland-Inseln für diesen Zweck. Am 10. Juni erklärte Italien den Krieg, und Churchill befahl dem Innenministerium, „collar the lot", also alle in England lebenden Italiener „beim Kragen zu packen" und festzunehmen.

Unter den viertausend Italienern, die während der folgenden zwei Wochen interniert wurden, und unter denen, die am gefährlichsten eingeschätzt und daher für die Deportation nach Übersee ausgewählt wurden, waren folgende Personen: H. Savattoni, der Banquettmanager des Hotels Savoy, der in diesem Hotel seit 1906 gearbeitet hatte; Piero Salerni, ein vom Ministerium für die Flugzeugproduktion dringend benötigter Techniker; Alberto Loria, ein Jude, der im Jahre 1911 nach England gekommen war, und Uberto Limentani, ein Dante-Gelehrter, der in der italienischen Abteilung des britischen Rundfunks arbeitete. Alle außer Loria und Limentani ertranken an Bord der Arandora Star. Später beschrieb Limentani, wie er vor dem Ertrinken gerettet wurde:

> E come quei che con lena affannata,
> Uscito fuor del pelago a la riva.
> Si voge a l'acqua perigliosa e guata.
> Così l'animo mio, che ancor fuggiva,
> Sie volse a diretro a rimirar lo passo
> che non lasciò giammai persona viva."

(Inferno, I.22-27)

(Und wie er, der mit keuchendem Atem
vom Ozean an die Küste entkommen war,
sich umdreht und auf die gefährlichen Wasser zurück starrt,
so macht meine fliehende Seele
kehrt, um die Fahrt zu überdenken,
die niemand jemals überlebte.)

Tatsächlich wurden die meisten internierten Italiener auf die Insel Man gebracht. Ich selbst wurde am 30. Juni von den anderen Internierten getrennt und gemeinsam mit ein paar Dutzend jungen Männern, Junggesellen im Alter von fünfundzwanzig Jahren oder älter, nach Liverpool gebracht, wo ich vor einem riesigen grau lackierten Transatlantikdampfer, der Arandora Star, abgesetzt wurde. Ich erinnerte mich, diesen Dampfer bereits vor acht Jahren, damals mit weißem Anstrich, in I Giardini in Venedig vor Anker liegen gesehen zu haben. Damals sagte ich mir, 'Wie herrlich wäre eine Kreuzfahrt mit diesem Schiff!" Jetzt, als ich tatsächlich die Gelegenheit dazu hatte, erschien mir diese Aussicht weniger erfreulich.

Das Schiff war mit zwei kleinen Kanonen bewaffnet, richtiges Kinderspielzeug, eine am Bug und eine am Heck. Überall gab es eine Menge Stacheldraht. Ich wurde nicht in den Laderaum verfrachtet, sondern wurde in eine Kabine zwei oder drei Etagen unter Deck gebracht. Außerhalb dieser Kabine, in der ich gemeinsam mit drei anderen Internierten am Boden schlafen mußte, befand sich ein mit Gewehr und Bajonett ausgerüsteter englischer Wachposten, der mir mitteilte, daß wir nach Kanada transportiert werden sollten. Während der Nacht lichtete das Schiff den Anker. Am nächsten Tag erlaubte man uns am späten Nachmittag, eine halbe Stunde an Deck Luft zu schnappen. Da sah ich, daß wir uns zwischen Schottland und Irland befanden, und zwar genau an der Stelle, wo man beide Küsten sehen kann. Als ich mich am Schiff umsah, bemerkte ich, daß die Rettungsboote in einem erbärmlichen Zustand waren. Sie hatten offensichtlich Löcher. Sie waren vernachlässigt und strahlten keinerlei Vertrauenswürdigkeit aus. Während der folgenden Nacht mußte das Schiff Irland bereits nördlich umfahren haben und sich auf dem Weg in den atlantischen Ozean befinden. Um sechs Uhr dreißig, als ich noch vor mich hin döste, gab es plötzlich einen unerklärlichen Krach. Sofort war mir klar, daß sich ein Unglück ereignet hatte, denn es gab ein furchterregendes rasselndes Geräusch, als ob alles, was das Gleichgewicht verlieren *könnte*, tatsächlich herunterfiel. Durch den Spalt unter der Türe konnte ich erkennen, daß das elektrische Licht plötzlich ausgegangen war. Ich vermutete, daß die Generatoren außer Betrieb waren. Ich fragte mich, was wohl passiert sei, und ich dachte, daß das Schiff vielleicht mit einem Eisberg kollidiert hatte. Tatsächlich waren wir von einem deutschen U-Boot torpediert worden. Später erfuhr ich, daß wir die Opfer eines berühmten U-Boot-Kommandanten, Kapitän Prien, waren, der von einer Patrouille im Atlantik zurückkehrte. Als er unser Schiff ohne Eskorte erblickte, konnte er der Versuchung, einen Torpedo abzuschießen, nicht widerstehen. Dieser traf uns mit voller Wucht, während er auf seinem Kurs weiterfuhr.

Es waren ungefähr achtzehnhundert Menschen an Bord, darunter internierte Italiener, Österreicher und Deutsche, und selbstverständlich einige hundert Soldaten, die uns begleiteten. Meine drei Kabinengenossen verschwanden sofort. Ich blieb jedoch ein paar Sekunden länger, starrte in die Dunkelheit, denn ich entsann mich, daß ich einige Rettungsgürtel an der Wand gesehen hatte. Ich fand einen und legte ihn an. Ich konnte erkennen, daß viele mit Panikreaktionen reagierten, aber ich glaube nicht, daß ich selbst den Kopf verlor, denn es gab einfach keine Zeit zum Nachdenken. Ich konnte immer mit einer gewissen Kaltblütigkeit agieren, das heißt, ich handelte nie unüberlegt. Zuerst kletterte ich bis zur höchsten Stelle, die ich finden konnte, um festzustellen, ob das Schiff tatsächlich sank. Ich erkannte, daß es sich immer mehr auf eine Seite neigte. Ich sah einen Matrosen, der ein Rettungsboot ins Meer hinunterließ, und ich sagte mir, daß es meine beste Chance wäre, auf dieses Rettungsboot zu gelangen. Aber als ich die Stelle erreichte, wurde mir klar, daß ich von einer Höhe wie von einem vierstöckigen Gebäude hinunterspringen müßte, und das brachte ich nicht über mich. Nur einer sprang, und der brach sich den Kopf (aber er überlebte). Ich gab diesen Plan auf und ging an Deck entlang, um mich nach einer Stelle umzusehen, von der aus ich das Meer erreichen könnte. Schließlich fand ich ein Stück Seil, das ich für geeignet erachtete, war aber nicht wirklich davon angetan. So suchte ich weiter und fand schließlich eine Strickleiter.

Nun beschloß ich, doch noch etwas zu warten, da ich es besser fand, erst im letzten Augenblick ins Meer zu springen. Der Nordatlantik kann an einem wolkigen und regnerischen Morgen auch im Juli extrem kalt sein. Nach einiger Zeit begann ich, die Strickleiter hinunterzuklettern, aber als ich das untere Deck erreichte, überlegte ich, ob ich nicht doch noch bleiben sollte, um sicherzustellen, daß das Schiff tatsächlich sank. Fast unmittelbar darauf wurde mir klar, daß das Ende nahte, und ich kletterte ins Meer hinunter. Meine Hauptsorge war, schnell genug vom Schiff wegzuschwimmen, um nicht in seinen Sog zu geraten.

Die wenigen Rettungsboote, die zu Wasser gelassen worden waren, waren hauptsächlich mit deutschen Matrosen besetzt, die in Südafrika gefangen genommen wurden und die wußten, wie man Rettungsboote hinunterläßt. Insgesamt gab es nur fünf oder sechs Boote, denn, wie man mir später erklärte, konnten nur die Boote auf der Seite, auf die sich das Schiff neigte, ins Wasser gelassen werden, die auf der anderen Seite nicht. Wie auch immer, es waren keine Rettungsboote zu sehen. Es schwammen bereits einige Trümmer im Meer, und ich schwamm auf ein Objekt zu, um mich daran festzuhalten. Es war ein anderer Italiener, der sich an einem Stück Holz festhielt, und ich sagte zu ihm, „Hilf mir, das weiter vom Schiff wegzuschieben, damit wir uns retten können." Ich fragte ihn, wie er heißt. Der arme Kerl hieß Avignone, und später fand ich seinen Namen auf der Liste der Ertrunkenen. Viele, denen es gelungen war, ins Meer zu gelangen, erfroren nach einigen Stunden in diesem eisigen Wasser.

Inzwischen sank das Schiff rasch. Ich war direkt fasziniert von diesem Anblick und mußte mich immer wieder umdrehen, andererseits wollte ich so weit wie möglich wegkommen, um nicht unter das Schiff gezogen zu werden. Tatsächlich wurden viele, die sich zu nah beim Schiff befanden, darunter gute Schwimmer, vom Sog erfaßt und nie wieder gesehen. Dieser große, zirka 12.000 bis 15.000 Tonnen schwere Dampfer neigte sich immer mehr zur Seite, wobei Hunderte Menschen im Meer ertranken, hauptsächlich ältere Leute, die nicht versucht hatten, sich zu retten. In diesem Augenblick drang offensichtlich das Meerwasser in die Dampfkessel ein, denn es gab eine Explosion. Fast gleichzeitig sank das Heck, der Bug hob sich etwas über die Wellen, und der Dampfer versank schließlich mit einem fürchterlichen Geräusch im Meer. Im gesamten Umkreis kochte das Wasser. Überall gab es Trümmer und Leichen. Mehr als einmal blieb ich an irgendeinem schwimmenden Gegenstand hängen, der voller Draht oder Metallstacheln war. Auch gab es Dieselölflecken, die Feuer gefangen hatten, und ich befand mich plötzlich mitten in den Flammen. Aber das Feuer verlöschte natürlich gleich wieder. So blieb ich schätzungsweise zwei Stunden im Wasser.

Zuerst versuchte ich auf eine Art Bank zu klettern, die mir als Floß dienen könnte, aber ich wurde bald enttäuscht, denn sie drehte sich jedesmal um, wenn ich versuchte, hinaufzuklettern. Nach einiger Zeit, vielleicht nach eineinhalb Stunden, entdeckte ich ziemlich entfernt ein Rettungsboot, als mich die Wellen gerade in die Höhe hoben. Ich beschloß, in diese Richtung zu schwimmen. Ich hielt mich an einem der Wrackteile fest und schob es vor mich her. Wiederum half mir dabei ein anderes Opfer des Schiffsunglücks, ich glaube es war ein Ire, vielleicht einer der Soldaten, die uns bewachten. So halfen wir uns eine Zeit lang gegenseitig, bis er mich schließlich verließ und allein und ohne Halt auf das Rettungsboot zu schwamm. Ich habe niemals erfahren, ob es ihm gelungen ist, das Boot zu erreichen. Ich selbst betrachtete das Stück Holz als meinen einzigen Rettungsanker und dachte nicht daran, es loszulassen. Ich war mir noch immer sicher, daß jeden Augenblick Hilfe kommen würde. Vielleicht war es diese Überzeugung, die mir half, daß mich der Mut nicht verließ. Durch die auffällige Regelmäßigkeit der Wellen kamen mir einige Verse aus *Cinque Maggio* von Alessandro Manzoni in den Sinn, und ich sagte sie mir vor:

> Come sul capo al naufrago
> L'onda s'avvolve e pesa.
>
> (Wie der Kopf des Schiffbrüchigen
> von den Wellen umhüllt und hinabgedrückt wird.)

Ich dachte, wie wahr es doch ist, daß die Wellen über dem Kopf des Schiffbrüchigen zusammenschlagen, und er untergetaucht wird, und ich dachte über den Sinn der folgenden Zeilen nach:

> L'onda su cui del misero,
> Alta pur dianzi e tesa,
> Scorrea la vista a scerere
> Prode remote invan.
>
> (Die Welle, von deren Kamm
> der dem Untergang Geweihte begierig, aber vergeblich
> hofft, einen flüchtigen Blick auf eine entfernte Küste zu erhaschen.)

Weiter wußte ich den Text nicht mehr. Ja, ich sollte wohl *Cinque Maggio* wieder einmal lesen, wenn ich wieder zuhause war.

So kämpfte ich mich mit meinem Wrackstück weiter ab, bis ich merkte, daß ich immer schwächer wurde. Ich konnte nicht mehr weitermachen wie bisher. Ich sollte vielleicht loslassen und zum Rettungsboot hinschwimmen. Ich erinnere mich, daß ich diese Entscheidung sehr mutig fand, war doch dieses Stück Holz mein einziger lebenswichtiger Halt. So versuchte ich noch einmal mit letzter Kraft und solang ich nur konnte voranzukommen, denn das Rettungsboot war noch immer ziemlich weit weg. Es gelang mir, näher heranzukommen, aber ich war nun völlig erschöpft und machte meinen einzigen Fehler in diesem ganzen Abenteuer, indem ich *Aiuto* („Hilfe" auf italienisch) schrie. Später erfuhr ich, daß an Bord dieses überladenen Bootes, das bereits voller Wasser war und 110 bis 120 Überlebende aufgenommen hatte, ein britischer Armeekapitän war, der erklärt hatte, es gäbe keinen Platz mehr und daß von nun an nur mehr britische Soldaten gerettet und an Bord genommen werden sollten. Diese Ansicht wurde aber vom zweiten Befehlsinhaber des torpedierten Schiffes (der Kapitän war mit dem Schiff untergegangen) abgelehnt, einem gewissen Mr. Tulip, der am Steuer des Rettungsbootes saß und sagte: „Nein, wir sind auf See und müssen alle Überlebenden retten." Er war es, der den Befehl gab, mich an Bord zu holen.

Tatsächlich gelang es mir, mich mit Hilfe der bereits im Rettungsboot befindlichen Männer hinaufzuziehen. Erst dann wurde mir bewußt, daß ich kaum mehr Luft bekam, daß mein Körper bis zur Grenze strapaziert worden war. Eingezwängt inmitten der anderen Überlebenden schüttelte es mich vor Kälte, und ich bat um etwas zum Zudecken. Als Antwort erhielt ich einen Stoß auf den Kopf und fand mich am Boden des Bootes wieder, und drei bis vier Männer lagen auf mir drauf. Ich streckte meine Hände aus und konnte durch einen glücklichen Zufall eine Matrosenjacke ergattern, und irgendwie gelang es mir dann auch, sie anzuziehen. Ich war in einer extrem unbequemen Lage. Nicht nur lastete das Gewicht der anderen von oben auf mir, auch stieg das Wasser stetig im Boot. Sicherlich würden wir in ein paar Stunden untergehen, bemerkten einige der deutschen Häftlinge rücksichtsvoll. Nach zwei Stunden gelang es mir unter großer Anstrengung, eine etwas bequemere Stellung einzunehmen, und wenn ich meinen Kopf hochhob, konnte ich wie die anderen frei atmen.

Der Kommandant des Rettungsbootes versuchte, in der Nähe der anderen vier oder fünf Boote zu bleiben und nicht abzutreiben. Wir konnten die anderen Boote sehen, aber nichts, was auf eine baldige Rettung hinwies. Schätzungsweise sechs Stunden nach dem Beschuß des Dampfers durch den Torpedo sahen wir schließlich ein viermotoriges Sunderland-Wasserflugzeug, das offensichtlich auf der Suche nach Überlebenden war. Erst nach ein oder zwei Minuten entdeckte es uns, feuerte eine Leuchtrakete ab und verschwand wieder. Jetzt wußten wir, daß Hilfe kommen würde, aber wir mußten noch weitere zwei Stunden ausharren, bis endlich zu unserer großen Erleichterung ein Torpedoboot am Horizont auftauchte und auf uns zuhielt. Es war ein kanadisches Boot mit dem Namen St. Laurent. Von den achtzehnhundert Passagieren der Arandora Star gab es siebenhundert Überlebende. Zuerst mußten wir an Bord unseres Rettungsschiffes gelangen, was gar nicht so einfach war. Das Kriegsschiff nahm in der Mitte zwischen den weit verstreuten Booten Stellung, und jedes Boot mußte daran anlegen. Es war alles andere als einfach, nun vom Rettungsboot auf das Schiff zu gelangen, denn durch die Dünung war das Deck des Torpedobootes einmal zehn Meter höher als das Rettungsboot und im nächsten Moment zehn Meter darunter. Wir mußten also, um auf das Kriegsschiff zu gelangen, genau den richtigen Moment abwarten, wenn sich die beiden Boote auf gleicher Höhe befanden. Als ich an die Reihe kam, gelang mir das auch irgendwie, aber ich mußte dann so schnell wie möglich über das Deck laufen, denn barfuß, wie ich war, spürte ich, daß es brennend heiß war, weil wahrscheinlich darunter der Maschinenraum lag.

Siebenhundert ist eine große Menge Leute für ein kleines Torpedoboot. Die Matrosen taten, was sie konnten, aber wir hatten trotzdem eine sehr unangenehme Nacht. Wir waren ins Zwischendeck hinuntergebracht worden und saßen dort zusammengepfercht. Ich befand mich auf einer Bank gemeinsam mit gut einem Dutzend anderer Überlebender im Schlafraum eines Matrosen. So verbrachte ich im Sitzen die Nacht und war sehr hungrig. Ich erinnere mich an eine heiße Schokolade, die mir jemand brachte, und die, glaube ich, mit etwas Rum aufgebessert war. Vor dem Torpedoangriff hatte ich einen Schnupfen gehabt, der nach meinem unfreiwilligen Schwimmen im Meer offensichtlich kuriert war, denn ich kann mich nicht erinnern, noch verkühlt gewesen zu sein. Es war eine äußerst unbequeme Nacht, auch weil wir alle von einer irrationalen Angst erfaßt waren, wir könnten nochmals torpediert werden.

Am nächsten Morgen, es war der 3. Juli, landeten wir an der schottischen Küste und gingen in Greenock an Land. Zwei oder drei der aufgenommenen Schiffbrüchigen waren während der Überfahrt verstorben, andere wurden ins Krankenhaus gebracht. Wir anderen wurden auch, als wir an Land gingen, gefragt, ob wir medizinische Betreuung benötigten. Zuerst lehnte ich ab, ich fühlte mich bei normaler Gesundheit, aber zwei meiner Kabinengenossen von der Arandora Star, die ich zufällig traf, rieten mir, doch ins Spital zu gehen. Ich bemerkte dann, daß meine bloßen Füße unter den frostigen Temperaturen der vergangenen vierundzwanzig Stunden ziemlich geschwollen waren. So nahm ich diesen Rat an und ging mit ihnen. Für mich war das ein großes Glück, denn alle, die nicht ins Krankenhaus gingen, wurde bereits am nächsten Tag auf ein Schiff nach Australien verfrachtet, und auch dieses Schiff wurde auf der Überfahrt torpediert. Es sank zwar nicht, aber es muß ein schreckliches Erlebnis gewesen sein. Ein Wiener Freund von mir war auf dem Schiff.

So saßen wir nun am Kai des Hafens von Greenock, ein Haufen schiffbrüchiger Zivilisten, um die sich niemand kümmerte. Ich trug die Matrosenjacke, die ich im Rettungsboot gefunden hatte, aber ich war noch immer bloßfüßig. Nach einiger Zeit öffnete eine Art Herberge des Roten Kreuzes, aber dort erhielten wir nur jeder ein Keks. Mit der Zeit haben wohl die Mächte des Himmels sich unser entsonnen, denn um die Mittagszeit erschienen einige Laster, um'uns entlang der Clyde-Mündung ins Spital zu bringen. Wir wußten zuerst nicht wohin, aber schließlich landeten wir im Mearnskirk-Unfallkrankenhaus in der Nähe von Glasgow. Ich war von oben bis unten mit Öl besudelt, das die Arandora Star im Meer hinterlassen hatte, und benötigte einmal in erster Linie ein Bad. Ich mußte mich statt dessen, so gut es ging, mit einem Schwamm waschen. Dann wurden wir zu Bett gebracht und konnten uns nach den Entbehrungen der letzten vierundzwanzig Stunden endlich ausruhen.

Wir blieben sieben oder acht Tage im Krankenhaus, erhielten gutes Essen und wurden gut gepflegt. Wir waren hier die ersten Patienten eines Spitals, das eigens zur Behandlung von Kriegsopfern errichtet worden war. Die Schwestern kümmerten sich besonders um uns, wir konnten uns über nichts beklagen, bis auf die Tatsache, daß wir das Bett hüten mußten und stets von einem Wachposten vor unserem Zimmer bewacht wurden. Wir hatten alle unsere persönlichen Sachen verloren, so gab man uns eine Woche später Kleidung. Offen gesagt, sahen wir darin eher komisch aus, denn alles war entweder zu groß oder zu klein, auch gab man uns Schuhe, die aus demselben Grund eher nutzlos waren. Auch erhielten wir Rasierer und andere wichtige Utensilien. Am 11. oder 12. Juli bestiegen wir einen Bus, der uns in ein Internierungslager brachte. Wir reisten quer durch ganz Schottland, wir wußten ja noch nicht wohin, und gelangten schließlich in das Donaldson-School-Krankenhaus bei Edinburgh, wo wir hinter massiven Wänden und Stacheldrähten inhaftiert wurden.

Nach ein paar Tagen erhielt ich die Erlaubnis, an die BBC zu schreiben, und erst danach erfuhren meine Kollegen in London, daß mein Name nur fälschlicherweise auf die Liste der Ertrunkenen geraten war. Die BBC hatte bereits von Anfang an meine Freilassung angefordert, diese wurde sofort gewährt, und so kam ich am 31. Juli wieder frei, das heißt, ich wurde von einem Soldaten mit der Straßenbahn bis zur Princes Street Station begleitet und dort in einen Zug gesetzt. Ich kam am Abend des 31. Juli in London an und nahm am nächsten Tag meine Arbeit bei der

BBC wieder auf. Dort arbeitete ich weitere fünf Jahre lang bis Ende September 1945 für den Sender, also bis Kriegsende."

Limentani wurde später Professor für Italienisch an der Universität Cambridge, wo er mir diese seine Erfahrungen schilderte.

Laut Anweisung der Stabschefs beorderte das Kriegsministerium alle Überlebenden der torpedierten Arandora Star auf das Schiff Dunera, das ein paar Tage später nach Australien ablegte. Unter den Soldaten, die die Internierten an Bord der Dunera im Hafen von Liverpool brachten, war der junge Soldat Merlin Scott. Noch in derselben Nacht schrieb er einen Brief nach Hause.

„Ich fand, daß die überlebenden Italiener einfach abscheulich behandelt wurden, und nun wurden sie alle wieder auf ein Schiff gesteckt," schrieb er. „Alle hatten schreckliche Angst davor, hatten sie doch Väter, Brüder etc. bereits beim letzten Mal verloren. ... Ihre Sachen, Kleidung etc. waren ihnen massenweise abgenommen und im Regen auf Haufen geworfen worden. Sie durften nur eine Handvoll Sachen behalten. Es erübrigt sich zu erwähnen, daß verschiedene Leute, darunter sogar Polizisten!, sich gerne bedienten und nahmen, was sie finden konnten. Dann wurden sie den Gangway hinaufgetrieben und mit Bajonetten vorangestoßen, während die Menschenmenge rundum sie verhöhnte. ... Sie erhielten massenweise Telegramme von Verwandten, die meisten nur mit dem Text 'Gott-sei-Dank bist Du am Leben', aber sie bekamen diese nicht zu sehen. Die 'Telegramme' mußten in ein Zensurbüro gehen. ... Einige sagten, sie hätten bereits sechs Wochen keine Post erhalten."

Der Vater von Merlin Scott war ein hoher Beamter im Außenministerium. Der Brief seines Sohnes machte im Büro die Runde und wurde schließlich dem Außenminister Lord Halifax vorgelegt. Er leitete ihn an den Innenminister Sir John Anderson weiter, gemeinsam mit einem Begleitschreiben, in dem er die negativen Auswirkungen solcher unmenschlicher Behandlungsweisen auf die öffentliche Meinung im Inland und in den Vereinigten Staaten hervorhob. Halifax und Anderson setzten sich gegenüber Chamberlain durch, der bis dahin der Hauptverantwortliche für Churchills Deportationspolitik war. Am 18. Juli, nur eine Woche nach Scotts Schreiben, überredete Chamberlain das Kabinett, daß „Personen, die bekannterweise dem gegenwärtigen Regime in Deutschland und Italien gegenüber feindlich gesinnt waren, oder die aus anderen Gründen besser nicht zu internieren waren, freigelassen werden sollten". Das Kabinett genehmigte auch, daß von nun an „das interne Management, jedoch nicht die Bewachung" der Internierungslager nicht mehr dem Kriegsministerium, sondern dem Innenministerium unterstehen sollte. Es fanden somit keine Deportierungen mehr statt.

Bei der kanadischen Regierung stieß der Vorschlag Patersons, die Flüchtlinge, die nicht nach England zurückkehren wollten, in Kanada freizulassen, zuerst auf taube Ohren, und das amerikanische Außenministerium ließ selbst die Flüchtlinge, die bereits aus der Zeit vor ihrer Internierung Einreisevisa besaßen, nicht einreisen. Anfang 1941 gab die große Diseuse Ruth Draper in Ottawa eine ihrer herzergreifenden Vorstellungen für das Rote Kreuz. Im Anschluß fragte sie der Premierminister, was Kanada als Dank für sie tun könnte. Sie sagte ihm: „Es gibt einen unschuldigen jungen Mann, den ich von Kindheit an kenne, der in einem Eurer Internierungslager hinter Stacheldrähten gefangen gehalten wird, er hat kein Vergehen begangen, es gab weder einen Prozeß noch eine Verurteilung." Der Premierminister ordnete die Freilassung des jungen Mannes an, und diese Entscheidung öffnete auch anderen die Türen. Als ich im Oktober 1943 das erste Mal wieder nach Kanada zurückkam, war eben erst das letzte Internierungslager aufgelöst worden. Das Buch der Gillmans zeigt, daß der persönliche Einsatz einer Einzelperson selbst in Kriegszeiten gegen die harten Politiker und Militärs erfolgreich ankämpfen kann.

Soweit mir bekannt ist, wurden in der Geschichtsforschung keine Grundlagen für die schrecklichen Anschuldigungen gefunden, daß es als Flüchtlinge getarnte deutsche Spione gab, weder in Holland noch in Norwegen. Auch gab es nie einen Fall in England, daß ein Deutscher oder Österreicher den Feind unterstützt hätte. Merlin Scott, dessen Brief so viele Italiener vor der Internierung durch die Engländer bewahrt hatte, wurde während des ersten Vorstoßes der Engländer auf Libyen Anfang 1941 von den Italienern getötet.

Er war das einzige Kind von Sir David Montague Douglas Scott. Dieser erfuhr erst 44 Jahre später, wie sein Sohn den Tod gefunden hatte. Kurz nach seinem 98. Geburtstag erhielt er einen Brief von einem Soldaten, der unter Merlin gedient hatte.

Anläßlich des 40. Jahrestages des Sieges in Europa am 8. Mai erinnerte ich mich, daß ich unter Sir Douglas Montague Scott [Merlin], Kompaniekommandant der leichten Maschinengewehrträger, Truppe A, 2. Bataillon, Schützenbrigade, dienen durfte.

Sir Douglas und ich waren in einem Maschinengewehrträger und wurden vom Außenposten zurückgerufen. Wir sollten nahe Hell Fire Pass, Ägypten, in Aktion treten. Er verließ meinen Gewehrträger und bestieg einen Signalgeschützträger, der vom Schützen Savage gelenkt wurde. Feldwebel Whiteman, er war Sergeant der Kompanie, fuhr in meinem Gewehrträger mit. Wir griffen in einer Linie an und gerieten unter heftigen Beschuß. Auf ein Signal von Sir Douglas mußten wir zurückweichen. Alle Gewehrträger außer seinem zogen sich zurück. Sergeant Whiteman und ich fuhren daraufhin nochmals vor, um nach ihm zu sehen. Wir standen noch immer unter heftigem Beschuß und mußten feststellen, daß der Fahrer getötet worden war und Sir Douglas selbst durch einen Brustschuß schwer verletzt war. Wir koppelten seinen Träger mit Hilfe einer Schleppkette an unseren an, um ihn aus der Schußlinie herauszuziehen. Bei diesem Versuch fuhr sein Träger auf eine Geschützstellung auf, und wir mußten die Schleppketten entkoppeln. Zu diesem Zweck mußten wir nochmals Richtung Feind zurück, den Träger von Sir Douglas nochmals ankoppeln und konnten erst dann wieder zurück hinter unsere eigenen Linien gelangen.

Als ich mich nach Sir Douglas erkundigte, erfuhr ich, daß er noch auf dem Weg ins Lazarett gestorben war. Der Bataillonskommandant rief Sergeant Whiteman und mich zu sich und dankte uns für unseren Einsatz. Er sagte, daß die Aktion für die Verleihung einer Kriegsmedaille erwähnt werden würde, und tatsächlich erhielt Sergeant Whiteman den D.C.M.-Orden. Man muß noch hinzufügen, daß Sergeant Whiteman selbst einige Wochen später fiel.

Noch am Morgen vor diesem Kampf hatte sich Sir Douglas mit mir unterhalten und gemeint, ohne Krieg hätte er vielleicht nie Menschen wie mich kennengelernt.

Ich schreibe Ihnen das alles jetzt, da ich glaube, mittlerweile der einzige aus diesem Kampf zu sein, der noch lebt, und da ich schon oft daran gedacht habe, Ihnen aus erster Hand von diesen Ereignissen zu berichten.

Sir Douglas Montague Scott war ein sehr mutiger und tapferer Herr, und es war mir eine große Ehre und Freude, unter ihm zu dienen.

Sir David erzählte mir, daß Merlin schon als Bub sehr einfühlsam war. Als Merlins Brief aus Liverpool eintraf, war Sir David im Außenamt für amerikanische Angelegenheiten zuständig. Dadurch befand er sich in einer geeigneten Stellung, um Außenminister Lord Halifax vor den ungünstigen Auswirkungen der unmenschlichen Behandlung der Italiener auf die öffentliche Meinung in den Vereinigten Staaten zu warnen. Als ich ihn im September 1985 besuchte, war er blind und an den Rollstuhl gebunden, aber eine Bekannte, die ihn ein paar Jahre vorher gesehen hatte, beschrieb ihn als den feschesten Mann, den sie je kennenlernte. Sir David starb im August 1986, ein paar Monate vor seinem hundertsten Geburtstag. Seine Frau erzählte mir, daß er über Merlins Tod nie hinweggekommen war.

Über Erfinder und Entdeckungen

*Ein Hoch auf die Wissenschaft**

Peter Medawar war ein großer Biologe, durch dessen Forschung die Transplantation von menschlichen Organen möglich wurde. Auch dachte er tief über Methoden, Bedeutung und Werte der wissenschaftlichen Forschung nach und veröffentlichte seine Gedanken in Büchern und Artikeln, die an Klarheit, Stil und Witz beispielhaft sind.

Er wurde 1915 in Brasilien als Sohn eines Libanesen und einer Engländerin geboren. Er wuchs in England auf, wo er zu Schule ging und auch später beruflich tätig war. Er wurde im Alter von 32 Jahren ordentlicher Professor, mit 34 Mitglied der Royal Society, Nobelpreisträger mit 45 und der Leiter des größten britischen Labors für medizinische Forschung im Alter von 47 Jahren.

Als er im Alter von 54 am Höhepunkt seiner geistigen Kräfte und Fähigkeiten war, zerstörte eine Hirnblutung die rechte Hälfte seines Gehirns. Seiner Zielstrebigkeit, seinem Lebensmut und seinem Optimismus konnte dies keinen Abbruch tun. Drei Jahre später arbeitete er bereits wieder in Forschung und Literatur und hielt auf der ganzen Welt Vorträge. 1980 erlitt er durch eine Gehirnthrombose einen schweren Schlag. Wiederum erholte er sich und schrieb viele Artikel und Aufsätze, sowie eine vergnügliche Autobiographie, die sogar diesen Schicksalsschlag als Anlaß zum Lachen darstellt.[1] 1985 erlitt er noch weitere Schlaganfälle, konnte nicht mehr klar sprechen und verlor fast sein ganzes Augenlicht. 1987 starb er an den Folgen eines weiteren Schlags.

Die erste große Entdeckung von Medawar war, daß Abstoßreaktionen gegen Hauttransplantate eines Spenders vom Immunsystem verursacht sind, durch Reaktionen, die nicht von Antikörpern, sondern von weißen Blutkörperchen verursacht werden, die James Gowans später als Lymphzellen identifizierte. Medawar schrieb, daß diese Zellen sich verhielten

> wie der Chor in einer Aufführung von Gounods *Faust* in einem Vorstadttheater. Lymphzellen gehen im Blutkreislauf in einem unerwarteten Augenblick von der Szene ab, um von der anderen Seite wieder aufzutreten.

Medawar fragte, wie Lymphzellen zwischen Eigenem und Fremdem unterscheiden. Dies führte ihn und seine Kollegen R. E. Billingham und L. Brent zu ihrer zweiten großen Entdeckung. Sie fanden heraus, daß Tiere Fremdgewebetransplantate nicht abstießen, wenn sie bereits im Mutterleib mit Injektionen solcher Gewebsproben geimpft worden waren. Bereits die alleinige Tatsache, daß Fremd-

---

*) Zu den Büchern: *A Very decided Preference: Life with Peter Medawar* von Jean Medawar (Norton); *The Threat and the Glory: Reflections on Science and Scientists* von P. M. Medawar (Harper Collins/A Cornelia and Michael Bessie Book); *Peter Brian Medawar: 28 February 1915 – 2 October 1987* von N. A. Mitchison (Nachdruck durch *Biographical Memoirs of the Royal Society*, 1990, volume 35).

transplantate für Tiere verträglich gemacht werden können, ließ auf eine mögliche Verträglichkeit solcher Transplantate für den Menschen hoffen und spornte die Forscher zu weiteren Versuchen mit Organtransplantationen an.

Zuerst war man damit nur bei eineiigen Zwillingen erfolgreich. Später wurden Medawar und seine Kollegen in ihrem Bestreben bestärkt, als sie beobachteten, daß Steroide die Abstoßreaktionen auf Hauttransplantate verzögern. Nun versuchten sie, Kaninchen mit Lymphzellen von Mäusen zu impfen, und injizierten das Immunserum der Kaninchen wieder den Mäusen. Dies unterdrückte zumindest einige Wochen oder Monate lang den Angriff der Lymphzellen auf die Fremdtransplantate.

Medawars erste Versuche zur Entwicklung von für den Menschen anwendbaren Methoden wurden durch die Entdeckung von Cyclosporin überholt, einer Verbindung, die im Sandoz-Labor in der Schweiz aus einem Pilz isoliert wurde, die die Lymphzellen in Tieren höchst erfolgreich unterdrückte und eine geringe Toxizität aufwies. Roy Calne aus Cambridge, England, wendete Cyclosporin und andere immunsuppressive Substanzen erstmalig erfolgreich an Menschen an. Er konnte Medawar noch vor seinen letzten Schlaganfällen mitteilen, daß das große Ziel seines Lebens, die Verträglichkeit von transplantierten Organen für den Menschen, letztlich erreicht worden war.

Medawar wünschte sich auch, als er bereits schwer behindert war, nicht den Tod. In einem seiner letzten Aufsätze, die jetzt gesammelt unter dem Titel *The Threat and the Glory* erschienen sind, drückt er sich abfällig über das „morsche, barocke Gebäude der Psychoanalyse" aus und bezeichnet besonders die Behauptung, daß der Mensch einen Todesinstinkt besitzt, sarkastisch „die unbiologischste Interpretation Freuds".

> Die Hartnäckigkeit unseres Festhaltens am Leben und unsere ungeheure Kraft, mit der wir im Zweifelsfall immer dem Leben den Vorzug geben, ist ein weit besserer Beweis für einen Lebensinstinkt als jeder Ausdruck menschlichen Verhaltens, der als Todesinstinkt ausgelegt werden könnte. Es ist sonderbar, daß nichts in der modernen Medizin zu mehr Widerspruch und Unmut geführt hat, als die Frage, wie weit die Medizin zur Verlängerung des Lebens von Patienten gehen soll, die nur dann nicht sterben müssen, solange sie von einem künstlichen Gerät am Leben gehalten werden. ... Barmherzigkeit, Verständnis und Menschlichkeit machen die Intensivmedizin zu einer lebensverlängernden – und nicht, wie Kritiker erklärt haben, zu einer todesverlängernden Methode.

Medawar war groß und „hielt sich mit dem Stolz dessen, der weiß, daß er gut aussieht".[2] Auch war er kräftig gebaut, spielte gut Tennis und Kricket. Er war offenherzig, lebhaft, unterhaltsam, verbindlich, ein brillanter Unterhalter, zugänglich, rastlos und sehr ehrgeizig. Schon in seinen Studententagen war er fest davon überzeugt, daß es kein menschliches Wissen gäbe, daß für seinen Verstand zu hoch wäre. So erklärte er zum Beispiel, daß die gewaltige Monographie von Bertrand Russel über die mathematische Logik, die *Principia Mathematica*, das Buch gewesen wäre, das ihn als Student in Oxford am meisten beeinflußt hätte.

Später war er vom Philosophen Karl Popper begeistert, dessen Buch *Logik der Forschung* ihm die wissenschaftliche Methode lehrte, die er in seinen Werken annahm und verbreitete. Nach Popper leiten Wissenschaftler allgemeine Gesetze nicht von Beobachtungen ab, sondern sie formulieren Hypothesen, die sie anschließend in Versuchen prüfen. Diese Methode führt sie stufenweise näher an die Wahrheit heran. Die Ansicht Poppers, daß die Phantasie am Beginn stehe, beeindruckte Medawar sehr, da sie besagte, daß Wissenschaftler keine Roboter sind, die die Kurbeln der Entdeckungen drehen, sondern einen schöpferischen Geist wie Künstler und Schriftsteller haben. Medawar nannte Poppers Denkansatz „die hypothetisch deduktive Methode".

Popper gab einer Methode Ausdruck, die bereits von großen Wissenschaftlern der Vergangenheit angewendet worden war. Zum Beispiel schrieb Michael Faraday im Jahre 1856 über die Fortbewegung des Lichts durch einen angenommenen Äther: „Ich kämpfte darum zu verstehen, wie weit ... Versuche entwickelt werden können, die ... die Idee, die wir davon haben, widerlegen, bestätigen oder modifizieren könnten, immer mit der Hoffnung, daß die berichtigte oder angenommene Idee sich immer mehr der Wahrheit der Natur nähert."[3]

Medawar ließ sich von nichts von seiner Suche nach weiterem Wissen ablenken, außer vielleicht vom Lachen. Er entspannte sich nur selten, dachte nicht an Urlaube und arbeitete selbst als Leiter eines Instituts mit mehreren hundert Mitarbeitern weiter an seiner Forschung. Er behauptete, daß viele seiner Arbeiten für ihn „so gut wie Erholung" wären, und war stolz darauf, keine Zeit zu vergeuden. Aber weder die Logik von Russell noch die Hypothese von Popper konnten verhindern, daß er seine besten Jahre mit Versuchen verbrachte, die sich als sinnlos herausstellten.

Er hatte kühne Hypothesen über die Verbreitung von Pigmenten auf Tierhaut aufgestellt. Dies ist ein grundsätzliches Problem, das mit Wachstum und Differenzierung zusammenhängt. Dann entwickelte er findige Versuche zur Überprüfung seiner Hypothesen, verschloß aber die Augen vor der Möglichkeit, die falsche Art Zellen zu untersuchen. Wie ich aus eigenen Erfahrungen weiß, kann man sich dermaßen in seine eigenen Ideen verstricken, daß jeder Zweifel durch sich widersprechende Ergebnisse, mit noch weiter hergeholten Erklärungen eher im Keim erstickt wird, als daß man grundlegende Annahmen zu verwerfen bereit ist. Medawar predigte, daß die Forschung ein leidenschaftliches Unternehmen ist, aber er vergaß die Wissenschaftler zu warnen, daß ihnen gerade diese Leidenschaft zum Verhängnis werden kann.

Wie war es wohl, mit solch einem Mann verheiratet zu sein? Wie Laura, die Witwe von Enrico Fermi, die an ihrer unbeschwerten Biographie bereits zu Lebzeiten des großen Physikers schrieb,[4] zeichnet Jean Medawar in ihrer Biographie *A Very Decided Preference* eine liebevolle und amüsante Karikatur von Peter, ohne ihm ein Marmordenkmal zu setzen. Protzig erklärte er seiner jungen Braut, daß sie auf seine Liebe ersten Anspruch hat, aber nicht auf seine Zeit; er ließ sie selbst ihren eigenen Ehering besorgen und oft auch ihre eigenen Weihnachtsgeschenke. So sehr war er von seiner Arbeit eingenommen, daß Jean ihren vier Kindern sowohl Mutter als auch Vater sein mußte. Er hatte keine Geduld mit den Gefühlen der wirklichen Menschen, war aber bei der Musik einer Wagneroper von Gefühlen hingerissen. Der Abschied Wotans von seiner Brünhilde in *Die Walküre* bewegte ihn mehr, als der Abschied von seiner eigenen Tochter, als sie auf einige Monate von zu Hause fortging. Als Jean ihn darauf ansprach, daß er ihre Abreise kaum bemerkt hätte, sagte er zur Erklärung, „seine Gefühle würden durch Kunst bewegt", eine selbstgefällige Bemerkung, die Mr. Casaubon in *Middlemarch* seiner Dorothea gegenüber gemacht haben könnte.

Medawar konnte Gefühle zeigen, wenn er Wagner oder Verdi (nicht so Mozart) hörte, war aber von großen Malern weniger beeindruckt. Erst in mittleren Jahren besuchte er erstmalig das Frick Museum in New York. In seiner Besprechung der fünften Ausgabe der *Encyclopedia Britannica* verspottet er die Absätze über Sisyphus, Tantalus oder Leda als überflüssig, vergaß aber den entscheidenden Einfluß der klassischen Mythologie auf darstellende Kunst und Literatur.

Der junge Medawar erzählte einem Freund stolz: „Meine Gedanken, weißt Du, lassen mich niemals ruhen," aber der alte Medawar schrieb bescheiden, daß „laut Newtons Gesetzen der Mechanik das Hirn von Natur aus stillsteht". Im Krankenhaus sind Bücher „von entscheidender Bedeutung, um den Geist anzuregen. Deshalb sollten einige ernste Werke darunter sein. Bedenke jedoch, daß Dir, wenn Du Chomsky nicht verstanden hast, als es Dir gut ging, auch die Krankheit nicht die Einsicht für seine Denkensart geben wird." Medawar übertraf sich selbst mit der Formulierung solcher geistreichen Einfälle und lachte dabei beim Schreiben laut auf.

Jeans Biographie beginnt mit dem tragischen Ereignis in Exeter Cathedral, als er „vom Höhepunkt seines Schaffens in einen dem Tode nahen Zustand verfiel". Er war eingeladen worden, anläßlich der Jahreskonferenz der British Association for the Advancement of Science als Präsident eine Ansprache zu halten, und er ergriff diese ehrenvolle Gelegenheit zu einem leidenschaftlichen Plädoyer für seinen Glauben an die Wissenschaft. Er nannte seinen Vortrag nach Francis Bacon das neue Atlantis, ein Inselreich, wo Händler des Lichts die „edelste Niederlassung, die es jemals auf Erden gab", gründeten, deren Ziel „das Wissen ... und die geheimen Zusammenhänge sind, sowie die Erweiterung der Grenzen des menschlichen Daseins: **das Schaffen von allem, was möglich ist.**" Mit dieser Ansprache, sagte Medawar, wollte er „Parallelen zwischen dem geistigen und philosophischen Zustand denkender Menschen im 17. Jahrhundert und in der heutigen Welt ziehen". Der Dreißigjährige Krieg am Festland Europas und der Bürgerkrieg in England schufen „eine Zeit des Fragens, der Unentschlossenheit und der Mutlosigkeit, ... eine Nervenkrise". Auch glaubten die Leute, daß der Weltuntergang vor der Tür stehe, so wie wir heute aus triftigeren Gründen an die Vernichtung der Menschheit durch den Krieg glauben. „Damals wie heute wurde als Heilmittel gegen diese unbequemen Gedanken weniger unmittelbarer Trost gesucht, als das Denken an sich sein gelassen" (typisch Medawar, würde ich sagen).

In der zweiten Hälfte des 17. Jahrhunderts führte der Glaube, durch rationelle wissenschaftliche Tätigkeit die menschliche Lage verbessern zu können, zu einem neuen Geist des Optimismus.

> Im 17. Jahrhundert begann die Abkehr von der Idee des Verfalls; der Beginn eines Glaubens an die Zukunft, das Bejahen von Würde und Wert des weltlichen Wissens, die Idee, daß den menschlichen Fähigkeiten keine Grenzen ge-

setzt sind, das brachte das siebzehnte Jahrhundert als Heilmittel gegen die Verzweiflung.

Medawar fordert ein ähnliches Gegenmittel für unsere Zeit. „Wir ringen unsere Hände über das Versagen der Technik, aber nehmen ihren Nutzen als gegeben an." „Das wahre Unglück ist unser scharfer Sinn für menschliches Versagen und eine neue, bedrückende Erkenntnis menschlicher Unzulänglichkeit." Trotzdem „ist die Verhöhnung der Hoffnung auf Fortschritt albern, ein Ausdruck geistiger Armut und erniedrigender Mentalität".[5]

Jean erzählt, daß er an dieser Rede monatelang gearbeitet hatte, und sie zu Tränen gerührt hatte, als er sie ihr probehalber zu Hause vortrug. Dieser Vortrag ist auch heute noch ein höchst beredtes und gelehrtes Plädoyer für die Wissenschaft.

Zwei Tage nach diesem Auftritt sprach Medawar vor einer großen Versammlung der British Association for the Advancement of Science in der Kathedrale von Exeter die Lesung. Er wählte einen Absatz aus Kapitel 7 der Weisheit des Salomon:

> Alles Verborgene und alles Offenbare habe ich erkannt; denn es lehrte mich die Weisheit, die Meisterin aller Dinge. In ihr ist ein Geist, gedankenvoll, heilig, einzigartig, mannigfaltig, raffiniert, beweglich, rein, unbefleckt, klar, unverletzlich, das Gute liebend, fein, nicht zu hemmen, wohltätig, menschenfreundlich, fest, sicher, ohne Sorge, alles vermögend, alles überwachend und alle Geister durchdringend, die denkenden, reinen und raffiniertesten.

Er las plötzlich immer langsamer. Mit der Zeit schien es, als ob jedes Wort eine ungeheure Anstrengung für ihn war.

> Denn die Weisheit ist beweglicher als alle Bewegung; in ihrer Reinheit durchdringt und erfüllt sie alles.

In diesem Moment wurde seine Sprache undeutlich, und er brach mit einem Gehirnschlag zusammen.

Es war ein Fall aus den Höhen beruflichen Schaffens zur hilflosen Abhängigkeit von lebenserhaltenden Maschinen, Ärzten sowie Krankenschwestern und natürlich von Jean, deren unerschütterbarer Wille, Peters Tatkraft voll wiederherzustellen, seinen eigenen „sehr entschlossenen Willen, am Leben zu bleiben" festigte.

Der Titel der gesammelten Erzählungen von Peter Medawar lautet *The Threat and the Glory* und stammt aus seiner Besprechung mehrerer Bücher über die Gentechnik, die in der *New York Review* im Oktober 1977 unter dem Titel „Angst vor DNA" erschienen waren. Diese Ängste sind noch immer da, obwohl es keinen wirklichen Anlaß gibt, solche zu schüren, sondern im Gegenteil vielfachen Nutzen. Medawar räumt mit der Angst auf, daß die Gentechnologie eine Veränderung von Charakter und Persönlichkeit ermöglichen wird, um so den Alptraum von Huxleys *Brave New World* von gescheiten Herren und dummen Sklaven Wirklichkeit werden zu lassen. Er argumentiert, daß sich ein solcher Plan jederzeit während der vergangenen tausend Jahre verwirklichen hätte lassen, „allein mit der Anwendung der mächtigsten Form der Biotechnik, der Darwinschen Auslese, auf die Bevölkerung, ja auf die ganze Menschheit, die bekanntlich durch ihr offenes Zuchtsystem, Mangel an Artenbildung und einer Fülle angeborener Mannigfaltigkeit auf die willkürliche Tätigkeit von Züchtern erfolgreich angesprochen hätte".

> Wenn solche Ungeheuerlichkeiten mit den vorhandenen empirisch gut verständlichen Methoden bis jetzt nicht verfolgt, ja nicht einmal ernsthaft versucht wurden, warum sollten wir uns dann gerade jetzt vor solchen oder noch größeren Ungeheuerlichkeiten durch die bei weitem teurere und technisch viel schwierigere Gentechnik fürchten?

Auch betont Medawar, daß es bereits seit mindestens 5000 Jahren eine Technik gibt, um den Geist mit Unwahrheit zu beeinflussen, mit Abneigung gegen das Erlernen von Neuem und gegen alles, was Verbesserungen bringen könnte, eine Technik, die „Erziehung" genannt wird.

In einem anderen Aufsatz mit dem Titel „Biologie und die Einschätzung des Menschen von sich selbst" bestreitet Medawar, daß Darwins Evolutionstheorie als Angriff auf die Menschenwürde zu verstehen war, aber vielen schien es so. In seinem Buch *Life of Leslie Stephen* schildert Noel Annan die tiefe Erschütterung der Victorianischen Gesellschaft über den *Ursprung der Arten*, weil damit ihr religiöser Glaube angegriffen wurde. Ich erinnere mich auch an die Empörung, die das Buch *Chance and Necessity* von Jacques Monod erst kürzlich in Frankreich verursachte, obwohl Monod eigentlich nur Darwins Theorie auf die Welt der Moleküle übertrug.

In Medawars Besprechung über *The Scientific Elite* von Harriet Zuckerman finden sich Beobachtungen über große Wissenschafter, die den Nobelpreis erhielten, und solche, die ihn nicht erhielten. Ich hatte immer angenommen, daß amerikanische Nobelpreisträger, wie die meisten anderen Wissenschafter, aus der Arbeiterklasse oder unteren Mittelklasse stammen, aber tatsächlich haben 90 Prozent Väter, die Akademiker, Geschäftsinhaber oder leitende Angestellte sind. Fünfzig Prozent haben als Studenten, promovierte Stipendiaten oder junge Mitarbeiter bei älteren Nobelpreisträgern gearbeitet, jedoch verdankten sie den Preis der guten Lehre der älteren Männer, aber nicht deren Einfluß auf das Nobelpreiskomitee in Stockholm. Medawar schreibt, daß „sich Nobel über Nobelpreisträger gefreut hätte, die durch die Verleihung einen verstärkten Antrieb erhielten, ihre Forschungsarbeiten weiter zu verfolgen" (wie Medawar selbst), aber daß Nobel entsetzt gewesen wäre, wenn „die Verleihung ihre Empfänger von Geldsorgen befreien sollte, ihnen aber damit jeden Antrieb nimmt, mit der Forschung fortzufahren". Solche Leute verbringen ihre Zeit auf einer Konferenz nach der anderen, wo sie Vorträge über Platitüden halten, wie „Der Mensch und das Universum", „Wissenschaft und Kultur" oder „Umwelt und die Zukunft". Glücklicherweise ist dies eine Minderheit, aber ich habe doch gemerkt, daß es schlaue Veranstalter solcher Konferenzen gibt, die Nobelpreisträger mit Schmeicheleien überzeugen, daß ihre Anwesenheit für das Überleben der Menschheit wichtig ist. Dann führen sie deren versprochene Teilnahme gegenüber leichtgläubigen Geldgebern ins Treffen, um mehr Unterstützung zu erhalten.

Psychoanalytiker und IQ-Vertreter sind Medawars schwarze Schafe. Er läßt keine Gelegenheit aus, Freud und seine Anhänger zu verhöhnen. In seinem Artikel über die Krankheit Darwins macht er sich über Psychoanalytiker lustig, die „eine

Menge Beweise" aufdeckten, „die unmißverständlich darauf hinweisen", daß Darwins chronische Magenkrankheit, seine Herzbeschwerden und sein Kräftemangel „im Unterbewußtsein ein verzerrtes Bild von Angriffslust, Haß und Unmutsgefühl auf seinen tyrannischen Vater wäre. ... Wie im Fall von Ödipus wurde Darwin für den unbewußten Vatermord fast vierzig Jahre lang mit einem schwer behindernden neurotischen Leiden bestraft ...". Medawar kommentiert sarkastisch:

> Diese tiefen und schrecklichen Gefühle fanden ihren Ausdruck in Darwins berührenden Erinnerungen an seinen Vater, wo er ihn als die warmherzigste und weiseste Person, die er jemals kannte, beschrieb: also ein klarer Beweis, ... wie tief seine wahren inneren Gefühle unterdrückt wurden.

Die echte Ursache für Darwins chronische Erkrankung war wahrscheinlich eine Parasiteninfektion, die er sich auf seinen Reisen durch Südamerika zuzog.[6]

Nach Ansicht Poppers sind sowohl psychoanalytische als auch marxistische Theorien unwissenschaftlich, da sie beide selbsterfüllend sind und da keine der beiden durch Experimente widerlegt werden kann. Was hätte wohl Medawar mit der dogmatischen und unbeweisbaren Behauptung von R. C. Lewontin angefangen, die besagt, daß „Darwins Theorie der Evolution durch natürliche Auslese *offensichtlich* reiner Kapitalismus des 19. Jahrhunderts ist, und sein Eintauchen in die gesellschaftlichen Beziehungen einer an Bedeutung gewinnenden Bourgeoisie einen enormen Einfluß auf den Inhalt seiner Theorie hatte".[7] Marxismus ist jetzt in Osteuropa verrufen, aber in Harvard scheint er noch zu blühen.

In seiner Rezension des Buches *Betrayers of Truth* von W. Broad und N. Wade schreibt Medawar über die Ergebnisse des englischen Psychologen Sir Cyril Burt, daß Kinder der Arbeiterklasse einen niedrigeren IQ besäßen als Kinder von Akademikern oder höheren Angestellten. Viele Jahre lang beeinflußten Burts Veröffentlichungen die Erziehungspolitik, bis Leon Kamin und Oliver J. Gillie nach seinem Tod feststellten, daß er seine Daten gefälscht hatte. Medawar ist der Meinung, daß „Burts Ergebnisse nie wirklich überprüft wurden, weil er den IQ-Anhängern genau das sagte, was sie hören wollten". Medawar fragt sich, wie die offensichtlich intelligenten und fähigen jungen Wissenschaftler, die in *Betrayers of Truth* erwähnt werden, mit ihren sensationellen Ergebnissen, die auf betrügerischen Untersuchungen basierten, langfristig unentdeckt bleiben konnten. Efraim Racker, ein Professor für Biochemie an der Universität Cornell, war selbst ein Opfer des Betrugs durch einen seiner Dissertanten. Er beschreibt diesen als besonders fähigen Menschen und glaubt, daß er, wie auch viele andere, seelisch unausgeglichen war und an einer Art Persönlichkeitsspaltung litt, die die möglichen Folgen seiner Taten im Unterbewußtsein abblockte.[8]

Einmal wurde auch ich das Opfer eines wissenschaftlichen Betrugs. Ein Student erhielt von seinem Professor Anweisungen, welche Ergebnisse wir von ihm erwarteten, und prompt lieferte er genau diese Resultate. Ich glaube nicht, daß dieser Student eine gespaltene Persönlichkeit hatte, sondern wahrscheinlich war er nur naiv und wollte uns gefallen. Medawar fügt sarkastisch hinzu, daß ein paar krumme Vögel unter mehreren tausend Wissenschaftlern wohl den Schluß zulassen, daß es „eine klare Unterscheidung zwischen dem wissenschaftlichen Beruf und der Beschäftigung mit Handel, Politik oder Recht gäbe, deren Vertreter zu allen Zeiten unbeugsam rechtschaffen handeln". Medawar prangert mit scharfer Zunge Bildungshaß, Pomp, Mystik, Heuchelei und Pseudowissenschaft an und verurteilt leere hochgestochene Floskeln, die Tiefgründigkeit vortäuschen, wie im Buch *The Phenomenon of Man*[9] von Pierre Teilhard de Chardin. In Anspielung auf die Semantik schreibt er: „Der unschuldige Glaube, daß Worte eine wichtige Bedeutung oder Auslegung besitzen, kann zu entsetzlicher Verwirrung und vertaner Zeit führen. Nehmen wir es als gegeben an, daß es unsere Aufgabe ist, Worte für Ideen und Definitionen zu finden, und nicht, nach Definitionen von Worten zu suchen."

Er rügt den „Genetizismus" als „auf Menschen angewandte Genetik, wobei dessen Kenntnis aber weit überschätzt wird". Er verurteilt die Rassenhygiene, da sie jeder wissenschaftlichen Grundlage entbehrt, und er hätte auch die jüngst aufgestellten Thesen über ein angeborenes, vererbbares kriminelles Verhalten als weiteres Beispiel von Genetizismus scharf abgelehnt.

Anmerkungen und Literaturhinweise
Ein Hoch auf die Wissenschaft

[1] Medawar P. 1986, *Memoirs of a thinking radish.* Oxford University Press.

[2] Medawar verfaßte diese Formulierung in einem Aufsatz über den Naturalisten d'Arcy Thompson, nach meinem Dafürhalten mit einem Hintergedanken an sich selbst. Medawar P. B. 1958, *The art of the soluble.* p. 21. Methuen, London.

[3] Faraday M. 1857. The Bakerian lecture. *Philosophical transactions of the Royal Society* (London) p. 145.

[4] Fermi L. 1954. *Atoms in the family.* University of Chicago Press.

[5] Medawar P. B. 1973. On 'the effecting of all things possible.' *The hope of progress.* Doubleday.

[6] Medawar P. B. Darwin's illness. *The art of the soluble.*

[7] Lewontin R. C. 14. Juni 1990. Fallen angels. *The New York Review.* p. 6 (Hervorhebung hinzugefügt).

[8] Racker E. 1989. A view of misconduct in science. *Nature* 339: 91.

[9] Medawar P. B. The phenomenon of man. *The art of the soluble.*

Der andere Pasteur*

> „There is a real world independent of our senses; the laws of nature were not invented by man, but forced upon him by the natural world. They are the expression of a rational world order."
>
> *(Es gibt eine von unseren Sinnen unabhängige reale Welt; die Gesetze der Natur wurden nicht vom Menschen erfunden, sondern wurden ihm von der Natur aufgezwungen. Sie sind der Ausdruck einer realen Weltordnung.)*
>
> Max Planck, „The Philosophy of Physics"

Louis Pasteur war der Vater der modernen Hygiene, des öffentlichen Gesundheitsdienstes und vieler Grundlagen der modernen Medizin. Er wurde im Jahre 1822 in Dole geboren, einer Ortschaft halbwegs zwischen Dijon und Besançon in Ostfrankreich, wo sein Vater eine kleine Gerberei besaß und selbst betrieb. Er ging im nahegelegenen Arbois zur Schule, erwarb seine erstes naturwissenschaftliches Diplom in Besançon und promovierte im Jahre 1847 an der Ecole Normale Supérieure in Paris.

Damals glaubten Naturwissenschaftler, daß die Gärung von Weintrauben, das Sauerwerden von Milch und das Verwesen von Fleisch Vorgänge sind, die nichts mit Mikroorganismen zu tun haben. Die Ursachen von Infektionen waren unbekannt. Man glaubte, daß Malaria aufgrund von „Miasmen" ausbricht, die aus Sümpfen aufsteigen, daß ungünstige Sternzeichen Pestausbrüche verursachen, oder daß Kometen, der Zorn Gottes oder von Juden vergiftete Brunnen (die oft dafür mit dem Leben bezahlen mußten) die Ursache sind. Die „Animalküle", mikroskopisch kleine Tierchen, wurden im 17. Jahrhundert erstmalig vom Holländer Anton von Leeuwenhoek beobachtet. Man glaubte, daß sie spontan in fauligem Fleisch oder Gemüse entstehen. Sie wurden noch nicht mit Krankheit in Zusammenhang gebracht. Im 18. Jahrhundert hatte Edward Jenner die Pockenimpfung eingeführt. Er verwendete eine aus den Pusteln von mit Pocken infizierten Kühen gewonnene Flüssigkeit als Impfstoff. Aber die betreffenden Infektionsstoffe waren unbekannt, und es gab keinerlei Impfungen gegen andere Krankheiten.

Pasteur war für die Wissenschaft revolutionär. Er bewies, daß Gärung und Verwesung organische Prozesse sind, die untrennbar mit dem Wachstum von Mikroorganismen verbunden sind. Weiters, daß diese nie spontan aus leblosen Stoffen entstehen, sondern durch Reproduktion aus ihrer eigenen Art, daß sie in der Umgebung überall verbreitet sind, aber daß man sie durch Hitze töten kann, ein Prozeß, der jetzt Pasteurisieren heißt. Er zeigte, daß Infektionskrankheiten von Seidenwürmern, Tieren und Menschen von Mikroorganismen verursacht werden, und entwickelte Methoden, sie durch Impfungen zu verhindern. Seine Entdeckungen inspirierten Joseph Lister in London, antiseptische Substanzen in der Chirurgie einzusetzen, wodurch die Sterblichkeit zu einem Bruchteil der früheren reduziert

---

*) Zum Buch *The Private Science of Louis Pasteur* von Gerald L. Geison (Princeton University Press).

wurde. Kurz vor seinem Tod im Jahre 1895 entdeckten Schüler von Pasteur, daß die Beulenpest durch Bakterien verursacht wird, die durch Flöhe von toten Ratten auf Menschen übertragen werden, eine Entdeckung, mit deren Hilfe diese Pest fast gänzlich ausgerottet werden konnte.

Pasteur führte ein einfaches Familienleben und widmete sich ganz der Forschung. Für Generationen von Franzosen und viele andere ist Pasteur der Inbegriff des selbstlosen Suchers nach der Wahrheit, der seine Wissenschaft dem Wohle der Menschheit widmete. Der Historiker Gerald L. Geison behauptet in seinem Buch *The Private Science of Louis Pasteur*, daß er den anderen Pasteur entdeckt hätte, und „eine vollere, tiefere und andere Gestalt des großen Wissenschaftlers" entdeckt hätte, als das gängige Bild von ihm. Ich werde Geisons Dekonstruktion dekonstruieren und das zurecht herrschende Bild von ihm wiederherstellen.

Geison analysiert Pasteurs wichtigste Entdeckungen: die Asymmetrie von biologischen Verbindungen, die Gärung, die Impfstoffe gegen Milzbrand und Tollwut sowie seinen Beweis, daß Leben nicht spontan aus leblosem Material entstehen kann. Durch einen peniblen Vergleich von Pasteurs Notizbuch mit seinen Veröffentlichungen behauptet Geison, daß er ein Betrüger sei, die Ideen anderer Leute gestohlen und sich unethisch und widerlich verhalten habe. Einige dieser Behauptungen beruhen auf wissenschaftlichen Fehlern, andere entbehren jeder Grundlage des normalen Hausverstands.

Geison verfolgt mit seinen Argumenten eine von gewissen Sozialtheoretikern verfolgte Linie, daß wissenschaftliche Ergebnisse relativ und subjektiv seien, da Wissenschaftler empirische Tatsachen im Licht ihrer eigenen politischen und religiösen Vorurteile beurteilen, sowie unter dem Einfluß von weiteren sozialen und kulturellen Eindrücken. Sie behaupten, daß Wissenschaftler ihre Vorurteile nicht zugeben, sondern statt dessen ihre Ergebnisse als absolute Wahrheit fehlinterpretieren, um ihre Macht durchzusetzen. Wieviel Wahrheit liegt in diesen Anschuldigungen?

Pasteur wälzte die Medizin um, aber er begann als Chemiker und widmete die ersten zehn Jahre seiner beruflichen Laufbahn dem Studium einer scheinbaren Nebensächlichkeit, nämlich dem Zusammenhang zwischen den kristallinen Formen von bestimmten Salzen der Weinsäure, einer in saurem Wein vorkommenden Verbindung, und den Wirkungen von Lösungen dieser Verbindungen auf das durch die Lösungen gehende polarisierte Licht. Genaue Beobachtung und brillante Überlegungen führten ihn zur Entdeckung, daß Weinsäure in zwei verschiedenen Formen vorkommt, die zwar chemisch nicht zu unterscheiden sind, aber deren Verbindungen Atome haben, die im Raum asymmetrisch angeordnet sind, so daß sie das jeweilige Bild des anderen spiegeln, wie eine rechte und eine linke Hand. Da solche Asymmetrien bis dahin noch nie bei im Labor chemisch hergestellten Verbindungen beobachtet worden waren, dachte Pasteur, daß sie nur durch eine besondere Eigenschaft von lebenden Zellen hervorgerufen werden konnten. Dies war eine große chemische Entdeckung und machte Pasteur mit einem Schlag zu einem bekannten Wissenschaftler. Da Weinsäure ein Gärungsprodukt ist, brachte ihn diese Entdeckung auf das Studium der Gärung an sich und auf die Krankheitsforschung.

Geison deutet an, daß Pasteur insofern gemogelt habe, als die Wirkungen der rechts- und linksdrehenden Salze auf das polarisierte Licht seiner Erklärung nach genau gleich und gegensätzlich sein müßten, jedoch in Wirklichkeit leicht verschieden waren. Geison schreibt:

> Pasteur spielte den Unterschied herunter, ja er erklärte ihn als nicht vorhanden, da es höchst schwierig sei, die beiden ... Formen [von Kristallen] vollständig voneinander zu trennen. Die Abweichung würde „wahrscheinlich bei sehr gut ausgewählten Kristallen die gleiche sein", behauptete er nun.

Ich fordere Geison auf, doch in der Chemieabteilung an der Universität Princeton, wo er Professor für Geschichte ist, den Versuch von Pasteur zu wiederholen. Er würde nur schwerlich so übereinstimmende Ergebnisse erhalten wie Pasteur, der sehr genau gearbeitet hatte. Spätere Versuche anderer Wissenschaftler gaben Pasteurs eigener Erklärung für die geringfügigen Abweichungen vollkommen recht. Aber es scheint, daß Hinweise auf richtig oder falsch aus dem Sprachschatz von Geisons wissenschaftlicher Schule für Soziologie gestrichen worden sind, da sie das Vorhandensein einer objektiven Wahrheit voraussetzen würden.

Geison beschuldigt Pasteur auch verschwiegen zu haben, daß er von seinem Lehrer Auguste Laurent geleitet worden sei, da eine solche Anerkennung als Sympathie mit Laurents radikalen politischen Ansichten ausgelegt werden könnte und Pasteurs Karriere schaden hätte können. Aber Geisons eigenes Buch zeigt, daß Laurents Idee über die Beziehung zwischen den kristallinen Formen der Weinsäure und deren Drehung des polarisierten Lichts falsch war, und bestätigt damit Pasteur, der sagte, er sei unter Laurents Führung „von Hypothesen ohne Grundlage umgeben gewesen". Dieses Urteil hatte nichts mit Politik oder Opportunismus zu tun, und Geisons Anschuldigung ist ungerechtfertigt.

Die Tatsache, daß Pasteur von der molekularen Asymmetrie abließ und sich der Gärung zuwandte, wurde oft seiner Beziehung zur Brauereiindustrie in Lille zugeschrieben, aber Geison schreibt, daß Pasteurs Notizbuch seinen Standpunkt bekräftigt, daß „die unbiegsame innere Logik seiner Arbeit" ihn zu diesem Wechsel motivierte. Die Gärung von Trauben erzeugt Alkohol, der polarisiertes Licht nicht dreht, aber Pasteur entdeckte, daß Gärungsprodukte einen anderen Alkohol enthalten, der es dreht. Da er dies mit lebenden Organismen in Verbindung brachte, kam er zum Schluß, daß Gärung ein von Mikroorganismen verursachter organischer, und kein chemischer Prozeß ist, wie die großen Chemiker Jöns Jakob Berzelius und Justus von Liebig behaupteten, und er erhärtete dies mit einer Serie hervorragender Versuche, die jeden außer Liebig überzeugten.

Pasteurs nächste Frage war, ob Mikroorganismen spontan aus leblosem Stoff entstehen, wie man damals in weiten Kreisen annahm. Er beantwortete sie im Rahmen einer hervorragenden Vorlesung im großen Amphitheater der Sorbonne vor erlesenem Publikum. Nachdem er das spontane Entstehen solcher Mikroorganismen mit einem Materialismus verglich, der für einen göttlichen Schöpfer keinen Platz läßt, eine These, die nicht nur ihm selbst absolut zuwider war, sondern, wie er wußte, auch der Kirche und der königlichen Familie, betonte er, daß „weder Religion, noch Philosophie oder Atheismus, noch Materialismus oder Spiritualismus in dieser Frage von Bedeutung wären. ... Es ist eine Frage von Tatsachen. Ich habe das Thema ohne vorgefaßte Meinung bearbeitet." Geison bezweifelt das und behauptet, daß „sein Zugang zu dieser Frage ... sehr stark von verschiedenen philosophischen, religiösen und politischen Interessen beeinflußt war". Aber er kann diese Behauptung mit keinem einzigen schlüssigen Beweis erhärten.

Die Versuche, die Pasteur in dieser Vorlesung beschrieb, waren teilweise von Félix-Archimède Pouchet, einem Biologen aus Rouen, angeregt worden, der feststellte, daß lebende Eier spontan von einer „plastischen Kraft" in abgestorbenen Pflanzen und tierischen Abfällen erzeugt werden, und daß Mikroorganismen in flüssigen Extrakten (oder „Infusionen") aus kochendem Heu spontan entstehen, auch wenn sie mit chemisch hergestelltem und daher sterilem Sauerstoff behandelt werden. Pasteur hingegen bewies, daß kurz gekochtes gezuckertes Hefewasser nicht gärt, wenn es sich in steriler Luft befindet. Als letzten Beweis nahm er steriles gezuckertes Hefewasser auf den Gletscher über Chamonix mit und öffnete dort die Flaschen. Wie erwartet, war die Luft keimfrei, und es trat keine Gärung auf. Um ihn zu widerlegen, brachte Pouchet seine gekochten Heuinfusionen auf einen Gletscher in die Pyrenäen und entdeckte, daß sie gärten. Pasteur verwarf diese Ergebnisse als Ergebnis schlampiger Arbeit bei der Vorbereitung des gekochten Heus, ungerechtfertigt, wie sich später herausstellte.

Der große Naturforscher Georges Cuvier war Pasteurs Vorgänger. Er hatte bereits die Idee der spontanen Entstehung als nicht bewiesen in Frage gestellt und hatte sie mit den für die französische Revolution verantwortlichen Philosophen in Zusammenhang gebracht, da sie die göttliche Schöpfung des Lebens leugnete. Später wurde die spontane Entstehung mit Materialismus assoziiert und auch mit Darwinismus. Vor diesem Hintergrund kritisiert Geison Pasteurs Verhalten in seiner Kontroverse über die Gärung mit Pouchet scharf, da einige von Pasteurs eigenen Versuchen, die Gärung von gezuckertem Hefewasser zu verhindern, fehlgeschlagen waren, und viele seiner anderen Versuche ebenso mißlangen. Nach Geison hat er diese Mißerfolge nicht beachtet, weil ihm seine religiösen und politischen Vorurteile nicht gestatteten, sie ernst zu nehmen. Geison deutet an, daß Pasteur unehrlich gehandelt hätte, da er die Versuche von Pouchet mit Heuinfusionen nicht wiederholte, denn die orthodoxe wissenschaftliche Methode besagt, daß ein einziger Gegenbeweis einer Hypothese alle früheren positiven Beweise widerlegt. Pasteur hingegen meinte einmal weise: „Anders als in der Mathematik, ist in der empirischen Wissenschaft der absolut strenge Beweis einer Verneinung unmöglich." Geison findet diese Behauptung unwissenschaftlich.

Tatsächlich befolgen Wissenschafter selten eine der wissenschaftlichen Methoden, die Philosophen ihnen vorschreiben. Sie verlassen sich auf ihren Hausverstand. Da Pasteurs höchst überzeugende Versuche bestätigt hatten, daß unter sterilen Bedingungen keine Gärung stattfindet, konnte er annehmen, daß jeder gegenteilige Beweis falsch sein mußte, und er mit der Suche nach diesem Irrtum nur seine Zeit vergeudete. Er war sicher, daß sich die Quelle des Irrtums mit der Zeit herausstellen würde. Tatsächlich war dies vierzehn Jahre später der Fall, als man feststellte, daß Pouchets gekochte Heuinfusionen hitzebeständige bakterielle Sporen enthielten, die beim Kochen nicht abgetötet werden konnten. Geison meint, der Sieg Pasteurs über Pouchet sei eher auf seine Beredsamkeit als auf das intelligente Urteil seines Publikums zurückzuführen. Dieses sei laut Geison eine wissenschaftliche Elite gewesen, die Pasteurs Machtbestreben förderte. Da wir heute wissen, daß die atomare Komplexität des Lebens um vieles größer ist als die der leblosen Materie, erscheint die Idee der spontanen Entstehung jetzt noch absurder als zu Zeiten Pasteurs. Aber zurück zu Geison: Seine Denkweise könnte eine solche Entstehung einfach als alternatives Paradigma definieren.

Nachdem Pasteur entdeckt hatte, daß jede Gärung durch die Tätigkeit von Mikroorganismen verursacht wird, war er überzeugt, daß dies auch auf ansteckende Krankheiten zutraf. Er beobachtete, daß Tiere, die sich von einer Krankheit erholt hatten, gegen eine erneute Infektion mit derselben Krankheit immun waren. Von hier war es nur mehr ein kleiner Schritt zur Idee, daß ansteckende Mikroorganismen als Impfstoffe verwendet werden könnten, wenn es gelänge, ihre Wirkung drastisch zu reduzieren, um damit Tiere gegen Infektionen von normal wirksamen Formen derselben Organismen immun zu machen.

Pasteur und sein junger Mitarbeiter Emile Roux setzten diese Idee erstmalig mit einem Impfstoff gegen Cholera in die Praxis um, von der Hühner und andere Hausvögel befallen werden. Pasteur veröffentlichte diese Arbeit im Jahre 1880, und kurze Zeit später war sein Impfstoff gegen Geflügelcholera bereits erhältlich. Das nächste Ziel von Pasteur und Roux war Milzbrand, eine Krankheit, die damals französische Schaf- und Viehherden dezimierte. Ihr Impfstoff enthielt lebende Milzbrandbazillen, deren Wirkung „attenuiert" (abgeschwächt) war, so daß sie nicht mehr infektiös waren. Sie erreichten dies entweder durch Luftzufuhr zu den ansteckenden Milzbrandkulturen bei Temperaturen von 42 bis 43 °C (d. h. indem sie „oxidiert" wurden), oder durch „Passage". Bei dieser Methode wird einem Tier, das von dieser Krankheit nicht angesteckt werden kann, also sagen wir einer Maus, eine kleine Menge Bakterien injiziert. Sobald diese sich vermehrt haben, werden sie einer zweiten Maus injiziert, und so fort.[1] Zwei von Pasteurs Mitarbeitern, Charles Chamberland und Emile Roux, verwendeten statt dessen Kalium-Dichromat, ein Oxidationsmittel, um schneller und vielleicht sogar wirkungsvollere attenuierende Effekte dieser Art zu erzielen. All diese Behandlungen verursachten wahrscheinlich genetische Mutationen, die die Bakterien schwächten, ohne sie abzutöten. Unabhängig von Pasteur untersuchte Jean-Joseph Henri Toussaint mit Milzbrand infiziertes Schafsblut, das erhitzt oder mit Karbolsäure behandelt wurde, einem Desinfektionsmittel, das Joseph Lister in London zum Abtöten von Bakterien erstmalig eingesetzt hatte. Toussaint erzielte mit diesen Impfstoffen wechselnde Ergebnisse, wie anfangs auch Pasteur.

Im Jahre 1881 provozierte Pasteur mit der erstmaligen Veröffentlichung seiner Ergebnisse mit luftoxidierten Milzbrandimpfstoffen die Tierärzte, die sich ärgerten, daß ein Chemiker in ihr Gebiet eindrang, und ein öffentliches Experiment verlangten. Vierundzwanzig Schafe, eine Ziege und vier Kühe erhielten noch vor dem Versuch zwei Schutzimpfungen hintereinander. Weitere vierundzwanzig Schafe, eine Ziege und vier Kühe blieben ungeimpft. Am 31. Mai erhielten alle

Tiere Injektionen mit ansteckenden Milzbrandbazillen. Bis zum Versuchstag selbst, dem 2. Juni, waren alle nicht geimpften Schafe und die Ziege tot, die Kühe sehr krank, während die geimpften Tiere außer einem Schaf, das am folgenden Tag starb, gesund und wohlauf waren. Die Obduktion ergab, daß dieses Mutterschaf mit einem Fötus schwanger war, der zwei Wochen vorher abgestorben war.

Geison erzählt uns, daß laut Pasteurs eigenen Notizen sein Triumph nicht mit seinem eigenen luftoxidierten, sondern mit dem dichromatoxidierten Impfstoff von Roux und Chamberland erzielt wurde, den Chamberland mittels weiterer drei Passagen durch Mäuse attenuiert hatte. Aber nach dieser Prüfung entwickelte Pasteur den luftoxidierten Impfstoff weiter. Er wurde schon bald von Landwirten auf der ganzen Welt verwendet. Bis zum Jahre 1894 wurden 3,400.000 Schafe geimpft, und die Sterblichkeitsrate durch Milzbrand sank im Vergleich zu 9 Prozent bei nicht geimpften Schafen auf 1 Prozent.[2]

Pasteur gab keine öffentliche Erklärung, daß der Impfstoff für die Prüfung mit Dichromat oxidiert worden war. Aber er behauptete auch nicht, daß er mit Luft oxidiert worden war. Trotzdem beschuldigt ihn Geison, „die Art des tatsächlich verwendeten Impfstoffes aktiv falsch dargestellt" zu haben, und sieht darin „ein deutliches und unwiderlegbares Zeichen von Betrug". (Ich frage mich, was der Unterschied zwischen „falsch darstellen" und „aktiv falsch darstellen" sein soll.) Geison beschuldigt Pasteur auch, daß er sich mit den Lorbeeren rühmt, die eigentlich seinem Mitbewerber Toussaint gebührten, da Toussaint der erste war, der Karbolsäure, ein Antiseptikum, zur Behandlung des für Impfstoffe verwendeten Schafsbluts benutzte, und Geison betrachtet das Kalium Dichromat, das Pasteur verwendete, nur als alternatives Antiseptikum.

Beide Anschuldigungen sind auf Mißverständnissen begründet. Karbolsäure (oder Phenol, wie man heute sagt) tötet Bakterien, während die Behandlung mit Dichromat laut Chamberland diese am Leben läßt, was durch die folgende Passage durch Mäuse gezeigt wird. Eines der empirischen Untersuchungsergebnisse in der Immunologie, das wahrscheinlich Pasteur selbst entdeckt hatte, ist die Tatsache, daß lebende attenuierte Impfstoffe wirksamer sind als tote. (Deshalb war der Polioimpfstoff von Sabin wirkungsvoller als der von Salk.)

Pasteur hob auch hervor, daß der Impfstoff von Toussaint in Praxis schwierig anzupassen wäre, da er, im Gegensatz zu seinem, nicht in Kulturen angesetzt werden kann. Deshalb stand Pasteur intellektuell nicht in Toussaints Schuld. Auch gibt es keinen qualitativen Unterschied zwischen attenuierenden Mutationen mittels Zuführen von Dichromat oder von Luft, da beides zur Oxidation führt. Unter dem Druck des öffentlichen Versuchs beschlossen Chamberland und Roux offensichtlich, daß Dichromat sicherer war, während Pasteur später seinen eigenen luftoxidierten Impfstoff bevorzugte. Die Beschuldigung der „aktiven falschen Darstellung" ist lächerlich, besonders da der luftoxidierte Impfstoff von Pasteur noch lange erfolgreich angewendet wurde.

Pasteurs nächster Impfstoff gegen Tollwutviren war ebenfalls luftoxidiert. Im Juli 1885 brachte ein Ehepaar aus dem Elsaß ihren 9jährigen Sohn Joseph Meister in Pasteurs Labor, der von einem tollwütigen Hund 14mal schwer in Hände und Beine gebissen worden war. Tollwut hat eine lange Inkubationszeit, so daß eine

Impfung kurz nach der Infektion noch sehr gute Chancen auf Erfolg hatte. Da Pierre-Victor Galtier bereits früher den infektiösen Agens tollwütiger Hunde an Kaninchen übertragen hatte, hatte Pasteur die Idee, ihn durch wiederholte Passage durch Kaninchen zu attenuieren. Pasteurs junger Mitarbeiter Emile Roux versuchte dann, die Virulenz von frischen Rückenmarkstreifen eines an Tollwut verstorbenen Kaninchens durch verschieden langes Lagern in trockener, steriler Luft zu attenuieren. Ein kleines Stück Mark wurde dann gemahlen und in sterilisierter, als Impfstoff verwendeter Brühe aufgeschwemmt.

Pasteur gab Joseph Meister zuerst eine Spritze mit Rückenmarkstreifen, die am längsten getrocknet waren, und danach Spritzen mit weniger attenuierten Streifen, die kürzer getrocknet worden waren. Sie retteten Joseph Meister das Leben; auch einem 15jährigen Schafshirten, Jean-Baptiste Jupille, der beim Versuch anderen Angegriffenen zu helfen selbst schwer gebissen worden war.

Pasteur bemerkte, daß Roux mit seiner Methode einen größeren Teil der Tollwutviren tötete, anstatt sie nur abzuschwächen. Trotzdem hatten sie mit dem Impfstoff Erfolg. Im Jahre 1985 schrieb der frühere Präsident des Wistar Instituts in Philadelphia, Dr. Hilary Koprowski:

> Der junge Meister wurde am 6. Juli 1885 behandelt. ... Bis 12. April 1886 sind 726 Menschen behandelt worden, 688 davon waren von Hunden gebissen worden und 38 von Wölfen. Es gab vier Todesfälle. Bis 31. Oktober wurden 2490 Personen geimpft, und seit damals sind die Pasteurianer unumstritten. ... Trotz vieler Modifikationen war das Vertrauen in das ursprüngliche Produkt so groß, daß es bis 1953 verwendet wurde, als schließlich die letzte Person mit Pasteurs Originalrezept am Pasteurinstitut in Paris geimpft wurde.[3]

Trotzdem findet es Koprowski sogar heute noch schwer zu sagen, ob der Impfstoff von Pasteur vollkommen sicher war, und ob einige der Tollwutinfektionen nach der ursprünglichen Impfung durch Pasteur vom Tierbiß oder vom Impfstoff herrührten. Erst kürzlich wurde ein Impfstoff aus Tollwutviren entwickelt, der in menschlichen Fibroblastkulturen (Hautzellen) angesetzt wird, und der wirksam und garantiert sicher ist. Dieser Impfstoff wird „Human-Diploid-Zell-Vakzine" genannt und am Mérieux Institut in Lyon für die Verwendung auf der ganzen Welt hergestellt.

Dr. Michael Peter und andere Ärzte beschuldigten Pasteur, daß er als Chemiker einen nicht ausreichend geprüften Impfstoff verwendet hätte. Geison greift deren Argumentation willig auf und beschuldigt Pasteur eines ethischen Fehlverhaltens, da er „sich leichtsinnig anmaßte, Impfstoffe anzuwenden, deren Sicherheit und Wirksamkeit experimentell nicht eindeutig belegt waren". Pasteur hatte tatsächlich wechselnde Ergebnisse erzielt, als er versuchte, Hunde zu immunisieren, indem er mit den am kürzesten getrockneten, und daher am wenigsten abgeschwächten und virulentesten Rückenmarksstreifen begann, und erst später Rückenmark injizierte, das länger getrocknet worden war. Erst in Folgeversuchen an Hunden, die bereits vierzig Tage vor der Impfung Meisters begannen, hatte Pasteur die Reihenfolge umgedreht, und keiner der behandelten Hunde hatte

Tollwut bekommen, obwohl die letzte Injektion virulent war. Es vergingen siebenundzwanzig Tage zwischen dieser letzten Injektion und der ersten, die er Meister gab, ausreichend Zeit, um Tollwutsymptome bei den Hunden festzustellen, sollte die zweite Methode Pasteurs fehlgeschlagen haben. Angesichts dieser Beweise wäre Pasteur zaghaft und herzlos gewesen, hätte er den verzweifelten Bitten der Mutter von Joseph Meister nicht nachgegeben. Geisons Anschuldigung, daß sich Pasteur mit seinem erfolgreichen Versuch, Joseph Meister das Leben zu retten, unethisch verhalten hätte, entbehrt jeder Grundlage.

Zu Zeiten Pasteurs konnte man nie wirklich sicher sein, ob ein verdächtiger Hund tatsächlich Tollwut hatte und ob er sein Opfer tatsächlich infiziert hatte. Pasteurs Feinde profitierten von solchen Unsicherheiten, aber im Jahre 1888 nahm ihnen ein Bericht einer englischen Kommission den Wind aus den Segeln, die Impfungen an Hunden erfolgreich durchführte und wie folgt bestätigte:

> Auf Grund dieser Beweise sind wir sicher, daß die von M. Pasteur praktizierten Impfungen von Personen, die von tollwütigen Tieren gebissen wurden, das Auftreten von Hydrophobia [altes Wort für Tollwut] bei einem Großteil derer, die ohne Impfung an dieser Krankheit gestorben wären, verhindert haben. Und wir sind überzeugt, daß diese Entdeckung einen noch viel höheren Wert gewinnen wird, als jetzt abzusehen ist, da sie zeigt, daß es möglich sein wird, auch den Ausbruch anderer Krankheiten außer Hydrophobia sogar nach erfolgter Infektion durch Impfung zu verhindern.[4]

Pasteur hatte kein medizinisches Doktorat und konnte daher Meister und Jupille die Injektionen nicht selbst geben. Sie wurden auch nicht von Pasteurs medizinischem Mitarbeiter Emile Roux, sondern von zwei anderen Ärzten verabreicht. Dies leitet Geison zur Behauptung, daß Roux die Injektionen verweigerte, da er sie für gefährlich hielt, und daß er sich deshalb mit Pasteur zerstritt. Geison kann aber diese Behauptung weder dokumentieren noch beweisen.

Laut Geison unterstützten Pasteurs Kollegen ihn gegen die Anschuldigungen Peters und anderer Ärzten, weil seine Behandlung Meisters „ein symbolischer Brennpunkt für den Kampf nach kultureller Vormacht" war. „.... Kritiker von Pasteurs Tollwutbehandlung ... wurden ... zur Verfolgung eines größeren Ziels beiseite geschoben: der Sicherstellung der kulturellen Vormachtstellung in der modernen Berufswissenschaft." Könnte es nicht sein, daß sie nicht beachtet wurden, weil Pasteurs Impfstoff erfolgreich war?

Es ist erstaunlich, daß Pasteur solch phänomenale praktische Erfolge erzielte, während seine theoretischen Vorstellungen noch sehr weit weg von der Wahrheit waren. Zuerst dachte er, daß seine lebend attenuierten Impfstoffe durch den Verbrauch der Nährstoffe im Wirt Immunität verursachten, weil sie keine den virulenten Bakterien überließen. Später änderte er seine Meinung und glaubte, daß die attenuierten Bakterien ein Gift freisetzten, das das weitere bakterielle Wachstum hemmte, aber im Jahre 1890 entdeckten Emil Behring und Shibasaburo Kitasato in Berlin, daß das Gift nicht von den Bakterien freigesetzt wird, sondern von den Abwehrstoffen des Wirttieres, und zwar in Form von Antikörpern.

Trotzdem hat Geison zu den richtigen Erklärungen für die Wirksamkeit der Impfstoffe und für andere Phänomene nicht viel zu sagen, vielleicht weil seine

Ideologie deren Bestehen leugnet. Laut Geison „betrachtete Pasteur wie viele seinesgleichen die Wissenschaft naiv und absolut ohne zuzugeben, daß sie vielschichtig und relativ sein könnte". Laut Geison hatte Pasteur „wissenschaftliche Vorstellungen und einen Modus operandi, die manchmal von seinen persönlichen Affären und seinen politischen, philosophischen und religiösen Instinkten, geprägt waren", während „... der wirkliche einzelne Wissenschaftler ... versucht, einen sicheren Weg zwischen dem Zwang empirischer Ergebnisse auf der einen Seite und persönlichen und sozialen Interessen auf der anderen Seite zu finden".

Wäre Michael Faradays Entdeckung der elektromagnetischen Induktion „vielschichtig und relativ", gäbe es keinen elektrischen Strom. Wäre Albert Einsteins Idee der Beziehung zwischen Masse und Energie und James Chadwicks Entdeckung der Neutronen relativ, gäbe es keine Atomkraft und keine Atombomben. Wäre Erwin Schrödingers Wellengleichung relativ, gäbe es keine Computer. Auch gibt es keinerlei Grundlagen zu der Annahme, daß einige dieser Wissenschaftler oder Ernest Rutherford, Alexander Fleming, James Watson oder Francis Crick „einen sicheren Weg zwischen dem Zwang empirischer Ergebnisse auf der einen Seite und persönlichen und sozialen Interessen auf der anderen Seite finden" mußten. Solche Vorbehalte ließen vielleicht Galilei und Darwin zögern, ihre revolutionären Ideen zu veröffentlichen, und könnten vielleicht heute einige Wissenschaftler betreffen, die die Einflüsse von Genen und Umgebung auf das menschliche Verhalten zu entwirren versuchen, aber es sind dies Ausnahmen. Ich weiß von keiner nobelpreiswürdigen Entdeckung in der Physik, Chemie oder Medizin, die auf anderen Grundlagen als empirischen Ergebnissen oder mathematischer Ableitung beruht.

Laut Geison ist es heutzutage unter Historikern und wissenschaftlichen Soziologen allgemein anerkannt, daß die Wissenschaft wie jede andere Kulturform von rhetorischen Fähigkeiten abhängig ist. Ich habe Wissenschaftler gekannt, die große rhetorische Fähigkeiten hatten, die aber ihre schwachen Forschungsergebnisse vor ihren Kollegen nicht verbergen konnten. Andererseits waren die Vorlesungen von Alexander Fleming zum Einschlafen, während seine Entdeckung des Penizillins ihn zum berühmtesten Wissenschaftler dieses Jahrhunderts machte. Gute Forschung braucht keine Rhetorik, nur Klarheit. Daß die „relative" Wahrheit so betont wird, empfinde ich als reinen Unsinn, der sich als akademische Disziplin zu verkleiden sucht. Er gibt vor, daß derjenige, der dies verkündet, sich selbst zum Richter über Wissenschaftler machen kann, deren Wissenschaft er nicht versteht.

Große Männer auch mit nur brüchigen Beweisen von ihren Podesten zu stoßen, ist eine moderne und einträgliche Industrie geworden. Noch dazu kann man vor Klagen sicher sein, da die Betroffenen nicht mehr am Leben sind. Geison befindet sich in guter Gesellschaft, aber mir erscheint er und nicht Pasteur schuldig, sich unethisch zu verhalten, wenn er sich in Pasteurs Notizbuch vergräbt, um Spuren von angeblichem Fehlverhalten zu suchen, und diese über alle Maßen aufzubauschen, um Pasteur in den Schmutz zu ziehen. Seine Beweisführung ist schlichtweg erfunden und hält einer wissenschaftlichen Untersuchung nicht stand.

Pasteur war vielleicht überheblich, intolerant, streitsüchtig und in späteren Jahren ein Hypochonder, der jedes Stück Brot vor dem Essen auf Bakterien untersuchte. Aber er war mutig, barmherzig und ehrlich. Seine wissenschaftlichen Errungenschaften haben das menschliche Leid um vieles erleichtert und machten ihn zu einem der größten Wohltäter der Menschheit. Joseph Meister wurde der stolze Portier des Pasteurinstituts in Paris. 1922 sagte der französische Botschafter in den Vereinigten Staaten Jules Jusserand in einer Rede: „In Verlauf seiner Geschichte hat Frankreich viele große Männer hervorgebracht. Es gibt niemanden, auf den wir stolzer sind als auf Pasteur ... Vor einigen Jahren, noch vor dem Krieg, organisierte eine Zeitung eine Art Meinungsumfrage und fragte seine Leser, wer ihrer Ansicht nach Frankreichs größte Söhne waren. Es kamen 2,300.000 Antworten, und eine militärisch stolze Nation wie die unsere reihte Napoleon an siebente Stelle und gab Pasteur den ersten Platz."[5]

Anmerkungen und Literaturhinweise
Der andere Pasteur

[1] Dubos R. J. 1950. *Louis Pasteur.* Little, Brown.

[2] Dubos R. J. 1950. *Louis Pasteur.* p. 343. Little, Brown.

[3] *Bulletin de l'Institut Pasteur.* 1985. No. 83, pp. 301-308.

[4] Dubos R. Jr. 1950. *Louis Pasteur.* p. 352. Little, Brown.

[5] *Bulletin de l'Institut Pasteur.* 1985. No. 83, pp. 301-308.

*Streit um das Vitamin C**

Albert Szent-Györgyi war ein genialer ungarischer Biochemiker und für seine wichtigen Entdeckungen berühmt. Er isolierte das Vitamin C. Er wurde im Jahre 1893 in Budapest geboren, lebte während beider Weltkriege in Europa und verbrachte den Rest seines langen Lebens in Woods Hole auf Kap Cod, wo er im Oktober 1986 starb. Sein ungarischer Nachname heißt auf deutsch Heiliger Georg, den er nachzuahmen versuchte, als er ganz allein sein Land aus den Fängen der Drachen Nazis und Sowjets befreien wollte.

Albert Szent-Györgyi war der Sohn eines Landbesitzers, der hauptsächlich mit „Schafen, Schweinen und Dünger" beschäftigt war, und einer sensiblen und musikalischen Mutter, die aus einer Familie angesehener Akademiker stammte. Albert war zuerst ein mittelmäßiger Schüler, aber mit sechzehn begann er viel zu lesen und beschloß, wie sein Onkel, der Physiologe Mihaly Lenhossek, in die medizinische Forschung zu gehen. Gerade das Mißtrauen seines Onkels in seine Fähigkeiten sollte ihn in seiner beruflichen Laufbahn besonders anspornen. Szent-Györgyi erzählte seinem Biographen, daß er bereits seit frühester Kindheit eine angeborene, fast mystische Fähigkeit besaß, die Stimme der Natur zu hören, ja wie ein Dichter inspiriert zu werden. Diese Fähigkeit verhalf ihm zuerst zum Erfolg. Im späteren Leben wurde sie ein Mittel zur Selbsttäuschung.

1914 wurde Szent-Györgyi ins österreich-ungarische Heer eingezogen und gegen die Armee des Zars in den Kampf entsandt. Nach drei schrecklichen Jahren fühlte er sich „von der Verworfenheit des Militärdienstes immer mehr abgestoßen". „Ich erkannte, daß wir den Krieg verloren hatten. ... Den besten Dienst, den ich meinem Land erweisen konnte, war, einfach am Leben zu bleiben."[1] Er schoß sich selbst in den Arm, um vom Wehrdienst entlassen zu werden, und setzte sein Medizinstudium fort. Seine furchtbaren Erlebnisse während des ersten Weltkrieges machten Szent-Györgyi für den Rest seines Lebens zu einem Verfechter des Friedens. Bald nach Ende des Krieges verließ Szent-Györgyi mit seiner jungen Frau und seiner kleinen Tochter Ungarn, um im Ausland in der Forschung tätig zu sein. Er besaß nichts außer sechshundert Pfund Sterling aus dem Verkauf des elterlichen Anwesens. Das war offensichtlich zur Aufbesserung seines geringen Einkommens zu wenig, das er jeweils an tschechischen, deutschen und holländischen Universitäten verdiente. Er und seine Familie lebten unter großen Entbehrungen, ja er bekam sogar ein Hungerödem, eine Schwellung, die bei Unterernährung auftritt. Trotzdem war er entschlossen, lieber seine eigenen Ideen weiterzuverfolgen, als seinem Professor zu folgen: „Der echte Wissenschaftler ist bereit, Entbehrungen zu ertragen, wenn nötig auch zu hungern, bevor er sich von jemandem vorschreiben läßt, welche Richtung seine Forschungsarbeit zu nehmen hat" (A. Szent-Györgyi in „Science Needs Freedom", 1943).

---

*) Zum Buch *Free Radical: Albert Szent-Györgyi and the Battle over Vitamin C* von Ralph W. Moss (Paragon House).

Eine der größten ungelösten Fragen der Biologie der 20er und 30er Jahre war der chemische Vorgang der Oxidation von Nährstoffen, also der Prozeß, der Tieren Energie gibt. Die meisten unserer Nährstoffe, wie Stärke, Proteine und Fette, sind große Moleküle. Zuerst werden sie im Verdauungstrakt in kleinere Teile zersetzt, und diese kleinen Moleküle gelangen in den Blutkreislauf. Sie bestehen aus Kohlenstoff, Stickstoff, Sauerstoff, Wasserstoff und manchmal Schwefel. Um Energie zu spenden, werden diese Verbindungen weiter zerlegt, bis der Kohlenstoff zu Kohlendioxid oxidiert und Wasserstoff zu Wasser. Dieser Prozeß in unserem Gewebe besteht aus einer Folge von chemischen Reaktionen, wobei jede dieser Reaktionen durch ein anderes Enzym katalysiert (beschleunigt) wird. 1920 waren die einzelnen Schritte dieses Prozesses weitgehend unbekannt. Szent-Györgyis erste Veröffentlichungen waren ein erfolgversprechender Beginn, sie zu enthüllen. Sie wurden 1925 veröffentlicht und erregten die Aufmerksamkeit des Frederick Gowland Hopkins, dem Begründer der Biochemie in England, der ihn in sein Labor in Cambridge einlud und ihm half, ein Rockefeller-Stipendium zu bekommen. Szent-Györgyi war außer sich vor Freude, einerseits endlich ein angemessenes Gehalt zu bekommen, und andererseits in einer der besten Biochemieschulen der Welt mit hervorragenden jungen Forschern zusammenzuarbeiten.

Szent-Györgyi erzählte seinem Biographen, daß er 1926 in ein „antikes Häuschen" in der Oldstone Road 35 einzog. Zehn Jahre später zog ich in genau dieses Haus ein. Die Straße heißt richtig Owlstone, und wie alle anderen Häuser in dieser Straße ist die Nummer 35 die Hälfte eines einfachen, kleinen, 1913 gebauten Vorstadt-Ziegelhauses. Die romantische Beschreibung von Szent-Györgyi beruhte zum Teil auf seinen, wie sein Biograph sagt, „ansprechenden, sich selbst dramatisierenden Mythen, ... die er erfand und sechzig Jahre lang pflegte". Szent-Györgyi hat seinem Biographen auch erzählt, er hätte mit dem menschenscheuen Hopkins nie über Wissenschaft gesprochen, und er fand es schwer, sich ihm begreiflich zu machen. Diese Erinnerung steht in krassem Gegensatz zum Schlußsatz in seinem Artikel über die Isolierung des Stoffes, der später Vitamin C genannt werden sollte, in dem Szent-Györgyi selbst Hopkins gegenüber seine „größte Dankbarkeit für seine übergroße Freundlichkeit und Hilfe" ausdrückte. In Wirklichkeit war Hopkins einer der zugänglichsten großen Männer überhaupt. Er spazierte regelmäßig durch sein Labor und plauderte freundlich mit den jungen Wissenschaftlern bei ihrer Arbeit.

Ehe Szent-Györgyi nach Cambridge gekommen war, entdeckte er, daß die Nebennierenrinde einen chemischen Faktor enthält, der eine braune Jodlösung bleicht, indem er Jod zu Jodid reduziert. Er überlegte, was die Funktion dieses Faktors sein könnte, aber es gelang ihm nicht, diesen zu isolieren. In Cambridge kristallisierte er ihn in chemisch reiner Form und stellte fest, daß es eine Säure war, die mit Zuckerstoffen verwandt war, die auch in Orangen und im Kohl vorkommt. Die chemischen Namen solcher Zuckerstoffe enden alle mit „-ose". Da er zuerst nicht wußte, um welchen Zucker es sich handelte, nannte er den Stoff zuerst „Ignose", aber als der Redakteur des *Biochemical Journal* diesen ausgefallenen Namen ablehnte, änderte er ihn auf „Godnose", was wie „God knows" (Gott weiß es) klingt. Der erzürnte Redakteur gab dem Stoff schließlich den prosaischen Namen „Hexuronsäure", weil er sechs Kohlenstoffatome enthielt.

Nach einer Beschreibung, wie er ihn isoliert hatte, und einer Analyse der Eigenschaften schrieb Szent-Györgyi: „Die abbauenden Eigenschaften des Pflanzensaftes [d. h. der Hexuronsäure] haben immer wieder Aufmerksamkeit erregt, speziell bei Studenten des Vitamin C,"[2] aber er untersuchte nicht, ob die Hexuronsäure tatsächlich Vitamin C war, obwohl er dies im Nahrungsmittelabor des Medizinischen Forschungsrates leicht durchführen hätte können, das im Juli 1927 eröffnet worden war und nur drei Kilometer vom Institut für Biochemie entfernt war. Hätte er diesen Versuch durchgeführt, wäre sein Anspruch auf die Entdeckung des Vitamin C niemals angefochten worden. Im Nachhinein schrieb Szent-Györgyi diese Unterlassung seiner Abneigung gegenüber der angewandten Forschung zu, aber das paßt nicht mit seiner triumphalen Vorlesungsreihe zusammen, die er nach der Feststellung der Identität von Hexuronsäure und Vitamin C abhielt.[3]

Das alles geschah im Jahre 1932, nachdem Szent-Györgyi zum Professor für Biochemie an der ungarischen Universität Szeged bestellt worden war. 1931 gelangte dorthin der junge in Amerika graduierte Amerikaner Joseph Svirbely ungarischer Abstammung. Da er mit Charles King an der Universität Pittsburgh seine Diplomarbeit über die Isolierung von Vitamin C geschrieben hatte, bat er Szent-Györgyi, ihn die Wirkung von Hexuronsäure bei an Skorbut erkrankten Meerschweinchen untersuchen zu lassen. Es hatte tatsächlich eine heilende Wirkung, und die benötigte Dosis an Hexuronsäure war die gleiche wie die an Vitamin C, das aus Zitronen gewonnen wurde. Szent-Györgyi war einverstanden, daß Svirbely diese Neuigkeit King im März 1932 mitteilte (das genaue Datum ist nicht bekannt). Am 1. April erschien ein Brief von C. G. King und W. A. Waugh in der amerikanischen Zeitschrift *Science* mit dem Inhalt, daß das Vitamin C aus Zitronen chemische Eigenschaften hätte, die den von Szent-Györgyi über die Hexuronsäure beschriebenen ähnlich wären. Daher müßten die beiden Verbindungen identisch sein.[4] Die gleiche Entdeckung wurde von Svirbely und Szent-Györgyi sechzehn Tage später in der britischen Zeitschrift *Nature* verlautbart.[5]

Szent-Györgyi regte sich schrecklich auf, daß er überflügelt worden war, grundlos, da die wissenschaftliche Welt wohl wußte, daß er die chemische Pionierarbeit vollbracht hatte, die neue Verbindung rein herzustellen und zu charakterisieren, während King und Waugh nur einige seiner Versuche wiederholt hatten, um die Identität ihrer Kristalle mit den seinen zu beweisen. Außerdem hatte Szent-Györgyi die Ergebnisse von Svirbelys und seiner eigenen Arbeit der ungarischen Akademie der Wissenschaften zwölf Tag vor Erscheinen des Briefes von King und Waugh mitgeteilt. Aber Szent-Györgyi wurde in seinem Zorn bestärkt, als die *New York Times* und andere amerikanische Zeitungen Kings Entdeckung ohne Nennung seines eigenen Namens bejubelten.[6]

Als Szent-Györgyi 1937 den Nobelpreis erhielt, beschuldigte ihn die amerikanische Presse, die Entdeckung von King gestohlen zu haben, und beschimpfte die Schweden, den Preis nicht gemeinsam an King und Szent-Györgyi zu verleihen. Ich fragte mich, warum man King nicht berücksichtigt hatte, und bat das Nobelpreiskomitee für Physiologie und Medizin um Einsicht in ihre Akten, die nach Ablauf von fünfzig Jahren frei zugänglich sind. Die Nobelpreiskomitees nominieren nicht selbst Kandidaten, sondern ersuchen Universitäten, Akademien und Einzelpersonen auf der ganzen Welt um Nominierungen und bestellen Sachverständige, die über deren Verdienste zu berichten haben. Ich las, daß Szent-Györgyi von Wissenschaftlern aus Ungarn, Tschechoslowakei, Deutschland, Schweiz, Belgien und Estland nominiert worden war (zu meiner Verwunderung nicht von Hopkins), aber daß niemand King nominiert hatte.

1934 hatte das Komitee den schwedischen Chemiker Einar Hammarsten zum Sachverständigen ernannt. Er schrieb einen siebentausend Wörter langen Bericht und kam zum Schluß, daß die Entdeckung des Vitamin C und seiner Identität mit Hexuronsäure einen Nobelpreis verdient, daß Szent-Györgyi eine herausragende Rolle dabei gespielt hätte, aber daß die Beiträge anderer in Summe gleich oder hochrangiger als sein Beitrag zu bewerten wären. Da aber nicht mehr als drei Personen gemeinsam den Preis erhalten können, könne er keine Verleihung empfehlen. Hammarsten zitiert die Arbeiten von King und Waugh, mißt ihnen aber weniger Bedeutung zu, als es andere tun.

Mittlerweile setzte Szent-Györgyi seine Arbeit an der Oxidation von Nährstoffen fort, ein Thema, das ihm besonders am Herzen lag. Er entdeckte, daß Fumarsäure und drei andere Säuren, deren Rolle in lebenden Geweben bis dahin rätselhaft war, in einzelnen Folgeschritten einer Kette von chemischen Reaktionen während der Oxidation entstanden. Nach der Veröffentlichung dieser Ergebnisse schrieben Hammarsten und der Biochemiker Hugo Theorell Berichte an das Nobelpreiskomitee und empfahlen, daß Szent-Györgyi hauptsächlich für diesen großen Fortschritt den Preis für Physiologie oder Medizin erhalten sollte, und 1937 erhielt er ihn „für seine Entdeckungen im Zusammenhang mit biologischen Verbrennungsprozessen, speziell in Hinblick auf Vitamin C und die Katalyse der Fumarsäure". Sein Vortrag anläßlich der Verleihung ist ein Muster an Klarheit, Lebhaftigkeit und wissenschaftlichem Scharfsinn.[7]

Mit der Verleihung des Nobelpreises wurde Szent-Györgyi in Ungarn ein Nationalheld, aber seine Forschung wurde von Hans Krebs, einem jungen deutschen Flüchtling an der Universität Sheffield, überflügelt. Krebs erkannte, daß die vier von Szent-Györgyi festgestellten Säuren in einem Zyklus chemischer Reaktionen teilnahmen, seit damals als Krebszyklus bekannt, in dem Kohlendioxid, Wasser, Wasserstoff, Hitze und chemische Energie aus Ausfallprodukten der Nährstoffe der Reihe nach in kleinen Schritten abgesondert werden. Zuerst war Szent-Györgyi von den Ergebnissen von Krebs enttäuscht, aber dann wandte er sich einem anderen großen Problem zu, der Muskelkontraktion. Der Hauptbestandteil von Muskeln war bekanntermaßen ein Faserprotein mit dem Namen Myosin, aber es war nicht geklärt, welche Rolle es bei der Kontraktion spielt.

Der russische Biochemiker Wladimir Engelhardt und seine Frau M. N. Ljubimowa hatten eben erst bewiesen, daß Myosin auch ein Enzym ist, da es die Verbindung, die innerhalb der lebenden Zellen Energieträger ist, spaltet (Adenosintriphosphat oder ATP). Anfang der 40er Jahre ging Szent-Györgyi einen Schritt weiter. Er gab ATP zu aus Muskeln gewonnenen Fasern und bewies, daß es eine Kontraktion bewirkt. Sein junger Mitarbeiter Bruno Straub entdeckte in der Folge, daß diese Fasern ein zusätzliches Protein enthielten, das er Aktin nannte, weil es die Kontraktion unter Einwirkung von ATP aktivierte. Diese wichtigen Ergebnisse waren die Grundlage für die Entdeckung des Mechanismus einer Muskelkontraktion durch H. E. Huxley, Jean Hanson, A. F. Huxley und R. Niedergerke im Jahre 1953, die bewiesen, daß weder Myosin- noch Aktinfasern ihre Länge verändern. Sie werden hingegen wie die Finger einer Hand zwischen den Fingern der anderen Hand ineinandergeschoben und verschieben sich mit der Verkürzung des Muskels relativ zu einander. Jede Aktinfaser wird von drei Myosinfasern über einen Teil ihrer Länge umhüllt. Wenn die Kontraktion einsetzt, werden die Aktinfasern tiefer in die Abstände zwischen den Myosinfasern hineingezogen.

Szent-Györgyi erinnert sich, wie unbeliebt er sich unter seinen selbstherrlichen ungarischen Kollegen machte, weil er als Professor mit seinen Studenten einen informellen Umgang pflegte, wie er ihn in Cambridge kennengelernt hatte. Zeitgenossen können das bestätigen, trotzdem erinnere ich mich an eine Episode, die noch immer einen kleinen Unterschied zwischen Cambridge und Szeged untermauert. Ein alter Freund von mir traf Szent-Györgyi auf einer Berghütte hoch in den Alpen. Nach dem Abendessen sah er, wie Szent-Györgyi einem Studenten eine wissenschaftliche Arbeit in die Schreibmaschine diktierte, die ein Träger für diesen Zweck den ganzen Weg auf den Berg hinaufgetragen hatte. Es wäre in Cambridge unvorstellbar gewesen, einen Studenten als Sekretär auf den Berg mitzunehmen. Auch wäre der Drang, die eigene nie versiegende Quelle an Kreativität unter Beweis zu stellen, dem ernüchternden Gedanken gewichen, daß die Klarheit des Geistes nach dem ermüdenden Aufstieg eines harten Tages getrübt sein könnte. Der Student war Straub, der später ungarischer Präsident wurde.

Während des zweiten Weltkrieges arbeiteten Szent-Györgyi und Straub in Szeged an den entscheidenden Ergebnissen ihrer Muskelforschung. Das Niedermetzeln der ungarischen Truppen in Rußland und die Verfolgung der Juden zu Hause veranlaßten Szent-Györgyi zum Beitritt zu einer Partei, die gegen das autoritäre Regime von Admiral Horthy opponierte, und er unterschrieb ein mutiges öffentliches Manifest, das die Einführung der Demokratie im Lande und den Rückzug Ungarns aus dem Krieg forderte. Dieses Manifest wurde auch in England bekannt und brachte ihm große Achtung ein. Anfang 1943 suchte er den vorgeblich profaschistischen Premierminister Kállay auf und schlug vor, unter dem Deckmantel wissenschaftlicher Vorträge nach Istanbul zu reisen, um England und die Vereinigten Staaten einen getrennten Waffenstillstand anzubieten. Kállay stimmte dem Plan zu, und es gelang Szent-Györgyi, dem Chef des britischen Geheimdienstes in Istanbul seinen mutigen Plan zu unterbreiten. Er wurde gnädig aufgenommen und kehrte mit Anweisungen zurück nach Szeged, einen geheimen Radiosender als Kontaktstelle zu England einzurichten. Mit dem für ihn charakteristischen Prahlen schrieb er später: „Ich hatte das Schicksal des gesamten Krieges in meiner Hand. Ich sollte das Verbindungsglied zwischen dem Premierminister und der englischen Regierung sein und wartete auf den geeigneten Augenblick, Ungarn auf die richtige Seite zu bringen."

Unglücklicherweise wurden alle Kontakte und Pläne, die Szent-Györgyi verfolgte, verraten. In einem hitzigen Wortgefecht mit Admiral Horthy verlangte Hitler Szent-Györgyis Kopf, und Szent-Györgyi vollführte die restliche Kriegszeit ein gefährliches Versteckspiel mit der Gestapo. Angesichts der 1943 vorherrschenden strategischen Situation frage ich mich, warum er seine Vorschläge an England und nicht an die Sowjetunion gerichtet hatte. Später, 1945, ergriff er diese Initiative, als die Russen bereits Teile Ungarns besetzt hatten. Er plante, ein ungarisches Flugzeug zu kapern, damit die Frontlinien zu überfliegen und mit Rußland die Kapitulation Ungarns zu verhandeln, aber auch dieser Plan wurde verraten. Auf Anordnung Molotows wurde er mit seiner Familie schließlich von den Russen gerettet, wahrscheinlich auf Empfehlung von Engelhardt, und sie wurden als Gäste von General Malinowski luxuriös einquartiert.

Szent-Györgyi wurde nach dem Krieg zu einer führenden politischen Persönlichkeit. Er wollte die Zusammenarbeit zwischen Ost und West unter dem Einfluß Ungarns fördern, wo in der Folge Wissenschaft und Künste florieren würden. Aber schon bald wurde er durch die starke Hand Rußlands desillusioniert. Er meldete sich zu einem Gespräch mit Stalin an, wurde aber von einem der Untergebenen Stalins barsch abgewiesen. Als ein wirtschaftsorientierter Freund, der seine Forschungsarbeiten finanziert hatte, verhaftet und schwer gefoltert wurde, floh Szent-Györgyi gemeinsam mit seiner Frau und seiner Tochter in die Vereinigten Staaten und ließ sich im September 1947 mit seiner Familie in Woods Hole nieder.

Zwei Jahre nach seiner Ankunft in Amerika machte Szent-Györgyi seine letzte wichtige wissenschaftliche Entdeckung. Zur Durchführung von Versuchen mit Muskelkontraktionen wuschen Wissenschafter normalerweise die meisten anderen Stoffe außer Myosin und Aktin mit Wasser aus, aber ein so behandelter Muskel verlor rasch seine Kontraktionsfähigkeit. Szent-Györgyi extrahierte die Muskelfasern statt dessen mit einer Mischung aus Glyzerin und Wasser und bewahrte sie unter einer Temperatur von –20 °C auf. So behandelte Fasern behielten ihre Kontraktionsfähigkeit, und diese Methode ist seither für Forschungsarbeiten mit Muskeln weitverbreitet.

Szent-Györgyi hatte eine merkwürdig gespaltene Persönlichkeit. Der Heilige war ein einfallsreicher Denker, ein inspirierter Verkünder der Wissenschaft, ein rigoroser Forscher und ein furchtloser und radikaler Vertreter von Demokratie und Frieden. Er kämpfte gegen Faschismus, Antisemitismus, gegen die McCarthy-Politik, gegen Atomversuche und den Vietnamkrieg. Er war ein international engagierter Mensch, der einmal sagte: „Ein indischer oder chinesischer Wissenschaftler steht mir näher als mein eigener Milchmann." Georg, auf der anderen Seite, konnte zwischen Tatsache und Phantasie nicht unterscheiden, ja war manchmal dem Größenwahn nahe („Ich bin immer allen anderen mehrere Schritte voraus"), stellte falsche Ansprüche, um für seine Forschung Gelder zu akquirieren und umgab sich mit Leuten, die ihm nicht widersprechen würden.

Vor dem zweiten Weltkrieg war der Heilige vorherrschend, aber nachher scheint Georg immer dominanter geworden zu sein. 1950 schrieb er an die Rockefeller Foundation: „Ich bin nahe daran, die Lösung zu rheumatischem Fieber, Bluthochdruck und der Erb-Goldflam-Krankheit zu finden", und bat im Vorhinein um Unterstützung. Später behauptete er oftmals, die Ursache von Krebs entdeckt zu haben und nah an einer Lösung zu sein, wie diese Krankheit zu heilen ist.

Ich nahm an einer der Vorlesungen teil, die Szent-Györgyi in Cambridge nach dem Krieg hielt, neugierig auf den großen Mann, war aber enttäuscht, als er behauptete, daß Proteine Elektrizität leiten, da ich wußte, daß sie Isolatoren sind. Später versicherte er, daß „Proteine zum Großteil aus *freien Radikalen*"[8] bestehen,

Moleküle, die durch den Verlust oder Zuwachs eines einzigen Elektrons oder Wasserstoffatoms reaktiv werden. Dies schien gleichermaßen falsch zu sein. Eine weitere seiner Behauptungen war, daß Gewebe „Komplexe zur Ladungsübertragung" enthalten, kleine so eng zusammengepackte Moleküle, daß Elektronen leicht von einem auf das andere springen können. Nur ein einziger solcher Komplex wurde je in lebenden Zellen gefunden, und zwar in einer Verbindung, die Szent-Györgyi aus seiner Theorie ausdrücklich ausschloß. Er unterschied zwischen zwei Zuständen von lebendem Material, die er α und β nannte. Der α-Zustand war vor dem Auftreten von Sauerstoff in der Atmosphäre der Erde vorherrschend, als die Zellteilung, wie angenommen wird, unkontrolliert erfolgte. Nach dem Auftreten von Sauerstoff entstand der β-Zustand, in dem die Zellteilung, wie angenommen wird, durch die Kette der Enzyme kontrolliert wird, die Elektronen von Nährstoffen zu Sauerstoff übertragen. Laut Szent-Györgyi ist Krebs die Umkehr vom β-Zustand zum α-Zustand. Diese ganze Theorie ist ein Phantasiegebilde.

Ein Außenstehender denkt vielleicht, daß Wissenschaftler weit hergeholte Theorien ignorieren, wenn sie ihrem fundierten besseren Wissen widersprechen, auch wenn sie aus prominenter Quelle stammen, aber dies war nicht der Fall. Szent-Györgyi wurde mit seiner Theorie über die elektrische Leitung von Proteinen angeblich von Versuchen englischer Chemiker bestätigt, und seine Ideen über freie Radikale wurden offensichtlich durch eine russische Gruppe bestätigt, die berichtete, daß sie zwar nicht in Proteinen, aber in DNA vorhanden sind. Ein Versuch ist ein Versuch und verlangt eine Erklärung, aber es kann schwer sein, die Erklärung für verfälschte Ergebnisse eines anderen zu finden. Ein Wissenschaftler am Bell Laboratorium in New Jersey wiederholte das Experiment der Russen, aber, wie auch immer er das DNA präparierte, er fand keine Spur von freien Radikalen. Eines Tages spielte er ein schnelles Squash-Match. Nachher wrang er sein T-Shirt aus und gab dann einen Tropfen dieser Flüssigkeit zur DNA. Sofort gab es starke Anzeichen von freien Radikalen, und er erkannte, daß die Russen auf Grund ihrer schweißigen Finger zu diesem Ergebnis gekommen waren. Die Entdeckung der englischen Chemiker, daß Proteine elektrischen Strom leiten, konnte schließlich auf eine Verschmutzung mit Spuren von Salz zurückgeführt werden.

Lebende Gewebe erzeugen tatsächlich freie Radikale, nicht als Teil von Proteinmolekülen, wie Szent-Györgyi annahm, sondern als toxisches Nebenprodukt chemischer Reaktionen oder unter dem Einfluß von ionisierender Strahlung. Die meisten dieser toxischen Radikale sind entweder Sauerstoffmoleküle, die ein Elektron aufgenommen haben, oder Wassermoleküle, die ein Wasserstoffatom abgegeben haben. Sie werden von weißen Blutkörperchen als Abwehrstoffe gegen Eindringlinge erzeugt, aber wenn sie eine Reaktion mit DNA bewirken, können sie Krebs verursachen. Tiere haben Mechanismen zur Säuberung und Deaktivierung von toxischen Radikalen entwickelt, und einer der wichtigsten Säuberungsmechanismen ist das Vitamin C. Die chemische Reaktion von Vitamin C mit freien Radikalen ist die gleiche, die beim Bleichen von Jod auftritt, wodurch Szent-Györgyi auf dessen Existenz aufmerksam wurde. Aber als dies bekannt wurde, wollte Szent-Györgyi unbedingt seine eigenen Theorien bestätigen, und er scheint den wahren Zusammenhang zwischen freien Radikalen, Krebs und Vitamin C nicht bemerkt zu haben, der der ursprünglichen Entdeckung des Vitamins noch zusätzliche Bedeutung gab.

Peter Medawar schrieb, daß „ein älterer Wissenschaftler ... hinter sich stets eine Stimme hören sollte, die ihn wie den römischen Kaiser an seine Sterblichkeit erinnert, eine Stimme, die einen Wissenschaftler erinnern sollte, wie wahrscheinlich es ist, daß er vielleicht irrt, und wie oft er wahrscheinlich tatsächlich irrt". Warum verschloß Szent-Györgyi seine Ohren und wollte diese Stimme nicht hören? Weil er in Ungarn wissenschaftlich absolute Spitze war? Weil er während des Krieges ein Leben voller Abenteuer hatte und mit den Mächtigen freundschaftlich verkehrte? Weil er in Woods Hole seinem eigenen isolierten Forschungsinstitut vorstand, wo ihm niemand widersprach? Vielleicht war es einfach nur das Alter.

Anmerkungen und Literaturhinweise
Streit um das Vitamin C

[1] Szent-Györgyi A. 1963. Lost in the twentieth century. *Annual Reviews of Biochemistry*. 32: 1.

[2] Szent-Györgyi A. 1928. Observations on the function of the peroxidase systems and the chemistry of the adrenal cortex. *Biochemical Journal* 22: 1387.

[3] Laut Kenneth J. Carpenter, der eine wissenschaftliche Arbeit zum Thema *History of Scurvy and Vitamin C* (Cambridge University Press, 1986) schrieb, reicht das Wissen über die skorbuthemmende Wirkung von Kohl, Orangen und Zitronen eine lange Zeit zurück. 1776 berichtete Kapitän James Cook der Königlichen Gesellschaft über „die zur Erhaltung der Gesundheit seiner Crew auf dem Schiff Ihrer königlichen Hoheit Resolution angewandte Methode während seiner letzten Reise rund um die Welt" (1776. *Philosophical Transactions of the Royal Society* 66: 402). Nach dieser Methode mußte man unter anderem Sauerkraut, Orangen und Zitronen essen. Der Name Vitamin C für den noch immer nicht identifizierten skorbuthemmenden Faktor, der Askorbinsäure, wurde vom britischen Biochemiker und Nahrungsmittelexperten Jack C. Drummond im Jahre 1920 geprägt (1920. *Biochemical Journal* 14: 660).

[4] King C. G. und Waugh W. A. 1. April 1932. The chemical nature of vitamin C. *Science* p. 357.

[5] Svirbely J. und Szent-Györgyi A. 16. April 1932. Hexuronic acid as the antiscorbutic factor. *Nature* p. 574.

[6] Szent-Györgyi verdächtigte King, seinen Brief an *Science* erst nach Erhalt der Nachricht von Svirbely aufgesetzt zu haben, und Moss versucht, diese Vermutung zu bestätigen, indem er Kings Antwort an Svirbely, datiert vom 15. März 1922, vorlegt: „Das Produkt (Vitamin C aus Zitronensaft) scheint mit S.-G.'s Produkt identisch zu sein, aber das muß erst durch weitere chemische Forschungsarbeiten bewiesen werden." Moss interpretiert diese Aussage dahingehend, daß King noch nicht so weit war, um Ergebnisse zu veröffentlichen, aber er überliest den nächsten Satz: „In einer Mitteilung, die in *Science* in ein paar Wochen erscheinen wird, werde ich Deine Arbeit (den früheren Artikel Svirbelys über Zitronensaft im *Journal of Biological Chemistry*) ... als bahnbrechend für unsere Ergebnisse nennen." Es handelt sich dabei um die Mitteilung vom 1. April. Wenn ein Wissenschaftler von einer „Mitteilung, die erscheinen wird," spricht, meint er, daß sie schon fast in Druck geht, wie die Arbeit von King, die, um am 1. April zu erscheinen, am 15. März sicher schon fertig sein mußte, da der Zeitraum zwischen Abgabe und Veröffentlichung einer wissenschaftlichen Arbeit immer schon so wie heute mindestens einige Wochen betragen mußte. Der Genetiker Thomas Jukes wies erst kürzlich darauf hin, daß King einer wissenschaftlichen Konferenz ein Abstrakt seiner neuesten Arbeit bereits einige Wochen vor Ankunft des Briefes von Svirbely, wahrscheinlich bereits vor Ende Februar, vortrug (31. März 1988. *Nature* p. 390).

[7] Szent-Györgyi A. in *Les Prix Nobel* (1933, Stockholm).

[8] Szent-Györgyi A. 1976. *Electronic biology and cancer*. Dekker.

Geheimnis aus den Tropen*

Vor einigen Jahren war ich Zuhörer eines leidenschaftlichen Aufrufs eines Direktors der Weltgesundheitsorganisation zum Kampf gegen die Parasiteninfektionen, die Jahr für Jahr unter den Armen dieser Welt Millionen Kinder tödlich heimsuchen. Seine Rede verfehlte ihre Wirkung, teilweise, weil die Zuhörer sie als gut einstudiert und bereits oft gehalten empfanden, und teilweise, weil Zahlen nicht erregen können. Dagegen berührt Desowitz bereits zu Beginn seines Buches über tropische Krankheiten das Herz, indem er die Geschichte über Krankheit und unnötigen Tod eines einzigen indischen Kindes berichtet. Unnötig, denn die Mutter hätte ihr Kind retten können, hätte sie oder die indische Regierung die notwendigen Arzneimittel im Wert von $ 15 bezahlen können.

Es handelte sich bei dieser Krankheit um eine Parasiteninfektion, die Kala-Azar genannt wird. Desowitz berichtet in seinem Buch die Geschichte über die Suche nach dem verursachenden Organismus und der Art und Weise, wie dieser Organismus von einem Patienten auf einen anderen übertragen wird. Die Helden der Geschichte sind die Ärzte des britischen Gesundheitsdienstes in Indien, von denen seit Ende des 19. Jahrhunderts viele als wissenschaftliche Amateure in ihrer Freizeit Forschungsarbeiten durchführten, für die sie nur primitive Mittel und mehr Hingabe als Kompetenz besaßen. Sie hatten viele Patienten mit den Symptomen dieser Krankheit, unter anderem vergrößerte Leber und Milz, unregelmäßiges Fieber und Anämie, konnten aber die Ursache nicht feststellen. Der erste Hinweis kam zur Jahrhundertwende, als Dr. William Leishman in London mikroskopisch kleine eiförmige Körper in der Milz eines Soldaten fand, der an Kala-Azar verstorben war. Später fand Charles Donovan in Madras die gleichen Körperchen in der Milz eines lebenden Patienten und erkannte sie als Protozoen, einzellige Organismen, die etwas größer und komplexer als Bakterien sind. Sie wurden treffend *Leishman-Donovan-Körperchen* genannt.

Wie wurden sie von einem Kranken auf einen anderen übertragen? Der erste Verdacht fiel auf die überall vorhandenen Wanzen. Dr. W. S. Patton in Madras versuchte fünf Jahre lang geduldig, seinen Kala-Azar Patienten Wanzen anzusetzen, da er hoffte, sie würden die Parasiten aufsaugen, und wurde ermutigt, als er in ihren Gedärmen einige fand. Mrs. Helen Adie, eine Forscherin in Kalkutta, erklärte etwas später begeistert, sie hätte diese tatsächlich in den Speicheldrüsen der Wanzen gesehen. Ihre Ergebnisse wurden als Durchbruch bejubelt, bis andere feststellten, daß sie die falschen Protozoen betrachtet hatte. Die Menschen tappten weiter im Dunkeln, bis schließlich ein Mann eine geniale Idee hatte. Dieser Mann war Major John Stinton, bekannt als der einzige Mann, der sowohl mit dem Viktoriakreuz für seinen Mut im Krieg ausgezeichnet wurde, als auch für seine wissenschaftlichen Erfolge zum Mitglied der Royal Society gewählt wurde. Stinton sah sich die Landkarte von Indien an und verglich das Auftreten von Parasitenkrankheiten mit dem Vorkommen verschiedener Stechmücken. Seine Karte zeigte ein Zusammentreffen zwi-

---

*) Zum Buch *The Malaria Capers: More Tales of Parasites and People, Research and Reality* von Robert S. Desowitz (Norton).

schen dem vermehrten Auftreten von Kala-Azar und dem einer winzigen silbrigen Sandmücke, der *Phlebotomus argentipes*.

Stinton veröffentlichte seine Ergebnisse im Jahre 1925, aber es vergingen weitere siebzehn Jahre, bis man herausfand, daß er recht hatte. 1923 wurde eine Kala-Azar Kommission unter dem Vorsitz des englischen Parasitologen Henry Edward Shortt gegründet. Er mußte feststellen, daß sogar das allererste Problem, das Brüten der Sandmücken im Labor, bis zu seiner Lösung Jahre an Forschungsarbeiten benötigte. Als dies gelungen war, starben seine Sandmücken nach ihrer ersten Blutmahlzeit, noch ehe sie die Krankheit an einen gesunden Wirt übertragen konnten. Shortt war nach Jahren erfolgloser Versuche dermaßen deprimiert, daß er die Schließung der Kommission empfahl, aber gerade am nächsten Tag stellte sich heraus, daß ein Hamster tatsächlich mit der Krankheit infiziert worden war, der innerhalb einer Zeitspanne von siebzehn Monaten 1434mal von infizierten Sandmücken gestochen worden war.

Aber auch nach diesem Ereignis gelang es nicht, Menschen, die sich freiwillig zur Verfügung stellten, durch infizierte Sandmücken mit der Krankheit anzustecken, bis schließlich 1939 der Arzt und Entomologe R. O. Smith beobachtete, daß die Sandmücken Nahrung benötigten, um die Parasiten weiter wachsen zu lassen. Als er sie mit Rosinen fütterte, vermehrte sich die *Leishmania* in ihrem Inneren so stark, daß sie die Hälse der Mücken verstopften. Smith überlegte, daß sie ihren nächsten Wirt möglicherweise infizieren würden, indem sie verzweifelt versuchten, diese Ansammlungen an Protozoen auszuhusten. 1942 überprüfte Shortt gemeinsam mit dem indischen Wissenschaftler und Arzt C. S. Swaminath und L. A. P. Anderson die Idee von Smith, indem sie infizierte und mit Rosinen „gefütterte" Sandmücken auf sechs Freiwillige ansetzten. Drei von diesen bekamen Kala-Azar, wodurch der Beweis erbracht worden war.[1] Damals konnte die Krankheit bereits mit einer Antimon-hältigen Arznei geheilt werden. Die gleiche Arznei wird auch heute noch verwendet, aber die Mutter des indischen Kindes konnte sie sich, obwohl sie billig ist, nicht leisten.

Anfang der 50er Jahre wurde Kala-Azar durch die große DDT-Kampagne gegen Malaria in Indien ausgerottet und geriet als Krankheit in Vergessenheit, aber als in den 70er Jahren die DDT-Kampagne eingestellt wurde, trat sie erneut auf. Es kommt sogar heute vermehrt zu Epidemien, da die verbesserten Transportmittel ihre Verbreitung begünstigen. Desowitz klagt an, daß diese Krankheit vernachlässigt wird, und daß zuwenig Geld in die Kala-Azar Forschung fließt, da Amerikaner davon nicht betroffen sind.

Dagegen war Malaria bereits seit Beginn der Kolonisation bis etwa zum Jahre 1940 eine der in Amerika am meisten verbreiteten Krankheiten. Während des amerikanischen Bürgerkrieges bekamen die Hälfte aller weißen und vier Fünftel aller schwarzen Soldaten jedes Jahr Malaria. Desowitz beschreibt in seinem historischen Rückblick die „Verwirrung und das manchmal vorherrschende Chaos", das siebzig Jahre lang die Malariaforschung behinderte, ehe der Lebenszyklus des Malariaparasiten und seine Übertragung verstanden wurden.

Vor mehr als hundert Jahren entdeckte ein französischer Armeearzt in Algerien, Alphonse Laveran, den Parasiten, der Malaria verursacht. Hier ist ein Auszug aus seinem Notizbuch:

> D. war 24 Jahre alt, Soldat des achten Artilleriegeschwaders, war seit 5. Dezember 1879 in Algerien stationiert und betrat das Constantine Krankenhaus am 4. November 1880. Der Patient hatte bereits sehr abgenommen. Er litt deutlich sichtbar an Anämie, die Haut hatte den charakteristischen erdfarbenen Teint eines an Malaria Leidenden. Temperatur 39,5°, 5. November. Temperatur 38,5° am Morgen. Blutuntersuchung ... zahlreiche sichelförmige Körperchen. Ich verordnete Chininsulfat 0,60 Gramm. Blutuntersuchung am 6. November. Sichelförmige Körperchen noch immer zahlreich. Kugelförmige Körperchen mit beweglichen Geißeln, deren Vorhandensein ich das erste Mal bemerkte.

Später ergänzte Laveran weiters:

> Diese Parasiten leben offensichtlich auf Kosten der roten Blutkörperchen, die mit dem Wachstum der Parasiten immer blasser werden.[2]

Wie die Organismen, die als Ursache von Kala-Azar entdeckt wurden, waren es Protozoen, einzellige Organismen, wie sie bereits über zweihundert Jahre vorher erstmalig von Antony van Leeuwenhoek in abgestandenem Wasser beobachtet, aber vorher nie mit Krankheit in Zusammenhang gebracht worden waren. Das einzelne Protozoon wurde *Plasmodium falciparum* genannt. Es ißt Hämoglobin, das Protein der roten Blutzellen, weshalb diese blaß werden. 1990 entdeckten Wissenschaftler an der Rockefeller Universität in New York schließlich die Art und Weise, wie *Plasmodium* es verdaut. Diese Entdeckung wird möglicherweise neuen verbesserten Medikamenten gegen Malaria den Weg bereiten.[3]

Desowitz schreibt:

> Die Entdeckung [Laverans] war bemerkenswert. Malariaexperten der heutigen Zeit behaupten, daß Laveran mit einem optisch defekten Mikroskop arbeitete, das nur die Hälfte der für die Darstellung dessen, was er so genau sah und beschrieb, benötigten Vergrößerungsstärke besaß.

Der dreißigjährige Armeearzt einer französischen Kolonie beeindruckt mit seiner Entdeckung umso mehr, als nur einige Jahre seit der Entdeckung des bakteriellen Ursprungs einer Seidenwurmkrankheit durch Louis Pasteur und einer Schafskrankheit durch Robert Koch verstrichen waren, und bis dahin noch niemand einen Mikroorganismus entdeckt hatte, der beim Menschen Krankheiten verursacht.

Wie oft, wenn ein Außenseiter eine Entdeckung hat, erntete Laveran keinen Glauben. Italienische Ärzte lehnten seine These ab, als er ihnen die Parasiten in den roten Blutzellen von Malariapatienten zeigte. Laut Desowitz ging Koch so weit, jeden als Idioten zu bezeichnen, der Laveran glaubte. Trotzdem erhielt Laveran siebenundzwanzig Jahre nach seiner Entdeckung im Jahre 1907 den Nobelpreis für Physiologie oder Medizin, nur zwei Jahre nach der Verleihung des Preises für die Entdeckung der Ursache von Tuberkulose an Koch.

Weitere achtzehn Jahre mußten die Untersuchungen nach der Entdeckung des Malariaparasiten durch Laveran fortgesetzt werden, bis die Kreatur, die diese Krankheit überträgt, entdeckt wurde. Unnötigerweise, denn viele Einwohner Afrikas und Asiens hatten offensichtlich bemerkt, daß Moskitos die Schuldigen sind, aber gebildete Leute des Westens schlugen solch primitive Geschichten in den Wind. Einer von diesen war Ronald Ross, ein junger Arzt im Sanitätsdienst der indischen Armee, der Laveran nicht glauben wollte. Noch 1893 veröffentlichte er einen Artikel in der *Indian Medical Gazette*, in dem er behauptet, daß Malaria eine Darminfektion durch Bakterien sei, die mit Kalomel zu behandeln sei, also Quecksilberchlorid, einem giftiges Abführmittel und Allheilmittel, das die bereits stark schwächenden Folgen der Malaria noch weiter gefördert haben muß. Es war eine der vielen sinnlosen und kontraproduktiven Arzneimittel, mit denen Ärzte ihre Patienten quälten.

Ross hätte seine falsche Spur weiterverfolgt, wäre er nicht im Jahre 1894 nach London gereist, wo er den Arzt Patrick Manson traf, der Vater der Tropenmedizin genannt wird. Manson hatte entdeckt, daß die Filarieninfektion mit parasitischen Würmern von Moskitos übertragen wird.[4] Ross schrieb in seinen Memoiren:

> Im November besuchte ich [Manson] nochmals und traf ihn an, als er gerade zum Marinekrankenhaus aufbrechen wollte. Ich ging mit ihm und kann mich genau erinnern, daß wir zirka um 2:30 nachmittags die Oxford Street entlang gingen, als er zu mir sagte: „Übrigens habe ich die Theorie aufgestellt, daß Moskitos genauso wie die Filarieninfektion auch Malaria übertragen." Sofort entgegnete ich, daß ich die gleiche Annahme bereits in einem der Bücher Laverans gesehen hatte.[5]

Manson glaubte, daß Malaria durch das Trinkwasser aus mit infizierten Moskitos verunreinigten Brunnen übertragen wird, abgeleitet von der bekannterweise durch infiziertes Wasser übertragenen Typhusinfektion. Ross kaufte sich ein Mikroskop, das er nach Indien mitnahm, um dort seine Suche nach den Trägern der Malariainfektion zu beginnen.

Im Juni 1885 schrieb ihm Manson, „Moskitowasser oder Moskitostaub sollte als allererstes in der Früh auf nüchternen Magen eingenommen oder inhaliert werden, um die Gefahr auszuschließen, daß die enthaltenen Keime durch Magensäfte zerstört werden". Ross antwortete im August: „Alle Tatsachen sind *am besten* durch die Annahme erklärbar, daß das Gift durch die Moskitos in die abgedeckten Trinkwasserbehälter in den Häusern der Menschen verbreitet wird," aber obwohl er zweimal 1500 bis 2000 „Malariaspermien" zu sich nahm, spürte er keine Wirkung. Im April 1897 erlitt Ross einen schweren Malariaanfall und schrieb diesen noch immer verunreinigter Luft oder verunreinigterm Wasser zu. Eines der größten Probleme war es für Ross herauszufinden, welche Moskitos die Krankheit in sich trugen. Desowitz vermutet, daß er sich selbst jahrelange Laborarbeit erspart hätte können, hätte er nur die Eigenschaften der in Indien bekannten Moskitoarten studiert. Diese Darstellung ist nicht gerechtfertigt. Ross hat tatsächlich einen Fachmann zu Rate gezogen, A. Alcock, der antwortete, daß die Moskitos in Indien noch keiner wissenschaftlichen Untersuchung unterzogen worden wären. 1895 war gerade die erste Entomologie über europäische Mücken in Italien veröffentlicht worden.

Am 16. August 1897 brachte ein Diener Ross zehn Moskitos einer Art, die er noch nie gesehen hatte. Sie waren vom Typ der *Anopheles*. Ross setzte sie an einen Malariapatienten im Krankenzimmer des dortigen Spitals an. Desowitz schreibt:

> Fünfundzwanzig Minuten nach der Blutmahlzeit aller Moskitos ... wurden zwei getötet und seziert. Kein Ergebnis. Und es waren nur mehr acht. Vierundzwanzig Stunden später wurden zwei weitere tot im Käfig aufgefunden und zwei weitere seziert. Kein Ergebnis. Und es waren nur mehr vier. Am vierten Tag, dem 20. August 1897, war einer eines natürlichen Todes gestorben, und Ross sezierte einen der drei verbliebenen Moskitos. Und da wurde er fündig. Eine winzige runde Zyste an der äußeren Magenwand. „Der Schicksalsengel hat mich geleitet," beschrieb Ross in dramatischen Worten diesen Augenblick. Der letzte Moskito wurde am nächsten Tag geopfert. Es waren nicht nur Zysten an der Magenwand vorhanden, sie waren auch größer als die des Vortages und hatten Pigmentkörner von Malaria in sich. Sie waren lebend und wuchsen.

Mit seiner Beobachtung hatte Ross bewiesen, daß das Protozoon *Plasmodium falciparum* vom menschlichen Wirt auf die *Anophelesmücke* übertragen wird und sich dort vermehrt, aber sie hatte keinen Hinweis darauf gegeben, wie das *Plasmodium* vom Moskito auf den nächsten menschlichen Wirt übertragen wird. Ross hatte gerade mit der Bearbeitung dieses Problems begonnen, als er von der Armee in eine Station in einer Halbwüste versetzt wurde, wo fast keine Malaria vorkam. Er schrieb einen „unterwürfigen Brief" an den Generalstabsarzt und bat um Versetzung an eine Station, wo er seine Malariaarbeit fertigstellen könnte, erhielt jedoch die barsche Antwort: „Ich weiß nicht, was dieser Offizier meint. Er wurde von Seiner Exzellenz dem Oberbefehlshaber der Armee an seinen Posten berufen, und dort wird er bleiben, bis Seine Exzellenz in weg befiehlt."

Nach fünf Monaten in der Wildnis schrieb Ross an Manson: „Mir wurde gerade befohlen, mich – dank Deiner Intervention – unverzüglich nach Kalkutta zu begeben," aber Kalkutta war zuerst eine Enttäuschung, denn Ross fand keine Malariapatienten, denen er seine Moskitos ansetzen hätte können. Da er bei zwei Spatzen auf seiner Wüstenstation Malariaparasiten entdeckt hatte, begann er daher an Vogelmalaria zu arbeiten. Am 9. Mai 1898 beschwerte er sich bei Manson: „Ich werde langsam verrückt. Überall gibt es Spatzen, und ich kann sie nicht fangen." Am 6. Juli schrieb er: „Ich bin fast tot und blind vor Erschöpfung, aber ich triumphiere." Ross hatte zwei entscheidende Beobachtungen gemacht. Er hatte drei gesunden Spatzen *Anophelesmücken* angesetzt und später Parasitenschwärme in diesen Spatzen vorgefunden. Er hatte auch Moskitos seziert, die infizierten Spatzen angesetzt worden waren, und fand die Parasiten zuerst im Magen der Mücken, später in deren Hälsen und schließlich in ihren Speicheldrüsen, um von dort dem nächsten Opfer injiziert zu werden.

Endlich hatte Ross den unwiderlegbaren Beweis, daß Malaria durch Moskitos übertragen wird, und nicht, wie Manson und er gedacht hatten, durch Trinkwasser, sondern einfach durch deren Stich. Er schrieb: „Solche Augenblicke erleben nur ein oder zwei Personen einer Generation. Die Freude ist größer als jeder Triumph eines Redners, Staatsmannes oder Eroberers." Vier Jahre später erhielt Ross im Jahre 1902 den Nobelpreis für Physiologie oder Medizin, erst der zweite überhaupt verliehene. Den ersten hatte Emil Adolf von Behring für seine Entdeckung erhalten, daß Diphtherie mittels einer Injektion eines Serums von immunisierten Pferden geheilt werden kann.

Desowitz beschreibt Ross als arrogant und starrsinnig, als einen Möchtegern-Dichter, der seine medizinischen Examen mit Ach und Krach abgelegt hatte, einen ehrgeizigen Mann, der wußte, was er will, aber einen unwissender Romantiker. Liest man die regelmäßigen Berichte von Ross an Manson, empfindet man diese Beschreibung als unfair. Ross entpuppt sich vielmehr als überaus fähiger, wissender und tatkräftiger Wissenschaftler, der an die wichtigsten Taten mit hohem Können und genauer Beobachtungsgabe herangeht. Wer sonst hätte wohl Malaria in Spatzen entdeckt und wäre die Straßen von Kalkutta entlanggelaufen, um sie zu fangen, als er keine Untersuchungen an Patienten vornehmen konnte, oder hätte den Ventilator abgedreht, der ihm die vielen Stunden, die er bei sengender Hitze übers Mikroskop gebeugt verbrachte, erträglich machte, damit nicht die feinen Organe weggeblasen würden, die er auf der Suche nach Parasiten aus seinen Moskitos in Kleinstarbeit herausgearbeitet hatte? Es ist schwer vorstellbar, welch starken Charakter Ross für seine jahrelange Arbeit, vollkommen isoliert, mit primitiven Mitteln, in einem unerträglichen Klima und ohne Unterstützung seiner Vorgesetzten haben mußte! Nach seiner großen Entdeckung widmete Ross sein restliches Leben der Arbeit zur Ausrottung von Malaria und Gelbfieber in den britischen Kolonien. Seine Methoden zur Moskitokontrolle waren für den Bau des Panamakanals entscheidend. In seiner Freizeit schrieb er anerkennenswerte Gedichte über Indien.[6]

Anmerkungen und Literaturhinweise
Geheimnis aus den Tropen

[1] Garnham P. C. C. und Shortt H. E. 1988. *Biographical Memoirs of Fellows of the Royal Society* 34: 715.

[2] Laveran A. (übersetzt in die englische Sprache von Martin J. W.). 1893. *Paludism: marsh fever and ist organism.* New Sydenham Society Publications 146, London.

[3] Goldberg D. E., Slater A. F. G., Cerami A. und Henderson G. B. 1990. Hemoglobin degradation in the malaria parasite *Plamodium flaciparum*: an ordered process in a unique organelle. *Proceedings of the National Academy of Sciences of the USA* pp. 2931-2935.

[4] Manson-Bahr P. H. und Alcock A. 1927. *The life and work of Sir Patrick Manson.* Casell, London.

[5] Ross R. 1923. *Memoirs.* p. 128. John Murray, London.

[6] Ross R., Sir. 1931. *In exile.* Harrison and Sons, London.

Vergessene Pest*

Was hatten Kardinal Richelieu, Heinrich Heine, Frédéric Chopin, Anton Tschechow, Franz Kafka, Georg Orwell und Eleanor Roosevelt gemeinsam? Sie alle starben an Tuberkulose, denn die bis vor fünfzig Jahren angewandte Behandlung dieser Krankheit verlängerte kaum das Leben der Betroffenen. Ryan erzählt eine spannende Geschichte über die Entdeckung der Antibiotika und anderer Mittel gegen Tuberkulose; sie zieht einen in ihren Bann wie *Microbe Hunters* von Paul de Kruif, ein Buch, das mehr jungen Idealisten Anreiz zur Arbeit in der medizinischen Forschung gab, als alles andere je Geschriebene. In früheren Zeiten wurde oft ein reines, mildes Klima verschrieben, aber Chopin schrieb kläglich aus seiner Villa auf Mallorca:

> Die vergangenen zwei Wochen war ich krank wie ein Hund. Ich holte mir trotz 18 °C eine Verkühlung; weder Hitze, Rosen, Orangen, Palmen, Feigen noch die Anwesenheit der drei berühmtesten Ärzte der Insel konnte mir helfen. Einer roch an meinem Auswurf, der zweite klopfte ab, woher ich es herausgehustet hatte, und der dritte stierte herum und hörte mir beim Husten zu. Einer sagte, ich sei verstorben, der zweite, ich liege im Sterben, der dritte, ich werde sterben. ... Das alles hat seine Auswirkungen auf die „Präludien", und weiß Gott, wann Du sie bekommen wirst.

Vielleicht war sogar die allgemein verbreitete Angst vor Schwindsucht der Grund, warum sich die deutschen Romantiker mit dem frühen Tod befaßten – ein Thema, das Schubert in seiner *Winterreise* in Musik verzauberte. Im späteren 19. Jahrhundert sterben sowohl in Verdis Oper *La Traviata* als auch in Puccinis *La Bohème* die Heldinnen am Ende an Schwindsucht. In ihrem kürzlich erschienenen Buch *Living in the Shadow of Death* beschreibt Sheila Rothman das tragische Leben von Schwindsüchtigen im New England des 19. Jahrhunderts, das sie anhand deren Briefe nachzeichnet. Die Krankheit nahm Deborah Fiske langsam jede Kraft. Sie war eine geschäftige und intelligente junge Frau, bis sie schließlich kaum mehr ihrer Dienerschaft Anweisungen zur Pflege ihres Haushalts geben konnte. Sie starb 1844 im Alter von 38 Jahren. Da Schwindsucht nicht als ansteckend angesehen wurde, scheint sich Deborah Fiske nie Gedanken gemacht zu haben, daß ihr Ehemann auch daran erkranken könnte, was natürlich geschah.

Einige Patienten suchten nach Linderung in Kalifornien, Arizona oder Florida, wo sie oft von ruchlosen Unternehmern ausgenutzt oder von Betreibern falscher Sanatorien betrogen wurden. Jeffries Wyman war ein Mann aus New England, dessen Vorfahren sich bereits vor Ankunft der Mayflower in Massachusetts niedergelassen hatten. Er wurde als Medizinstudent im Jahre 1833 in Harward mit Tuberkulose angesteckt, erlag aber erst mit über sechzig Jahren seiner schweren Krankheit. Er verband seine Aufgaben als Anatomieprofessor in Harvard mit Winterexpeditionen für biologische Forschungen in die Everglades in Florida, wo sich

---

*) Zu den Büchern: *The Forgotten Plague: How the Battle Against Tuberculosis Was Won – and Lost* von Frank Ryan (Little, Brown); *Living in the Shadow of Death: Tuberculosis and the Social Experience of Illness in American History* von Sheila M. Rothman (Basic Books), sowie *Silent Travelers: Germs, Genes, and 'Immigrant Menace'* von Alan M. Kraut (Basic Books).

sein Zustand besserte. 1871 schrieb er an seinen Bruder: „Seit ich aus dem Winter fort bin, war ich keinen einzigen Tag krank, ich habe im Zelt oder im Freien genächtigt, Kraft gewonnen, bin lange mit dem Boot gerudert, einmal vierzehn und zweimal sechzehn Kilometer weit, und war niemals erschöpft. Mein Husten ist nicht weg, aber wesentlich gebessert, und mein Appetit immer gut." Aber 1872 berichtete er, er hätte mehrere Blutungen erlitten und daß „das Übel da ist, wo es immer war, und ich sehe keinen Grund, warum ich es je loswerden sollte".

Außer Spitzen während der Krimkriege und des ersten und zweiten Weltkriegs verringerte sich die Sterblichkeitsrate von Tuberkulose während der zweiten Hälfte des 19. Jahrhunderts und der ersten Hälfte des zwanzigsten. Bis 1947 war die Sterblichkeit auf ungefähr ein Achtel der für 1800 geschätzten Zahl gesunken, obwohl es keine geeignete Behandlung gab. Wir wissen nicht genau, wann dieser Rückgang begann. Er wird allgemein dem verbesserten Lebensstandard zugeschrieben, dieser verschlechterte sich aber eigentlich über lange Zeitspannen des 19. Jahrhunderts durch den Zustrom großer Menschenmengen vom Land in die überfüllten Slums der neuen Industriestädte.

Die natürliche Selektion hat vielleicht bei diesem Rückgang eine Rolle gespielt. Die Krankheit hat möglicherweise die genetisch am wenigsten resistenten Personen getötet, ehe sie ein reproduktionsfähiges Alter erreichten, so daß ein stetig wachsender Teil der Bevölkerung zum Überleben der Infektion genug Widerstandskraft erbte. Es wird manchmal behauptet, daß Impfung und neu eingeführte Antibiotika und Medikamente nur einen geringen Einfluß auf den Rückgang der Todesfälle an Tuberkulose hatten, sondern daß sich einfach der natürliche Trend nach unten fortsetzte. Tatsächlich aber entwickelte sich dieser Trend fünfzigmal schneller, und die Anzahl jährlicher Neuinfektionen reduzierte sich zweimal so schnell wie vor der Einführung dieser Behandlungsmethoden. 1935 starben fast 70.000 Menschen in England und Wales an Tuberkulose. 1947, kurz nach der Einführung von Antibiotika, 55.000. 1990 wurde diese Zahl auf 30 reduziert. Ähnliche Rückgänge wurden auch in den Vereinigten Staaten und in anderen Industriestaaten festgestellt.

Dieser spektakuläre Erfolg weckte ehrgeizige Pläne zur Auslöschung der Krankheit in den Entwicklungsländern, wo ihr Vorkommen nach wie vor bei weitem häufiger ist als in den entwickelten Ländern. Mit Unterstützung der Internationalen Union gegen Tuberkulose, der USA und anderer reicher Länder entwickelten einige sehr arme Länder in Afrika, einschließlich Mozambique mitten während des Bürgerkriegs, sehr wirksame nationale Programme zur Kontrolle der Tuberkulose. Andererseits war 1990 die jährliche Sterblichkeitsrate von Tuberkulose im Afrika südlich der Sahara noch immer 1500mal höher als in England. In vielen afrikanischen Ländern schien das Vorkommen von Tuberkulose gerade erst zurückzugehen, als die AIDS-Epidemie losbrach. Diese zerstörte die Wirksamkeit aller anderen Gesundheitsprogramme, auch derer zur Kontrolle von Tuberkulose, da AIDS das natürliche Immunsystem ausschaltet. In vielen asiatischen Ländern, wo es keinerlei wirksame Programme zur Kontrolle des bereits sehr hohen Tuberkulosevorkommens gibt, könnte der Ausbruch einer AIDS-Epidemie verheerend sein. In westlichen Industrienationen hat die Resistenz gegen Antibiotika in letzter Zeit ein neuerliches Auftreten der Tuberkulose begünstigt.

Ryans Buch beginnt am 24. März 1882 mit Robert Kochs Verlautbarung seiner Entdeckung der stäbchenförmigen Tuberkelbakterien vor der Deutschen Physiologischen Gesellschaft in Berlin. Koch fand diese winzigen, schwer auszumachenden Bakterien dank seiner Erfindung einer neuen Methode der Einfärbung, aber auch damit hätte er sie vielleicht nicht ausmachen können, hätte ihm nicht Carl Zeiss, der Gründer der großen optischen Werke in Jena, das erste neu entwickelte Ölimmersionsobjektiv geschenkt, das die Vergrößerungskraft von Kochs Mikroskop enorm verbesserte. Artikel in der *New York Times* und in der *Londoner Times* bejubelten Kochs Entdeckung und sahen einem bald verfügbaren Impfstoff gegen Tuberkulose entgegen, aber der sollte noch viele Jahre auf sich warten lassen. Der unmittelbare Nutzen aus Kochs Entdeckung war der Beweis, daß Tuberkulose ansteckend ist.[1] Laut René und Jean Dubos bezweifelten amerikanische Ärzte diese Erkenntnis noch zehn Jahre später,[2] aber noch vor Ende des 19. Jahrhunderts konnte die Ausbreitung der Krankheit in vielen Ländern durch die Isolation von Tuberkulosepatienten in Sanatorien und durch das Spuckverbot in der Öffentlichkeit eingedämmt werden.

Zu Beginn des 20. Jahrhunderts entdeckten Albert Calmette, ein Schüler von Louis Pasteur, und Camille Guèrin in Lille, daß die virulenten Tuberkelbazillen von Kühen ihre Virulenz verloren hatten, nachdem sie elf Jahre lang der Reihe nach in 231 Lösungen mit Ochsengalle kultiviert worden waren. Mit diesen attenuierten Bazillen infizierte Tiere wurden gegen Tuberkulose immun. Calmette und Guérin verarbeiteten diese Bazillen zu einem Impfstoff, der später als BCG-Impfstoff (Bacilli Calmette-Guérin) bekannt wurde. Sie benutzten ihn 1921 erstmals an einem Kind, dessen Mutter während der Geburt an Tuberkulose verstorben war, aber der Impfstoff kam 1930 in Verruf, als von 249 in Lübeck geimpften Kindern 73 gestorben waren. Ihr Tod wurde später nachweislich auf eine Verunreinigung der Impfstoffe mit virulenten Bazillen zurückgeführt. Daher begann man in skandinavischen Ländern 1938 wieder mit BCG-Impfungen, aber in England gab es noch immer Zweifel, denn die Beweise der Wirksamkeit von BCG waren bis 1950 nur dem Erzählen nach erbracht, bis die Forschungsabteilung für Tuberkulose des Medical Research Council 1950 einen weltweiten Versuch über Sicherheit und Wirksamkeit dieses Impfstoffes anstellte.

Die Hälfte von über 16.000 Kindern zwischen 14 und 15 ½ Jahren, die alle nach Zufallsprinzip ausgewählt wurden, wurden mit BCG geimpft, während die andere Hälfte nicht geimpft wurde. Während der nächsten zwanzig Jahre erkrankten 248 der nicht geimpften Kinder sowie nur 62 der geimpften Kinder an der Krankheit.[3] Zwei Untersuchungen in den Vereinigten Staaten, eine bei zwanzigjährigen amerikanischen Indianern und die andere bei Kindern aus Chicago, sowie eine weitere Untersuchung in Haiti waren sehr erfolgreich, während andere Versuchsreihen in den Vereinigten Staaten, in Puerto Rico und in Südindien nur wenig bis gar keine Beweise erbrachten, daß BCG gegen Tuberkulose Schutz bietet. Studien in anderen Ländern ergaben, daß zwischen 53 und 74 Prozent der geimpften Personen nicht an Tuberkulose erkrankten, und daß geimpfte Personen zu einem noch viel höheren Prozentsatz gegen tuberkulöse Meningitis geschützt waren. Es gibt für die gegensätzlichen Ergebnisse gewisser Untersuchungen keine befriedigenden Erklärungen,[4] aber einige Forscher sind heute der Meinung, daß viele Kinder in Puerto Rico und Südindien durch eine frühere Infektion mit häufigen und harmlosen Bakterien, die mit dem *Mycobacterium tuberculosis* verwandt sind, immun waren. Folglich gab es in der Häufigkeit der Tuberkuloseerkrankungen zwischen geimpften und nicht geimpften Kindern nur geringe Unterschiede.

Zu Beginn dieses Jahrhunderts waren deutsche Chemiker im Kampf gegen Infektionskrankheiten führend. 1910 entdeckte Paul Ehrlich Salvarsan, seine „Zauberkugel" gegen Syphilis. Die nächste große Entdeckung in Deutschland erfolgte durch Gerhard Domagk in Elberfeld im Jahre 1935 und führte zur Isolierung von Sulfanilamid.

Bei seiner Forschung nach antibakteriellen Mitteln wurde Domagk von seinen Erinnerungen an den ersten Weltkrieg geleitet. Als Medizinstudent arbeitete er in einem Krankenhaus an der russischen Front und konnte das schreckliche Leiden der mit Gasgangrän infizierten Soldaten nie vergessen. Nach dem Krieg absolvierte er seinen medizinischen Abschluß und wurde mit nur 32 Jahren Forschungsdirektor für experimentelle Pathologie und Bakteriologie und leitete in dieser Stellung die Labors des riesigen chemischen Unternehmens I. G. Farben-Industrie in Elberfeld sein ganzes restliches Arbeitsleben lang. Das Unternehmen ersuchte Domagk um die Durchführung einer weitreichenden Begutachtung chemischer Mittel, die gegen Bakterieninfektionen eingesetzt werden könnten. Als ein Engländer bei Domagk zu Besuch weilte, sah er „riesige Laboratorien, wo sie nichts anderes taten, als eine Verbindung nach der anderen auf ihre Eignung zum Einsatz gegen von verschiedenen Organismen verursachte Infektionen bei Tieren zu untersuchen". Mehrere Jahre lang brachte diese Arbeit keine klaren Ergebnisse.

Nach den von Leonard Colebrook maßgeblich verfaßten Memoiren über Domagk[5] gaben ihm 1932 die beiden Chemiker Fritz Mietsch und Klarer eine rote Verbindung, die sie mehrere Jahre davor als „schnelles" Färbungsmittel für Leder synthetisch hergestellt hatten. Der Stoff war Prontosil, der Vorgänger der Sulfanilamiden. Obwohl das Färbemittel das Wachstum von Bakterien in Kulturen nicht stoppte, tötete es die letalen Streptokokken in Tieren ab und vollbrachte wahre Wunderheilungen an einigen todkranken Menschen.

Domagk veröffentliche seine Forschungsergebnisse erst 1935, nachdem Prontosil patentiert worden war. Innerhalb nur weniger Wochen nach der Veröffentlichung fanden Jacques Tréfouél und seine Kollegen am Pasteur-Institut in Paris heraus, daß die aktive Komponente in Prontosil Sulfanilamid war, eine farbloses Molekül, das aus dem größeren Molekül des Prontosils abgespalten wurde, wodurch das Patent wertlos wurde.

Ich hatte immer gedacht, daß der ungarische Arzt Ignaz Semmelweis das Kindbettfieber bereits 1861 erfolgreich bekämpft hatte, als er schrieb, daß Hebammen und Ärzte sich vor der Kindesgeburt die Hände waschen müßten, aber in dem von Ryan verfaßten Buch erfuhr ich, daß die Sterblichkeit von Müttern nach der Kindesgeburt zwischen 1850 und 1930 noch immer 46 Todesfälle von 10.000 Geburten betrug, und bis 1940 nur leicht auf 36 Todesfälle zurückging. Colebrook erinnert sich an den dramatischen Einfluß der Entdeckung Domagks auf die Sterblichkeit bei Kindbettfieber und anderen Infektionskrankheiten. Dem therapeutischen Fortschritt wurde hier auf weiten Gebieten Tür und Tor geöffnet.

Der hämolytische Streptokokkus [den Prontosil abtötet] spielte in der hohen und tragischen Sterblichkeitsrate vieler Infektionskrankheiten eine große Rolle, so bei Kindbettfieber und rheumatischem Fieber, zahllosen Erscheinungen der durch Kriegswunden verursachten Blutvergiftungen [und zivilen Verletzungen – einschließlich Verbrennungen], sowie bei Wundrose [einer Hautinfektion] und bei vielen akuten Entzündungskrankheiten der Atemwege und der Ohren, wobei letztere hauptverantwortlich für das maßlose Unglück der Taubheit sind.

In England fand man schnell heraus, daß die kombinierte Hirnhaut- und Rückenmarkshautentzündung [die früher meistens tödlich war] rasch eingedämmt und geheilt werden konnte. Auch Lungenentzündung, „der Kapitän der Todesmänner", wurde in gleicher Weise unter Kontrolle gebracht. Weiters gelang es, die gefürchtete Geschlechtskrankheit Gonorrhö [Tripper] zumeist in wenigen Tagen zu besiegen.[6]

Das ursprüngliche Sulfanilamid war bei der Behandlung von Pneumokokkenpneumonie nicht sehr wirksam, aber das modifizierte Sulphapyridin, das zu Beginn der 40er Jahre eingesetzt wurde, erwies sich als überaus wirksam. Es heilte Winston Churchill, der 1943 in Nordafrika an Lungenentzündung erkrankt war.

Am 26. Oktober 1939, einige Wochen nach dem Einmarsch der Deutschen in Polen, wurde Domagk per Telegramm mitgeteilt, daß ihm der Nobelpreis für Physiologie oder Medizin verliehen wurde. Hitler hatte den Deutschen die Annahme jedes Nobelpreises verboten, als das norwegische Parlament dem inhaftierten deutschen Pazifisten Carl von Ossietzky den Friedenspreis verliehen hatte. Ich glaube nicht, daß er wußte, daß der Preis für Medizin vom Medizinischen Institut Karolinska in Stockholm vergeben wird. Vielleicht weil Domagk den Preis nicht vehement als Beleidigung des Führers zurückgewiesen hatte, verhaftete ihn die Gestapo, und bewaffnete Soldaten schafften ihn ins Stadtgefängnis zum Verhör. Dort wurde er eine Woche festgehalten und fürchtete um sein Leben. Nach seiner Freilassung verhaftete ihn die Gestapo nochmals und zwang ihn zur Unterzeichnung eines Briefes, in dem er den Preis ablehnte. Erst 1947 konnte Domagk schließlich nach Stockholm reisen, um die Nobelpreismedaille in Empfang zu nehmen, aber der dazugehörige Scheck fehlte. Das Geld war bereits an den allgemeinen Fonds zurückgegangen.

Die Sulfanilamide töteten Tuberkelbazillen nicht ab. Sie hatten auch unerfreuliche und gefährliche Nebenwirkungen, wie Erbrechen, Hautausschläge und Leberschäden, und griffen Nieren und Knochenmark an. Aber ihre Entdeckung stimulierte viele Chemiker und Mikrobiologen zur Forschung nach anderen antibakteriellen Medikamenten. Einer von ihnen war Selman Waksman, der 1910 aus einer kleinen jüdischen Stadt in der Ukraine in die Vereinigten Staaten ausgewandert war. 1939 war er bereits Leiter eines führenden Laboratoriums für Bodenmikrobiologie am landwirtschaftlichen College von New Jersey. Seine Forschungsarbeiten reichten von stickstoffbindenden Bakterien und der Taxonomie von Pilzen bis zur Verwendung des menschlichen Stuhls als Kompost. Es waren ihm auch Berichte bekannt, wonach einige virulente Bakterien, darunter der Tuberkelbazillus, im Boden nicht lange überlebten.

Laut seinen Memoiren veranlaßte ihn der Ausbruch des zweiten Weltkrieges im September 1939 zur Umstellung der Laborarbeiten auf die Erforschung von antibakteriellen Mitteln, die von Mikroorganismen im Boden produziert werden. Diese Arbeit trug fünf Jahre später Früchte, als Albert Schatz, ein bei Waksman beschäftigter Dissertant, aus dem Fungus *Actinomyces griseus* eine Verbindung extrahierte, die das Wachstum vieler virulenter Bakterien, einschließlich der in Reagenzgläsern kultivierten Tuberkelbazillen, stoppte. Diese Verbindung war das neue Antibiotikum Streptomycin.

Der Kontrast zwischen Alexander Fleming, dem schweigsamen und zurückhaltenden Schotten, der das Penizillin entdeckte, und dem dynamischen Draufgänger Selman Waksman ist frappant. Fleming fand 1929 heraus, daß die Brühe, in der er seinen Schimmelpilz *Penicillium notatum* kultiviert hatte, das Wachstum der Streptokokken und Staphylokokken in infizierten Wunden und der für Tripper, Meningitis und Diphtherie verantwortlichen Organismen hemmte. Die Brühe war für weiße Blutzellen harmlos. Er konnte sie ungestraft Mäusen und Kaninchen injizieren, und der Schimmelpilz selbst konnte ohne böse Nebeneffekte konsumiert werden. Nach erfolgreicher Durchführung dieser Experimente unterließ es Fleming unerklärlicherweise, den nächsten Schritt zu tun, was Ernst Chain und Howard Florey elf Jahre später dann taten. Sie beschlossen herauszufinden, ob eine Injektion mit Flemings Brühe Mäuse vor einer letalen Infektion schützen würde. Der spektakuläre Erfolg ihres Versuches ermutigte sie, ihr Labor in Oxford zu einer Fabrik zur Herstellung geeigneter Mengen Penizillins für Versuchsreihen an Menschen zu machen. Fleming hätte all dies bereits elf Jahre früher tun können.

Hingegen hielt Waksman, während er nach antibakteriellen Mitteln forschte, regelmäßigen Kontakt zu zwei Ärzten aus der Mayo-Klinik, Dr. William H. Feldman und Dr. H. Corwin Hinshaw. Innerhalb weniger Wochen nach der Entdeckung durch Schatz sandte Waksman ihnen zehn Gramm Streptomycin für Tierversuche. Feldman schreibt:

> Die Ergebnisse wiesen trotz vieler Ungereimtheiten darauf hin, daß diese neue Substanz auf therapeutischer Ebene gut verträglich war, und eine deutliche suppressive Wirkung auf sonst irreversible tuberkulöse Infektionen von Meerschweinchen hatte. Jedoch wurde trotz der deutlich suppressiven Wirkung auf die Pathogenese der Infektion festgestellt, daß Streptomycin in den Geweben der behandelten Tiere nicht alle Tuberkelbazillen zerstört hatte, und die Wirksamkeit des Medikamentes daher unter den gegebenen Bedingungen hauptsächlich bakteriostatisch und nicht bakterizid war [das heißt, es verhinderte die Vermehrung der Bakterien, ohne sie zu zerstören].[7]

Auf Basis der von Feldman und Hinshaw durchgeführten Versuche an nur vier Meerschweinchen veranlaßte Waksman die nahegelegene pharmazeutische Firma Merck, eine Vorstandssitzung einzuberufen. Zuerst zögerten die Vorstandsmitglieder, die Isolierung und Herstellung von Streptomycin zu unterstützen, aber dann erschien der Gründer des Unternehmens George Merck bei der Sitzung und traf mutig und in weiser Voraussicht die Entscheidung, per sofort fünfzig Personen für die Arbeit an Streptomycin abzustellen.

Obwohl Streptomycin das Wachstum von Tuberkelbazillen stoppte, ohne sie abzutöten, schien es aufsehenerregende Heilungen an todgeweihten Patienten zu bewirken. 1945 veranlaßten diese Ergebnisse den British Medical Council zur Durchführung einer klinisch kontrollierten Doppelblindstudie unter Einsatz des damals in England nur begrenzt verfügbaren Streptomycins. Philip d'Arcy Hart, der die Versuchsreihe überwachte, wählte 107 Patienten mit akuter Lungentuberkulose aus. Bei jedem der Fälle hatten die Ärzte als einzig mögliche Behandlung Bettruhe verordnet. 35 zufällig ausgewählte Patienten wurden mit dem verfügbaren Streptomycin unter verordneter Bettruhe behandelt. Nach Ablauf von sechs Monaten waren vier der behandelten und vierzehn der nicht behandelten Patienten verstorben. Die Lungen von achtundzwanzig behandelten und nur von vier nicht behandelten Patienten hatten sich gebessert.

Trotzdem wurden fünf Jahre später alle von diesen Ergebnissen genährten Hoffnungen erschüttert. Bis dahin waren 32 der behandelten und 35 der nichtbehandelten Patienten gestorben. Es war offensichtlich, daß Streptomycin allein Tuberkulose nicht heilen würde. Feldman und Hinshaw hatten bereits entdeckt, daß die gegen das Streptomycin resistenten Tuberkelbazillen bereits vier Wochen nach der Behandlung wieder auftauchten. Streptomycin schädigte auch das Innenohr, und die Langzeittherapie mit großen Dosen konnte Taubheit verursachen. 1948 konnte George Orwell mit Hilfe einer Serie Streptomycininjektionen zwar sein Werk *Nineteen Eighty-Four* fertigstellen, aber er entwickelte dermaßen schwere allergische Reaktionen gegen das Medikament, daß die Behandlung bereits nach fünfzig Tagen wieder eingestellt werden mußte. Er erlitt einen Rückfall und starb im Januar 1950. Wie auch immer, Waksman erhielt 1952 den Nobelpreis „für seine Entdeckung von Streptomycin, des ersten gegen Tuberkulose wirksamen Antibiotikums," eine Entdeckung, die die überaus fruchtbringende Forschung nach anderen Mikroorganismen in der Erde stimulierte, die Antibiotika abgeben.

Aber Albert Schatz, der wahre Entdecker des Streptomycins und der erste auf der ursprünglichen Veröffentlichung angeführte Autor, erhielt keinen Preis. Er war der Sohn eines armen jüdischen Landwirts in Connecticut und hatte Bodenmikrobiologie studiert, um Wege für verbesserte Ernteergebnisse der unproduktiven Farm seines Vaters zu finden. Er begann mit der Suche nach Antibiotika, weil Waksman dies für sein ärmliches Gehalt von $ 40 pro Monat für die Arbeit in seinem Labor zur Bedingung gestellt hatte. Aber dann ging Schatz in dieser Forschungsarbeit förmlich auf und untersuchte Hunderte verschiedene Bodenmikroorganismen auf ihre antibakterielle Wirkung. Nach dreieinhalb Monaten Fronarbeit fand Schatz im Hals eines infizierten Huhns und in einem Komposthaufen Pilze, die das Wachstum von mehreren virulenten Bakterien stoppten, auch solcher, die bekannterweise gegen Penizillin resistent waren.

Gegen den Rat seiner Kollegen und offensichtlich im Widerspruch zu den Anweisungen von Waksman untersuchte er die Wirkungen des Pilzes auf Tuberkelbazillen und war freudig überrascht festzustellen, daß dieser das Wachstum in den Kulturen hemmte. Als nächstes entwickelte er eine Methode zur Extraktion der aktiven Verbindung aus den Pilzkulturen. Diese Entdeckung wurde unter wenig Aufsehen in der Zeitschrift *Proceedings of the Society for Experimental Biology and Medicine* im Jahre 1944 von den Autoren Schatz und Waksman veröffentlicht, aber in der Folge wurde der Beitrag von Schatz in der Öffentlichkeit bald vergessen.

In seiner eher prosaischen und humorlosen Autobiographie[8] gibt Waksman den Text einer Vorlesung wieder, die er im Oktober 1944 an der Mayo-Klinik hielt. Er verkündete die große Entdeckung und erklärte: „Im September 1944 gelang es meinen Assistenten und mir, in unserm Labor einen Organismus zu isolieren, der antibiotische [Wirkungen] produzierte ...", als Waksman wohl selbst in seinem Büro saß, während Schatz einen Stock tiefer im Labor werkte. In seinem Vortrag erwähnte er weder Schatz, noch verlor er auch nur ein Wort über René Dubos oder H. Boyd Woodruff, deren frühere Entdeckungen von Bodenantibiotika den Weg für die Entdeckung des Streptomycins bereiteten, obwohl diese sich für die klinische Anwendung als zu toxisch herausstellten. Statt dessen verwendete Waksman in seiner gesamten Rede den *Pluralis majestatis* „wir". Die Ethik wissenschaftlicher und medizinischer Forschung ist heutzutage zu einem akademischen Gegenstand erhoben worden, dem eine eigene neue Zeitschrift gewidmet ist, aber niemand scheint sich um das in meinen Augen Erste Gebot zu kümmern: „Du sollst nicht selbst den Ruhm für die Arbeit Deiner jüngeren Mitarbeiter beanspruchen," ein Gebot, dessen Einhaltung viel Ungerechtigkeit und Verbitterung verhindern würde.

Obwohl sie durch den Krieg voneinander isoliert waren, wurden Domagk und andere Wissenschaftler in Europa und in den Vereinigten Staaten durch die Entdeckung des Prontosils durch Domagk angeregt und suchten nach einem Medikament, das gegen Tuberkulose wirksam sein würde. Einer dieser Wissenschaftler war der Biochemiker Jorgen Lehmann, der Sohn eines dänischen Theologieprofessors und Vorstand der Pathologieabteilung des Sahlgren-Krankenhauses in Gothenburg, Schweden. Ryan beschreibt ihn als exzentrisches und kreatives Genie, als einen Mann, der sich bereits mit Dicumarol einen Namen gemacht hatte, einer aus verdorbenem Süßklee extrahierten chemischen Verbindung. Er entdeckte die gerinnungshemmende Wirkung dieses Mittels, dessen Derivat nun unter dem Namen Warfarin vermarktet wird. 1940 las er in einem Bericht, daß Salizylsäure, eine mit Aspirin verwandte Verbindung, das Atmen, d. h. die Aufnahme von Sauerstoff, von Tuberkelbazillen beschleunigt. Dies zeigte, daß die Bazillen die Verbindung aßen und daß sie von einer chemisch modifizierten Version vergiftet werden könnten.

Laut dem Bericht von Lehmann in der *Lancet* stellten Chemiker des schwedischen pharmazeutischen Unternehmens Ferrosan ungefähr fünfzig verschiedene Derivate der Salizylsäure her, wobei eines davon, PAS, das Wachstum von Tuberkelbazillen in Kulturen hemmte. Meerschweinchen vertrugen die Verbindung gut, und zwei Tuberkulosepatienten zeigten bei Behandlung mit diesem Stoff bedeutende Besserung.

Zuerst wollten die medizinischen Kollegen Lehmanns in Schweden seine Entdeckung nicht glauben, aber schon bald wurden sie eines besseren belehrt. 1952 bewies eine Studie des British Medical Council, daß PAS, allein eingenommen, in der Tat weniger wirksam als alleinig verabreichtes Streptomycin war, aber daß die Behandlung mit beiden Stoffen das Auftreten von gegen Streptomycin resistenten Stämmen nach längerer Behandlung vollkommen verhinderte. Tuberkulose konnte erstmalig geheilt werden. Als sich die Neuigkeiten über die Wirksamkeit von PAS gegen Tuberkulose verbreiteten, vergrößerte die Firma Ferrosan ihre Produktion um ein Vielfaches, um den riesigen weltweiten Bedarf erfüllen zu können. Lehmann hatte mit seiner Entdeckung des PAS gleichzeitig einen ebenso wichtigen

Beitrag wie Schatz und Waksman mit der Entdeckung des Streptomycins geliefert, obwohl seine Entdeckung erst zwei Jahre später veröffentlicht wurde. Lehmann war ebenfalls einer der Wissenschaftler, die ungerechtfertiger Weise keinen Nobelpreis erhielten. Die Gründe dafür bleiben uns noch bis 2002 verborgen. Erst dann werden die Nobelpreisunterlagen von 1952 zur Einsicht freigegeben.

In Elberfeld setzte Domagk seine Suche nach Medikamenten gegen die Tuberkulose während des ganzen zweiten Weltkriegs fort, auch als die Stadt von alliierten Bomben zerstört wurde. 1945 hatte er eine wirkungsvolle Verbindung, Conteben, gefunden und reiste unter großen Entbehrungen durch das vom Krieg verwüstete Deutschland, um seine skeptischen Kollegen vom therapeutischen Wert gegen Tuberkulose zu überzeugen. Domagk und anderen gelang es schließlich, Conteben weiter zu verbessern, und in der Folge wurde eines der gegen Tuberkulose am stärksten wirksamen Medikamente entdeckt: Isoniazid.

Bis Anfang der 50er Jahre gab es also bereits mehrere hoch wirksame antituberkulöse Medikamente am Markt, Conteben, Isoniazid, PAS und Streptomycin, aber kein einziges heilte alle Patienten, denn viele Behandlungsmonate waren notwendig, um den Körper von den Bazillen restlos zu befreien, währenddessen gegen die Medikamente resistente Mutanten bereits viel früher auftraten. Eine Kombination mehrerer Medikamente gab eher Anlaß zur Hoffnung. Angenommen, die Wahrscheinlichkeit des Auftretens eines gegen ein einziges dieser Medikamente resistenten Bazillus wäre eins zu einer Million, dann wäre die Wahrscheinlichkeit des Auftretens eines gegen zwei Medikamente in Kombination resistenten Bakteriums 1 : 1,000.000 Millionen, und gegen drei in Kombination 1 : 1,000.000 Million Millionen. Der British Medical Council begann deshalb eine weitreichende Untersuchungsserie zur Bestimmung der richtigen Kombination und Dosierung von Medikamenten, um das Auftreten von resistenten Stämmen zu verhindern.[9] Ein weiterer Großversuch in Indien zeigte keinen Unterschied im Heilungsfortschritt bei Patienten, die sich in Sanatorien erholten, und solchen, die zu Hause ihr normales Leben lebten. Diese Ergebnisse führten schrittweise zur Schließung der Tuberkulosesanatorien auf der ganzen Welt, auch in Davos, dem Schauplatz des *Zauberbergs* von Thomas Mann. Sie alle sind schon längst Hotels geworden.

Die Großversuche des Medical Research Council wurden nach statistischen Analysen von Bradford Hill und später von Ian Sutherland durchgeführt. Sie waren für die fast gänzliche Ausrottung der Tuberkulose in Industrieländern und vielen Entwicklungsländern entscheidend. Sie waren die ersten, die die Wirksamkeit der Behandlung frei von menschlichen Vorurteilen und genau nach strengsten mathematischen Kriterien bewerteten, und sie verhalfen zur Wandlung der klinischen Praxis von Kunst zur Wissenschaft.

Bis 1980 war das jährliche Auftreten neuer Tuberkuloseerkrankungen, nicht die Sterblichkeit, in den westlichen Industrienationen auf eine Wahrscheinlichkeitsrate von eins zu zehntausend gesunken. Aber nur zehn Jahre später warnten das Center for Disease Control in Atlanta, Georgia, nicht nur vor dem erneuten Auftreten von Tuberkulose, sondern stellten auch fest, daß diese Krankheit in den Vereinigten Staaten außer Kontrolle sei. Es gab bis 1991 allein in New York 4000 neue Tuberkulosefälle. Man hält AIDS für die Hauptursache. Viele Menschen, und auch ich, sind in ihrer Kindheit an Tuberkulose erkrankt, wurden geheilt und sind seither immun dagegen. Aber offensichtlich überleben die Tuberkelbazillen in unserem Narbengewebe viele Jahre oder sogar Jahrzehnte lang, und wir sind nur solange davor geschützt, als sie von unserem Immunsystem unter Kontrolle gehalten werden. Sobald dieses von AIDS zerstört wird, erwachen die schlafenden Bazillen zu neuem Leben.

Eine weitere Infektionsquelle entsteht durch die Immigration aus Entwicklungsländern, wo die Tuberkulose nie ausgerottet worden ist. 1990 berichteten das Center for Disease Control im Vergleich zu einheimischen Amerikanern eine 13fache Häufigkeit der Erkrankung an Tuberkulose unter Ausländern. Alan M. Kraut beschreibt in seinem Buch mit dem Titel *Silent Travelers*, daß die Anzahl aktiver Tuberkulosefälle in New York von 2545 im Jahre 1989 auf 3.673 im Jahre 1991 gestiegen ist. Die Häufigkeit stieg um 56 Prozent unter Afro-Amerikanern, um 52,3 Prozent unter spanischen Einwohnern und um 46.9 Prozent unter Asiaten im Vergleich zu einer Häufigkeit von 13,2 Prozent unter einheimischen Weißen.

Insgesamt stieg die Häufigkeit in den Vereinigten Staaten zwischen 1989 und 1990 um fast 10 Prozent an, aber liefert keinen Beweis dafür, daß neue Einwanderer für diese Steigerungsraten verantwortlich sind. In London hat einer von fünfzig Obdachlosen Tuberkulose, dies ist jedoch hauptsächlich die Folge der Armut und nicht unbedingt AIDS zuzuschreiben. Schlechte Ernährung und ihre exponierte Lage machen Obdachlose für Infektionen anfällig. Das Schlafen in überfüllten Unterkünften fördert die Infektionsgefahr, und das Umherziehen von infizierten Personen zwischen verschiedenen Unterkünften fördert die Verbreitung.

In jüngster Zeit wurde festgestellt, daß die Bazillen von Patienten gegen alle normalerweise verwendeten Medikamente und Antibiotika oft deshalb resistent sind, weil Patienten die verschriebene Langzeiteinnahme einer Kombination von Medikamenten nicht einhalten,[10] d.h. sechs Monate lang Isoniazid, Rifampizin und Pyrazinamid einzunehmen, was für die Heilung unumgänglich ist. Andere behandeln sich in Ermangelung besseren Wissens selbst mit einem einzigen Medikament gegen Tuberkulose, das in manchen Ländern in Apotheken frei erhältlich ist, oder es wird ihnen von inkompetenten Ärzten eine unzureichende Medikamentenbehandlung verschrieben. In den Vereinigten Staaten können ungefähr fünfzig Prozent der gegen übliche Medikamente resistenten Tuberkulosefälle trotzdem durch eine spezielle Kombination von Medikamenten geheilt werden, allerdings zu Kosten von $ 200.000 pro Patient. Stephen E. Weis und andere berichten, daß Resistenz gegen Medikamente und Rückfälle unter Tuberkulosepatienten in erster Linie dem Nichteinhalten der verschriebenen Medikamenteneinnahme zuzuschreiben sind, und daher durch eine direkte Überwachung der Behandlung durch die örtlichen Gesundheitsbehörden drastisch reduziert werden könnten. In einem Großversuch in Tarrant County, Texas, reduzierte die direkte Überwachung der Therapie die Rückfallsquote von 20,9 auf 5,5 Prozent, obwohl viele der Patienten Alkoholiker, Drogenabhängige, Obdachlose oder psychiatrische Fälle waren.[11] Kraut empfiehlt zur Bekämpfung der weiteren Ausbreitung der Krankheit nicht nur in New York, sondern in den gesamten Vereinigten Staaten, rigorose Maßnahmen des öffentlichen Gesundheitsdienstes. Andere plädieren für weltweite Aufklärungskampagnen.

K. M. Citron am Brompton-Krankenhaus in London schrieb, daß „die BCG-Impfung von Neugeborenen normalerweise vor schweren Tuberkuloseerkrankungen schützt, sie ist sicher und billig und sollte in allen Entwicklungsländern, wo Tuberkulose am häufigsten vorkommt, angewendet werden".[4] Viele Berichte bestätigen, daß diese Impfung bei Kindern vor Tuberkulose und auch vor Meningitis schützt. Andere halten eine intensive Suche nach neuen Impfstoffen zum weltweiten Schutz von Erwachsenen und Kindern für die allerwichtigste Aufgabe. Molekularbiologen versuchen die Herstellung verbesserter Impfstoffe unter Einsatz der rekombinanten DNA-Technologie.

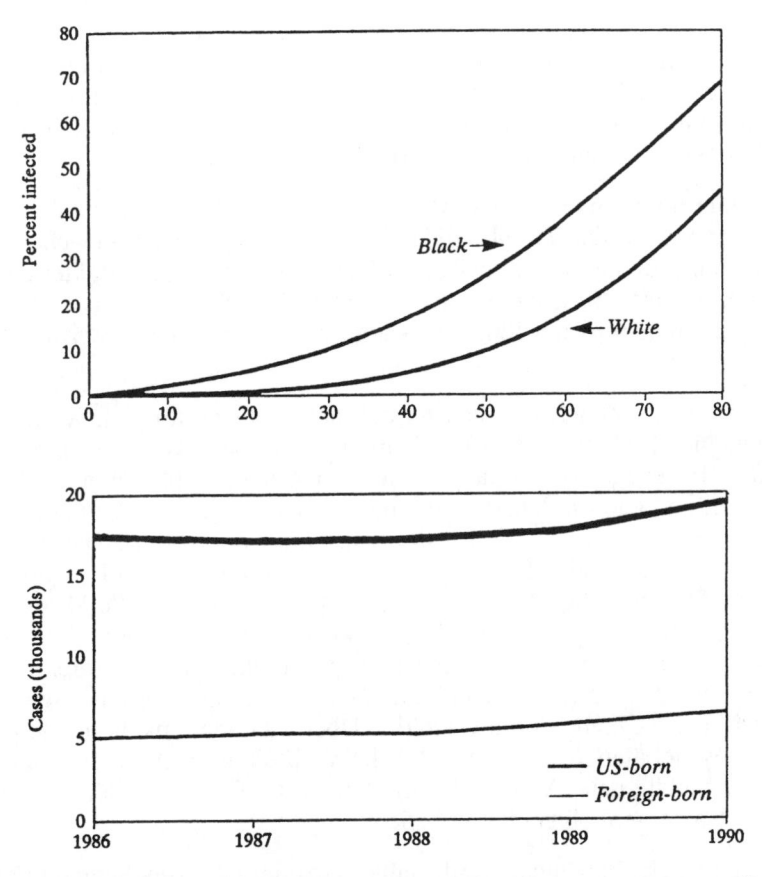

Abb. 1. Tuberkuloseinfektionen in den Vereinigten Staaten. Prozentsatz von Personen, die zu einem beliebigen Zeitpunkt in ihrem Leben mit Tuberkulose infiziert wurden und nun immun sind (*oben*), und Häufigkeit der Tuberkulose unter in den USA geborenen und im Ausland geborenen Fällen zwischen 1986 und 1990 (*unten*). Zu beachten ist, daß der Prozentsatz der im Ausland geborenen Fälle nicht dramatisch angestiegen ist. Quelle: B. R. Bloom und C. J. L. Murray, 1992, „Tuberculosis: Commentary on the Re-emergent Killer," *Science* 257: 1055-1064.

Alexander Pope gab folgenden Rat:

*Be not the first by whom the new are tried,
Nor yet the last to lay the old aside.*

*(Sei nicht der erste, der Neues versucht,
noch sei der letzte, der Altes zur Seite legt.)*

Die meisten Ärzte aus Ryans Schilderungen haben wohl der ersten Zeile mehr Beachtung geschenkt als der zweiten. Die viel kritisierten Arzneimittelhersteller kommen gut weg. Domagk suchte viele Jahre vergeblich nach aktiven Verbindungen, trotzdem stellte ihm das Management der I. G. Farben umfangreiche Ressourcen zur Verfügung. Sie erzielten weder mit Prontosil einen Gewinn, da die aktive Komponente sich als Splitterprodukt des Farbstoffes herausstellte, noch mit Conteben, da die siegreichen Alliierten ihre Patentrechte konfiszierten. George Merck übergab seine internationalen Patentrechte für die Herstellung von Streptomycin an die Universität Rutgers. Folglich konnte jede Firma es unter Bezahlung von Tantiemen an Rutgers produzieren. Ferrosan beschäftigte nur 75 Mitarbeiter, als mit der Synthese von PAS begonnen wurde, die sich als mühsam und unwirtschaftlich herausstellte, bis schließlich ein in der Firma angestellter Chemiker eine rasche und billige Herstellungsmethode erfand. Das Wagnis hat sich bezahlt gemacht. Bis 1964 verkaufte die Firma 3000 Tonnen pro Jahr.

Ryan erinnert uns in seinem Buch, wie gefährlich unser Leben vor der Entdeckung der Antibiotika war, als ein Schnitt in den Finger oder ein weher Hals tödlich sein konnte, und er betont, daß unser Kampf gegen tödliche Bakterien kaum je endgültig gewonnen sein kann, weil die natürliche Selektion zu einer Vervielfachung mutierender Arten führt und damit unsere besten Abwehrmechanismen außer Kraft setzt.

Gegen Antibiotika resistente Mikroorganismen sind für viele Krankenhäuser ein allgemeines Problem geworden. Darunter sind hämolytische Streptokokken, die Kindbettfieber und Wundinfektionen verursachen, Staphylokokken, die Ursache für Eiter, und Klebsiellen, die für eine besonders virulente Art der Lungenentzündung verantwortlich sind. Penizillin-resistente Gonorrhö tritt häufig in Afrika und Südostasien auf und trifft einen von zehn Fällen im United Kingdom. In den Vereinigten Staaten ließen Nachlässigkeit und geringe finanzielle Mittel das einst großartige öffentliche System zur Überwachung von übertragbaren Krankheiten in sich zusammenbrechen, so daß neue und antibiotikaresistente Infektionen sich unerkannt und unregistriert verbreiten können. Das Center for Disease Control in Atlanta will diesen Trend durch verstärkte Überwachung umkehren und plant den Einsatz eines globalen Warnsystems für die Verbreitung von Krankheiten.[12] Auch müssen wir ständig neue Antibiotika und Impfstoffe finden, wollen wir nicht, daß Ryans Helden vergeblich gekämpft haben.

Als Domagks Leben dem Ende nahte, sagte ihm der Biochemiker Otto Warburg, ihm gebührten in jedem Tal und auf jedem Berg Denkmäler. Domagk erwiderte, niemand sei mehr an Krankheiten interessiert, die geheilt werden können. Tuberkulose ist nicht mehr auf der Liste dieser heilbaren Krankheiten. Sie stellt eine erneute tödliche Gefahr für die Menschheit dar,[13] nicht nur in der Dritten Welt, wo sie die Haupttodesursache ist, sondern überall auf der Welt.

Anmerkungen und Literaturhinweise
Vergessene Pest

[1] Dies wurde bereits 1865 von Jean Antoine Villemin bewiesen, der den Eiter von Menschen auf Kaninchen übertrug, die dann an Tuberkulose erkrankten. *Comptes Rendus des l'Académie des Sciences 61* (1865). p. 1012.

[2] Dubos R. J. und Dubos J. 1953. *The white plague: tuberculosis, man and society.* Gollancz, London.

[3] d'Arcy Hart P. und Sutherland I. 1977. BCG and vole bacillus vaccines in the prevention of tuberculosis in adolescence and adult life. *Britisch Medical Journal* 2: 293-295.

[4] Citron K. M. 23. Januar 1993. BCG vaccination against tuberculosis; international perspectives. *British Medical Journal* 306: 222.

[5] Colebrook L. 1964. Gerhard Domagk. *Biographical Memoirs of Fellows of the Royal Society* 10: 39-50.

[6] Colebrook L. 1964. Gerhard Domagk. *Biographical Memoirs of Fellows of the Royal Society* 10: 40. 7 Feldman W. H. 1964. Streptomycin: some historical aspects of ist development as a chemotherapeutic agent in tuberculosis. *American Review of Tuberculosis* 69: 850-868.

[8] Waksman S. 1958. *My life with microbes.* The Scientific Book Club, London.

[9] 19. Februar 1955. *British Medical Journal* 1: 435-445. Planung und Durchführung des Großversuchs wurde von folgenden Wissenschaftlern des Medical Research Council durchgeführt: Philip d'Arcy Hard, Wallace Fox, Marc Daniels, Dennis Mitchison und Ian Sutherland. Der in diesem Bericht dokumentierte Großversuch umfaßte 558 Patienten in 51 Spitälern des National Health Service.

[10] Zwischen 1986 und 1990 haben 46,4 Prozent der Tuberkulosepatienten in New York die verschriebene Chemotherapie über sechs Monate nicht eingehalten.

[11] 28. April 1994. The effect of directly observed therapy on rates of drug resistance and relapse in tuberculosis. *New England Journal of Medicine.* 1179-1184. Dieselbe Ausgabe enthält auch einen Bericht über einen kürzlich an der Rockefeller-Universität abgehaltenen Versuch über pathogene Bakterien, die gegen mannigfache Antibiotika resistent sind, mit Empfehlungen zur Vermeidung des Auftretens solcher Bakterien.

[12] Siehe die ausführliche Besprechung über die Resistenz gegen Antibiotika in *Science* (15. April 1994) pp. 360-393.

[13] Bloom B. R. und Murray C. J. L. 1992. Tuberculosis: commentary on a re-emergent killer. *Science* 257: 1055-1064. Es ist dies ein ausgezeichneter und kompetenter Bericht zur derzeitigen Situation in den Vereinigten Staaten und in der ganzen Welt.

Große Flöhe haben kleine Flöhe ...*

Die ersten Vorstellungen der Molekularbiologie wurden von zwei hervorragenden Physikern entwickelt, Max Delbrück und Francis Crick. Sie verdanken ihren Ruf einer kleinen Zahl grundlegender Arbeiten und ihren Einfluß ihrer lebhaften Phantasie und scharfen Argumentationskraft.

Delbrück begann seine wissenschaftliche Laufbahn mit Otto Hahn und Lise Meitner, die ihn als Theoretiker engagierten, um ihren Beschuß von Uran mit Neutronen besser interpretieren zu können. Delbrück bemerkte nicht, daß sie den Urankern in zwei Teile gespalten hatten, aber er benutzte die bei ihnen erlernte Zieltheorie für die Interpretation der Arbeit an der Bestrahlung von Fruchtfliegen mit Röntgenstrahlen des russischen Genetikers Timoféeff-Ressowski. Er errechnete die zur Produktion einer genetischen Mutation der Fliegen benötigte Anzahl von Röntgennquanten. Daraus konnte er ableiten, daß die Größe des Ziels auf den Chromosomen der Fliegen der Größe eines einzigen großen Moleküls entsprach, das nicht mehr als ein paar hundert Atome enthielt. Dies war der erste experimentelle Beweis für die Größe eines Gens. Obwohl sich seine Schätzung als falsch herausstellte, weil er die indirekt durch die Erzeugung von freien Radikalen im umgebenden Medium verursachten Wirkungen nicht beachtete, erhielt er mit Hilfe dieser Arbeit ein Rockefeller-Stipendium für ein Studium in Pasadena. Auch inspirierte er damit Schrödinger, sein Buch *What is Life?* zu schreiben, wo er das Gen als Molekül mit einer aperiodischen Struktur voraussagte. Und er beeinflußte damit einen jungen Mediziner im Labor Enrico Fermis in Rom, sich zur Arbeit mit Delbrück über die Natur des Gens zu entschließen. Sein Name war Salvadore Luria.

Delbrück kam durch eine Vorlesung von Niels Bohr, „Licht und Leben", zur Biologie. Bohr sagte voraus, daß das Studium des Lebens auf atomarer Ebene zu einem ähnlichen Paradoxon führen würde wie die durch atomare Spektren hervorgerufene paradoxe Situation, die nur durch die neue Quantenmechanik gelöst werden konnte:

> Die Existenz des Lebens muß als elementare Tatsache betrachtet werden, die nicht erklärt werden kann, sondern die als Startpunkt der Biologie angesehen werden muß, ähnlich wie das Wirkungsquant, das auf Grund der klassischen mechanischen Physik als ein irrationales Element erscheint, aber zusammen mit der Existenz der elementaren Partikel die Grundlage der Atomphysik bildet. Die behauptete Unmöglichkeit einer physikalischen oder chemischen Erklärung der Lebensfunktion wäre ... die gleiche wie die Unzulänglichkeit der mechanischen Analyse für das Verständnis der Stabilität der Atome [Niels Bohr, *Nature* 131, 458 (1933)].

Delbrück selbst hat die Suche nach dieser „elementaren Tatsache des Lebens" sein einziges Motiv für alle seine Arbeiten genannt. Er hätte wohl auf Linus Pauling hören sollen, mit dem er eine gemeinsame Arbeit veröffentlichte. Pauling

---

* Zum Buch *Licht und Leben: Ein Bericht über Max Delbrück, den Wegbereiter der Molekularbiologie* von Peter Fischer (Konstanz, Deutschland; Universitätsverlag Konstanz).

wußte, daß die Wasserstoffbindung für die meisten biochemischen Reaktionen verantwortlich ist, ohne neue „elementare Tatsachen" ins Spiel bringen zu müssen.

1937 verließ Delbrück eher aus wissenschaftlichen Gründen als auf Grund von Ideologie oder Rasse Berlin und ging ans Labor von T. H. Morgan am California Institute of Technology. Er hoffte, die Genetik der Fruchtfliege *Drosophila* auf einfache physikalische Grundsätze zurückzuführen, war aber enttäuscht, keine quantitativ für theoretische Interpretationen ausreichenden Daten zu finden. Er wollte bereits aufgeben, als er entdeckte, daß im unteren Stockwerk desselben Hauses ein anderer Biologe, E. L. Ellis, an den Bakteriophagen in *Escherichia coli* arbeitete. Ein Blick auf Ellis' Plaques überzeugte Delbrück, daß der Bakteriophage das Wasserstoffatom der Biologie war, nach dem er gesucht hatte, und daß sein Studium letztlich zum „großen Paradoxon des Lebens" führen könnte. Er und Ellis entdeckten bald, daß ein einziger in einem Bakterium adsorbierter Phage sich „auf oder in" diesem Bakterium vervielfältigt, bis er unter Freisetzung von durchschnittlich 60 Phagennachkommen zerplatzt. Ein solcher Mechanismus war von d'Herelle vorgeschlagen, aber nie bewiesen worden, während andere dachten, sie hätten für das fortgesetzte Freisetzen von Phagen durch infizierte Bakterien Beweise. Durch klares Nachdenken und die Anwendung der einfachen Theorie des exponentiellen Wachstums öffneten Delbrück und Ellis die Phagengenetik. Zu Delbrück gesellte sich schon bald eine Schar enthusiastischer Jünger, die schließlich zu einer Phage-Schule erblühte und jeden Sommer in Cold Spring Harbor im Staate New York zusammenkam.

1938 erhielt Salvadore Luria ein Stipendium der italienischen Regierung, um mit Delbrück in Pasadena zu arbeiten, aber dieses wurde durch die Rassengesetze von Mussolini annulliert, weil er Jude war, und erst im September 1940 gelangte Luria – allerdings als Flüchtling – nach New York. Er suchte Delbrück auf, der Instruktor an der Universität Vanderbilt, Tennessee, geworden war. Sie arbeiteten zuerst gemeinsam an der Interferenz von zwei bakteriellen Viren am selben Wirt, wo Delbrück etwas zu finden hoffte, was dem Äquivalenzprinzip von Pauli in der Physik entsprach.

Die Arbeit, für die ihnen 26 Jahre später der Nobelpreis verliehen wurde, entstand im Jahre 1942, nachdem Luria in Bloomington, Indiana, Arbeit gefunden hatte. Luria wollte entdecken, ob die bakterielle Widerstandsfähigkeit gegen Phage-Infektionen von einer angepaßten Veränderung, wie viele dachten, verursacht wurde, oder ob sie aus Mutationen entstand. Er war über das extreme Schwanken der Anzahl von resistenten Bakterien in verschiedenen Kulturen desselben Organismus überrascht, bis ihm die korrekte Erklärung eines Nachts beim Tanzen dämmerte, als er einen Spielautomaten betrachtete. Wenn der Wechsel von Anfälligkeit auf Widerstandsfähigkeit zufällig auf Grund von Mutationen geschah, dann würde eine im frühen Leben einer Kultur stattfindende Mutation zu einem großen Klon resistenter Bakterien führen, während alle später stattfindenden Mutationen nur kleine Klone hervorrufen würden. Luria schrieb an Delbrück, um ihm seine Idee mitzuteilen. Delbrück setzte sie mathematisch um und bewies eindeutig, daß die Verteilung resistenter Bakterien in Lurias verschiedenen Kulturen nur damit zu vereinbaren waren, daß sie von zufälligen Mutationen verursacht wurden, und daß diese Mutationen mit einer konstanten Häufigkeit von $2,45 \times 10^{-8}$ pro bakterieller

Teilung auftraten. Diese Ergebnisse eröffneten das neue Gebiet der Bakterien-Genetik. So wie ihre früheren Ergebnisse über Phage, hatten Delbrück und Ellis hier nichts entdeckt, was nicht schon Jahre vorher hätte entdeckt werden können; es fehlte nur der klare Gedanke.

Ökologisch gesehen, zieht ein neuer Lebensraum sofort Mengen an. Delbrück konnte den vielen nun in der Phagengenetik arbeitenden Wissenschaftlern entkommen, indem er sich auf das Gebiet des Phototropismus des Pilzes *Phycomyces* verlegte, und hoffte, daß wiederum einfache Experimente und klares Denken ihm zu einem Durchbruch verhelfen könnten. Doch auch zwanzig Jahre Arbeit konnten ihn einer Lösung dieses schwierigen Problems nicht näher bringen.

Delbrück war ein deutscher Romantiker auf der Suche nach dem heiligen Gral, Bohrs „elementarer Tatsache des Lebens". Jenen, die die Funktionsweisen von großen biologischen Molekülen mit einfachen chemischen Gesetzen erklären wollten, erschien der Glaube von Bohr und Delbrück so etwas wie ein mystisches Prinzip, wie der Vitalismus. Delbrück stand neuen Arbeiten oft skeptisch gegenüber. Zum Beispiel lehnte er die Ein-Gen-ein-Enzym-Hypothese von Beadle und Tatum deshalb ab, weil sie nicht durch Versuchsreihen widerlegt werden konnte. Er bezeichnete die Lysogenie von Lwoff als „Nichtphänomen" und akzeptierte nicht die semikonservative Replikation von DNA, die Meselson und Stahl bewiesen. Delbrück wollte dem Beispiel seiner beiden großen Lehrer folgen, indem er Bohrs Einsichten mit Paulings ätzender Kritik verband, oder – wie er selbst sagte – indem er Gott und Mephisto gleichzeitig sein wollte. Aber ich habe den Eindruck, daß Delbrück eigentlich jeden Fortschritt ablehnte, der die erhabene „elementare Tatsache" weiter aus seinem Blickfeld rückte.

Gefährliche Druckfehler*

Die berühmte Doppelhelix von Watson und Crick zeigte, wie die genetische Information auf die DNA geschrieben wird und wie sie bei jeder Zellteilung kopiert wird. Einige Jahre danach entschlüsselten Wissenschaftler den genetischen Code. Fallweise, d. h. eigentlich sehr selten, passiert beim Kopieren der in einem Gen enthaltenen Information ein Fehler. Und noch seltener zeigt sich ein solcher Fehler in einer Fehlfunktion oder im kompletten Fehlen des von diesem Gen spezifizierten Proteins und verursacht eine Erbkrankheit. Ein solcher Fehler trat bei Königin Victoria auf, die das Gen für Hämophilie in sich trug, das bei einigen ihrer männlichen Nachkommen als Fehlfunktion des zur Gerinnung des Blutes notwendigen Proteins in Erscheinung trat. So verbluteten einige dieser Männer zu Tode.

Dank der Entdeckungen im Laufe vieler Jahre konnten die für Hämophilie und andere Erbkrankheiten verantwortlichen Gene kartographiert werden. Die Geschichte begann mit einer scheinbar unbedeutenden Beobachtung im Jahre 1952 durch Jean Weigle, einem Schweizer Biologen in Kalifornien. Weigle wunderte sich über ein Virus, das in einem Strang von Kolibakterien gedieh, dann in einem anderen eng verwandten Strang fast zum Erliegen kam, sich aber auf mysteriöse Art wieder komplett regenerierte. Jahre später beschloß ein anderer Schweizer Biologe, Werner Arber, Weigles scheinbar triviale Beobachtung weiter zu verfolgen. Arber fand heraus, daß Weigles zweiter Strang das Wachstum des Virus eindämmte, weil er ein scherenförmiges Enzym in sich trug, das in seine DNA einschnitt. Nach einiger Zeit mobilisierte das Virus seine Abwehrkräfte gegen die bakterielle Schere und gedieh wie vorher. Das Enzym schnitt nicht zufällig in die DNA, sondern auf ein bestimmtes Stichwort, das wie 'Madam' von beiden Seiten gleichlautend ist, und das das Enzym offensichtlich erkannte.

Bis 1973 schien die Entdeckung Arbers keinen praktischen Wert zu besitzen. In diesem Jahr wollte der Biologe Daniel Nathans in Baltimore herausfinden, welche von einem Tumorvirus getragenen Gene tatsächlich das Wachstum von Tumoren verursachen. Er arbeitete zufällig im selben Labor wie Hamilton Smith, dem es gelungen war, ein dem Enzym Arbers ähnliches zu isolieren und rein herzustellen. Nathans borgte sich also von ihm etwas davon aus, um seine lange Virus-DNA-Kette in kürzere Stücke zu schneiden. Danach legte er die Teile auf einen Streifen nassen Löschpapiers und leitete elektrischen Strom durch. Auf Grund ihrer negativen Ladung wanderten die DNA-Teile zum positiven Pol. Die kleinsten Teile bewegten sich am schnellsten, die größeren blieben zurück. Nach Abschalten des Stroms formten die Teile ein nach ihrer Größe geordnetes Muster an Bändern. Jedes Band enthielt ein oder mehrere Gene. Eines davon enthielt das Tumorgen, wonach Nathans gesucht hatte. In Hinblick auf Weigles ursprüngliche Beobachtung nannte Smith sein Enzym Restriktionsenzym, und Nathans nannte das Muster der Bänder Restriktionskarte. Dies war ein einfacher Weg, Gene zu isolieren und DNA zu charakterisieren, und damit war die Geburtsstunde der rekombinanten DNA-Technologie angebrochen.

---

*) Zum Buch *Genome* von Jerry Bishop und Michael Waldholz (Touchstone).

Seit dieser Pionierarbeit haben Wissenschaftler Hunderte verschiedene Restriktionsenzyme aus Mikroorganismen isoliert, jedes davon schneidet die DNA bei verschiedenen Stichwörtern und in verschieden lange Teile, die unter elektrischem Strom verschiedene Restriktionskarten bilden. Diese Landkarten sind für jede Art charakteristisch, die Karten der Hunde-DNA sind anders als die der menschlichen DNA. Und – nicht alle menschlichen Karten sind genau gleich. Wissenschaftler fanden kleine Unterschiede in der Lage einzelner Bänder auf den von verschiedenen Personen erzeugten Karten. Das bedeutet, daß irgendwann in der Vergangenheit ein „Druckfehler" in der genetischen Information das Wort verschoben hat, das einem Restriktionsenzym das Stichwort zum Schneiden der DNA liefert. Diese harmlosen Druckfehler werden vererbt. Da ein Kind von jedem seiner Elternteile die Hälfte seiner DNA erbt, sind die Hälfte der Bänder jeder einzelnen Restriktionskarte vom Vater und die andere Hälfte von der Mutter ererbt.

Sehr selten tritt nun ein solcher harmloser Druckfehler, die Ursache für das Schneiden der DNA an einer anderen Stelle als dort, wo es bei den meisten Menschen beobachtet wird, bei einer Person auf, die zusätzlich an einer Erbkrankheit leidet, die wiederum von einem anderen, noch unbekannten Druckfehler verursacht wurde, den man erst finden muß. Wenn die Krankheit und der harmlose Druckfehler gleichzeitig vererbt werden, ist es sehr wahrscheinlich, daß letzterer am selben Chromosom auftritt wie der für die Krankheit verantwortliche Fehler. Dadurch kann man auf die Lage des krankhaften Gens schließen, aber nur dann, wenn man beweisen kann, daß der harmlose Druckfehler und die Krankheit in vielen betroffenen Familien über mehrere Generationen vererbt wurden.

Leonore Weber war eine gesunde, aktive Frau mittleren Alters, als sie plötzlich eine schreckliche Krankheit bekam, die das Gehirn angreift und schließlich tötet, nämlich Huntington Chorea. Anders als die zystische Fibrose ist Huntington Chorea auch dann tödlich, wenn sie nur von einem Elternteil vererbt wurde. Träger dieser Krankheit haben keine Ahnung, bis sie im mittleren Alter plötzlich zum Ausbruch kommt, vielleicht sogar erst, nachdem sie das fatale Gen bereits wieder einem ihrer eigenen Kinder weitergegeben haben. Mrs. Weber hatte eine Tochter, Nancy Wexler, die von ständiger Furcht geleitet wurde, sie könnte das tödliche Gen in sich tragen, aber schon bald erfuhr sie, daß es keine Möglichkeit gibt, dies festzustellen. Im Anbetracht dieser Situation gründete ihr Vater eine Stiftung zum Studium der Erbkrankheiten, und sie selbst mobilisierte Wissenschaftler, nach dem verantwortlichen Gen zu forschen.

Sie hörte von einer Gemeinde in einem abgelegenen Fischerort in Venezuela, wo Chorea Huntington häufig auftrat und als „El Mal" gefürchtet wurde. Nancy Wexler reiste dorthin, befreundete sich mit betroffenen Familien und organisierte Expeditionen, um die Häufigkeit des Vorkommens unter diesen festzustellen. Sie nahm Blutproben mit zurück nach Amerika zur DNA-Analyse und fand Wissenschaftler, die eifrig nach dem Gen forschten, obwohl die Chancen auf Erfolg sehr gering schienen.

Mit der Zeit waren 61 Wissenschaftler in vier amerikanischen und zwei britischen Laboratorien mit dieser Forschung beschäftigt. 1993 fanden sie das Gen und entdeckten die Natur des für die Krankheit verantwortlichen Druckfehlers. Es war ein Triumph, verursachte aber herzzerreißende Dramen, denn nun kann genetische Analyse beweisen, ob eine Person das fatale Gen geerbt hat, ohne jede Aussicht auf lindernde Behandlung oder Heilung. Wie Nancy Wexler sagte: „Wissen allein ist zuwenig Hilfe für das Leben. Es muß auch Hoffnung geben." Aber bis jetzt gibt es keine. Eine Frau, in deren Familiengeschichte die Krankheit vorkam, entschloß sich, sich dieser Untersuchung zu unterziehen, denn sie meinte: „Auch das Warten und Überlegen ist tödlich. Es tötet von innen." Als das Ergebnis negativ war, war sie von einer übergroßen Sorge erleichtert, aber als später ihr Bruder daran erkrankte, fühlte sie sich schuldig, daß sie selbst davongekommen war. Einige Menschen haben auch Selbstmord begangen, nachdem sie erfahren hatten, daß sie das Gen in sich tragen. Andererseits gibt diese Untersuchung vielen betroffenen Paaren Anlaß zu unermeßlicher Freude, wenn ihr noch ungeborenes Kind als von diesem Gen nicht betroffen diagnostiziert wird.

Eine Reihe aufregender wissenschaftlicher Abenteuer führte zur Entdeckung der Gene anderer Erbkrankheiten: Myodystrophie, zystische Fibrose, Retinoblastom (ererbter Augenkrebs) und Tay-Sachs-Erkrankung, eine vererbte Degeneration des Gehirns kleiner Kinder, eine unter Westjuden häufige Krankheit. Wissenschaftler haben auch Gene lokalisiert, die eine Neigung mancher Menschen zu Krankheiten verursachen, wie zu kolorektalem Karzinom, Lungen- oder Brustkrebs und zu Herz-Kreislauf-Erkrankung, manischer Depression, Schizophrenie oder Alkoholismus, aber diese genetische Neigung ist nur bei einem geringen Teil betroffener Personen die Ursache für solche Krankheiten. Einige dieser Krankheiten treten bei Vererbung durch einen Elternteil auf, andere nur bei Vererbung durch beide Elternteile. Einige werden von Fehlern in einzelnen Genen verursacht, während andere nur ausbrechen, wenn zwei oder mehr Gene betroffen sind, oder wenn bestimmte Verhaltensweisen, wie Rauchen oder ungesunde Ernährung, mit einer genetisch bedingten Neigung zusammentreffen.

Es gibt heute Methoden, um das Vorhandensein eines einzigen solchen Gens in einer einzigen menschlichen Zelle festzustellen. Es kann sich dabei um eine Zelle handeln, die sich nach mehreren Teilungen von einem befruchteten Ei losgelöst hat, oder aus der Membran, der einen acht Wochen alten Embryo umgibt, oder es kann sich um ein weißes Blutkörperchen eines erwachsenen Menschen handeln. Die von einer solchen genetischen Analyse kommende Information kann über die zukünftige Gesundheit, Lebenserwartung und geistige Stabilität eines Menschen Auskunft geben. Die Wissenschaft hat uns diese weitreichenden neuen Möglichkeiten gegeben, noch bevor deren volle Bedeutung durchdacht werden konnte.

In den Vereinigten Staaten haben Ärzte und Wissenschaftler die Sorge, daß wirtschaftlicher Druck und Angst vor Schadenersatzforderungen einer genetischen Routineuntersuchung Tür und Tor öffnen könnten, noch bevor diese ausreichend verläßlich ist, auch bevor medizinische Berater ausreichend geschult wurden, die reichlich komplizierten Ergebnisse zu erklären, und noch bevor die Öffentlichkeit mit den Elementen der menschlichen Genetik und statistischer Wahrscheinlichkeit vertraut gemacht worden ist. Genetische Untersuchungen könnten Ungerechtigkeiten verursachen. Unternehmer könnten die Anstellung von Männern mit einer genetischen Neigung zu Alkoholismus ablehnen, weil sie nicht verstehen, daß vier Fünftel aller Menschen mit einer solchen genetischen Neigung nie Alkoholiker werden und daß nur ein Viertel aller Alkoholiker eine genetische Neigung zu diesem Suchtverhalten hat. Eltern könnten bedrängt werden, Ungeborene mit genetischen Neigungen zu Alkoholismus oder manischer Depression abzutreiben, indem man außer Acht läßt, daß zum Beispiel Ernest Hemingway Alkoholiker war und Virginia Woolf manisch-depressiv, Dostojewski Epileptiker war und Lincoln wahrscheinlich an einer ererbten Bindegewebsschwäche litt. Große Errungenschaften gehen nicht immer mit guter Gesundheit Hand in Hand.

Genuntersuchungen könnten dort von Nutzen sein, wo sie sich auf die häufigsten lebensbedrohenden Krankheiten beschränken, oder auf Fälle, wo in der Familiengeschichte Erbkrankheiten vorkommen. Sonst enden wir wohl in einer Gesellschaft genetischer Hypochonder. α_1-Antitrypsinmangel ist ein vererbter Fehler, der Menschen für Emphyseme anfällig macht, besonders wenn diese Raucher sind. Vor einigen Jahren beschloß die schwedische Regierung, daß durch eine Untersuchung Neugeborener auf diese Mangelerscheinung viel Krankheit verhindert werden könnte, wenn man die Eltern betroffener Babys anhielt, diese vor dem Rauchen zu warnen. Tatsächlich aber verursachte gerade diese Untersuchung eine hohe Rate an durch Schuldgefühle verursachten psychosomatischen Krankheiten, gegenseitige Beschuldigungen zwischen Ehepartnern und Streitereien mit angeheirateten Verwandten, daß sie das schlechte Gen in die Familie eingeschleppt hätten. Schließlich mußte die schwedische Regierung diese Routineuntersuchungen aufgeben.

Kann der Nutzen von Genuntersuchungen deren Nachteile aufwiegen? Ich denke, daß die genaue Kenntnis der menschlichen Erbinformation das Leiden der Menschen insgesamt reduzieren wird, teilweise auf Grund der diagnostischen Möglichkeiten und teilweise, da diese Kenntnis auch unser Wissen über Krebs und andere nicht ansteckende Krankheiten vertiefen wird. Mit der Zeit wird es so auch bessere Behandlungsmethoden geben. Die Gefahren für die Gesellschaft sind wirklich, können aber durch kluge Gesetzgebung in ihre Schranken verwiesen werden. Die in das Genomprojekt investierten Milliarden Dollar werden wahrscheinlich nur den Menschen der reichen Welt, die ohnehin sehr gesund sind, zugute kommen, werden aber für die große Mehrheit der Menschen in der armen Welt keine Erleichterung ihrer Behinderungen und tödlichen Parasitenkrankheiten bringen, die die wirkliche Geißel der Menschheit sind. Dafür wird nur wenig Geld ausgegeben, und niemand hat hier mit lautem Ruf Wissenschaftler zum Handeln aufgerufen.

Tödliches Erbe*

Dies ist die Geschichte eines jüdischen Kinderarztes an der Harward Medical School in Boston, der Dayem, einem kleinen Araberjungen aus dem Iran, der an einer ererbten tödlichen Anämie litt, das Leben rettete. 26 Jahre lang behandelte David Nathan diesen Buben, bis aus einem grotesk verkrüppelten Zwerg ein gutaussehender, aktiver und unabhängiger Geschäftsmann wurde, der das Leben genoß.

Dayem leidet an Thalassämie, einer durch die fehlerhafte Synthese von Hämoglobin verursachte Krankheit. Hämoglobin ist das Protein der roten Blutkörperchen, das den Sauerstoff aus den Lungen in die Gewebe transportiert und die Rückfuhr des Kohlendioxids aus den Geweben in die Lungen unterstützt. Seine roten Zellen enthielten zu wenig Hämoglobin, und noch dazu wurde dieses wenige Hämoglobin leicht ausgefällt und führte zur vorzeitigen Zerstörung der Zellen. Dadurch litt sein Körper an chronischem Sauerstoffmangel. Rote Blutkörperchen leben durchschnittlich 120 Tage und werden ständig durch neue ersetzt, die im Knochenmark wachsen. Als Reaktion auf diesen Sauerstoffmangel produzierte das Knochenmark in Dayems Körper die doppelte Menge an roten Blutkörperchen und vergrößerte sich auf Kosten der es umgebenden Knochenmasse. Als Dayem im Alter von 6 Jahren zu Nathan in die Klinik kam, hatte er den Körperbau eines Zweijährigen und hatte bereits mehrfache Brüche seiner fragilen Knochen erlitten. Sein Hämoglobin erreichte nur ein Zehntel der normalen Menge, d.h. es war unter dem allgemein angenommenen lebensnotwendigen Minimum, sein Puls raste und er war außer Atem. Doch Dayem kam in Begleitung seiner Eltern und seiner beiden gesunden jüngerer Brüder mit kräftigen Schritten und zuversichtlich herein und brachte alle Leute schnell zum Lachen.

Sie waren aus Lissabon gekommen, wo Dayems Vater ein Geschäft führte. Zuvor hatten sie auch den führenden europäischen Spezialisten in Zürich konsultiert, der Dayems Eltern mitteilte, daß er nur durch regelmäßige Bluttransfusionen am Leben bleiben könnte, daß aber der darin enthaltene Eisenüberschuß seine Leber und Nieren vergiften würde, und er auch daran sterben würde. Es gab die schwache Hoffnung, daß sein Körper auf den Mangel an Hämoglobin mit der Produktion eines anderen Hämoglobins, das normalerweise im Fötus vorkommt, reagieren würde, und dieses embryonale Hämoglobin könnte Dayem ohne Transfusionen am Leben erhalten. An diese Möglichkeit hatten sich Dayems Eltern gehalten, bevor sie Nathan mit ihm aufsuchten. Dies hielt ihn auch – gerade noch – am Leben.

Nathan stellte sich nun die zweifache Aufgabe, einerseits Dayem vor dem sicheren Tod zu retten, und andererseits seinen Eltern die Schuldgefühle zu nehmen, daß sie ihrem Kind eine solch schreckliche Krankheit vererbt hatten. Er überredete sie, daß Dayem regelmäßige Bluttransfusionen erhalten mußte, um zu wachsen und keine weiteren Knochenbrüche zu erleiden, und teilte ihnen seine Hoffnung mit,

---

*) Zum Buch *Genes, Blood, and Courage: A Boy Called Immortal Sword* von David G. Nathan (Harvard University Press).

daß die Forschung den Eisenüberschuß in den Griff bekommen würde. Zur Milderung ihrer Schuldgefühle erzählte er ihnen, wie sich die für Thalassämie verantwortlichen genetischen Mutationen unter Arabern und anderen Menschen, die in Malariagebieten lebten, verbreitet haben.

Thalassämie ist eine rezessiv vererbbare Krankheit. Träger eines einzigen fehlerhaften Hämoglobingens bleiben gesund. Wenn zwei Träger eines solchen Gens heiraten, würde ein Viertel ihrer Kinder anämisch werden, weil sie von beiden Eltern fehlerhafte Hämoglobingene geerbt haben. Aus noch immer nicht genau geklärten Gründen sterben Babys, die ein fehlerhaftes Hämoglobingen geerbt haben, weniger häufig an Malaria, als Babys mit normalen Hämoglobingenen. Deren größere Überlebenschance wiegt bei weitem die Todesfälle von Kindern mit zwei fehlerhaften Hämoglobingenen auf. Die natürliche Selektion hat daher zu einer Anhäufung der Thalassämie in Gegenden mit häufigem Malariavorkommen geführt. In früheren Zeiten, als es noch keine Bluttransfusionen gab und Malaria im Mittleren Osten weit verbreitet war, würden sie also als Eltern mit defekten Hämoglobingenen gesündere Kinder bekommen haben als mit normalen Hämoglobingenen. Deshalb sollten sie Dayem gegenüber keine Schuldgefühle haben.

1968, als Dayem nach Boston kam, bot eine Knochenmarkstransplantation bei guter Verträglichkeit mit dem Spender eine Chance auf Heilung der Thalassämie, war aber mit hohen Risiken verbunden. Heute ist die Todesgefahr stark gesunken, versetzt aber betroffene Eltern noch immer in schwere Gewissenskonflikte. Der Autor schreibt:

> In der Kinderheilkunde müssen Eltern im Namen ihres geliebten Kindes die Entscheidung zur Annahme oder Ablehnung einer bestimmten Therapie treffen. Wenn sich diese Entscheidung als falsch herausstellt, werden die Eltern von Schuldgefühlen zermürbt. Aus diesem Grund muß der Arzt die Eltern, sobald sie ihre Entscheidung getroffen haben, überzeugen, daß er damit vollkommen einverstanden ist. Er muß die Last der Entscheidung von den Schultern der Eltern nehmen und sie dorthin plazieren, wohin sie gehört, nämlich auf seinen eigenen Rücken. Trotzdem aber darf er den Eltern die erste Entscheidung nicht wegnehmen.

Für Dayem stellte sich dieses Dilemma gar nicht, denn das Knochenmark seiner Brüder war mit seinem nicht verträglich. Zuerst sprach er auf die regelmäßigen Transfusionen gut an, aber nach einigen Jahren kam im Verlauf einer Grippe die Krise, die nur durch die Entfernung seiner stark vergrößerten Milz bewältigt werden konnte. Trotzdem entwickelte Dayem Symptome für schweren Eisenüberschuß, die Nathan mit einem neuen Medikament behandelte, Desferal, das nach der Injektion Eisen bindet und über die Nieren abbaut. Dayem erhielt ab einem Alter von 12 Jahren täglich Desferalinjektionen, die wohl die Symptome heilten, aber sehr schmerzhaft waren. Er haßte sie. Als Teenager entzog er sich der Kontrolle seiner Mutter und lehnte sich auf, zuerst gegen sein abstoßendes Gesicht, das mittels plastischer Chirurgie korrigiert werden konnte, aber sobald er mit seinem neuen Gesicht für Mädchen akzeptabel wurde, gab er sich einem sorglosen Leben hin, verwarf alle Warnungen und vergaß das Desferal, bis er schließlich zweimal mit Herzversagen ins Kinderspital zurückgebracht wurde, und man ihm sagte, daß ein dritter Anfall tödlich sein würde.

Dayems Sorglosigkeit brachte Nathan zur Verzweiflung, aber es half nichts. Später erzählte ihm Dayem:

> Ich war in meiner Bewegungsfreiheit wirklich behindert. ... Ich konnte nicht schwimmen, wenn andere schwimmen wollten. Ich konnte dies und das nicht tun, wenn andere es wollten. Es war ärgerlich. Es tat weh. Und es gab mir immer wieder Stiche. ... So dachte ich, daß es langfristig nicht viel Unterschied machen würde, wenn ich es ein oder zwei Jahre auslasse. So sagte ich mir, es sei alles in Ordnung. ... Noch dazu sagte man mir, daß ich ohnehin sterben mußte. ... Einmal, als Sie meinten, ich hätte selbstmörderische Tendenzen und sie mich zu einem Psychologen schickten, ging ich nicht mehr hin. ... Ich sagte ihm, was immer ich dachte, das er von mir hören wollte, und er half mir überhaupt nicht, obwohl er ein sehr netter Mann war.

Mit Hilfe der Meditation fand Dayem schließlich einen neuen Lebensanfang. Es half ihm, die Schande, anders zu sein, zu verkraften und von seinem geschäftlich so erfolgreichen Vater abgeschrieben worden zu sein. Er erkannte, daß er nur auf Grund seiner Krankheit nicht irgendwo am Persischen Golf leben und den Fußstapfen seines Vaters folgen mußte, sondern ein unabhängige Leben nach seinem Geschmack verbringen konnte.

Als Nathan noch ein junger Arzt war, sagte ihm einer seiner Lehrer, daß es für einen Kinderarzt die größte Freude sei zu sehen, wie kranke Kinder die Fesseln chronischer Krankheit ablegen und produktive Erwachsene werden. Andererseits wird Nathan oft gefragt, ob es richtig ist, bis zu den Grenzen der Technologie zu gehen, um das Leben eines chronisch kranken Kindes zu heilen, wo doch die für einen Thalassämiepatienten benötigte jährliche Summe von $ 30.000 auch für Impfstoffe ausgegeben werden könnte, die Tausenden Menschen das Leben retten. Nathan lehnt dieses Argument ab. Als Arzt betrachtet er sich als Diener und Anwalt des einzelnen Kindes. Wenn diese Ansicht der Kontrolle öffentlicher Kosten und verbesserter Ressourcennutzung entgegen steht, kann er es auch nicht ändern. Für ihn haben die Bedürfnisse des einzelnen Kindes Vorrang.

*Darwin hatte doch Recht**

Vor dreihundert Jahren behauptete Isaac Newton, daß Wissenschaftler vom Besonderen zum Allgemeinen hinarbeiten, indem sie zuerst Phänomene beobachten und erst später verallgemeinernde Schlüsse daraus ziehen. In seinen *Principia* stellte er fest: „In der experimentellen Philosophie werden definitive Annahmen aus Phänomenen abgeleitet und später durch Schlußfolgerungen verallgemeinert." Karl Popper hat dem widersprochen und argumentierte, daß die Vorstellungskraft zuerst kommt: Wissenschaftler formulieren zuerst Hypothesen, die sie erst in der Folge mittels Beobachtung überprüfen. Nur Hypothesen, die durch Experimente widerlegt werden können, sind wissenschaftlich. Stellt sich die Hypothese als ungeeignet heraus, formulieren Wissenschaftler eine neue und verbesserte, die wiederum Experimenten unterzogen werden kann. Auf diese Weise entstand die Wissenschaft aus einem Zusammenspiel von vorstellbaren Vermutungen und deren experimentellen Widerlegung. Popper beschreibt diese Ideen ausführlich in *Conjectures and Refutations* (Routledge und Kegan Paul, 1972). In seinem weiteren großen Werk, *The Open Society and its Enemies,* stellte sich Popper gegen alle jene Philosophien, die behaupten, daß die Zukunft der Menschheit von ihrer Vergangenheit bestimmt wird. Er verurteilt die Feststellung von Karl Marx, daß die Widersprüche des Kapitalismus zu Klassenkampf und zur Diktatur des Proletariats führen müssen. Popper bestreitet das Bestehen von historischen Gesetzen und hält dagegen, daß unsere Zukunft in unseren eigenen Händen liegt. Er lehnt jegliche Art einer Vorbestimmung strikt ab.

Dieselbe philosophische Einstellung durchdringt Poppers Ideen zur Evolution der Arten. Er anerkennt Darwinismus und definiert ihn mit dem Gesetz, daß „Organismen, die besser als andere angepaßt sind, mit höherer Wahrscheinlichkeit Nachkommen erzeugen". Aber er argumentiert, daß es immer gut ist, wenn eine Theorie Gegentheorien hat. Da Darwinismus keine Gegentheorie hat, erfindet Popper diese, indem er Darwinismus in eine passive und eine aktive Form spaltet.

Unter passivem Darwinismus versteht er offensichtlich die allgemein anerkannte Theorie, daß zufällige Mutation und natürliche Selektion unerbittlich zur Evolution höherer Lebensformen führt. Popper verurteilt diese Theorie als deterministisch, als bloße weitere Version eines philosophischen Historizismus, den er bereits in *The Open Society* entkräftet hatte. Er argumentiert, daß „die Veranlagung des Individuums einen größeren Einfluß auf die Evolution habe als die natürliche Selektion" und daß „die einzige schöpferische Kraft der Evolution die Tätigkeit der Organismen ist". Nach Popper suchten Organismen vom ersten Anfang ihres Lebens an nach besseren Umgebungen, denn die Anpassung beinhaltet auch die Kraft der aktiven Nahrungssuche. Die Umgebung ist passiv, nur die Organismen sind aktiv, da diese nach besseren Nischen für sich suchen, und Popper hält diese Tätigkeit der Organismen für die primäre Antriebskraft der Evolution.

Nach Popper ist der passive Darwinismus eine fehlgeleitete Idee der Anpassung, eine Folge irreführender deterministischer Ideologien, die die Biologie geleitet haben und die heute in der Sozialbiologie Ausdruck finden. Wir sollten uns daher die Evolution als riesigen Lernprozeß vorstellen, als die aktive Bevorzugung besserer Nischen durch die Arten.

Nehmen wir an, sagte er, es ist uns gelungen, Leben in der Retorte herzustellen. Der Organismus wird sich definitiv nicht an die Retorte anpassen, und kann sich keine günstigere Nische suchen. Wir müssen daher die Verhältnisse in der Retorte den Bedürfnissen des Organismus anpassen, was viel Wissen voraussetzt. In der Natur ist das Leben auf der Erde vielleicht nicht nur einmal entstanden, sondern vielleicht viele Male ohne Erfolg, bis ein Organismus entstand, der *wußte*, wie er sich anpassen konnte, indem er aktiv eine bessere Umgebung suchte. Popper setzt also Anpassung mit Wissen gleich, aber Wissen nicht in Form einer Struktur, sondern in Form einer Funktion, wie die Fähigkeit eines Mikroorganismus, einen bestimmten chemischen Stoff auszumachen und sich zu ihm hin zu bewegen (Chemotaxis). Er gibt zu, daß dies ein Anthropomorphismus ist, aber er versichert uns, daß wir Biologie ohne Anthropomorphismus nicht betreiben können. Er rechtfertigt diese Denkensart als Entwicklung von Hypothesen, die in den allgemein bekannten evolutionären Ursprüngen vieler biologischer Funktionen begründet sind.

Popper hebt auch hervor, daß die natürliche Selektion nicht mit der künstlichen Selektion von Züchtern vergleichbar ist. Diese Idee wäre nur ein teleologischer Metapher zu Darwins Theorie. Selektiver Druck wäre ein besserer Ausdruck als natürliche Selektion. Auch diese Phrase hätte teleologische Untertöne, aber das läßt sich nicht vermeiden, da Organismen auf der Suche nach besseren Bedingungen Problemlöser sind, sogar der niedrigste Organismus führt empirische Maßnahmen zur Erreichung eines bestimmten Ziels durch. Dieser Vergleich erinnerte mich an den beeindruckenden Film über chemotaktische Bakterien von Howard Berg. Er zeigte, wie ein Bakterium durch seine Geißel angetrieben wird und es im Durcheinander Purzelbäume macht, bis das Bakterium den Gradienten eines Nährstoffes spürt. Das Bakterium reduziert dann seine Stürze und verlängert sein Weiterlaufen in Richtung einer höheren Konzentration von Nährstoffen. Trotzdem entspringt die Richtung, die der Geißelmotor weist, nicht mystischem Wissen, sondern wird von den Kräften der Proteinrezeptoren verursacht, die die Unterschiede in der Konzentration der Nahrung auf den gegenüberliegenden Seiten des Bakteriums messen. Es handelt sich dabei um reine Chemie.

Aber an dieser Stelle versichert Popper, daß sich Biologie nicht auf Physik und Chemie zurückführen läßt. Er behauptet, daß die Biochemie einen biologischen Zweck haben muß, und sich deshalb nicht auf Chemie zurückführen läßt. Im 18. Jahrhundert argumentierte der Philosoph Immanuel Kant, daß wir *a priori* einen angeborenen Sinn für Raum und Zeit besitzen, der unserem durch Beobachtung angeeigneten Wissen vorausgeht. Nach Popper umfaßt die biologische Evolution ebenso *a-priori*-Wissen der Organismen. Es ist dieses von Kant vorhergesehene *a-priori*-Wissen, das langfristig zur Anpassung führte. Darwin war ein Determinist, weil er die Evolution als passiven Prozeß ansah, während Lamarck anderer Meinung war.

Als ich Popper fragte, worauf er seine Meinung begründete, daß die Biochemie nicht auf Chemie zurückzuführen sei, erwiderte er lehrmeisterlich, ich würde die Antwort schon finden, wenn ich nur einen Abend lang darüber nachdächte. Obwohl ich seither darüber nachdenke, fällt mir noch immer keine einzige biochemische Funktion ein, die *in vitro* anders ist als *in vivo*, weil Popper einem anderen Fragesteller sagte, *in-vivo*-Prozesse werden von einem Zweck geleitet – außer er dachte nur an einen Zweck, wie ihn eine Batterie erfüllt, sobald man sie in die Taschenlampe hineingibt. Auch kenne ich keine biochemische Reaktion, die nicht auf Chemie zurückzuführen ist.

Poppers Feststellungen führen zu erneuten Kämpfen, die bereits zu Beginn dieses Jahrhunderts ausgefochten wurden. Damals versuchten Biochemiker die wissenschaftliche Welt zu überzeugen, daß die Dynamik lebender Zellen nicht auf die zweckorientierte Aktion des Protoplasmas zurückzuführen sei, sondern daß diese eine Folge von chemischen Reaktionen ist, die jede von einem spezifischen Enzym katalysiert wird. 1933 klagte Gowland Hopkins, der in Cambridge die Chemie der Enzyme erforschte, daß „die Rechtfertigung jeder dieser Behauptungen bereits im Vorhinein von bestimmten philosophischen Standpunkten in Frage gestellt wird", zum Beispiel vom Philosophen A. N. Whitehead aus Cambridge, der das Axiom aufstellte, daß jedes Ganze mehr als die Summe seiner Teile ist.

Hopkins bewies, daß biochemische Reaktionen in lebenden Zellen nichts anderes sind, als die Summe der Reaktionen, die im Labor durchgeführt und chemisch interpretiert werden können. Seit damals wurden solche Ansichten durch den Beweis bekräftigt, daß fundamentale Prozesse, wie die Replikation von DNA, die Transkription von DNA in Messenger-RNA, die Übersetzung von RNA in Proteine, die Überleitung von Licht in chemische Energie und eine Menge Stoffwechselreaktionen alle *in vitro* reproduziert werden können, ohne jeden Hinweis, daß die Kräfte der Zelle mehr wären als die Summe der chemischen Reaktionen ihrer Teile im Reagenzglas. Man könnte argumentieren, daß es die Organisation ist, die der Zelle Zweck gibt, und daher das Ganze zu mehr als der Summe seiner Teile macht. Das stimmt, aber die Organisation ist innewohnend und chemisch. Die lebende Zelle ist ein Orchester ohne Dirigent, und seine Partitur steht in seiner DNA geschrieben.

Ich möchte nun einige Ergebnisse in Zusammenhang mit Poppers zwei Arten Darwinismus untersuchen, der aktiven zweckorientierten Evolution im Gegensatz zur passiven deterministischen Evolution. Meine Beispiele kommen aus der Welt des Hämoglobins, weil dies meine Welt ist, in der ich mich am besten auskenne.

Das Kamel und das Lama sind eng verwandte Arten mit verschiedenen Gewohnheiten. Kamele leben in Ebenen und Lamas hoch oben in den Anden. Das Kamel besitzt ein Hämoglobinmolekül mit einer Affinität zu Sauerstoff, die für ein Tier seiner Größe normal ist. Aber nur auf Grund einer einzigen Mutation in der Genkodierung einer der beiden Globinketten, aus denen das Hämoglobinmolekül besteht, besitzt das Lama ein Hämoglobin mit einer ungewöhnlich hohen Affinität zu Sauerstoff. Das veränderte Hämoglobin hilft dem Lama, in der dünnen Bergluft zu atmen. Der Genetiker Richard Lewontin der Universität Harvard sagte mir, daß diese Mutation wahrscheinlich bereits *früher* stattgefunden hat, als Lamas entdeckten, daß sie in von ähnlichen Arten gemiedenen Höhen grasen können. In anderen Worten, die Mutation, die eine Art an eine neue Umgebung anpaßt, geschieht wahrscheinlich bereits zu einem Zeitpunkt, bevor die Art diese neue Umgebung besiedelt. Während die Mutation ein Ereignis ist, das nach den Gesetzen des Zufalls passiert und daher deterministisch ist, benötigen die Tiere zur Ausnutzung dieses Zufalls eine zweckorientierte Suche nach einer besseren Umgebung, wie sie Popper offensichtlich vorschwebt.

Ein noch überraschenderes Beispiel liefern zwei Arten von Gänsen: die Graufußgans, die zu allen Jahreszeiten in den Ebenen Indiens lebt, und ihre Verwandte, die Kahlkopfgans, die in 9000 Meter Höhe über den Himalaja fliegt, um für den Sommer bessere Futterstellen zu finden. Die Kahlkopfgans kann diese Höhen dank eines Hämoglobins mit hoher Sauerstoffaffinität erreichen, das allerdings durch eine andere zufällige Mutation entstanden ist, als das des Lamas. Bevor die Kahlkopfgans dieses Hämoglobin erwarb, sind die Vögel wahrscheinlich über eine längere Ausweichroute in den Norden geflogen. Die Mutation erlaubte es ihnen, den Abschneider über die hohen Berge zu nehmen. Auch ist es denkbar, daß die Gänse bereits über den Himalaja flogen, ehe er solch große Höhen erreichte. Die Mutation erlaubte ihnen dann vielleicht die Anpassung an das stetige Höherwerden des Gebirges, von dem man annimmt, daß es in den letzten 1,500.000 Jahren 1300 Meter höher geworden ist.

Ich möchte nun ein Beispiel für eine Anpassung bringen, die sowohl aktiv als auch passiv gewesen sein kann. Die Wildmaus, *Peromyscus maniculatus*, ist in den Ebenen und Bergen Nordamerikas verbreitet. Ihr Hämoglobin ist polymorph, d. h. das Blut jeder Maus kann eines der beiden Hämoglobine enthalten, die sich in ihrer Sauerstoffaffinität unterscheiden, oder ein gleiches Gemisch der beiden. M. A. Chappell und L. R. H. Snyder von der University of California in Riverside entdeckten eine Beziehung zwischen den von den Wildmäusen bewohnten Höhen zur Sauerstoffaffinität ihres Blutes: je höher sie wohnen, desto höher die Sauerstoffaffinität (Abb. 1).

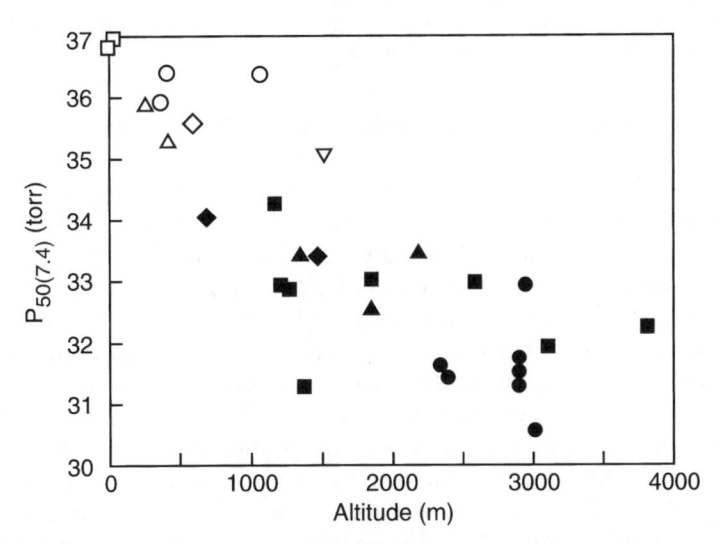

Abb. 1. Je höher die Wildmaus lebt, desto höher ist die Sauerstoffaffinität ihres Blutes. Diese Anpassung kann sowohl aktiv als auch passiv angesehen werden. $P_{50\,(7.4)}$ ist der partielle Druck des Sauerstoffs, unter welchem die Hälfte des Hämoglobinmoleküls in einer Lösung von pH 7,4 mit Sauerstoff gesättigt ist.

Um sicherzustellen, daß dieser Zusammenhang einen Anpassungsmechanismus reflektiert, ließen die Forscher Mäuse sich in einer Höhe von 340 Metern und 3800 Metern zwei Monate lang akklimatisieren und maßen dann die Menge Sauerstoff, die sie unter Kraftanstrengung konsumierten. Chappell und Snyder fanden heraus, daß in einer Höhe von 340 Metern die Mäuse mit dem Hämoglobin mit der geringsten Sauerstoffaffinität am meisten Sauerstoff verbrauchten und deshalb am längsten existieren konnten. In 3800 Meter Höhe war das Gegenteil der Fall, wodurch bewiesen war, daß sich die Mäuse an das Leben in unterschiedlichen Höhen tatsächlich durch unterschiedliche Sauerstoffaffinitäten anpassen (Abb. 2).

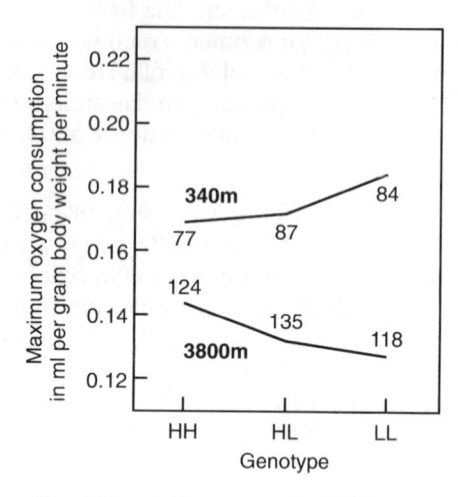

Abb. 2. Verschiedene Gene ihres Hämoglobins passen die Wildmäuse tatsächlich an ihre besondere Umgebung an. HH = Mäuse mit Hämoglobin hoher Sauerstoffaffinität. HL = Mäuse mit Hämoglobin mittlerer Sauerstoffaffinität. LL = Mäuse mit Hämoglobin niedriger Sauerstoffaffinität.

Geringe Abweichungen in der Struktur eines bestimmten Proteins, sogenannte Polymorphismen von Proteinen, sind in der Natur weitverbreitet, und viele Forscher haben über ihren Wert für das Überleben Spekulationen angestellt. Chappell und Snyder waren die ersten, die zeigten, daß ein Polymorphismus die Physiologie eines Tieres durch verschiedene biochemische Reaktionen beeinflussen kann, die *in vitro* gemessen und mit Darwins Tauglichkeit in Zusammenhang gebracht werden können. Ihre Ergebnisse deuten sehr darauf hin, daß Polymorphismus durch selektiven Druck hervorgerufen wird, das heißt, für einen Lebensraum ist die eine Form des Proteins günstig, während für den Organismus eines anderen Lebensraumes eine andere Struktur vorteilhaft ist. Ist dies ein Beispiel für aktiven oder passiven Darwinismus? Mäuse, deren Lebensraum auf einem Berghang liegt, wandern mit großer Wahrscheinlichkeit zu für die Sauerstoffaffinität ihres Hämoglobins am besten geeigneten Höhen. Andererseits rühren sich Mäuse, die auf einem hohen Bergplateau oder auf einer niedrigen Ebene leben, wahrscheinlich nicht vom Fleck, und die Mäuse, deren Hämoglobin für diese Umgebung am besten geeignet ist, werden sich am meisten vermehren. Also wird aktiver und passiver Darwinismus nebeneinander zur Anwendung kommen.

Ich möchte nun zu zwei ererbten Hämoglobinkrankheiten des Menschen kommen, die Sichelzellenanämie und die Thalassämie. Jede dieser Krankheiten wird von verschiedenen Mutationen in den Hämoglobingenen verursacht. Ist die Vererbung nur von einem Elternteil erfolgt, sind die Mutationen im allgemeinen harmlos. Erfolgte die Vererbung durch beide Elternteile, führen die Auswirkungen meistens zu Behinderungen. Sichelzellenanämie kommt in Afrika am häufigsten vor, während Thalassämie in den Mittelmeerländern, in Ostasien und bestimmten pazifischen Inseln am meisten verbreitet ist. 1949 bemerkte der schottische Genetiker J. B. S. Haldane erstmalig einen Zusammenhang zwischen diesen Krankheiten und Malaria. Dies wurde nun durch umfangreiche Studien in verschiedenen Teilen der Welt bestätigt.

In Papua, Neuguinea, ist Thalassämie auf Meeresniveau vorherrschend, wo auch Malaria häufig vorkommt, und kommt unter den Bergstämmen, die der Malaria nicht ausgesetzt sind, selten vor. Thalassämie ist auch eine häufige Krankheit auf den Malariainseln Melanesiens und kommt auf Inseln ohne Malariavorkommen selten vor. In Gegenden Afrikas, wo eine Vielzahl Kleinkinder an Malaria sterben, tragen bis zu 40 Prozent der Einwohner das Sichelzellengen in sich. Wie hat es sich verbreitet? Wenn zwei Träger des Sichelzellengens heiraten, werden auch die Hälfte ihrer Kinder wahrscheinlich Träger dieses Gens werden, ein Viertel wird normales Hämoglobin besitzen, und ein Viertel wird die Krankheit haben. Aus heute noch nicht vollständig verständlichen Gründen sind Kinder, die das Sichelzellengen in sich tragen, gegen Malaria resistenter als normale Kinder und haben daher höhere Überlebenschancen. War die Sichelzellenmutation ein einmaliger Zufall bei einer einzigen Person, von der alle Träger des Gens abstammen? Auf Basis von Analysen der feinen Struktur dieses Gens unter verschiedenen Einwohnern Afrikas stellte sich heraus, daß die heutigen Träger des Gens von drei bis vier Personen abstammen, das heißt, daß die Sichelzellenmutation drei- bis viermal stattgefunden hat.

Thalassämie entsteht ebenfalls aus einer Reihe verschiedener Mutationen. Die entweder Sichelzellenanämie oder Thalassämie verursachenden Mutationen scheinen in Bevölkerungsgruppen spontan aufzutreten. Gibt es keine Malaria, bestraft selektiver Druck die Träger des mutierten Hämoglobins, und sie sterben aus. Gibt es jedoch Malaria, begünstigt selektiver Druck die Träger, und sie vermehren sich. Die Annahme, Träger dieser Krankheiten hätten aktiv nach einer Malariaumgebung gesucht, wo ihre Kinder einen selektiven Vorteil hätten, wäre absurd. Sie repräsentieren also eine Form der Anpassung durch natürliche Selektion, die rein passiv und deterministisch ist, weil es aus den Gesetzen des Zufalls keinen Ausweg gibt. G. Pontecorvo und John Maynard Smith betonen, daß Pflanzen sich gut entwickelt haben, obwohl die Verteilung ihres Samens und ihrer Pollen passiv erfolgt.

Popper hat der Evolutionstheorie nach Darwin einen nützlichen Dienst erwiesen, indem er seine Aufmerksamkeit auf die Bedeutung des Individuums richtete, das aktiv bessere Umgebungen sucht. Aber meine Beispiele geben mir Gewißheit, daß dies nur eine Facette der Theorie ist. Die Evolution nach Darwin kann aktiv oder passiv oder eine Mischung beider Arten sein. Nach meinen Erfahrungen gibt es auch keinen wissenschaftlichen Fortschritt mit nur einer einzigen Methode. Manche Erkenntnisse basieren auf Poppers hypothetisch-deduktiven Methode, andere sind das Ergebnis einer Ableitung aus Beobachtungen, wie von Newton beschrieben. In der Praxis werden wissenschaftliche Erkenntnisse oft durch Beobachtungen entdeckt, zufällig oder beabsichtigt, aber ohne vorangehende Hypothese und ohne erdachtes Paradigma. Die Entdeckung der Pulsare durch Tony Hewish und seine Kollegen erfolgte zufällig und völlig überraschend. Die Idee, daß Radiopulse von rotierenden Neutronsternen abgegeben werden könnten, kam erst später.

Eine Leidenschaft für Kristalle

Im Oktober 1964 brachte die *Daily Mail* die Schlagzeile „Großmutter erhält Nobelpreis". Der Nobelpreis wurde Dorothy Hodgkin für „ihre Bestimmung der Strukturen von biologisch wichtigen Molekülen mittels Röntgenmethoden" verliehen.

Sie verwendete eine von W. L. Bragg 1913 erstmals entwickelte physikalische Methode, die Röntgenkristallographie, mit deren Hilfe die Anordnung der Atome in einfachen Salzen und Mineralen bestimmt werden konnte. Sie zeigte Mut, Können und einen starken Willen und verwendete die Methode für bei weitem komplexere Verbindungen, als jemals zuvor damit untersucht worden waren. Die wichtigsten dieser Verbindungen waren Cholesterin, Vitamin D, Penizillin und Vitamin B_{12}. Später wurde sie auf Grund ihrer Arbeit an Insulin berühmt, aber diese Tätigkeit erreichte erst fünf Jahre nach der Verleihung des Nobelpreises ihren Höhepunkt.

Nachdem Howard Florey und Ernest Chain Anfang der 40er Jahre das Penizillin aus Alexander Flemings Schimmelpilz isoliert hatten, versuchten einige der besten Chemiker in Großbritannien und in den Vereinigten Staaten, die chemische Formel zu bestimmen. Sie wurden von einer hübschen jungen Frau vor den Kopf gestoßen, die ihnen zu sagen wagte, was es war, ohne Anwendung chemischer Methoden, sondern mittels Röntgenanalyse, einer damals noch immer suspekten physikalischen Methode. Als Dorothy Hodgkin darauf bestand, daß der Kern ein Ring aus drei Kohlenstoffatomen und einem Stickstoff war, von dem man annahm, daß er zu instabil wäre, um überhaupt existieren zu können, rief einer der Chemiker, John Cornforth, ärgerlich aus: „Wenn das die Formel für Penizillin ist, gebe ich die Chemie auf und züchte Schwammerln." Glücklicherweise nahm er seine eigenen Worte nicht wörtlich, sondern erhielt selbst 30 Jahre später den Nobelpreis. Hodgkin behielt mit ihrer Formel Recht. Ein neuer Anfang für die Synthese von chemisch modifiziertem Penizillin wurde gefunden und damit vielen das Leben gerettet.

Perniziöse Anämie war bis Anfang der 30er Jahre eine tödliche Krankheit, bis man entdeckte, daß man sie mit Leberextrakten in den Griff bekommen konnte. 1948 wurde das aktive Prinzip, das Vitamin B_{12}, aus der Leber in kristalliner Form isoliert, und Chemiker begannen über die dazugehörige chemische Formel nachzudenken. Die ersten Röntgenstrukturanalysebilder zeigten, daß das Vitamin, anders als die 39 Atome des Penizillins, aus über tausend Atomen bestand. Hodgkin und eine ganze Heerschar von Helfern benötigten zur Bestimmung der genauen Struktur acht Jahre. Wie Penizillin zeigte auch das Vitamin B_{12} bisher noch nie beobachtete chemische Merkmale, wie einen ungewöhnlicher Ring von Stickstoff- und Kohlenstoffatomen, der das Kobaltatom in der Mitte umgab, und eine noch nie beobachtete Bindung zwischen einem Kobaltatom und dem Kohlenstoff eines Zuckerringes, die die biologische Funktion des Vitamins erklärte. Hodgkin erhielt den Nobelpreis einerseits für die Bestimmung der Strukturen mehrerer lebenswichtiger Verbindungen, und andererseits deshalb, weil sie mit ihrer Arbeit die Grenzen der Chemie an sich überschritt.

1935 setzte Dorothy Crowfoot, wie sie mit ihrem Mädchennamen hieß, einen Insulinkristall zwischen Röntgengerät und photographischen Film. Als sie in der Nacht den Film entwickelte, sah sie winzige, regelmäßig angeordnete Punkte, ein Röntgenbeugungsbild, das Hoffnung auf die Bestimmung der Struktur des Insulins gab. Noch in der selben Nacht spazierte sie durch die Straßen von Oxford und war enorm aufgeregt, ob es ihr wohl erstmalig gelingen würde, die Struktur eines Proteins zu bestimmen. Am nächsten Morgen erwachte sie mit dem plötzlichen Schreck, ob sie wohl sicher sein könnte, daß ihre Kristalle Insulin wären und nicht irgendein gewöhnliches Salz. Ohne Frühstück rannte sie sofort ins Labor zurück. Aber die einfache Stichprobe unter dem Mikroskop bewies, daß ihre Kristalle den für Proteine charakteristischen Farbstoff aufnahmen, und das gab ihr neue Hoffnung. Nie hätte sie sich gedacht, daß es weitere 34 Jahre dauern würde, diese komplexe Struktur zu bestimmen, oder daß diese Ergebnisse danach praktisch anwendbar wären. Erst unlängst gelang Gentechnikern eine Veränderung der chemischen Zusammensetzung des Insulins zur Verbesserung des Nutzens für die Diabetesbehandlung.

Dorothy Crowfoot wurde 1910 in Kairo geboren. Ihr Vater, J. W. Crowfoot, war Beamter für Bildungswesen in Khartum und Archäologe. Auch ihre Mutter war Archäologin und auf die Geschichte der Weberei spezialisiert. Als Dorothy noch ein Kind war, wohnten sie Tür an Tür mit einem englischen Regierungsbeamten, dem Chemiker Dr. A. F. Joseph. Schon früh wurde ihr Interesse an der Wissenschaft durch „Onkel Joseph" geschürt. Später stellte er sie T. Martin Lowry vor, dem Cambridge-Professor für Physikalische Chemie. Er empfahl ihr, mit J. D. Bernal zu arbeiten.

Im Alter von 24 Jahren arbeitete Dorothy Crowfoot in Cambridge mit Bernal an Kristallen eines anderen Proteins, dem Verdauungsenzym Pepsin, als Bernal dessen reichhaltige Röntgenbeugungsbilder entdeckte. Aber genau am Tag seiner Entdeckung hatten sie ihre Eltern nach London zu einem Spezialisten gebracht, der sie wegen der ständigen Schmerzen in ihren Händen untersuchen sollte. Er diagnostizierte ein Anfangsstadium primär chronischer Polyarthritis, die später ihre Hände und Füße stark angriff, aber ihren starken Willen zur Verfolgung der Wissenschaft niemals bremsen konnte.

In Oxford arbeitete Dorothy Hodgkin an der Struktur des Lebens meistens in einer Art Gruft in einer Ecke des Oxford-Museums, der Ruskin's Cathedral of Science. Hoch über ihr befand sich ein gotisches Fenster wie in einer Mönchszelle. Darunter befand sich eine Galerie, die man nur mit einer Leiter erreichen konnte. Dort oben montierte sie ihre Kristalle für die Röntgenstrukturanalyse, holte sie vorsichtig herunter, ihren Schatz mit einer Hand fest umklammernd, und mit der anderen an der Leiter festhaltend. Hodgkin hatte ihr Labor wohl in einem düsteren Milieu, aber es war ein fröhlicher Ort. Als Tutor für Chemie am Somerville-College hatte sie immer einige Mädchen dort, die in ihrem vierten Jahr Kristallstrukturanalysen machten, sowie weitere zwei bis drei Studentinnen oder Studenten, die an ihrem Ph.D. arbeiteten. Es war eine lustige Partie, nicht nur weil sie alle jung waren, sondern weil Hodgkin sie meistens durch ihre behutsame und liebevolle Betreuung zu den interessantesten Ergebnissen leitete. Ihre berühmteste Schülerin schlug allerdings eine andere Laufbahn als die der Chemie ein: Es war Margaret Roberts, die spätere Margaret Thatcher, die als Studentin in der Röntgenkristallographie im vierten Jahr in Dorothy Hodgkins Labor arbeitete.

1937 heiratete Dorothy den Historiker Thomas Hodgkin. Manche Frauen empfinden ihre Kinder für ihren beruflichen Werdegang als Hindernis, aber Dorothy strahlte auch mütterliche Wärme aus, während sie gleichzeitig ihre wissenschaftliche Forschung betrieb. Sie konnte sich so gut konzentrieren, daß sie mit voller Aufmerksamkeit dem Geplauder eines Kindes zuhören und sich dann sofort wieder einer komplexen Rechnung zuwenden konnte.

Sie verfolgte weiter ihre kristallographischen Studien, nicht der Ehre wegen, sondern weil es genau das war, was ihr am meisten Spaß machte. Von ihrer Person ging ein Zauber aus. Sie hatte keine Feinde, nicht einmal jene, deren wissenschaftliche Theorien sie zerpflückt hatte oder deren politischen Ansichten sie nicht teilte. Genau wie ihr Röntgenapparat die innere Schönheit der Dinge unter der rauhen Oberfläche hervorzauberte, so brachte auch ihre Wärme und Behutsamkeit beim Umgang mit anderen Menschen bei jedem, auch beim hartgesottensten wissenschaftlichen Freak, ein Körnchen Güte ans Tageslicht. Einmal wurde sie in einem Radiointerview mit dem BBC gefragt, ob sie sich in ihrer beruflichen Laufbahn als Frau eingeschränkt fühle. Freundlich entgegnete sie, „Ich muß sagen, alle Männer waren immer ausgesprochen nett und hilfsbereit zu mir, *weil* ich ein Frau bin." In wissenschaftlichen Besprechungen schien sie traumverloren dazusitzen, bis sie plötzlich einige durchdringende Bemerkungen äußerte, die sie gewöhnlich mit schüchterner Stimme und einem kleinen Lachen vorbrachte, als ob sie sich entschuldigen wollte, alle anderen bloßzustellen.

Durch ihr handwerkliches Geschick, ihre mathematischen Kenntnisse und ihr tiefes Wissen über Kristallographie und Chemie konnte Dorothy Hodgkin mit großer Treffsicherheit schwierige Strukturen lösen. Es war oft nur ihr allein möglich zu erkennen, was die anfänglich verzerrten Abbildungen aus der Röntgenanalyse bedeuten könnten. Sie war eine große Chemikerin, war gütig und tolerant, liebte die Menschen wie eine Heilige, und setzte sich hingebungsvoll für den Frieden ein.[1]

Anmerkungen und Literaturhinweise
Eine Leidenschaft für Kristalle

[1] Dorothy Mary (Crowfoot) Hodgkin: Chemikerin; geboren in Kairo am 12. Mai 1910, gestorben am 29. Juli 1994 in Shipston-on-Stour, Warwickshire; Fellow, Somerville College, Oxford 1936-1977; FRS 1947; Royal Society Wolfson Research Professor, Universität Oxford 1960-1977 (Emeritus); Nobelpreis für Chemie 1964; OM 1965; Chancellor, Universität Bristol 1970-1988; Fellow, Wolfson College, Oxford 1977-1982. Verheiratet mit Thomas Hodgkin seit 1937 (1982 verstorben). Mutter zweier Söhne und einer Tochter.

Photographien

Fritz Haber als junger Mann (1891). Mit freundlicher Genehmigung des Archivs zur Geschichte der Max-Planck-Gesellschaft.

Fritz Haber (mit ausgestrecktem Arm) während des ersten Weltkriegs. Mit freundlicher Genehmigung des Archivs zur Geschichte der Max-Planck-Gesellschaft.

Lise Meitner. Mit freundlicher Genehmigung von Ann Meitner.

Fritz Strassmann im Alter von 36 Jahren. Mit freundlicher Genehmigung von Irmgard Strassmann.

Enrico Fermi. Reproduktion aus Biographical Memoirs of the Royal Society.

Otto Hahn und Lise Meitner am Kaiser-Wilhelm-Institut in Berlin. Mit freundlicher Genehmigung des Archivs zur Geschichte der Max-Planck-Gesellschaft.

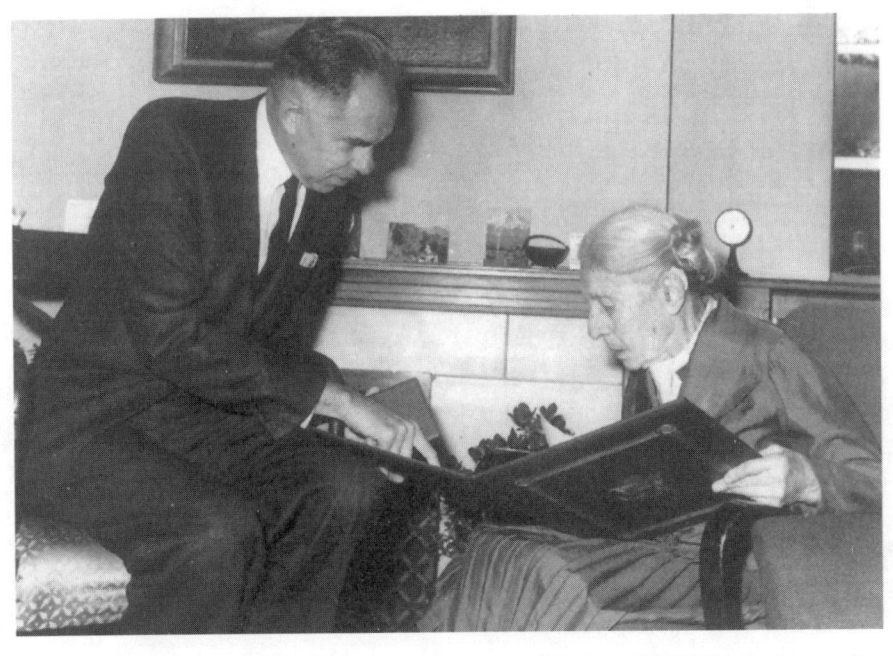

Glenn Seaborg und Lise Meitner. Verleihung des Fermi-Preises (1965). Pressephoto, unbekannte Quelle.

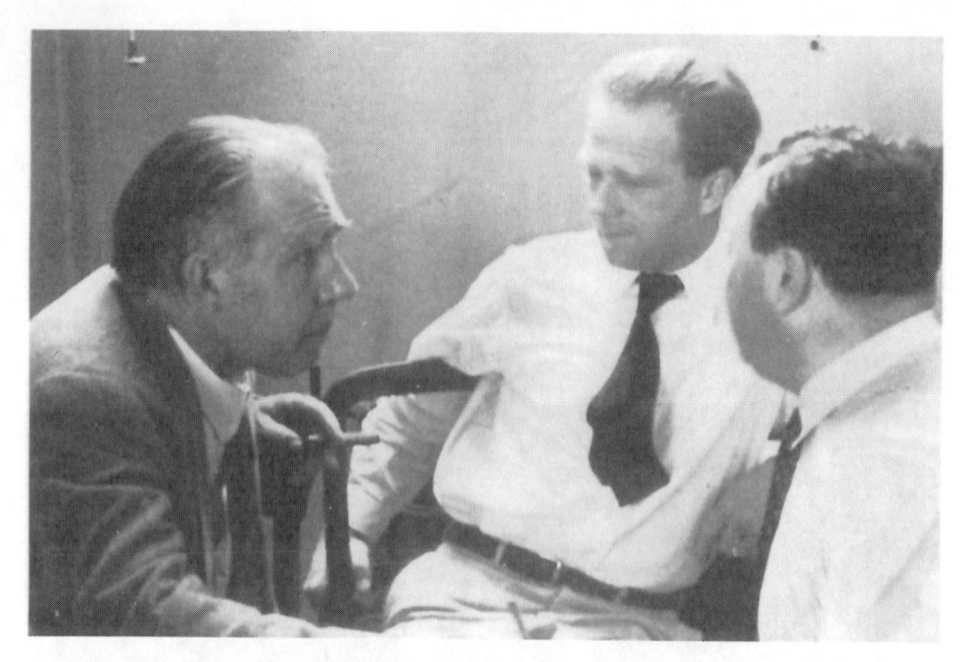

Niels Bohr, Werner Heisenberg und Wolfgang Pauli (1934). Niels-Bohr-Institut, mit freundlicher Genehmigung von AIP Emilio Segre Visual Archives.

Die Sacharows mit dem jüdischen Refusenikführer Wladimir Slepak, um 1978, aus Sacharows *Memoirs*, Knopf (1990).

Francois Jacob. © Institut Pasteur.  Louis Pasteur (1857). © Institut Pasteur.

Peter Medawar. Foto von Sydney Weaver, London.

Linus Pauling, Max Delbruck und Max Perutz in Pasadena (1976). Pressephoto. Quelle unbekannt.

John Desmond Bernal, um 1935. Foto Ramsey and Muspratt.

Oswald Avery im Rockefeller-Institut für Medizinische Forschung. Reproduktion aus *The Professor, Institute and DNA* von Rene J. Dubos, 1976, Druckerlaubnis The Rockefeller University Press.

Oswald Avery im Alter von 9 Jahren, The Reverend und Mrs. Joseph Avery mit Brüdern Ernest (stehend) und Baby Ray. Reproduktion aus *The Professor, Institute and DNA* von René J. Dubos, 1976, Druckerlaubnis The Rockefeller University Press.

James Watson (1962). Mit freundlicher Genehmigung von J. D. Watson.

Rosalind Franklin, um 1950. Foto Elliott & Fry. Mit freundlicher Genehmigung National Portrait Gallery, London.

Francis Crick mit seinen Töchtern Gabrielle und Jacqueline, um 1957. Mit freundlicher Genehmigung von Francis Crick.

William Lawrence Bragg, um 1913.
Quelle unbekannt.

Dorothy Crowfoot, spätere Hodgkin.
Quelle unbekannt.

Jacques Monod (1976). © Institut Pasteur.

Carl Djerassi. Reproduktion aus *The Pill, Pigmy Chimps and Degas' Horse* von Carl Djerassi (Basic Books, 1992). Mit freundlicher Genehmigung von Carl Djerassi.

Recht und Unrecht

Wer gibt uns das Recht, uns auf die Menschenrechte zu berufen?[1]

Wissenschaftler auf der ganzen Welt fühlen sich durch ihr gemeinsames Ziel verbunden, sie wollen die Geheimnisse der Natur lüften und sie in den Dienst der Menschheit stellen. Albert Szent-Györgyi, der Entdecker des Vitamin C, sagte: „Ich fühle mich einem Kollegen aus China mehr verbunden als meinem eigenen Briefträger."

Wird gar ein Wissenschaftler schuldlos gefangengenommen, fühlen wir uns wie der Minister, der die Gefangenen in *Fidelio* befreit und dabei singt: „Es sucht der Bruder seine Brüder." Er oder sie ist einer unserer Brüder oder Schwestern, und wir halten es für unsere Pflicht, seine Freilassung zu fordern. Dabei können wir uns auf strenge Rechtsgrundsätze berufen, die durch die Allgemeine Erklärung der Menschenrechte der Vereinten Nationen im Jahre 1948 und die nachfolgenden Konventionen und Abkommen festgelegt wurden. Sie sind international rechtsgültig und werden von Gerichten und Kommissionen unterstützt, an die sich der einzelne wenden kann.

Was steht da genau?

Das Internationale Abkommen über zivile und politische Rechte von 1966 „anerkennt, daß diese Rechte aus der Würde abzuleiten sind, zu der jeder Mensch geboren ist".

Dieses Abkommen enthält folgende Artikel:

- Jeder Mensch hat das Recht auf Leben, Freiheit und Sicherheit seiner Person.
- Niemand darf der Folter oder einer grausamen, unmenschlichen oder menschenunwürdigen Behandlung oder Bestrafung unterzogen werden.
- Alle Menschen sind vor dem Gesetz gleich.
- Niemand darf willkürlich verhaftet, festgenommen oder ins Exil gesandt werden.
- Jeder Mensch hat das Recht auf Freiheit an Gedanken, Gewissen und Religion.
- Jeder Mensch hat das Recht auf freie Meinung und freie Meinungsäußerung.[2]

Trotz vieler Übertretungen ist die Achtung dieser und anderer grundsätzlicher Rechte des internationalen Gesetzes eine der großen Errungenschaften unserer Zivilisation.

Zum Großteil verdanken wir ihre Formulierung dem großen Juristen Hersch Lauterpacht, Professor für internationales Recht an der Universität Cambridge von 1937 bis 1954. 1945 veröffentlichte er das Buch *An International Bill of the Rights of Man,* das zur Basis von Vielem in der Erklärung der Vereinten Nationen und der folgenden Konventionen Enthaltenem wurde.[3]

Er schreibt:

Die Idee der jedem Menschen durch seine Geburt gegebenen Rechte, die letztlich dem Staat selbst übergeordnet sind, ist der Faden, der die Geschichte rechtlichen und politischen Denkens durchzieht. In der Antike bedeuteten Menschenrechte die Verneinung des absoluten Staates und seiner Forderung nach absolutem Gehorsam; die Geltendmachung des Wertes der Freiheit des Individuums gegenüber dem Staat, die Ansicht, daß sich die Macht des Staates und seines Herrschers letztlich von der Zustimmung der politischen Gemeinschaft ableitet; es war die Feststellung, daß der Macht des Staates gegenüber den Menschen Grenzen gesetzt sind; es war das Recht des Menschen zu tun, was er für seine Pflicht hält.[4]

Die ersten Freiheitsgrundsätze, die Bestimmung für Recht und Gleichheit vor dem Gesetz, stammen aus der Antike.

In den 458 vor Christus geschriebenen *Oresteia* läßt Äschylos Pallas Athene, die Göttin der Weisheit, die Athener ermahnen:

Hold fast such upright fear of the law's sanctity,
And you will have a bulwark of your city's strength.

(Bewahre Dir die rechtschaffene Furcht vor dem heiligen Gesetz,
und Du wirst ein Bollwerk in der Stärke Deiner Stadt haben.)

Es waren die Gesetze der Pallas Athene, und diese waren die Basis für die Rechtsprechung durch eine Jury.

Thucydides berichtet, was der Athener und Staatsmann Perikles in seiner Begräbnisrede zum Gedenken an die im ersten Jahr des Peloponnesischen Krieges gegen die Spartaner gefallenen Krieger sagte: „Unsere Verfassung wird Demokratie genannt, weil die Macht in den Händen ... aller Menschen liegt. ... Jeder ist vor dem Gesetz gleich."[5] Tatsächlich traf dies nur auf männliche Bürger zu, und Frauen, Barbaren und Sklaven waren davon ausgeschlossen. Aber das Prinzip überlebte und inspirierte zukünftige Generationen.

Platon und Aristoteles waren Mitglieder einer elitären Schicht. Platon vertrat die Herrschaft weniger Weiser über die vielen Dummen, und Aristoteles fand es offensichtlich richtig, daß manche Menschen frei und andere als Sklaven geboren sind, und jedem sein Platz im Leben zusteht.

Die Stoiker gingen einen Schritt weiter und unterschieden zwischen einem Naturrecht und einem vom Menschen gemachten Recht, wobei das Naturrecht das allen Menschen gegebene universelle moralische Gewissen bedeutete, eine intuitive Gewißheit, was Gerechtigkeit und Gutsein bedeutet, wonach die Gesetze der Staaten zu beurteilen sind. Dieses Gesetz war auf alle Menschen anzuwenden, denn alle trugen einen Funken des kreativen Feuers in sich.

Der römische Kaiser Marc Aurel war ein Stoiker. In seiner philosophischen Schrift *Meditationen* sprach er sich um 170 nach Christi für eine Verfassung mit dem gleichen Recht für alle aus, eine Verfassung mit gleichen Rechten und freier Meinungsäußerung und einer königlichen Regierung, die vor allem die Freiheit der zu Regierenden respektiert.[6] Diese hehren Gedanken hinderten ihn nicht, die Christen zu verfolgen, aber trotzdem inspirierten seine Gedanken zukünftige Generationen. Epiktet, ein weiterer Stoiker des 1. und 2. Jahrhunderts nach Christi und selbst ein römischer Sklave, lehrte, wohl nicht überraschend, daß Sklaven anderen Menschen gleichgestellt sind, denn alle seien in gleicher Weise Söhne Gottes, wie auch später der Apostel Paulus in seinem Brief an die Galater schrieb (3,28): „Es gibt nicht mehr Juden und Griechen, nicht Sklaven und Freie, nicht Mann und Frau; denn ihr alle seid 'einer' in Christus Jesus." Auch nach Thomas von Aquin sind die Naturgesetze des Menschen von Gott gegeben und daher unfehlbar und ewig.

Der erste Schritt zur Eingliederung von Menschenrechten in die Gesetze eines Staates war die Magna Carta, die König John von England im Jahre 1925 unter Nötigung seiner Adelsmänner erließ. Sie gewährte Freiheit vor willkürlicher Verhaftung, für die wir noch heute in vielen Ländern kämpfen müssen, und, was weniger bekannt ist, auch die Reisefreiheit:

> Artikel 39. Kein freier Mann ist gefangenzunehmen oder zu verhaften oder seiner Besitztümer zu berauben oder auszustoßen oder ins Exil zu entsenden oder auf andere Weise zu zerstören, noch werden wir uns gegen ihn stellen oder jemanden gegen ihn entsenden, es sei denn auf Grund eines rechtmäßigen Urteils seiner Pairs oder auf Grund der Gesetze des Landes.

> Artikel 42. Jedem ist von nun an zu gestatten, ... unser Königreich zu Wasser oder zu Land zu verlassen und sicher erhalten zurückzukehren ...

> Artikel 63. Und damit wollen wir, ... daß die Menschen unseres Königreiches alle vorgenannten Freiheiten, Rechte und Zugeständnisse gut und in Frieden, frei und ruhig, voll und ganz, für sich und ihre Nachkommen von uns und unseren Nachkommen haben und behalten ...[7]

Auch das hinderte viele der Nachfolger König Johns nicht, die Bestimmungen der Magna Carta mit Füßen zu treten, aber diese gewährte doch Rechte, auf die sich ihre Untertanen berufen konnten.

Nach der Magna Carta und bis zum heutigen Tag sind die meisten Grundlagen der Menschenrechte und deren Eingliederung in die Gesetzgebung in englischsprachigen Ländern geschaffen worden.

1628 überreichte das Parlament König Charles I, der die Magna Carta zu seinem eigenen Schaden mißachtet hatte, eine Petition der Rechte, die die Freiheit vor willkürlicher Verhaftung nochmals bekräftigte und zusätzlich Freiheit vor willkürlicher Steuereintreibung forderte.

> Die Lords spiritual und temporal [geistlichen und weltlichen Mitglieder des britischen Oberhauses] und das im derzeitigen Parlament versammelte Unterhaus bitten betreffs verschiedener Rechte und Freiheiten der Untertanen ... Eure Majestät untertänigst, daß von keinem Mann von nun an die Abgabe von Geschenken, Leihgaben, Zuschüssen, Steuern oder ähnlicher Abgaben ohne allgemeine Zustimmung des Parlaments zu erzwingen ist. Auch ist er für die

Verweigerung dieser nicht zur Verantwortung zu ziehen, zum Eid oder zur Anwesenheit zu verpflichten oder zu verhaften, noch sonst zu bedrängen oder in dieser Angelegenheit in Unruhe zu versetzen. Auch [fordern wir], daß kein freier Mann aus solch gearteten oben angeführten Gründen in Gefängnis oder Haft zu halten ist ..."[7]

Andererseits machte man keine Umstände mit einer wie immer gearteten Religionsfreiheit. 1629 verabschiedete das Unterhaus eine Resolution, daß „jeder als Staatsfeind dieses Königreiches und des Commonwealth zu betrachten ist, der eine neue Religion ins Land bringt, oder durch Erlaubnis oder Duldung Papisterei oder Arminismus oder andere von der wahren und orthodoxen Kirche abweichende Glaubenslehren verbreitet oder einführt".[7]

Der niederländische Jurist Hugo Grotius versuchte erstmalig im 17. Jahrhundert, das Naturgesetz, das dem menschlichen Gewissen innewohnt, vom göttlichen Gesetz, wie es in der Bibel niedergeschrieben ist, unabhängig zu machen und damit ein internationales Recht zu begründen. Er postulierte, daß „das Naturgesetz auch dann gültig wäre, wenn wir, was wir wohl ohne allergrößte Schlechtigkeit niemals tun könnten, Gott seine Existenz absprächen oder feststellten, daß Er sich um die Angelegenheiten des Menschen nicht kümmerte".

1640 gab es zur Zeit der großen Aufstände gegen König Charles I. eine radikale Partei im Parlament, die Levellers – die Gleichmacher. Einer von ihnen war Richard Overton, der vielleicht der erste Mann war, der das Naturgesetz in Naturrechte übersetzte. In seinem gegen Charles I gerichteten Pamphlet *An Arrow Against All Tyrants* schrieb er: „Denn von Geburt an sind alle Menschen gleich ... und zu gleichem Besitztum,[8] gleichem Recht und gleicher Freiheit geboren, ... jeder gleich und gleichermaßen zur Ausübung seines Geburtsrechtes und seiner Privilegien."[9,10] Dies waren revolutionäre Ideen, für die er in Gefangenschaft schmachtete.

Der größte Protagonist der Menschenrechte war im 17. Jahrhundert der Philosoph John Locke, dessen *Essay Concerning the True, Original, Extent and End of Civil Government* im Jahre 1689 in London veröffentlicht wurde und den Glauben an die göttlichen Rechte von Königen über Bord warf. Statt dessen verkündete er die Idee der Naturrechte des Menschen, universelle und für alle Menschen wichtige Rechte, ohne die das Leben nicht lebenswert ist. Es sind dies die Rechte auf Leben, Freiheit und Besitztum.

Er schrieb:

Damit hat sich gezeigt:

1. „daß Adam weder durch natürliche Rechte seiner Vaterschaft noch durch eine direkte Gabe Gottes eine solche Autorität über seine Kinder oder Herrschaft über die Welt hatte, wie vorgegeben wird;

2. daß jedoch, so er diese hatte, seine Nachkommen (d. h. Könige) diese Rechte nicht hatten. Um die politische Macht zu verstehen, ... müssen wir bedenken, in welchem Zustand sich Menschen von Natur aus befinden, und das ist der Zustand vollkommener Freiheit (d.h. keiner Autorität untergeben). Dieser natürliche Zustand hat ein Naturgesetz, das ihn leitet und dem jeder verpflichtet ist: Und die Vernunft, die dieses Gesetz ist, lehrt die ganze Menschheit, daß

niemand einem anderen an Leben, Gesundheit, Freiheit oder Besitztum verletzten sollte, da alle gleich und unabhängig sind.

Diese Prinzipien hinderten auch ihn nicht daran, die Beschlagnahme der Länder der einheimischen Indianer durch die amerikanischen Siedler damit zu rechtfertigen, daß die Indianer Jäger und keine Landwirte seien, und daher ihr Land nicht ihr Eigentum sei.

Im 18. Jahrhundert erweiterte Tom Paine die Naturrechte Lockes auf die „intellektuellen Rechte [des Menschen] sowie auf das Recht, als Individuum zu seinem eigenen Wohlbefinden und Glück zu handeln, sofern dies nicht den Rechten anderer abträglich ist. Jedes Bürgerrecht hat als Grundlage ein dem Individuum schon ursprünglich zustehendes Naturrecht".[11] Tom Paine inspirierte mit seiner revolutionären Rede und Niederschrift nicht nur die amerikanische Unabhängigkeitserklärung von 1776, sondern auch The Bill of Rights von Amerika und die französische Erklärung der Menschen- und Bürgerrechte aus dem Jahre 1791.

Andere Anstöße kamen von Montesquieu mit *L'esprit des Lois,* das 1745 veröffentlicht wurde. Montesquieu vertrat eine Trennung der Gewalten von Rechtsprechung, Legislatur und Exekutive, ein Juryverfahren und ein Zweiparteiensystem, so daß eine Partei die Macht hat, die andere zu kontrollieren. Er definierte Freiheit als „das Recht, alles, was das Gesetz erlaubt, zu tun" und politische Freiheit des Bürgers mit „dem Sicherheitsbewußtsein, das der Ansicht jedes Einzelnen von seiner eigenen Sicherheit entspringt; und um diese Freiheit zu genießen, muß die Regierung so sein, daß kein Bürger einen anderen fürchtet". Montesquieu vertrat die Redefreiheit nicht als Naturrecht, ich konnte keinen Hinweis auf solche Rechte finden, sondern als Ventil. Schmähschriften über die Regierung sollten deshalb gestattet sein, weil „sie die allgemeine Bosheit befriedigen, Unzufriedenheit besänftigen, Neid auf diejenigen an höherer Stelle mindern, den Menschen Geduld zum Ertragen ihrer Leiden geben und die Menschen darüber zum Lachen bringen".[12]

Die dreizehn Vereinigten Staaten von Amerika erklärten am 4. Juli 1776 im Kongreß in Philadelphia einstimmig:

> Wir halten diese Wahrheiten für selbstverständlich, daß alle Menschen gleich geboren sind, daß ihnen bestimmte unveräußerliche Rechte gegeben sind, die da sind Leben, Freiheit und Streben nach Glück. Und daß zur Sicherung dieser Rechte Regierungen unter den Menschen eingerichtet sind, die ihre gesetzliche Macht durch die Zustimmung der Regierten erhalten.[2]

In der Erklärung fehlt das Wort „weißen" zwischen „alle" und „Menschen", denn tatsächlich galt keines dieser noblen Rechte für ihre schwarzen Sklaven, aus Gründen, die Montesquieu in folgenden sarkastischen Worten bereits 31 Jahre früher niedergeschrieben hatte:

> Die Völker von Europa mußten, nachdem sie die Völker Amerikas ausgerottet hatten, jene aus Afrika versklaven, um die Länder zu bestellen. Zucker wäre bei weitem zu teuer, würde die diesen produzierende Pflanze nicht von Sklaven angebaut werden. Außerdem ... ist es einfach unmöglich, Zuneigung für Leute zu empfinden, die von Kopf bis Fuß schwarz sind und solch breite Nasen haben. Und ... wie hätte es wohl Gott, der so weise ist, in den Sinn kommen können, eine Seele, geschweige denn eine gute Seele, in einen schwarzen Kör-

per zu tun? Es ist unmöglich anzunehmen, daß diese Leute menschliche Wesen sind, denn nähmen wir an, sie sind menschlich, würden wir ja von uns selbst nicht glauben können, Christen zu sein. Kleindenker übertreiben die Ungerechtigkeit, die die Afrikaner erlitten haben, denn wäre es wirklich so schrecklich, wie sie behaupten, hätten denn dann nicht die europäischen Fürsten an den Abschluß eines Vertrages für Barmherzigkeit und Mitleid gedacht, wo sie doch so viele unnütze Verträge abschließen?[12]

1795 folgte Condorcet dieser Ansicht, indem er schrieb: „Es sollte keine verschiedenen Rassen geben, eine, die dazu auserkoren ist zu regieren, die andere zu gehorchen, eine zu lügen, die andere betrogen zu werden. Wir müssen anerkennen, daß alle das gleiche Recht zur Verfolgung ihrer Interessen haben, und daß keine der von ihnen und für sie eingerichteten Gewalten das Recht haben darf, irgend etwas von diesem Recht vor ihnen zu verbergen."

Nach Condorcet hat auch Lord Acton den Spruch geschaffen, daß Demokratie die Vorbeugung von Revolutionen durch zeitgerechte Reformen ist. Entscheidungen sollten von der Mehrheit der Menschen getroffen werden, aber die Rechte des Individuums dürfen nicht verletzt werden, die er, wie Locke, als die Freiheit zur Entwicklung seiner Fähigkeiten, zur Verfügung über seine Besitztümer und zur Verfolgung seiner Bedürfnisse definiert.[13]

The Bill of Rights vom 15. Dezember 1791, großteils von James Madison formuliert, besagt in Artikel I: „Der Kongreß darf kein Gesetz verabschieden, das Ausübung einer Religion fördert oder verbietet, oder die Freiheit der Rede oder der Presse beschränkt, noch das Recht der Menschen, sich friedvoll zu versammeln und die Regierung um Erleichterung ihrer Beschwerden zu ersuchen."[2] Madison konnte nicht ahnen, daß das Recht auf freie Religionsausübung Menschen dazu bringen könnte, mittels der Verbreitung von Giftgas das prophezeite Ende der Welt eintreten zu lassen, oder daß die Redefreiheit zur Anheizung von Rassenhaß oder zur Verbreitung der Pornographie mißbraucht werden würde.

Die Erklärung der Menschen- und Bürgerrechte wurde von der französischen Nationalversammlung 1791 verabschiedet. Sie war von The Bill of Rights von Amerika beeinflußt, war aber vorsichtiger und gewährte diese Rechte nicht absolut.

> In Anbetracht der Tatsache, daß Unkenntnis, Nichtbeachtung oder Ablehnung der Menschenrechte die alleinige Ursache für öffentliches Unglück und Korruption der Regierung ist, haben die Vertreter der Völker Frankreichs ... diese natürlichen ... unveräußerlichen Rechte beschlossen ...
>
> 1. Menschen sind frei geboren und verbringen auch ihr weiteres Leben frei und mit gleichen Rechten.
>
> 7. Sofern nicht vom Gesetz vorgesehen, ist kein Mensch anzuklagen, zu verhaften oder gefangen zu halten.
>
> 10. Kein Mensch ist auf Grund seiner Meinungen zu quälen, sofern sein Bekenntnis dieser nicht die durch das Gesetz hergestellte öffentliche Ordnung stört.
>
> 11. Da die ungehinderte Mitteilung der Gedanken und Meinungen eines der wertvollsten Rechte des Menschen ist, soll jeder Bürger frei sprechen, schrei-

ben und öffentlich verkünden, sofern er für den Mißbrauch dieser Freiheit, wie vom Gesetz bestimmt, zur Verantwortung gezogen werden kann.[2]

Leider konnte diese Erklärung den Terror, der folgen sollte, nicht aufhalten.

Das liberale Denken des 19. Jahrhunderts wurde hauptsächlich von John Stuart Mill durch sein *Essay On Liberty,* erstmals 1858 veröffentlicht, geprägt.[14] In Einklang mit dem damals vorherrschenden intellektuellen Klima stellte er weder die Würde des Menschen noch seine angeborenen Naturrechte in den Mittelpunkt seiner Aussage, sondern Nutzen und materiellen Fortschritt:

> Ich halte den Nutzen für die letzte Instanz aller ethischen Fragen, aber es muß der Nutzen im weitesten Sinne sein, der auf den Interessen des Menschen als fortschrittliches Wesen begründet ist. ... Dies ist dann die geeignete Welt für menschliche Freiheit. Dazu gehört erstens das innere Reich des Bewußtseins; die Forderung nach Gewissensfreiheit im umfangreichsten Sinn des Wortes; Freiheit der Gedanken und Gefühle; absolute Meinungs- und Gesinnungsfreiheit zu allen Themen praktischer oder spekulativer, wissenschaftlicher, moralischer oder theologischer Natur. Die Freiheit der öffentlichen Meinungsäußerung scheint unter einen anderen Grundsatz zu fallen, da diese zu dem Verhalten eines Individuums zählt, das andere Menschen betrifft; aber da sie fast genauso wichtig ist wie die Gedankenfreiheit an sich und sich großteils auf die gleichen Argumente stützt, ist sie praktisch mit jener untrennbar verbunden. Zweitens verlangt dieser Grundsatz die Freiheit von Vorlieben und Vorhaben; Freiheit, einen auf den eigenen Charakter zugeschnittenen Lebensplan zu verfolgen; zu tun, was wir wollen und mit allen sich daraus ergebenden Konsequenzen: ohne Einschränkung durch unsere Mitmenschen, solange wir diesen keinen Schaden zufügen, auch wenn diese unser Verhalten dumm, pervers oder falsch einschätzen.

Zur Freiheit der Meinungsäußerung meint Mill:

> Aus vier Gründen, die wir in der Folge kurz behandeln wollen, haben wir nun die Notwendigkeit von Meinungsfreiheit und freier Meinungsäußerung für das geistige Wohlbefinden der Menschheit erkannt (wovon ihr Wohlbefinden auf allen anderen Gebieten abhängt).
>
> Erstens, jede Meinung, die gezwungenermaßen verschwiegen wird, kann, soweit wir das beurteilen können, wahr sein. Dies zu leugnen, wäre wie die Annahme unserer eigenen Unfehlbarkeit.
>
> Zweitens kann jede gezwungenermaßen verschwiegene Meinung wohl falsch sein, was auch oft der Fall ist, aber vielleicht ein Körnchen Wahrheit enthalten; und da die allgemein vorherrschende Meinung zu einem Thema selten oder niemals die volle Wahrheit ist, hat der letzte Rest der Wahrheit nur durch die Konfrontation mit anderen Meinungen die Chance, ans Tageslicht zu gelangen.
>
> Drittens, auch wenn die allgemein anerkannte Meinung nicht nur die Wahrheit, sondern die volle Wahrheit ist, würden doch diejenigen, die sie als gültig vertreten, einer Art Vorurteil anhängen und wenig Verständnis für die zugrundeliegenden rationalen Überlegungen haben, wenn man nicht zuläßt, daß diese vorherrschende Meinung heftig und ernsthaft in Frage gestellt und auch tatsächlich diskutiert wird. Und schließlich und endlich wird, viertens, die Bedeutung der Doktrin selbst Gefahr laufen, verloren zu gehen, oder entkräftet

und ihrer bedeutenden Wirkung auf Charakter und Verhalten beraubt zu werden, da das Dogma bloß zu einem formalen Bekenntnis wird, unwirksam für das Gute, aber am Boden verkümmernd, die das Wachstum einer tiefen, aus Gründen der Vernunft und persönlicher Erfahrungen gewonnenen Überzeugung verhindert.

Der einzige Zweck einer Machtausübung über ein Mitglied einer zivilisierten Gemeinschaft gegen seinen Willen ist die Bewahrung anderer vor Schaden.

Mill holte hier gegen den Kalvinismus aus, der heute viel an Macht verloren hat, aber sobald wir das Wort Gott mit *der Staat* ersetzen, haben seine Worte auch in diesem Jahrhundert und im nächsten noch immer den gleichen Einfluß auf unser Leben. Laut Kalvin ist der Eigensinn die größte Sünde des Menschen, aber Mill widerspricht heftig:

Alles Gute, wofür die Menschheit fähig ist, ist im Gehorsam eingeschlossen. Du hast keine Wahl; daher mußt Du es tun und darfst nichts Gegenteiliges tun. „Alles, was keine Pflicht ist, ist Sünde." Indem die menschliche Natur radikal unterdrückt wird, gibt es für niemanden eine Erlösung, bis die menschliche Natur selbst in ihm zerstört wird. Für einen, der dieser Theorie anhängt, ist es keine Sünde, alle menschlichen Anlagen, Fähigkeiten und Neigungen auszulöschen: Der Mensch braucht keine andere Fähigkeit als die, sich dem Willen Gottes zu unterwerfen; und sobald er irgendeine dieser Fähigkeiten für einen anderen Zweck einsetzt als dafür, das von ihm Erwartete noch wirkungsvoller zu gestalten, wäre er besser ohne solcher Fähigkeit dran.

Niemals können Menschen ein nobles und schönes Objekt der Verehrung werden, wenn alles Individuelle in ihnen zu einer großen einheitlichen Masse nivelliert wird, sondern nur durch Förderung und Pflege des Individuellen innerhalb der durch die Rechte und Interessen anderer gesetzten Grenzen; und genauso wie die Werke den Charakter dessen annehmen, der sie vollbrachte, wird auch das menschliche Leben reich, mannigfaltig und belebend werden. ... Mit der Entwicklung seiner Individualität wird jeder Mensch für sich selbst wertvoller und kann daher auch für andere wertvoller werden.

Mill war der bekannteste Verfechter von Frauenrechten im 19. Jahrhundert:

Jede Person soll frei nach eigenem Belieben und Bedürfnissen handeln können, aber niemand sollte frei nach eigenem Belieben im Namen anderer handeln und vorschützen, daß die Angelegenheiten des anderen seine eigenen wären. Die Verpflichtung wird im Fall familiärer Beziehungen fast gänzlich mißachtet, und gerade in diesem Fall ist sein direkter Einfluß auf das Glück des Menschen größer als auf alles andere zusammen. Die fast despotische Macht von Ehemännern auf ihre Frauen muß hier nicht näher behandelt werden, aber nichts anderes ist für die vollkommene Bereinigung allen Übels vonnöten, als Frauen die gleichen Rechte zu geben und ihnen den gleichen Schutz des Gesetzes zu gewähren, wie allen anderen Menschen; aber bei diesem Thema ergeben sich jene, die diese allgemeine Ungerechtigkeit vertreten, nicht dem Ruf nach Freiheit, sondern stellen sich ihm offen als Verfechter der Macht entgegen.

Dieser Ruf Mills verhallte in England bis weit in dieses Jahrhundert in der Wüste und wird auch heute noch in den meisten Ländern dieser Welt nicht beachtet. Sein kraftvoll formulierter Aufsatz *The Subjection of Women* ist weit weniger bekannt als der Artikel *On Liberty,* der allgemein vom Menschen oder vom Mann handelt.

Mills Rechtfertigung der Menschenrechte auf Basis des Nutzens für alle im Gegensatz zum Nutzen für die einzelne Person wurde oft kritisiert, denn der Nutzen für alle stand schon oft Pate für die Rechtfertigung von Repressionen gegen die individuelle Freiheit, aber da sein Artikel gänzlich den Rechten des Individuums gewidmet ist, lenkt eine solche Kritik kaum von seinem wesentlichen Inhalt ab.

Der zeitgenössische Philosoph A. Gewirth hat den wichtigen Zusatz angebracht, daß Menschenrechte in *Zusammenhang mit anderen Menschen* gerechtfertigte Forderungen sein müssen,[15] d.h. sie dürfen die legitimen Forderungen anderer nicht beeinträchtigen.

Die Menschenrechte wurden mittlerweile durch Abkommen rechtskräftig, die 1950 vom Europarat, 1966 von der Generalversammlung der Vereinten Nationen, 1969 vom Amerikanischen Konvent und 1981 von der Afrikanischen Charta verabschiedet wurden. 1984 verabschiedeten die Vereinten Nationen auch eine Konvention gegen Folter und andere Grausamkeiten, unmenschliche oder erniedrigende Behandlung oder Bestrafung.

Als Schuljunge war ich der Meinung, in Europa gäbe es keine Folter mehr, jedenfalls nicht seit der Inquisition. Später erfuhr ich, daß Lenin sie wieder einführte und Hitler sie genauso anwandte. Zu meinem Schrecken habe ich seither erkannt, daß Folter noch immer in vielen sogenannten zivilisierten Ländern praktiziert wird. In London verhilft die Medical Foundation for the Victims of Torture den Opfern von Foltermethoden zu ihrer Rehabilitierung, und der Redress Trust versucht, für sie eine Wiedergutmachung zu erwirken. Der Trust gab mir eine Liste all jener Länder, in denen Folter weitverbreitet ist und ständig angewendet wird, sowie jener Länder, die ab und zu Foltermethoden anwenden, und Staaten, die grausame, unmenschliche oder erniedrigende Behandlungen oder Bestrafungen praktizieren.

Länder mit weitverbreiteter, ständiger Anwendung von Folter (z. B. Stromschlag, Erstickungsmethoden, Schlagen der Füße und sexuelle Mißhandlung):

- Algerien[16]
- Angola
- Bangladesch
- Bosnien-Herzegowina
- China
- Kolumbien
- Ecuador
- Ägypten
- Äquatorial-Guinea
- Guatemala[16]
- Haiti (vielleicht nicht mehr)
- Indien
- Indonesien (und Osttimor)[16]
- Iran
- Irak
- Israel[16]
- Liberia

- Mexiko[16]
- Myanmar (Birma)
- Pakistan
- Papua-Neuguinea
- Peru[16]
- Saudi-Arabien
- Somalia[16]
- Sri Lanka
- Sudan[16]
- Tunesien[16]
- Türkei[16]
- Venezuela[16]
- Yemen[16]
- Zaire

Der Mißbrauch der Psychiatrie für die mentale Erniedrigung politischer Gefangener wird in Europa nicht mehr, aber in Kuba noch immer praktiziert.

Staaten, von denen keine Berichte über eine unmenschliche Behandlung von Verdächtigen, Grausamkeiten, unmenschliche oder erniedrigende Bestrafung vorliegen, sind eine Minderheit.

- Belgien
- Dänemark
- Finnland
- Irland
- Liechtenstein
- Luxemburg
- Niederlande
- Neuseeland
- Norwegen
- Schweden
- Schweiz

In Anbetracht solch schamloser Verletzungen der Menschenrechte fühle ich mich durch die Tatsache ermutigt, daß alle wissenschaftlichen Akademien der Welt zur Verteidigung der Rechte unserer wissenschaftlichen Kollegen, wo auch immer diese verletzt werden, bereit sind, aber ich finde es tragisch, daß gerade jetzt, wo die mit der Zeit gewachsene Idee der Menschenrechte zu internationalem Recht wurde, das Vorhandensein menschlicher Pflichten wie niemals zuvor in Mißkredit gefallen ist und Gefahr läuft, unsere Gesellschaft zu unterminieren und damit unser wertvollstes Erbe, die europäische Zivilisation, die Urheberin der Idee der Menschenrechte, zu zerstören. Es ist an der Zeit, die heute so moderne Einstellung zu bekämpfen, daß jeder Mann und jede Frau die eigene Selbstverwirklichung als höchstes Ziel sieht, die Entwicklung der eigenen Persönlichkeit und Erfüllung aller Wünsche auch auf Kosten der eigenen Familie, der Freunde, Kollegen und der Gemeinschaft durchzuführen. Die tiefgreifende Einsicht Immanuel Kants, daß die Moral an sich darin besteht, andere Menschen eher als Zielobjekt selbst denn als Mittel zum Zweck zu behandeln, und die altmodischen Tugenden, wie Liebe, Loyalität, Ehrlichkeit, Pflichterfüllung und Hingabe, die durch scheinheiliges Verhalten in Mißkredit gekommen sind, sollten dringendst erneuert und gemeinsam mit den Menschenrechten hochgehalten werden.

Es gibt viele Kritiker der Aussage, daß Menschenrechte ein Naturrecht sind. Einer davon war der amerikanische Richter des Supreme Courts Oliver Wendell Holmes, der das Naturgesetz nicht als Gesetz im eigentlichen Sinne ansah, sondern eher als Theologie oder Moral, als etwas, das der Schöpfer im Sinn hatte und das der Mensch, wenn er aus Vernunftgründen danach suchte, als etwas separat Vorhandenes finden konnte. Holmes argumentierte, daß er nie das Vorhandensein eines Naturrechts gespürt hätte, und da er nicht an Erscheinungen glaubte, seinen ewigen Wert leugnete. Der englische Richter Frederick Pollock argumentierte, daß Naturrecht auf der Grundlage des göttlichen Rechts wohl unfehlbar sein kann, aber es gäbe keinen unfehlbaren Weg herauszufinden, was es ist.

Auch wurde argumentiert, daß es Gesetzeskonflikte geben könnte. Zum Beispiel, das Recht einer Person zu sprechen, zu schreiben und zu veröffentlichen könnte das Recht aller anderen durch eine Beeinträchtigung der Sicherheit des Staates gefährden. Angesichts von Terrorismus oder weitreichender Gewalttätigkeiten ist die Erhaltung von Rechten schwierig.

Hinsichtlich der Gefahr eines Mißbrauchs griffen wiederum andere Kritiker Mill an, weil er als Grundlage der Menschenrechte den Nutzen sieht, aber vielleicht wollte Mill diese Rechte mit Hilfe des Nutzens dem England des 19. Jahrhunderts schmackhaft machen. Heutzutage hätte er sie vielleicht mit dem Argument gerechtfertigt, daß sie die Schaffung von Reichtum unterstützen. Darin liegt tatsächlich etwas Wahres. Der britische Nationalökonome Partha Das Gupta fand heraus, daß Entwicklungsländer, die die Menschenrechte einhalten, durchschnittlich reicher sind als jene, die sie nicht beachten.

Ich plädiere für die Menschenrechte, weil viele unschuldige Männer und Frauen ihnen ihre Freiheit verdanken und weil sie zivilisierend wirken. Sie sind ein für die Schaffung einer besseren Welt anzustrebendes Ziel.

Ich danke den Professoren Kurt Lipstein, Peter Laslett und Elihu Lauterpacht sowie Mr. David Weigall für Ihre Einführung in dieses Thema. Für weitere Beratung bedanke ich mich bei dem leider inzwischen verstorbenen Sir Isaiah Berlin und bei Sir Michael Atiyah, Sir Henry Chadwick, Sir Ernst Gombrich, Professor Edward Kenney und Dr. Richard Tuck.

Anmerkungen und Literaturhinweise
Wer gibt uns das Recht, uns auf die Menschenrechte zu berufen?

[1] Vortrag anläßlich einer Internationalen Konferenz der Akademien der Wissenschaften zum Thema Menschenrechte an der Royal Netherlands Academy of Arts and Sciences in Amsterdam, 11. und 12. Mai 1995.

[2] Europarat. 1990. *Human rights in international law.* Strasbourg.

[3] Lauterpacht H. 1945. *An international bill of the rights of man.* New York.

[4] Lauterpacht H. 1950. *International law and human rights.* Stevens and Son Ltd., London.

[5] Thucydides (übersetzt in die englische Sprache von Benjamin Jowett). 1960. *The Peloponnesian War.* p. 114. Bantam Books, New York.

[6] Aurelius M. *Meditations.* Penguin Classics, Harmondsworth, Middlesex.

[7] Stephenson C. und Marcham F. G. 1937. *Sources of English constitutional history.* Harper, New York.

[8] Mit Anstand war im weitesten Sinn des Wortes Besitztum gemeint.

[9] Stirk P. und Weigall D. 1995. *An introduction to political ideas.* Pinter, London.

[10] Overton R. 1646. *An arrow against all tyrants.* pp. 3 – 4. London.

[11] Paine T. *The rights of man.* (Zitat aus Anmrekung 9).

[12] Montesquieu C. Baron de. 1956 *L'Esprit des lois.* Band 1: pp. 162, 164, 198, 208, 258. Edition Garnier Frères, Paris.

[13] Condorcet Marquis de. 1934. *Esquisse d'un tableau historique des progrès de l'èsprit humain.* Boivin et Cie, Paris.

[14] Mill J. S. 1989. *On liberty, with the subjection of women, and chapters on socialism.* Cambridge University Press, Cambridge.

[15] Gewirth A. 1982. *Human rights.* University of Chicago Press, Chicago.

[16] Unterzeichnerstaaten der Konvention der Vereinten Nationen gegen Folter 1984. Seit dieser Artikel geschrieben wurde, haben auch die Türkei und Israel Folter für ungesetzlich erklärt.

*Das Recht der freien Entscheidung**

Die Bevölkerung der Erde wächst zur Zeit um 1,7 Prozent (90 Millionen) pro Jahr bei einem gleichzeitigen Wachstum der Getreideproduktion um nur 0,9 Prozent pro Jahr. Während der vergangenen zwanzig Jahre sind ungefähr 200 Millionen Menschen an Hunger oder Hungerkrankheiten gestorben; durch das steigende Nahrungsdefizit kann diese Zahl in den kommenden zwanzig Jahren auf das fünffache ansteigen. Die Bevölkerung der ärmsten Länder der Welt wächst am schnellsten. Bangladesch, ein kleineres Land als Wisconsin, hat zur Zeit eine Bevölkerung von 114 Millionen und wird in ungefähr dreißig Jahren eine Bevölkerung von 240 Millionen haben, was der heutigen der gesamten Vereinigten Staaten von Amerika entspricht. Was wird mit diesen armen Menschen geschehen? Auch wenn ein Wunder geschieht und die Wissenschaft Möglichkeiten zur Produktion ausreichender Nahrung findet, wie könnten sie eine einträgliche Beschäftigung finden, um sich diese leisten zu können? Über diese Aussichten Überlegungen anzustellen, ist so bitter, daß sowohl der Papst als auch das Weiße Haus die Umweltkonferenz von 1972 in Rio zwangen, dieses Thema zu ignorieren.

Tragischerweise ist die Bevölkerungsexplosion das Ergebnis des am wenigsten angefeindeten Beitrags des Norden an den Süden, der Verlängerung des Lebens durch moderne Medizin und Hygienemaßnahmen oder, um mit Viktor Weisskopf zu sprechen, der Einführung der Todeskontrolle ohne Geburtenkontrolle.

Carl Djerassi ist der Erfinder der Antibabypille, und Etienne-Emile Baulieu der Erfinder der Abtreibungspille. Sie haben Mittel erfunden, diese Katastrophe zu verhindern oder zumindest abzuschwächen. Beide nehmen in ihren Autobiographien kritisch zum religiösen und politischen Druck gegen die Einführung dieser Pillen in gerade jenen Ländern Stellung, die diese am nötigsten brauchen.

Djerassi wuchs in Wien auf und kam kurz vor Ausbruch des Zweiten Weltkriegs mit zwanzig Dollar in der Tasche nach New York. Dreißig Jahre später war er ein weltberühmter Wissenschaftler und Millionär. Zu seinem Glück besaß er bei seiner Ankunft im Alter von sechzehn Jahren eine erstklassige Schulbildung und gute Englischkenntnisse. Er hatte die Stirn, Eleanor Roosevelt um ihre Unterstützung zu bitten, ihm ein College-Stipendium zu verschaffen, und – kaum zu glauben – diese reagierte auf sein Schreiben und leitete es an das Institut für internationale Erziehung weiter; dieses erwirkte für ihn ein Stipendium am Tarkio College, Missouri, einer presbyterianischen Schule mit zwanzig Lehrern und 140 Studenten. Nach einem Jahr bot man ihm Quartier, Verpflegung und Stipendium am Episcopalian Kenyon College in Gambier, Ohio, an, wo er bereits im folgenden Jahr das Bachelor's Degree in Chemie ablegte, das, wie er sagt, zu Kriegszeiten wichtig war, um als Offizier und nicht als einfacher Soldat einrücken zu müssen. Jedoch mußte er wegen seines lahmen Knies letztlich gar nicht einrücken, und er fand eine Stellung in einer pharmazeutischen Firma in New York. Dort arbeitete er untertags

---

*) Zu den Büchern *The Pill, Pygmy Chimps, and Degas' Horse: The Autobiography of Carl Djerassi* von Carl Djerassi (Basic Books) und *The 'Abortion Pill'* von Etienne-Emile Baulieu (mit Mort Rosenblum; Simon and Schuster).

und besuchte Abendkurse für Chemie an der Universität New York und der Polytechnischen Schule von Brooklyn, half bei der Synthese der ersten Antihistamine und erhielt ein Patent auf seinen Namen, das alles innerhalb eines Jahres. Der nächste Schritt war ein Stipendium der Alumni Research Foundation an der Universität Wisconsin in Madison, wo Djerassi sein Ph. D. in Chemie innerhalb von zwei Jahren im Alter von nur zweiundzwanzig Jahren ablegte.

Bedenkt man Vorwürfe des Physikers Richard Feynman und anderer über Antisemitismus an amerikanischen Colleges, so empfinde ich es ermutigend, daß einem mittellosen jüdischen Einwanderer aus Wien mit Stipendien an zwei protestantischen Colleges und einer Universität im Herzen des angeblich fremdenfeindlichen mittleren Westens eine brillante Karriere ermöglicht wurde. Gemessen an der Zeit, die er für sein Studium benötigte, muß er im Besitz einer außergewöhnlichen Kombination an Talent und Antriebskraft gewesen sein.

Djerassi kehrte zur pharmazeutischen Firma zurück und arbeitete weiter an Antihistaminen, aber er suchte nach einer größeren Herausforderung. Die der Arthritis entgegenwirkenden Eigenschaften des Cortisons waren gerade erst entdeckt worden; aber es wurde aus den Nebennieren von Tieren zu Kosten von 200 US-Dollar pro Gramm gewonnen. Djerassi wollte versuchen, Cortison synthetisch herzustellen. Da seine Firma an einem so abschreckend schwierigen Projekt kein Interesse zeigte, verließ der das Unternehmen und ging zu Syntex, einem neu gegründeten pharmazeutischen Unternehmen in Mexiko City, das von einigen jungen Chemikern aus Europa geführt wurde.

Jeder hatte ihn gewarnt, daß an einem so abgelegenen Ort keine ernsthafte chemische Forschung betrieben werden könnte, aber im Mai 1951 gelang Djerassi und seinem Team die chemische Herstellung von Cortison mit Hilfe einer aus der mexikanischen Yamswurzel gewonnenen Verbindung. Ihr Forschungsbericht über diese große Errungenschaft erreichte das Büro der American Chemical Society nur ein paar Tage vor den Berichten zweier berühmter Chemiker, R. B. Woodward und L. F. Fieser, denen die gleiche Synthese mittels anderer Methoden gelungen war.

Die Natur erzeugt ihr eigenes Kontrazeptivum, Progesteron, ein Steroidhormon, das nach Eintritt einer Schwangerschaft den Eisprung verhindert. Es kann zur Empfängnisverhütung verabreicht werden, ist aber für eine orale Einnahme zu schwach: zur Sicherstellung der Wirksamkeit muß es injiziert werden. Djerassi wollte ein Verhütungsmittel analog zu Progesteron chemisch herstellen, das auch bei oraler Einnahme wirksam wäre. Am 15. Oktober 1951 stellte der mexikanische Chemiestudent Luis Miramontes, der unter der Leitung von Djerassi arbeitete, eine Verbindung namens Norethisteron chemisch her, die die geforderte chemische Struktur aufwies. Djerassi schreibt: „In unseren gewagtesten Träumen hätten wir nicht gedacht, daß diese Substanz schließlich der aktive Progesteronbestandteil fast der Hälfte aller weltweit verwendeter oraler Verhütungsmittel sein würde." Das Team hatte diese Synthese in weniger als sechs Monaten unter der Leitung des 28jährigen Djerassi bewerkstelligt. Nach Durchführung einer Vielzahl von Tests genehmigte die U.S. Food and Drug Administration elf Jahre später den Einsatz von Norethisteron als Verhütungsmittel.

Nach zwei großen Erfindungen verließ Djerassi Syntex und wurde außerordentlicher Professor für Chemie an der Wayne State University in Detroit. Sein Hauptinteresse lag eher in der Grundlagen- als in angewandter Forschung, und er wollte die Chemie der Riesenkakteen, die in Mexiko wachsen, untersuchen.

Seine nächste Errungenschaft war die Entwicklung einer optischen Methode zur Bestimmung der chemischen Struktur von asymmetrischen Verbindungen. Dafür verlieh ihm die American Chemical Society einen Preis, und er wurde Professor für Chemie an der Universität Stanford, wo er seither tätig ist, auch mit Syntex ständig in Verbindung blieb und weitere neue Ideen für Forschung und Lehre hervorbrachte. Zum Abschluß einer Vorlesungsreihe über Steroidchemie bat er jeden Studenten um die Formulierung von Prüfungsfragen und versprach, die Fragen nach dem Zufallsprinzip in der Klasse zu verteilen. Als er die Fragen verteilte, protestierte ein Schüler nach dem anderen, er hätte irrtümlich seine eigenen Fragen erhalten. Erst langsam wurde ihnen klar, daß Djerassi dies von Anfang an beabsichtigt hatte. Nachdem nun jeder von ihnen sich durch komplexe Fragestellungen profilieren wollte, hatte er nun die grimmige Aufgabe, diese selbst lösen zu müssen.

Trotz Ruhm und Reichtum beendet Djerassi seine Autobiographie mit einer bitteren Bemerkung. In den Vereinigten Staaten ist die Entwicklung von Verhütungsmitteln so teuer geworden, daß die meisten pharmazeutischen Unternehmen, einschließlich Syntex, diese eingestellt hätten, gerade jetzt, wo die Welt sie am dringendsten benötigt. Eine billige und sichere Pille, die nur einmal im Monat eingenommen werden muß, würde die Verhütung auf der ganzen Welt wesentlich erleichtern, da für viele Frauen, insbesondere für weniger gebildete Frauen, die regelmäßige tägliche Einnahme der Pille und die korrekte Unterbrechung der Einnahme während jeder Periode schwierig ist. Außerdem können sich viele Frauen die Pille nicht leisten. Ein Faktor, der die für die Entwicklung einer solchen Pille notwendige weitreichende Forschung in den Vereinigten Staaten unwirtschaftlich macht, ist die weitverbreitete irrige öffentliche Meinung über die Auswirkungen einer Langzeiteinnahme von Medikamenten auf eine große Bevölkerung. Auf Grund genetischer Vielfalt wird es immer einige Menschen geben, bei denen auch das sicherste Medikament unerwünschte Nebenwirkungen zeigt. Wenn der Prozentsatz dieser Menschen hoch ist, dann zeigen sich solche unerwünschte Nebenwirkungen in klinischen Versuchsreihen, die vor jeder Zulassung eines Medikaments am Markt an mehreren hundert Menschen durchgeführt werden. Zeigen sich aber diese Nebenwirkungen nur bei, sagen wir, einer von 10.000 Personen, ist die Wahrscheinlichkeit solcher Nebenwirkungen bei klinischen Versuchsreihen zu vernachlässigen. Wenn aber das Medikament später von Millionen verwendet wird, und betroffene Personen den Hersteller auf Fahrlässigkeit verklagen, können Verhandlungen und Schadenersatzforderungen dieses Unternehmen viele Millionen Dollar kosten. Diese Kosten und die damit verbundene ungünstige öffentliche Publicity sind einige der Gründe, die die weitere Entwicklung von Verhütungsmitteln beeinträchtigen.

Andere Ursachen sind in den Sicherheitsbestimmungen der Food and Drug Administration begründet, die in Berichten über Schadenersatzforderungen in der Presse manchmal den Vorwurf der Fahrlässigkeit bei der Genehmigung von Medikamenten einstecken mußten. Die FDA reagierte mit einer Forderung nach umfangreichen Tierversuchen über lange Zeitperioden, bevor ein Kontrazeptivum für die Anwendung am Menschen genehmigt wird; dazu gehören zweijährige Toxizitätsstudien an Ratten und Affen, gefolgt von siebenjährigen Toxizitätsstudien an Affen mit der zweifachen, zehnfachen und 25fachen dem Menschen entsprechender Dosis. Djerassi betont, daß diese Regulierungen die Entwicklung neuer Verhütungsmittel maßlos teuer machen, aber trotzdem keine vollkommene Sicherheit garantieren können, da die reproduktiven Zyklen und Reaktionen auf Steroide unter verschiedenen Tieren und sogar unter verschiedenen Primaten zu unterschiedlich sind, um für die Anwendung auf den Menschen sinnvolle Ergebnisse zu liefern. Es gibt keinen Weg zur Einführung besserer Verhütungsmittel bzw. irgendwelcher neuer Medikamente ohne Risiko für einige Menschen, und wenn die Presse, der Kongreß und die Gerichte dies nicht akzeptieren wollen, wird sich die Entwicklung neuer Kontrazeptiva anderswohin verlagern.

Die aufsehenerregendste neue Entwicklung kam aus Frankreich, wo Etienne-Emile Baulieu eine Abtreibungspille mit dem Namen Mifepriston oder RU 486 erfand. Wie bei der Antibabypille von Djerassi handelt es sich dabei um ein zu Progesteron analoges Hormon, das den Eisprung nach Eintritt einer Schwangerschaft verhindert. Während Djerassis Pille die Wirkung von Progesteron nachahmt, blockiert RU 486 die Uterusrezeptoren für Progesteron, so daß dieses Hormon auf sie nicht wirken kann. Der Uterus reagiert mit dem Einsetzen der Menstruation und stößt den Embryo ab.

In Frankreich wird RU 486 behördlich genehmigt in den Apotheken der Familienplanungszentren verkauft, wo jede Pille in einen Register eingetragen werden muß, und die Ärzte nur die genau benötigten Mengen erhalten. Die Anwendung ist bis zu sieben Wochen nach der letzten Periode gestattet, und nur nach Ablauf einer Bedenkzeit für die Mutter von sieben Tagen, ob sie die Abtreibung tatsächlich wünscht. Sie nimmt dann drei Pillen RU 486 in Gegenwart des Arztes ein, geht nach Hause und kommt nochmals nach 36 bis 48 Stunden zur Verabreichung eines Prostaglandins, das den Abgang des Embryos unterstützt. Nach einer Ruheperiode von 4 Stunden kann sie nach Hause entlassen werden. Bis 1991 hatten 80.000 französische Frauen RU 486 verwendet. Die Anwendung dieser Pille wurde auch vom Britischen National Health Service und von der chinesischen Regierung genehmigt.

In England werden jährlich ungefähr 160.000 Schwangerschaften legal und vom National Health Service kostenlos unterbrochen; trotzdem ist die Abtreibungsrate nur zwei Fünftel so hoch wie die der Vereinigten Staaten, eine Tatsache, die amerikanische Abtreibungsgegner bedenken sollten. Das National Health Service befürwortet RU 486, da hier im Gegensatz zur chirurgischen Abtreibung weder Operationssaal noch Anästhesie notwendig ist, wodurch Zeit und Geld gespart wird.

Laut traditioneller Doktrin der katholischen Kirche ist geschlechtliche Liebe nur zum Zweck der Zeugung von Kindern keine Sünde. Die Abtreibung wird nicht nur abgelehnt, weil der Sproß menschlichen Lebens getötet wird, sondern weil sie auch verhindert, daß die Mutter die Konsequenzen ihrer Sünde tragen muß und damit sündiges Verhalten anderer begünstigt. Im katholischen Österreich war der berüchtigte Paragraph 144 im Gesetz verankert, der Abtreibung mit Gefängnis strafbar machte, und zwar sowohl für Mütter als auch für Hilfe leistende Personen. Aber, wie Baulieu schreibt, verhinderten solche Gesetze nicht die Abtreibung, sondern machten sie nur für betroffene Frauen gefährlicher, besonders wenn sie arm waren.

Als Mediziner hat Baulieu keine moralischen Bedenken zur Abtreibungspille. Er schreibt, daß weltweit jährlich über 50 Millionen Abtreibungen durchgeführt werden, davon ungefähr die Hälfte illegal. In der ehemaligen Sowjetunion war die Abtreibung die am weitesten verbreitete Methode der Geburtenkontrolle. Laut offiziellen Berichten wurden jährlich 7 bis 8 Millionen Abtreibungen durchgeführt. In Polen ist die Abtreibung legal, wenn sie von zwei Ärzten und einem Psychiater genehmigt wird. Da diese in einem armen Land schwer zu finden sind, werden zirka eine halbe Million der 600.000 Abtreibungen jährlich illegal und unter großen Gefahren für die Mütter durchgeführt. Die jüngste Gesetzgebung macht überdies fast alle Abtreibungen zu illegalen Akten. In Japan haben Ärzte ein so starkes und als ihnen gebührendes Recht angesehenes Interesse an der Abtreibung, daß sie die Einführung von Verhütungsmitteln verhinderten. In den Vereinigten Staaten werden jährlich 1,6 Millionen Abtreibungen durchgeführt, die Hälfte davon an Mädchen unter zwanzig. Die Vereinigten Staaten haben die höchste Schwangerschaftsrate unter Teenagern von allen Industrieländern, zum Beispiel viermal so hoch wie die der Niederlande. In Rumänien stellte der kommunistische Diktator Ceauçescu die Abtreibung unter Todesstrafe, aber auch dieses drakonische Gesetz ließ die Geburtenrate nur leicht ansteigen. Das Gesetz verursachte nicht die Geburt von mehr Babys, sondern die höchste Todesrate von Müttern in Europa. Abtreibungsgegner sollten über diese Erfahrung und über die erschreckend hohe Sterblichkeits- und Krankheitsrate von Frauen solcher Länder nachdenken, wo Abtreibung illegal ist, schlecht durchgeführt wird und jede medizinische Hilfe fehlt.

Baulieu schreibt, daß jährlich 200.000 Frauen auf der ganzen Welt auf Grund verpfuschter Abtreibungen sterben. Auf jede verstorbene kommen zwanzig bis dreißig andere, die Infektionen, Gebärmuttereinrisse oder bleibende Verletzungen davontragen, die zur Unfruchtbarkeit führen können. „Die Medizin hat die Aufgabe, den Menschen zu helfen," schreibt er. „Warum sollen jährlich 200.000 Frauen mangels besserer Methoden sterben? Wenn die Wissenschaft dies verhindern kann, warum muß dann die Entscheidung einer Frau für den Abbruch einer ungewollten Schwangerschaft Leid und Bestrafung hervorrufen?" Baulieu erzählt von armen Frauen, die sich selbst mit einem Stock verletzt hatten, und von brutalen Chirurgen, die ihre Assistenten anweisen, daß für die Behebung des Schadens keine Anästhesie nötig sei, um „sie eines besseren zu belehren". Er hat schon früh damit begonnen, bessere und menschlichere Wege zu finden.

Abtreibungsgegner haben die RU 486 als Todespille und chemische Bombe bezeichnet, und Baulieu wurde „Amalgam von Joseph Stalin und Adolf Hitler" genannt und beschuldigt, den Tod mehrerer Milliarden menschlicher Wesen zu planen. Wie Djerassi ist er der Sohn eines Arztes, aber im Gegensatz zu Djerassi war er nie in der Industrie beschäftigt, sondern hat seine gesamte berufliche Laufbahn in Universitätskliniken verbracht. In den 60er Jahren begann er mit der Erforschung der Geschlechtshormone und ihrer Rezeptoren mit Unterstützung der Ford Foundation und des Population Councils in New York. Für die Entwicklung der RU 486 benötigte er fünfzehn Jahre. Er erhält, wie er betont, aus deren Verkauf keine Tantiemen. (Baulieu zitiert einen älteren Kollegen, der ihn wie folgt beschreibt: „optimistisch, enthusiastisch, lebhaft, offenherzig, kultiviert, ernsthaft, aber immer humorvoll, gelassen, aber nicht schwülstig". Trotzdem klingt er sehr gewichtig, wenn er schreibt: „Ich war immer von meiner wissenschaftlichen Neugier geleitet und wollte gleichzeitig am Fortschritt der Wissenschaft zum Wohle der Gesellschaft teilnehmen.")

Das deutsche pharmazeutische Unternehmen Hoechst ist an Roussel-Uclaf, dem französischen Hersteller von RU 486, mehrheitlich beteiligt. Laut Baulieu opponierte Wolfgang Hilber, Katholik und Präsident von Hoechst, gegen die Einführung der Pille, teilweise aus Überzeugung und teilweise, weil er Repressalien der Abtreibungsgegner in den U.S. gegen Hoechst fürchtete. Als RU 486 in Frankreich erstmals zugelassen wurde, bombardierten Abtreibungsgegner die französische Botschaft in Washington mit Drohbriefen und kündigten einen kompletten Boykott aller Waren von Roussel-Uclaf an. In Anbetracht dieser Drohungen und lautstarker katholischer Proteste im eigenen Land entschieden die Direktoren von Roussel-Uclaf 1988, den Verkauf von RU 486 einzustellen, gerade als Baulieu zum Weltkongreß für Gynäkologie und Geburtshilfe nach Rio unterwegs war, um sein neues Medikament vorzustellen. Diese Entscheidung war für ihn niederschmetternd, aber ein paar Tage nach seiner Ankunft in Rio erfuhr er, daß der französische Gesundheitsminister Claude Evin der Firma Roussel-Uclaf mitgeteilt hatte, daß im Fall einer Produktionseinstellung von RU 486 die Rechte an eine andere Firma gehen würden, die zur Produktion dieses Medikaments bereit ist. Evon erklärte: „Seit dem Zeitpunkt der Genehmigung dieses Medikaments durch die Regierung ist RU 486 zum moralischen Eigentum der Frauen geworden und ist nicht mehr das alleinige Eigentum einer pharmazeutischen Firma." Seine mutige Entscheidung ermöglichte die weitere Anwendung dieses Medikaments in Frankreich.

Ms. Leona Benten war Sozialarbeiterin in Kalifornien und versuchte gemeinsam mit Prochoice-Organisationen die Frage der Einführung von RU 486 in den Vereinigten Staaten voranzutreiben. Sie wurde schwanger, flog nach London, um zwölf Pillen RU 486 zu kaufen, und benachrichtigte die Food and Drug Administration, daß sie diese am Kennedy Airport zu importieren beabsichtige, um sie unter Beaufsichtigung ihrer Ärzte selbst zu verwenden.

Einige Jahre vorher hatte die Food and Drug Administration die Bestimmung erlassen, daß jede Person nicht zugelassene Medikamente zur persönlichen Verwendung importieren darf. Die FDA mußte später aus politischen Gründen RU 486 von dieser Regel ausnehmen. Als Ms. Benten am Kennedy Airport ankam, warteten bereits FDA-Beamte auf sie und beschlagnahmten die RU 486-Pillen. Ms. Benten, ihr Arzt und ihr Anwalt beriefen beim zuständigen Bundesgericht in New York auf Herausgabe der Medikamente und baten das Gericht auch um die Aufhebung des Verbotes dieses Medikamentes. Judge Charles Sifton entschied, daß die Pillen an Ms. Benten zurückzugeben seien, da „man es ihr schwer verübeln kann, sich auf ihre eigenen Ärzte in ihrem eigenen Land zu verlassen," die die sichere und erfolgreiche Anwendung des Medikaments zu überwachen hätten. Aber er lehnte die von den Klägern angestrebte Genehmigung auf breiterer Basis ab. Einige Tage später wurde dieser Spruch von der zweiten Instanz widerrufen. Ein dringendes Ansuchen an das Höchstgericht wurde aus Gründen abgelehnt, die *The Washington Post* wie folgt berichtete: „Die Antragsteller hatten nicht ausreichend begründen können, daß die Beschlagnahmung durch die FDA ungesetzlich war."

Die Ablehnung der Anwendung von RU 486 in den USA durch die FDA und den Supreme Court erfolgte auch aus Angst vor eine weiteren Steigerung der Zahl der Abtreibungen, aber eine solche Steigerung hat auch in Frankreich nicht stattgefunden, nachdem dort die Abtreibungspille im Jahre 1988 freigegeben wurde. Bis 1989 wurde zirka ein Drittel aller Abtreibungen in Frankreich mit dieser Pille durchgeführt. Laut den Statistiken des Institut National de la Santé et de la Recherche Médicale bewegt sich die Zahl der Abtreibungen seit 1980 zwischen einer Höchstzahl von 182.862 im Jahre 1983 und der niedrigsten Anzahl von 162.352 Fällen 1987. 1989 waren es 163.090 und 1990 169.303, also in beiden Jahren durchaus vergleichbar zu vorangegangenen Jahren. Die Zahl der Abtreibungen pro hundert Lebendgeburten ist seit 1986 stabil bei etwas mehr als 21. Die Zahl der jährlichen Abtreibungen pro Kopf der Bevölkerung ist in Frankreich etwas höher als in England, obwohl Frankreich mehrheitlich katholisch und England mehrheitlich protestantisch ist.

1965 hielt der große schottische Gynäkologe Sir Dugald Baird eine Vorlesung unter dem Titel „Eine fünfte Freiheit?". Zu Beginn seiner Rede erinnerte er seine Zuhörer an eine Rede von Franklin D. Roosevelt vom 6. Januar 1941, in der er über die vier Freiheiten sprach, um die im zweiten Weltkrieg gekämpft worden sei: Freiheit der Rede und Meinungsäußerung, Freiheit der Gottesanbetung und Freiheit vor Mangel und vor Furcht. Baird schlug vor, daß es an der Zeit sei, eine fünfte Freiheit in Betracht zu ziehen, die vor der Tyrannei der übergroßen Fruchtbarkeit der zivilisierten Menschheit.[1] Ungewollte Schwangerschaften sind ein trauriges Kapitel des Lebens, und die Entscheidung, ob eine Abtreibung erfolgen soll, und ob chirurgisch oder mittels Hormonbehandlung, sollte eine persönliche und medizinische Entscheidung sein und keine juristische oder politische.

Carl Djerassi plädiert für weitere intensive Forschungsarbeiten zur Entwicklung besserer und billigerer Verhütungsmittel als effektivste und menschlichste Methode, die Zahl der Abtreibungen zu reduzieren und das Bevölkerungswachstum in Grenzen zu halten. Diese Forschung und die daraus zu entwickelnden Verhütungsmittel allein werden aber nur unzureichende Auswirkungen haben, wenn sie nicht durch sinnvolle Aufklärungsprogramme für die Jugend ergänzt werden. Die niedrige Rate an Schwangerschaften unter Teenagern in den Niederlanden soll ein direkter Erfolg der ausgezeichneten Sexualerziehung der Kinder sein, die an den Schulen unterrichtet wird. Medizinische Behörden in Indien haben klargestellt, daß die Aufklärung der Frauen über Geschlechtsverkehr, Schwangerschaft und Empfängnisverhütung für eine Herabsetzung der Geburtenrate unabdingbar ist. Solche Aufklärungskampagnen wären der effektivste Weg zur Herabsetzung ungewollter Schwangerschaften unter Jugendlichen auf der ganzen Welt.

Literaturhinweis
Das Recht auf freie Entscheidung

[1] Baird D. 1965. A fifth freedom. *British Medical Journal* 2: 1141.

Postskript am 17. September 1999: Seit ich diesen Artikel schrieb, hat die Verbreitung von AIDS die Situation stark verändert, so daß wir uns jetzt über das mögliche Aussterben mancher Völker Sorgen machen müssen.

Von Schwertern zu Pflugscharen: Ist Atomenergie gefährlich?*

In England sind wir alle Kriminelle: schuldig, weil wir einem Verbrechen unserer Regierung gegen die Menschheit Vorschub leisten, der Umweltverschmutzung der irischen See, der britischen Inseln und der ganzen Welt durch die radioaktiven Abfälle der Atomreaktoren in Sellafield, einem Ort im Nordwesten Englands an der irischen See. Marilynne Robinson schreibt in ihrem Buch *Mother Country: Britain, the Welfare State and Nuclear Proliferation*, „Die Welt ist seit fast einem halben Jahrhundert einem Atomangriff [aus Sellafield] ausgesetzt." Dieses Buch strotzt vor Empörung über die teuflischen Praktiken der Britischen Atomenergiebehörde, über die Verantwortungslosigkeit unseres National Radiological Protection Boards, über die sorglose Gleichgültigkeit unserer korrupten Parlamentarier und der britischen Öffentlichkeit, über das Versagen der amerikanischen Presse, ahnungslose Touristen vor der tödlichen Gefährdung ihrer Gesundheit zu warnen, wenn sie ihren Fuß auf diese vergifteten Inseln setzen, und über die amerikanische Regierung, die ihre bewaffneten Streitkräfte zu deren Schutz vergeudet.

Da Berichte über skandalöse Ereignisse, die zuerst unglaublich erscheinen, sich schon oft als wahr herausgestellt haben, war ich diesen Anschuldigungen gegenüber von Anfang an offen eingestellt. Ich hatte vom unbeabsichtigten Austritt radioaktiver Gase in Sellafield gelesen und von radioaktivem Abfall, der in der irischen See deponiert worden war, aber da ich nicht wußte, inwieweit dies die natürliche Radioaktivität unserer Umwelt erhöht hatte, konnte ich über die möglichen Gefahren kein Urteil abgeben.

Die Atomreaktoren von Sellafield waren kurz nach Ende des zweiten Weltkrieges von der Labour-Regierung unter Clement Attlee errichtet worden, in erster Linie zur Erzeugung von Plutonium für Atombomben. Attlee und einige seiner engsten Mitarbeiter hatten diese Entscheidung durchgesetzt, da England nach dem Krieg keine Verbündeten hatte. Die Vereinigten Staaten waren in den Krieg gegen Deutschland erst eingetreten, nachdem sie von Japan angegriffen worden waren, und nach Kriegsende gab es keinen Vertrag, der die Vereinigten Staaten und England zur gegenseitigen Unterstützung im Falle eines weiteren Angriffs verpflichtet hätte. Attlee fürchtete, England könnte wiederum allein dastehen, wie 1940, und fand die Atombombe für die Sicherheit Englands unumgänglich.

Im August 1943 unterzeichneten Franklin Roosevelt und Winston Churchill in Quebec ein Abkommen zur gemeinsamen Entwicklung der ersten Atombombe durch ein angloamerikanischen Team in Los Alamos. Dieses Abkommen besagt:

---

* Zum Buch *Mother Country: Britain, the Welfare State and Nuclear Proliferation* von Marilynne Robinson (Farrar, Straus and Giroux).

Die Zusammenarbeit zwischen den Vereinigten Staaten und Großbritannien zur industriellen oder kommerziellen Nutzung nach dem Krieg unterliegt den durch den Präsidenten der Vereinigten Staaten gegenüber dem Premierminister von Großbritannien zu spezifizierenden Bedingungen.

Offene Punkte zur Zusammenarbeit nach dem Krieg wurden im September 1944 durch die Unterzeichnung eines Memorandums durch Roosevelt und Churchill in Hyde Park bereinigt, das bis auf beiderseitigen Widerruf eine hundertprozentige Zusammenarbeit der beiden Länder für die militärische und kommerzielle Nutzung der Atomenergie nach dem Krieg versprach. Sieben Monate später starb Roosevelt, und es scheint, daß kein anderer amerikanischer Regierungsbeamter dieses Abkommen kannte, bis sie die Engländer darauf aufmerksam machten. Nach dem Sieg über Japan unterzeichneten Attlee und Präsident Truman ein weiteres Dokument, das besagte: „Wir streben die volle und effektive Zusammenarbeit auf dem Gebiet der Atomenergie zwischen den Vereinigten Staaten, dem Vereinten Königreich und Kanada an," aber in den darauf folgenden Jahren erklärte der Kongreß die meisten Kooperationsformen auf dem atomaren Sektor mit anderen Ländern, einschließlich mit England und Kanada, als ungesetzlich.[1]

Atomreaktoren benutzen zur Produktion von Hitze und Plutonium die Spaltung von Uranatomen. Natürliches Uran besteht aus zwei Arten von Atomen, eine hat das 235fache, die andere das 238fache Gewicht eines Wasserstoffatoms. Auf jedes Atom der ersten Art kommen 140 Atome letzterer Art. Hin und wieder spaltet sich ein Atom des Uran 235 unter Emission von Neutronen spontan in zwei leichtere Atome. Wenn eines dieser Neutronen mit einem anderen Atom des Uran 235 zusammenstößt und davon absorbiert wird, spaltet sich auch dieses Atom und gibt weitere Neutronen ab. In einem großen Klumpen aus reinem Uran 235 entsteht so eine unkontrollierte Kettenreaktion, die zu einer Atomexplosion führt.

In natürlichem Uran kommen solche Kettenreaktionen nicht vor, zumindest nicht auf der Erde, da die Atome des Uran 235 zu dünn gesät sind, und die meisten ausgestoßenen Neutronen sich zu schnell bewegen, um absorbiert zu werden. In einem Atomreaktor werden die Neutronen durch eine sogenannte „Reaktionsbremse" an der Flucht gehindert, einem Stoff aus leichten Atomen, der die Neutronen hin und her stößt, bis sie ihre Geschwindigkeit verlangsamen und dadurch eher absorbiert werden können. Der erste amerikanische Atomreaktor zur Produktion von Plutonium war in Hanford, im Bundesstaat Washington, und bestand aus einem Block aus in Wasser eingetauchten Uranstäben. Das Wasser fungierte sowohl als Reaktionsbremse als auch als Kühlmittel, und damit konnte eine kontrollierte Kettenreaktion stattfinden. In dieser Reaktion erzeugten die von Uran 235 absorbierten Neutronen weitere Neutronen sowie radioaktive Spaltprodukte und Energie, während die von Uran 238 absorbierten Neutronen Plutonium erzeugten, das später in einem chemischen Werk aus den Uranstäben gewonnen wurde. Der Reaktor benötigte eine große Menge sehr reinen Wassers, einen sicheren Weg, dieses zu entsorgen, und sollte von großen Bevölkerungszentren möglichst weit weg sein. In England konnte kein geeigneter Ort gefunden werden.

Das britische Team, das aus Los Alamos zurückkehrte, mußte eigene Atomblöcke und das chemische Werk zur Trennung des Plutoniums konstruieren, obwohl sie nur einen Teil der in Amerika gewonnenen Erfahrungen kannten. Sie entschlossen sich zur Anwendung eines bis dahin noch nicht versuchten Systems: Ein Block Uranstäbe wurde mit Graphitstäben (aus reinem Kohlenstoff) als Reaktionsbremse durchsetzt und durch einen Luftstrom, der dem Reaktor von unten zugeführt wurde, gekühlt. Die Luft wurde gefiltert und aus 120 Meter hohen Schornsteinen ausgeblasen. Die Atomblöcke wurden in Windscale an der Küste von Cumberland errichtet, wo es zu Kriegszeiten eine Waffenfabrik gab. Der erste Block ging im November 1950 in Betrieb, und im November 1952 wurde die erste britische Atombombe in Australien zum Explodieren gebracht, im selben Monat wie die erste amerikanische Wasserstoffbombe.

Unter der ständigen Einwirkung des Neutronenbeschusses wurden die Graphitstäbe im Werk Sellafield mit der Zeit brüchig. Diesem Umstand konnte man abhelfen, indem der Block mehrere Stunden lang über die normale Arbeitstemperatur hinaus erhitzt wurde. 1957 wurden dabei einiger dieser Treibstoffstäbe zu heiß und fingen Feuer. Während die Betriebsingenieure versuchten, die Stäbe durch erhöhte Luftzufuhr abzukühlen, entwich eine radioaktive Wolke durch die Schornsteine. Endlich wurde das Feuer gelöscht, indem der Block komplett unter Wasser gesetzt wurde. Das meiste der dabei entstandenen gefährlichen Radioaktivität war Radiojod, das das umliegende Land verseuchte, und die Milch der Kühe, die darauf grasten, war mehrere Wochen lang nicht mehr zum Trinken geeignet. Weiters wurde Polonium ausgestoßen (das radioaktive Element, das Marie Curie nach ihrem Heimatland benannte). Auf Ersuchen des Premierministers Harold Macmillan setzte das Medical Research Council (eine autonome Körperschaft wie die National Institutes of Health) ein unabhängiges Komitee zur Untersuchung der Unfallfolgen für die Belegschaft von Windscale und für die Öffentlichkeit ein, aber das Komitee wurde nicht über den Ausstoß von Polonium informiert.

Radiojod kann Schilddrüsenkrebs verursachen, aber die Kontrolle der Radioaktivität in den Schilddrüsen der Belegschaft von Windscale und der in der Nähe lebenden Menschen zeigte keine gefährlichen Überdosen. Das Komitee kam zum Schluß, „daß es in höchstem Maße unwahrscheinlich ist, daß im Verlauf dieses Vorfalles jemand zu Schaden gekommen ist".[2]

Vor 1957 hielt man die Bestrahlung durch Radioaktivität bis zu einer gewissen Grenze für harmlos, aber in den folgenden Jahren wurden Wissenschaftler immer mehr auf die biologischen Auswirkungen des radioaktiven Niederschlags aus Atomwaffenversuchen aufmerksam. Sie erkannten, daß jede auch noch so kleine Bestrahlungsdosis die Wahrscheinlichkeit, daß eine Maus Krebs entwickelt, oder daß die Brut von Obstfliegen genetisch mutiert, erhöht. Sie kann sich auch nur von 1 : 50.000 auf 1 : 49.999 erhöhen, aber dies bedeutet bei Aufnahme einer dermaßen winzigen Dosis durch 50 Millionen Menschen eine Wahrscheinlichkeitsrate von hundert zusätzlichen Krebsfällen.[3]

Im Anbetracht dieser Ergebnisse untersuchte das National Radiological Protection Board, eine autonome, von der britischen Regierung 1970 ins Leben gerufene Körperschaft, später die wahrscheinlichen Auswirkungen des Feuers in Windscale. Eine radioaktive Wolke aus Jod und Polonium, die sich von Windscale aus über aller Teile Großbritanniens und Nordeuropas ausbreitete, würde bei vielen Menschen Spuren von Radiojod in ihren Schilddrüsen und Spuren von Polonium in den Lungen verursachen. Obwohl die meisten nur winzige Dosen dieser Elemente aufnehmen würden, würde sich die Wahrscheinlichkeit einer Erkrankung an Krebs dadurch erhöhen. Berechnungen ergaben, daß es in den vierzig Jahren nach dem Feuer in der betroffenen Bevölkerung zu ungefähr 260 Fällen Schilddrüsenkrebs zusätzlich zu den natürlich auftretenden 27.000 kommen hätte können. Von diesen zusätzlichen Fällen hätten zirka dreizehn tödlich sein können. Neun Fälle anderer tödlicher Krebsarten könnten durch den Niederschlag von Polonium verursacht worden sein.[4]

Aber die amerikanische Physikerin Rosalyn Yalow, Nobelpreisträgerin für Medizin für ihre Erfindung des Radioimmunoassay, einem wichtigen und weit verbreiteten Werkzeug in der Diagnosemedizin, befand, daß es keinen vertrauenswürdigen experimentellen Beweis für diese Ansichten gibt. Im Gegenteil, eine Vielzahl an Beobachtungen zeigt, daß unser Körper sehr wohl mittleren Dosen einer Strahlenbelastung widerstehen könne. Zum Beispiel gab es keine erhöhte Krebsanfälligkeit oder genetische Veränderungen in den Bevölkerungen von Gegenden, wo die natürliche Strahlung höher als normal ist.

Menschen, die in den Rocky Mountains in den USA leben, sind einer doppelt so hohen natürlichen Bestrahlung ausgesetzt als die übrige amerikanische Bevölkerung, aber die Krebsanfälligkeit ist niedriger als der Durchschnitt. In bestimmten Gegenden von Indien und Brasilien ist die natürliche Bestrahlung über einen Zeitraum von 25 Jahren in Summe so hoch wie die akute Strahlenbelastung der Überlebenden von Hiroshima und Nagasaki, ohne daß gesundheitsabträgliche Auswirkungen bei den Menschen festgestellt werden konnten.[5] Hat Rosalyn Yalow recht, gäbe es keine zusätzlichen Krebsfälle oder andere abträgliche Auswirkungen auf Grund des Feuers in Windscale.

Marilynne Robinson schreibt, daß das Feuer in Windscale „eine unheimliche, um nicht zu sagen zermürbende Ähnlichkeit" mit dem Atomunfall in Tschernobyl hatte. Tatsächlich waren die beiden Reaktoren jedoch sehr unterschiedlich, und auch die beiden Unfälle. Die Atomblöcke in Windscale waren luftgekühlt, während in Tschernobyl Wasser unter hohem Druck als Kühlmittel verwendet wurde. In Tschernobyl wurde das Kühlwasser zu Dampf, der mit heißen Metallen und Graphitstäben reagierte und Wasserstoff und Kohlenmonoxid erzeugte, während die nukleare Reaktion noch immer stattfand. Der Wasserstoff und das Kohlenmonoxid wurden entzündet und verursachten eine riesige Explosion, die das Dach vom Gebäude hob. In der Folge schmolz der Reaktor und hätte das Grundwasser der gesamten Umgebung verseucht, hätten nicht Arbeiter unter heroischem Einsatz unter dem Reaktor einen Tunnel gegraben, den sie mit Beton füllten.[6] In Windscale fingen die Uran- und Graphitstäbe Feuer, nachdem die nukleare Reaktion bereits abgeschaltet worden war, und der Rauch stieg über die Schornsteine ins Freie. Es gab keine Explosion und kein Schmelzen des Atomblocks. Das Löschen des Feuers mit Wasser hätte in Windscale die gleiche gefährliche Reaktion zwischen Dampf und Graphitstäben auslösen können wie in Tschernobyl, aber glücklicherweise war dies nicht der Fall, und das Feuer konnte gelöscht werden.

Die Dosen einer Jodstrahlung werden in Sievert-Einheiten gemessen (nach dem schwedischen Strahlenphysiker Rolf Sievert). Die von der gesamten Bevölkerung aufgenommene Bestrahlung wird durch die Multiplikation der von einer typischen Einzelperson erhaltenen Dosis mit der Anzahl der Menschen errechnet; das Produkt dieser beiden Zahlen wird „Mann-Sievert" [7, 8, 9] genannt. Auf dieser Basis entsprach die beim Unfall auf Three Mile Island abgegebene Dosis 20 Mann-Sievert, die von Windscale 1300 Mann-Sievert und die von Tschernobyl 150.000 Mann-Sievert, also der tausendfachen Menge von Windscale.

So viel zur zermürbenden Ähnlichkeit der beiden Unfälle. Zum Vergleich hatte der durch Atomwaffentests verursachte radioaktive Niederschlag im Jahre 1963, im Jahr des Verbots atmosphärischer Tests, 500.000 Mann-Sievert in Bodennähe, und 1986 noch immer 50.000 Mann-Sievert. Weltweit beträgt die Strahlenbelastung aus der natürlichen Umwelt 12 Millionen Mann-Sievert pro Jahr. Verteilt man diese Menge gleichmäßig auf alle 6000 Millionen Menschen der Erde, so beträgt die jährliche Dosis pro Kopf zwei Millisievert, aber in Wirklichkeit ist die Verteilung sehr ungleichmäßig. Die Internationale Kommission für Strahlenschutz empfiehlt eine Höchstgrenze an vom Menschen verursachter Strahlungsbelastung von durchschnittlich einem Millisievert pro Person pro Jahr im allgemeinen, und von fünfzehn für extrem exponierte Arbeitskräfte.

Robinson ist erzürnt, daß niemand aus Windscale evakuiert wurde. Sie schreibt:

> Im Vergleich waren hier die Russen besser, die die Evakuierung nur verzögerten und nur ein paar Tage mit der Akzeptanz der Schwere des Unfalls zögerten.

In Wirklichkeit gab es keinen Grund für eine Evakuierung, und es gab auch aus heutiger Sicht keinen, denn die meisten Betroffenen waren nicht mehr als zehn Millisievert ausgesetzt. Robinson behauptet, daß die Mitarbeiter des Reaktors ein Experiment durchgeführt hätten, dessen Natur nie aufgedeckt worden sei. Wie wir wissen, war die Brandursache eine Routinemaßnahme, deren Gefahr nicht erkannt worden war. Dies wurde detailliert im Untersuchungsbericht beschrieben, der 1957 veröffentlicht wurde. Robinson schreibt, daß die Magnox-Reaktoren in Calder Hall nahe bei Sellafield dem Reaktor in Tschernobyl ähnlich sind. Das ist nicht wahr; die Blöcke der Magnox-Reaktoren waren mit Kohlendioxid gekühlt, einem Gas, das zum Feuerlöschen verwendet wird, wodurch sowohl die Feuergefahr als auch eine Explosionsgefahr vermieden wird, während die russischen Reaktoren mittels Wassers unter hohem Druck gekühlt wurden. Laut Robinson ist der Reaktortyp, der Feuer gefangen hatte, noch immer in Verwendung. In Wirklichkeit wurde dieser Reaktor nie mehr repariert, und sein Zwilling wurde unmittelbar nach dem Feuer abgeschaltet.

Ursprünglich war die Anlage in Sellafield zur Erzeugung von Plutonium nur für militärische Zwecke gebaut worden, aber später wurde sie auch als Wiederaufbereitungsanlage für Verbrauchsstoffe aus zivilen Reaktoren Großbritanniens und anderer Ländern verwendet. Der letztlich entstehende radioaktive Abfall wird in drei Kategorien verschiedener Radioaktivität eingeteilt: hoch, mittel und niedrig. Die ersten beiden Kategorien wurden gelagert. Nach spezieller Behandlung und weiterer Reduktion der Radioaktivität wurde der niedrig eingestufte flüssige Abfall durch eine über drei Kilometer lange Röhre in die irische See gepumpt. Einer der Bestandteile ist Plutonium, dessen Verbindungen in Wasser praktisch nicht löslich sind; sie sind so dicht wie Gold, und man erwartete, daß sie zum Grund sinken und mit Sediment bedeckt werden würden. Eine weitere Komponente ist Cäsium 137, das in seinen chemischen Eigenschaften dem Natrium ähnelt. Seine Salze sind löslich, und man erwartete, daß sie verdünnt und so weit verteilt würden, daß die Radioaktivität der Meere nicht merklich beeinflußt werden würde.

Zwischen 1957 und 1982 entsorgten die British Nuclear Fuels ungefähr eine Viertel Tonne Plutoniumdioxid in die irische See, was 17.000 Curie entspricht (nicht 50.000, wie Robinson schreibt), und 650.000 Curie Cäsium 137, sowie kleinere Mengen anderer langlebiger Spaltprodukte und anderer radioaktiver Elemente. 1982 entdeckte die Atomenergiebehörde in Harwell und der National Radiological Protection Board, daß meßbare Quantitäten Plutonium und Americium an Land geschwemmt und durch den Wind ins Landesinnere geblasen wurden, obwohl deren Konzentration im Meerwasser sehr niedrig war. Bei Sellafield wurde über einen Küstenstrich von einer Meile eine 70fache Konzentration von Plutonium gemessen, als dort nach den atmosphärischen Atomwaffentests der 50er Jahre und Anfang der 60er Jahre auftraten; 5 km entfernt war die Konzentration nur die zehnfache, 10 km entfernt nur die fünffache und ab 30 km Entfernung war sie nicht mehr festzustellen. Die höchste festgestellte Menge Cäsium 137 war nur das fünffache der natürlichen Strahlungsbelastung und bereits ab 5 bis 15 km weiter im Landesinneren nur mehr im Ausmaß einer natürlichen Strahlungsbelastung vorhanden. 1982 war die Gesamtmenge an radioaktive Belastung an Land doppelt so hoch wie die während der Atomwaffentests im selben abgegrenzten Gebiet gemessene Belastung.[10, 11, 12]

In Anbetracht von Überlegungen, daß radioaktive Elemente von der Pflanzen- und Tierwelt des Meeres aufgenommen und angehäuft werden könnten, beauftragte der Minister für Landwirtschaft, Fischerei und Nahrung offizielle jährliche Studien über Fische, Krabben, Muscheln und Algen in der Nähe von Sellafield. Die Ergebnisse zeigten erhöhte Plutoniumwerte bei Schalentieren und Algen, bis zum tausendfachen des im Meerwasser festgestellten Wertes. Trotzdem würden auch Personen, die große Mengen nahe bei Sellafield gefangener Meeresfrüchte zu sich nehmen, nur einem Drittel der von der Internationalen Kommission für Strahlenschutz empfohlenen jährlichen Sicherheitsdosis von einem Millisievert ausgesetzt sein.[13, 14]

Wie schaut es mit dem Cäsium 137 aus, das in die Irische See abgeleitet wurde? 1987 erzeugte die Verunreinigung der irischen See mit Cäsium 137 eine Radioaktivität von einem Zehntel Becquerel pro Kilogramm Meerwasser, außer nahe der Nordwestküste Englands, wo die Radioaktivität bis auf ein halbes Becquerel pro Kilogramm anstieg.[14] Zum Vergleich, die natürliche Radioaktivität von Meerwasser beträgt zwölf Becquerel pro Kilogramm, ist jedoch hauptsächlich von Kalium 40 verursacht. Es wurde also durch die Abwässer von Sellafield die Radioaktivität der Irischen See um weniger als 1 Prozent erhöht, und kann daher nicht als Gefahr bezeichnet werden.[15]

Auf keinen Fall konnte ein weiteres Ansteigen der Radioaktivität zugelassen werden. Die Sellafield-Werke wurden modernisiert, und radioaktive Abwässer wurden unter projektierten Kosten von über drei Milliarden Dollar fast bis auf Null reduziert.

Robinson berichtet, daß im Ort Seascale, einige Meilen von Sellafield entfernt, eines aus sechzig Kindern an lymphatischer Leukämie starb. Zwischen 1955 und 1984 starben 7 Kinder an Leukämie unter 1.068 dort geborenen Kindern, also eines aus 152. Das ist zehnmal so hoch wie der Landesdurchschnitt. Andererseits war die Sterblichkeitsrate unter den 1546 dort lebenden zugezogenen Kindern normal. Unter diesen gab es keinen einzigen Fall Leukämie oder Lymphtumor; neun der zehn Todesfälle, die es gab, waren Unfälle. Lange Serienuntersuchungen mit sorgfältigsten Messungen errechneten eine erhöhte Häufigkeit von lymphatischer Leukämie im Hinblick auf die in Sellafield festgestellte Radioaktivität von 1 : 50.000, und nicht 1 : 152.[16-21]

Dieser beunruhigende Unterschied zwischen Theorie und Realität rief eine Reihe von statistischen Analysen über die Häufigkeit von Leukämie nahe und entfernt von Kernenergieinstallationen auf den Plan. Sie zeigten eine deutlich erhöhte Häufigkeit von lymphatischer Leukämie nahe Sellafield und Dounreay, zwei vor 1955 erbauter Atominstallationen, und eine deutlich niedrigere Häufigkeit nahe anderer Atominstallationen. Die Leitung der Studie hatte Sir Richard Doll, ein anerkannter Epidemiologe, der gemeinsam mit anderen Forschern den Zusammenhang zwischen Rauchen und Lungenkrebs entdeckte. Die erhöhte Häufigkeit von lymphatischer Leukämie war für zufälliges Vorkommen zu hoch, konnte aber auch nicht auf die beobachtete Strahlungsbelastung zurückgeführt werden.[22] Trotzdem meldeten sich auf das Inserat eines Anwalts, der seine Dienste anbot, mehrere Familien aus Sellafield, deren Kinder an Krebs erkrankt waren, und klagten die British Nuclear Fuels auf Schadenersatz.

Robinson häuft spöttische Verachtung auf die Untersuchung von Sir Douglas Black,[23] der als ehemaliger leitender Beamter des Gesundheitsministeriums „eher eine naive als überzeugende Argumentation verfolgte," da er vorbrachte, daß die äußerst niedrige zusätzliche Strahlungsbelastung durch das Atomwerk nicht die Ursache der erhöhten Häufigkeit für Leukämie sein könnte. Sie ignoriert die Ergebnisse von zwei weiteren, unabhängigen Studien, die seine Schlußfolgerungen bestätigten.[18, 19]

Auch gutfundierte Untersuchungsergebnisse können die öffentliche Meinung, daß eine bis jetzt noch nicht entdeckte Wirkung der Strahlung verantwortlich ist, nicht ändern, solange es keine andere Erklärung gibt. Leo Kinlen der Cancer Research Campaign Epidemiology Unit in Edinburgh bot eine solche Erklärung an und testete sie auf Basis einer gewagten Voraussage.[24] Sowohl Sellafield als auch Dounreay waren kleine und einsame Orte, bis durch den Bau der Atomkraftwerke ein großer Bevölkerungszustrom stattfand. Solche Einzüge von Menschen in isolierte ländliche Gebiete bringen häufig Krankheitsinfektionen mit sich, gegen die größere Bevölkerungsgruppen in Städten bereits immun geworden sind. Wenn wir annehmen, daß die Kindheitsleukämie, wie bereits oft vermutet, von einem noch nicht identifizierten Virus verursacht wurde, könnte ein Bevölkerungszustrom in ländliche Gebiete, auch entfernt jeder Kernkraftinstallation, eine erhöhte Häufigkeit von Leukämie, wie sie in Sellafield und Dounreay beobachtet wurde, hervorrufen.

Vor 1948 war Glenrothes in Schottland mit einer Bevölkerung von 1100 Menschen eine relativ einsame ländliche Gemeinde und weit abseits jeder Kernkraftinstallation gelegen. 1961 wuchs nach der Gründung der neuen Stadt Glenrothes die Bevölkerung auf 12.750. Kinlen sagte voraus, daß laut seiner Annahme dieses Bevölkerungswachstum auch das erhöhte Vorkommen von Kindheitsleukämie verursacht haben müßte. Die Untersuchung der medizinischen Unterlagen ergab tatsächlich eine deutlich erhöhte Sterblichkeit an Leukämie bei Jugendlichen unter 25; zehn beobachtete Todesfälle im Vergleich zu 3,6 erwarteten, sieben davon unter fünf Jahre alt; und sechs davon waren zwischen 1954 und 1959. Nach 1968 gab es keine erhöhte Häufigkeit, sondern einen starken Rückgang. Kinlen fand keine vergleichbar erhöhte Häufigkeit in Gegenden ohne Bevölkerungszuwachs. Die Anhäufung von Kindheitsleukämie in Glenrothes ist die erste Untersuchung, die durch eine vor der Datenerhebung formulierte Hypothese vorausgesagt wurde. Noch immer gibt es keinen direkten Beweis für eine Virenübertragung der Leukämie beim Menschen, aber schon seit langem vermutet man Ähnlichkeiten zwischen solchen Krankheiten und der Tierleukämie, die bekanntlich von Viren übertragen wird. Die wichtigen Ergebnisse von Kinlen werden eine weitere intensive Suche nach einem möglichen Virus fördern, besonders da unerklärliche Anhäufungen von lymphatischer Leukämie auch an anderen von Kernkraftinstallationen weit entfernten Orten beobachtet wurden.[24]

1985 wurde in einem Komitee des Gesundheitsministeriums eine weitere mögliche Erklärung diskutiert. Vielleicht hatten Kinder einen besonderen Mechanismus, anders als Erwachsene, der die selektive Absorption von Spuren Plutoniums verursacht und in ihrem Knochenmark konzentriert, wodurch Leukämie verursacht wird. Das Protokoll dieser Besprechung sickerte zu Greenpeace durch, die das House of Commons Environment Committee informierten: „Es ist unglaublich, aber es wurde vorgeschlagen, den Kinder aus Cumberland verseuchte Nahrung zu geben, um zu beobachten, welche Auswirkungen dies im Hinblick auf radioaktive Konzentrationen in ihrem Körper hat." Das Environment Committee berichtet: „Es ist nicht verwunderlich, daß wir alle sehr schockiert waren." Die Journalisten waren gleichermaßen schockiert. *The Times* hatte die Schlagzeile „Plutonium als Kindernahrung gesucht," die *Daily Mail* konterte mit „Schock über 'Atomtest'-Kinder". Weitere Artikel folgten. Das Committee schrieb in seinem Bericht:

> Wir befragten Greenpeace-Zeugen näher zu ihrer Aussage und bemerkten, daß sie im Verhör langsam nachgaben. Die Experimente wurden „freiwillig" – als ob Eltern ihre Kinder einem solchen Risiko aussetzen würden. Aber es wurde uns von Greenpeace versichert, daß ihre Anschuldigung voll bewiesen werden kann. Auf unser Betreiben sandten sie uns eine vertrauliche Kopie des Protokolls der Besprechung im Gesundheitsministerium, wo dieser Vorschlag angeblich vorgebracht worden war. Wir untersuchten die Unterlagen sorgfältig, konnten aber keinen Hinweis finden, der ihre Anschuldigung belegt hätte. Alles, was wir finden konnten, war eine Diskussion, daß der einzige Weg zur eindeutigen Feststellung, welche Auswirkungen der Genuß von radioaktiv verseuchten Schalentieren auf den Menschen hat, die Untersuchung einer

Gruppe von Menschen wäre, die noch nie Meeresfrüchte gegessen hat, also von Kindern. Aber ein solches Experiment, hieß es weiter, sei völlig inakzeptabel. Also hat Greenpeace mit einer überaus großzügigen Interpretation eine Nebenbemerkung extrem verzerrt, aus Sensationslust, oder, noch viel schlimmer, zur Irreführung des Committees.

Der Bericht des House of Commons Committees wurde veröffentlicht,[25] aber das hindert Robinson nicht, fröhlich den angeblichen Plan, Kinder mit Plutonium zu füttern, als Beispiel der „moralischen Sprachlosigkeit" der britischen Gesellschaft zu zitieren und Großbritannien als Land zu schildern, das mit einer Plutoniumstaubschicht dermaßen verseucht ist, daß viele Kinder es vielleicht bereits gegessen haben.

Ist Großbritannien tatsächlich mit Radioaktivität „besudelt?" Tabelle 1 zeigt, daß die Strahlungsbelastung durch Radioaktivität des durchschnittlichen Amerikaners um die Hälfte höher ist als die des durchschnittlichen Engländers, da in den Vereinigten Staaten die Bestrahlung sowohl durch medizinisches Röntgen als auch durch Radon höher ist. Radon ist ein natürliches radioaktives Gas, das von bestimmten Felsen abgegeben wird. Jüngste Forschungen zeigten, daß es sich auch in Häusern gefährlich ansammeln kann. Radioaktive Abwässer und Abgase von Atominstallationen verursachen nur 0,02 Prozent der gesamten Strahlungsbelastung in jedem der Länder. Radon in Häusern, nicht als nukleares Abwasser, ist das größte einzelne Bestrahlungsrisiko in beiden Ländern.[26]

Tabelle 1. Anteile der durchschnittlichen Strahlungsbelastung (Millisievert)

UK 1988	Quelle	US 1987
1,2	*Radonisotope aus Erdmaterialien (98% Strahlungsbelastung in Innenräumen)	2,0
0,35	Gammastrahlen der Erde	0,28
0,30	Medizinische Strahlenbelastung	0,53
0,30	* mit der Nahrung aufgenommene natürliche radioaktive Nuklide	0,39
0,25	* kosmische Strahlen	0,27
0,01	Niederschlag (einschließlich Tschernobyl)	0,0006
0,01	verschiedene Quellen	0,05-0,13
0,005	beruflich bedingte Strahlenbelastung	0,009
0,001	radioaktive Abwässer	0,0005
Summe: 2,5		**Summe: 3,6**

* natürliche Quellen

Einige ihrer gehässigsten Tiraden richtet Robinson gegen den British National Radiological Protection Board. Sie nennt diesen „die absolut unfähige für die Überwachung der öffentlichen Strahlenbelastung verantwortliche Behörde", „klein und bedrängt", „die sich mit einem schrumpfenden Budget abmüht",

> eine Schöpfung des Staates, öffentlich finanziert, abgeschirmt und von der Regierung unterstützt gedeiht sie in einer verkehrten Welt unter der Immunität der Krone, wo keine Parlamentsbeschlüsse gelten, und unter dem Schutz von Gesetzen der nationalen Verteidigung und wirtschaftlichen Geheimhaltung sowie unter einem Gesetz für behördliche Geheimhaltung.

In Wirklichkeit ist das Board eine unabhängig beratende Körperschaft, die durch einen Parlamentsbeschluß ins Leben gerufen wurde und für alle Aktionen eigenverantwortlich ist. Er genießt keine Immunität der Krone und ist nur teilweise von der Regierung mit öffentlichen Geldern gefördert. Das Board veröffentlicht regelmäßig detaillierte Berichte über die Radioaktivität innerhalb der gesamten Region der britischen Inseln, und seine Veröffentlichungen stehen an der Universitätsbibliothek von Cambridge jedem zur freien Verfügung, wo auch ich Einsicht nahm.[27, 28] Robinson behauptet, daß britische Ärzte „von Gesetz wegen keinerlei nicht offiziell genehmigte Informationen weitergeben dürfen". Die Verträge der britischen Ärzte mit dem Gesundheitsministerium enthalten jedoch keinerlei einschränkenden Bestimmungen dieser Art. Ärzte müssen das Gesetz für behördliche Geheimhaltung nicht unterzeichnen. In ihrem Buch führt Robinson eine Unmenge wissenschaftlicher Fehlinformationen und unbegründeter Anschuldigungen an; sie erinnert mich an die Zeilen Heinrich von Kleists in seinem Stück *Der zerbrochene Krug*, wo der Richter zum Beklagten spricht: „In Eurem Kopf liegt Wissenschaft und Irrtum geknetet, innig, wie ein Teig, zusammen; mit jedem Schnitte gebt Ihr mir von beidem."

Ich frage mich, warum Robinson die amerikanischen Atomkraftwerke verschont, die die Landschaft mit Radiochemikalien verseucht haben. Ich las, daß in Hanford knapp 70 Millionen Liter hochgradig mit Plutonium verseuchte Abwässer in grundwasserführende Felsen unter den Hanford Reservaten gepumpt worden waren. 1988 entdeckte man in einer naheliegenden Quelle, die in den Fluß Columbia fließt, eine Belastung von 350 Becquerel Plutonium pro Liter. Dem gegenüber ist die irische See mit 0,1 Becquerel mit Cäsium und mit 0,001 Becquerel pro Liter mit Plutonium verschmutzt.[29] Ich wurde auf amerikanische Umweltbelastungen durch einen Zeitungsbericht aufmerksam, der von einer Abgabe von 4 Millionen Kilo Plutonium in die Felsen unter Hanford sprach, was mir absurd erschien. Als ich beim Herausgeber meine Zweifel anmeldete, fragte er nochmals seinen Korrespondenten in Washington, der korrigierte, daß es sich um vier Kilo handelte. Fast alle der dreihundert von Robinson zitierten Quellen sind Zeitungsberichte, aber sie hat offensichtlich nie überprüft, was sie da las.

Es gibt eine Menge Kritikpunkte am Betrieb der Plutoniumwerke in Sellafield und an von ihnen veröffentlichten Fehlinformationen über ihre radioaktiven Umweltbelastungen. Sowohl die ursprünglichen Blöcke als auch die Wiederaufbereitungsanlage wurden überstürzt errichtet und leiden an technischen Mängeln. Der ursprüngliche Regierungsbeschluß zur Ableitung von radioaktiven Abfällen niedrigen Grades in die irische See wurde 1950 verabschiedet, als noch viel weniger als heute über die abträglichen biologischen Auswirkungen der Strahlung und das mögliche Wachstum von radioaktiven Nukliden in lebenden Geschöpfen bekannt war, aber man hätte nicht dreißig Jahre lang diese Art der Entsorgung praktizieren müssen. Die Verheimlichung des Poloniumaustritts im Verlauf des Feuers in Windscale vor dem 1957 zur Untersuchung der gesundheitlichen Auswirkungen des Unfalls etablierten Medical Research Council Committee und sowie 1982 erneut vor der Untersuchung der Auswirkungen durch den National Radiological Protection Board war unentschuldbar. Der Poloniumaustritt wurde erst nach der Veröffentlichung des Berichtes des Boards bekannt und war Gegenstand eines Zusatzberichtes, der 1983, 26 Jahre nach dem Unfall, veröffentlicht wurde.[30]

1983 fand Greenpeace radioaktive Abfälle, die nahe Sellafield an Land gespült wurden. Es stellte sich heraus, daß es sich um eine fehlerhafte Isolierung der Abwässer der Wiederaufbereitungsanlage handelte, die die Firma nicht bekanntgegeben hatte. Es war der von Robinson so verunglimpfte National Radiological Protection Board, der die Regierung um öffentliche Bekanntgabe der Verseuchung der Strände ersuchte und auf sofortige Reinigung drängte. Dieser und andere skandalöse Vorfälle verursachten wachsendes Mißtrauen der Öffentlichkeit gegenüber der Leitung von Sellafield. Trotzdem hatte keiner dieser Vorfälle die von Robinson behaupteten schwerwiegenden ökologischen Folgen globaler Bedeutung.

Robinson berichtet im zweiten Teil ihres Buches über Sellafield. Im ersten Teil präsentiert sie eine Sozialgeschichte von England vom 14. Jahrhundert bis zur Gegenwart, um den Hintergrund ihres Berichtes über die Umweltverschmutzung in Sellafield zu beschreiben. Sie schreibt:

> Jahrzehntelang hat die britische Regierung die Verunreinigung seiner eigenen Umwelt mit tödlichen Giften gebilligt ... Dieses Verhalten ... hat ... eine Geschichte, in der die Verbote, die es fördern, und die Beziehungen, die es ausdrückt, zusammenwachsen ... Der Kern der britischen Kultur ist das Armengesetz ... Ein sehr wichtiger Glaubenssatz war, daß die Löhne der Arbeiter nie das Existenzminimum überschreiten sollten.

Diese letzte Aussage stimmt weitgehend. Im 17. Jahrhundert sagte Sir William Temple, daß hohe Löhne die Armen „undiszipliniert, verkommen, anmaßend, faul und liederlich" machen, und im nächsten Jahrhundert erklärte Adam Smith, daß „nur ein Idiot nicht weiß, daß die unteren Schichten arm bleiben müssen, denn sonst werden sie niemals fleißig sein." Er hätte auch „ungebildet" hinzufügen können, denn in England gab es bis 1880 keine allgemeine Schulpflicht, während diese in Preußen bereits im Jahre 1763 eingeführt wurde.

Trotzdem waren diese snobistischen Haltungen nicht der wahre Grund weitreichender Armut. In Zeiten vor der Industrialisierung waren die Menschen überall arm, denn es wurde zu wenig Wohlstand erzeugt, um allen Menschen Wohnung, Nahrung und Kleidung zu verschaffen. Der Engländer Gregory King zeigte dies sehr anschaulich in seinem *Scheme of the Income and Expense of Social Families of England*, das er 1688 veröffentlichte.[31] Am Anfang seiner Tabelle führt er 186 Familien der spiritual und temporal Lords mit jährlichen Einkommen von $ 6000 pro Kopf an (errechnet auf Basis von einem Pfund Sterling des Jahres 1688 zu $ 75 entsprechend den heutigen Preisen). Am Ende sind 850.000 Arbeiterfamilien, Diener,

Kleinhäusler, Unterstützungsempfänger, Soldaten und Matrosen mit jährlichen Einkommen zwischen $ 50 und $ 500 pro Kopf angeführt, und schließlich 30.000 Vagabunden, Zigeuner, Diebe und Bettler ohne jedes Einkommen. Nur 2,7 Millionen Menschen verdienten mehr, als sie für ihr nacktes Überleben benötigten, während 2,8 Millionen zu wenig verdienten und von anderen Hilfe benötigten.

Die Verteilung von sogar vier Fünftel des Einkommens der 60.000 reichsten Menschen würde das Jahreseinkommen der fast drei Millionen ärmsten nur um $ 200 pro Kopf angehoben haben. Dies hätte einer Verdopplung des Einkommens mancher dieser Personen entsprochen, aber sie wären noch immer entsetzlich arm gewesen. 1622 erklärte ein Prediger, daß Arbeiter „kaum fähig sind, am Ende der Woche Brot in den Mund zu nehmen, und am Ende des Jahres ihren Rücken mit Kleidern zu bedecken." Der Historiker Peter Laslett aus Cambridge schreibt:

> Man kann mit Sicherheit annehmen, daß zu allen Zeiten vor Beginn der Industrialisierung gut die Hälfte aller Lebenden von ihren Zeitgenossen als arm eingeschätzt wurden, und ihr Lebensstandard muß extrem hart gewesen sein, sogar im Vergleich mit den nach viktorianischem Armenrecht behördlich festgesetzten Mindeststandards.

Dies traf auch auf große Teile des übrigen Europa zu, wo das jährliche Bruttonationalprodukt pro Kopf zirka so hoch wie das des heutigen Indien war ($ 235). Das Armengesetz war im Gegensatz zur Ansicht von Ms. Robinson ein Sicherheitsnetz, das die Menschen innerhalb einer Gemeinde vor dem Verhungern bewahren sollte. Es war eine christliche Einrichtung, daß die besser gestellte Hälfte der Gesellschaft dazu verpflichtete, den anderen überleben zu helfen.[32]

Robinson behauptet, daß die hohe Sterblichkeitsrate unter Kindern und die kurze Lebenserwartung besonders für England charakteristisch waren, aber wir wissen, daß dies vor der Jahrhundertwende auf der ganzen Welt ähnlich war. 1693 veröffentlichte der englische Astronom Edmund Halley eine Studie über die Lebenserwartung in der deutschen Stadt Breslau, wo Geburten und Todesfälle genau aufgezeichnet wurden. Von hundert zur Welt gekommenen Kindern waren nur 51 im Alter von 10 Jahren noch am Leben, und nur 36 im Alter von vierzig.[33] Die meisten Städte entpuppten sich als Todesfallen, wo die Lebenserwartung unter zwanzig Jahre betrug, da die Menschen dort eng zusammengedrängt lebten und hoher Infektionsgefahr ausgesetzt waren. In England war die Kindersterblichkeit niedriger und die Lebenserwartung höher als in Breslau: zwischen 1550 und 1800 waren drei Viertel der in England zur Welt gekommenen Kinder im Alter von zehn noch am Leben, vielleicht weil vier Fünftel der Bevölkerung in Dörfern lebte, und die Menschen Infektionen daher weniger ausgesetzt waren. Das vernichtende Urteil von Robinson über das England des 19. Jahrhunderts würde erwarten lassen, daß die Menschen in Amerika länger lebten als Engländer. Zu meiner Überraschung fand ich das Gegenteil. 1850 war die durchschnittliche Lebenserwartung im Staat Massachusetts 38,3 Jahre für Männer und 40,5 für Frauen;[34] in England betrug sie bei Männern 40 Jahre und bei Frauen 42 Jahre.[35]

Robinson behauptet, daß der heutige Wohlfahrtsstaat die Armen betrügt. Sie schreibt:

Die britische Regierung macht mit dem nationalen Versicherungssystem einen Gewinn, der dem Finanzministerium zugute kommt. So werden diejenigen, die nationale Versicherungsbeträge einzahlen [das sind alle Beschäftigten], mit Steuern belastet, die andere Regierungstätigkeiten finanzieren.

In Wahrheit betragen die nationalen Versicherungsbeiträge fast genausoviel, wie für Pensionen, Arbeitslosigkeit und Krankenstände und Sonstiges bezahlt wird. Das nationale Gesundheitssystem, das jedem zugute kommt, wird fast gänzlich von Steuern finanziert, die die Ärmsten nicht bezahlen müssen.

Robinson gibt in ihrer Sozialgeschichte keinerlei geschichtlichen Überblick, da sie keinen Vergleich der Sozialverhältnisse in England mit denen im sonstigen christlichen Europa dieser Zeit bringt. Im Großteil ihrer Geschichte bringt Robinson literarische Eindrücke und Verzerrungen mit historischen Fakten durcheinander und kümmert sich nicht um die auf numerische Analysen historischer Aufzeichnungen basierenden Forschungsergebnisse der heutigen Zeit. Rüffel über alle Aspekte des englischen Charakters und der Institutionen füllen öde Seite um Seite, und würden mit ihrer Langeweile sogar einen IRA-Mann zu einem Loyalen machen. Laut ihrem Bericht würde man annehmen, daß es in den Vereinigten Staaten niemals soziale Ungerechtigkeit gegeben hat. Hat sie niemals *Grapes of Wrath* von John Steinbeck gelesen?

Robinsons Bericht über Sellafield stützt sich auf Zeitungsberichte und Flugblätter von Atomkraftgegnern. Wissenschaftlich ungebildet, hat sie sich über ein Studium der im Übermaß vorhandenen technischen Literatur hinweggesetzt und verirrte sich daher in monströse Übertreibungen der von Sellafield ausgehenden Gefahren. Mitte der 70er Jahre waren die Verunreinigungen durch Sellafield am höchsten, und die gesamte Jahresdosis der in die Atmosphäre abgegebenen Schadstoffe betrug sechs Mann-Sievert;[36] zum Vergleich betrug der Ausstoß aus atmosphärischen Atomwaffentests bis 1963 zirka 100.000. Wie erwähnt, war der Ausstoß in die Irische See für eine Erhöhung ihrer Radioaktivität um weniger als 1 Prozent verantwortlich. Dies kann kaum „ein nuklearer Angriff" auf unseren Planeten genannt werden. Auch ist England nicht „bei weitem die größte Quelle radioaktiver Verseuchung der Umwelt der Erde". Dies ist die natürliche Radioaktivität; an zweiter Stelle kommt der von Atomwaffentests verursachte Niederschlag und Tschernobyl. Im Gegensatz dazu beträgt die radioaktive Verunreinigung aus Atomkraftwerken weniger als ein Tausendstel der durchschnittlichen Strahlenbelastung eines Engländers, und kann außerhalb der britischen Inseln kaum mehr gemessen werden.

Anmerkungen und Literaturhinweise
Von Schwertern zu Pflugscharen: Ist Atomenergie gefährlich?

[1] Gowing M. 1974. *Independence and deterrence: Britain and atomic energy 1945 – 1952*. Cambridge University Press.

[2] *Accident at Windscale no. 1 pile on 10 October 1957*. 1957. HM Stationery Office, Cmnd. 302, London.

[3] Hogle J. E. 1983. *Biological effects of radiation*. Taylor and Francis, London.

[4] Crick M. J. und andere, November 1982. Addendum, September 1983. *An assessment of the radiological impact of the Windscale reactor fire*. HM Stationery Office, National Radiological Protection Board – R135. London.

[5] Yalow R. S. 1988. Biological effects of low-level radiation. In *Science, politics and fear* (Herausgeber M. E. Burns). Verlag Lewis.

[6] Wilson R. 1986. Chronology of a catastrophe; What really went wrong. *Nature* 223: 29.

[7] Zusätzlich wird die absorbierte Strahlendosis mit den von der Internationalen Kommission für Strahlenschutz empfohlenen Gewichtungsfaktoren multipliziert, um den unterschiedlichen Grad des Risikos bei unterschiedlicher Strahlenbelastung und Absorption durch verschiedene Organe zu berücksichtigen: zum Beispiel kann ultraviolette Bestrahlung Hautkrebs verursachen; Radon kann Lungenkrebs, oder auf Geschlechtsdrüsen einwirkende Gammastrahlen können genetische Schäden verursachen. Demnach wäre der Gewichtungsfaktor für Radon in Häusern der Teil der gesamten durch die Lungen absorbierten Strahlung. Ein Sievert entspricht an Energie zirka einem Viertel einer Kalorie.

[8] Hall E. J. 1988. *Radiobiology for the radiologist*. J. B. Lippincott Company.

[9] Webb G. A. M. November 1979. Quantities used in radiological protection – an explanation. Supplement to *Radiological Protection Bulletin*.

[10] Eakins J. D. und andere. 1981. *Studies of environmental radioactivity in Cumbria part 2: radionuclide deposits in soil in the coastal region of Cumbria*. HM Stationery Office, Atomic Energy Research Establishment – R9873. London.

[11] Eakins J. D. und andere. 1982. *Studies of environmental radioactivity in Cumbria part 5: the magnitude and mechanism of enrichment of sea-spray with actinides in West Cumbria*. HM Stationery Office, Atomic Energy Research Establishment – R10127. London.

[12] 1 Curie entspricht der Radioaktivität eines Gramms Radium, das $3,7 \times 10^{10}$ atomaren Spaltungen pro Sekunde unterliegt. Die internationale Einheit für kleine Mengen Radioaktivität ist ein Becquerel (nach seinem Entdecker, dem Franzosen Henri Becquerel), das einer atomaren Spaltung pro Sekunde entspricht.

[13] Hetherington J. A., Jefferies D. J., Mitchel N. T., Pentreath R. J. und Woodhead D. S. 1976. *Environmental and public health consequences of the controlled disposal of transuranic elements to the marine environment*. Proceedings of symposium on transuranic nuclides and the environment. International Atomic Energy Agency. Wien.

[14] Hunt G. J. 1988. Radioactivity in surface and coastal waters of the British Isles, 1987. In *Aquatic Monitoring Report;* Ministry of Agriculture, Fisheries and Food; Lowestoft.

[15] 1971. Effect of ionizing radiation on aquatic organisms and ecosystems. International Atomic Energy Agency; *Technical Report Series 172*. Wien.

[16] Independent Advisory Group (Black D. Sir, chairman). 1984. *Investigation of the possible increased incidence of cancer in West Cumbria*. HM Stationery Office. London.

[17] Stather J. W. und andere. 1984, Addendum 1986. *The risk of leukemia and other cancers in Seascale from radiation exposure*. HM Stationery Office NRPB-R171. London.

[18] Committee on Medical Aspects of Radiation in the Environment (COMARE; Bobrow M., chairman). 1986. *The implications of the new data on the releases from Sellafield in the 1950s for the conclusions of the report on the investigation of the possible increased incidence of cancer in West Cumbria.* HM Stationery Office. London.

[19] Committee on Medical Aspects of Radiation in the Environment (COMARE; Bobrow M., chairman). 1988. *Investigation of the possible increased incidence of leukemia in young people near the Dounreay nuclear establishment, Caithness, Scotland.* HM Stationery Office. London.

[20] Gardner M. J., Hall A. J., Downes S. und Terrell J. D. 1987. Follow up study of children born elsewhere but attending schools in Seascale, Cumbria (schools cohort). *Britisch Medical Journal* 295: 819.

[21] Gardner M. J., Hall A. J., Downes D., Terrell J. D. 1987. Follow up study of children born to mothers in Seascale, Cumbria (birth cohort). *British Medical Journal* 295: 822.

[22] Forman D., Cook-Mozaffari P., Darby S., Davey G., Stratton I., Doll R. und Pike M. 1987. Cancer near nuclear installations. *Nature* 239: 499.

[23] Black D. *Investigation of the possible increased incidence of cancer in West Cumbria.*

[24] Kinlen L. 1988. Evidence for an infective cause of childhood leukemia: comparison of a Scottish new town with nuclear reprocessing sites in Britain. *Lancet* 11: 1323.

[25] House of Commons. 1986. *First report of the environment committee: session 1985 – 86.* pp. 226 – 229. HM Stationery Office, London.

[26] Clarke R. H. und Southwood T. R. E. 1989. Risks from ionizing radiations. *Nature* 338: 197.

[27] Hughes J. S., Shaw K. B. und O'Riordan H. C. 1987. *The radiation exposure of the UK population.* Chilton: National Radiological Protection Board – R227.

[28] Hughes J. S. und Roberts G. C. 1984. *The radiation exposure of the UK population – 1984 review.* Chilton: National Radiological Protection Board – R173.

[29] Pentreath R. J. und andere. 1984. *Impact on public radiation exposure of transuranium nuclides discharged in liquid wastes from fuel element reprocessing at Sellafield, United Kingdom.* Proceedings of the International Atomic Energy Agency Conference on Radioactive Waste Management – IAEA-CN-43/32. Wien.

[30] Crick M. J. und andere. *An assessment of the radiological impact of the Windscale reactor fire.*

[31] Sharpe J. A. 1987. *Early modern England: a social history, 1550 – 1760.* Edward Arnold, London.

[32] Laslett P. 1983. *The world we have lost,* 3. Ausgabe. Methuen, London.

[33] Perutz M. 1989. *Is science necessary?* E. P. Dutton.

[34] U. S. Department of Commerce. 1960. *Historical statistics of the United States: colonial times to 1957.* Washington, D. C.

[35] Office of Population Census and Surveys. *Mortality Statistics.* 1975. HM Stationery Office, London.

[36] United Nations Scientific Committee on the Effect of Atomic Radiation. 1982. *Ionizing radiation: sources and biological effects.* Table 6, p. 321. United Nations, Report to the General Assembly.

Noch mehr über Entdeckungen

Wie Moleküle zusammenhalten

Wie Michael Faraday stammte Linus Pauling aus armen Verhältnissen. Er nahm verschiedenste Hilfsarbeiten an, um sich während der Schulzeit und während seines Studiums der technischen Chemie am Oregon Agricultural College über Wasser zu halten. Trotzdem interessierte er sich bereits mit achtzehn Jahren für die Elektronenvalenztheorie, und danach „hoffte er, daß empirische Kenntnisse über die Eigenschaften der Stoffe schließlich zu einer Theorie der Molekülstrukturen zusammengefaßt werden könnten". Seine Hoffnungen wurden anfangs 1926 erfüllt, als er nach seiner Promotion in München ein Studienjahr beim größten deutschen Lehrer der theoretischen Physik, Arnold Sommerfeld, verbrachte, gerade als Erwin Schrödinger seine ersten Berichte über die Wellenmechanik veröffentlichte. Sommerfeld erkannte sofort deren Bedeutung und hielt darüber eine Vorlesungsreihe. Nachdem er sich in München alles erdenkliche Wissen angeeignet hatte, ging Pauling nach Zürich, um mit Schrödinger selbst zu arbeiten, aber dieser Aufenthalt war für ihn enttäuschend, denn Schrödinger arbeitete lieber allein und nahm von ihm fast keine Notiz. Pauling kehrte dann an das California Institute of Technology nach Pasadena zurück, wo er sein Doktorat abgelegt hatte. Ein Teil seiner Ph.D.-Arbeit hatte die Struktur des Minerals Molybdänit (MoS_2) zum Thema, die er mit Röntgenanalyse bestimmte. Danach interessierte er sich hauptsächlich für Mineralien. Er wurde speziell auf die Silikate aufmerksam; die Erforschung deren komplexen Strukturen war in den 20er Jahren der Stolz der W.-L.-Bragg-Schule in Manchester. 1929 formulierte Pauling eine Reihe einfacher Koordinationsregeln, die auf ionischen Ladungen und Radien und auf der lokalen Neutralisierung von Ladungen basierten, wodurch die Strukturen von Silikaten und vieler anderer Mineralien verständlich gemacht und oft vorausgesagt werden konnten. Anhand dieser Regeln stellte er einen ganzen Gegenstand auf eine rationale chemische Basis.

Eine seiner ersten Arbeiten über die chemische Bindung war revolutionär, weil er damit die tetraedrische Koordination von Kohlenstoff und die viereckige oder oktaedrische Koordination von Übergangsmetallen anhand von wellenmechanischen Grundsätzen erklärte. Die Einleitung gibt auf die Arbeit einen guten Vorgeschmack:

> Während der vergangenen Jahre versuchten theoretische Physiker das Problem der Natur der chemischen Bindung quantenmechanisch zu lösen, speziell Heitler und London. Diese Arbeit hat zu einer ungefähren theoretischen Berechnung der Bildungsenergie und anderer Eigenschaften sehr einfacher Moleküle, wie H_2, geführt, und bot auch eine formale Rechtfertigung für die zum Teil von G. N. Lewis aufgestellten Regeln der Elektronenpaarbindung. Im folgenden Artikel wird gezeigt, daß viele weitere Ergebnisse chemischer Bedeutung aus der Quantenmechanikgleichung abgeleitet werden können, die die Formulierung einer umfangreichen Serie von Regeln für die Elektronenpaarbindung erlauben und die von Lewis ergänzen. Diese Regeln bieten Informationen hinsichtlich der relativen Stärke von Bindungen zwischen verschiedenen Ato-

men, über die Winkel zwischen Bindungen, die freie Rotation oder den Mangel an freier Rotation um die Bindungsachsen, die Beziehung zwischen der Quantenzahl von Bindungselektronen und der Anzahl und räumlichen Anordnung von Bindungen, und so weiter. Eine vollständige Theorie der magnetischen Momente der Moleküle und komplexer Ionen wird ebenso entwickelt, und es wird gezeigt, daß diese Theorie für viele Verbindungen, die Elemente der Übergangsgruppe enthalten, gemeinsam mit den Regeln der Elektronenpaarbindungen zu einer einzigartigen Zuordnung von Elektronenstrukturen und einer definitiven Bestimmung der Art der betroffenen Bindungen führt.

Niemals zuvor war dies gelungen.

In einer späteren Arbeit wendete Pauling die Idee der Resonanz, die ursprünglich von Heisenberg in die Quantenmechanik eingeführt wurde, auch auf die Chemie an.

> Wir haben festgestellt, daß es viele Stoffe gibt, deren Eigenschaften nicht mittels einer einzigen Elektronenstruktur vom Typ der Valenzbindung dargestellt werden können, sondern die in ein Schema der klassischen Valenztheorie unter Berücksichtigung der Resonanz zwischen zwei oder mehr Strukturen hineinpassen.

Benzol war das erste Beispiel.

Paulings Valenzbindungstheorie begründete die Beziehung zwischen interatomaren Distanzen, die meistens von genauen kristallographischen Daten abgeleitet werden konnten, und Bindungsenergien, auf denen seine erfolgreiche Interpretation der chemischen Eigenschaften organischer Verbindungen hauptsächlich beruhte. Mit diesen Gedanken gründete er in Pasadena eine hervorragende Forschungsschule für strukturelle Chemie. Paulings Erfahrungen in München machten ihn auch zum Autor einer Einführung in die Quantenmechanik für Chemiker; er schrieb dieses Werk *Introduction to Quantum Mechanics* gemeinsam mit E. Bright Wilson; es wurde erstmals 1935 veröffentlicht und ist heute noch ein nützlicher Klassiker.

In den 30er Jahren mußte ich als Chemiestudent in Wien die 759 Seiten der *Anorganischen Chemie* von Karl Hoffman sowie die 866 Seiten der *Organischen Chemie* von Paul Karrer auswendig lernen. Für mich waren solche Aufgaben Ausdauerproben und gaben mir eine gewisse sportliche Befriedigung, wie ein Marsch vom Burgenland nach Vorarlberg, aber nur wenig intellektuelle Befriedigung, denn die Bücher erklärten nicht die Eigenschaften der Materie. Warum friert Wasser bei 0 °C und Methan bei −184 °C? Warum schmilzt eine Art Selen bei einer um 76 °C höheren Temperatur als die andere? Warum ist Schwefel weich und der Diamant hart? Warum ist eine Art Siliziumdioxid, nämlich Quarz, optisch aktiv, während die beiden anderen, Tridymit und Kristoballit, es nicht sind? Warum ist Salizylsäure stärker als Benzoesäure? Diese Fragen wurden mir nicht beantwortet.

1936 wurde ich Dissertant in Röntgenkristallographie in Cambridge. Zu Weihnachten 1939 schenkte mir eine Freundin einen Buchgutschein, den ich gegen das von Linus Pauling jüngst erschienene Werk *Nature of the Chemical Bond* (Die Beschaffenheit der chemischen Bindung) einlöste. Sein Buch verwandelte das chemische Flachland meiner früheren Lektüre in eine Welt dreidimensionaler Strukturen. Hier stand, daß „die Eigenschaften eines Stoffes zum Teil von der Art der Bindungen zwischen seinen Atomen abhängt, und zum Teil von der atomaren Anordnung und der Verteilung von Bindungen", und in der Folge gab es viele Illustrationen zu diesem Thema anhand eindrucksvoller Beispiele. So diskutiert Pauling die Ursache einer Diskontinuität in den Schmelzpunkten der Fluoride der Elemente der zweiten Reihe folgendermaßen:

> Eine plötzliche Änderung von Eigenschaften in einer Serie von Verbindungen, wie die Schmelzpunkte oder Siedepunkte von metallischen Halogeniden, wurde manchmal als Anzeichen einer plötzlichen Änderung der Bindungsart angesehen. Daher sind diejenigen Fluoride der Elemente der zweiten Reihe mit hohem Schmelzpunkt als Salze beschrieben worden, und die anderen als kovalente Verbindungen; und der Unterschied der Schmelzpunkte von 1100 °C zwischen Aluminiumfluoriden und Siliziumfluoriden wurde als Anzeichen dafür interpretiert, daß sich die Bindungen von einem extremen ionischen Typ zum extremen kovalenten Typ ändern.[1,2] Ich halte die Bindungen in Aluminiumfluoriden nur für wenig anders als die in Siliziumfluoriden und schreibe die plötzlichen Änderungen der Eigenschaften einer Änderung der Atomanordnungen zu. Bei NaF, MgF_2 und AlF_3 ist jedes der Metallatome von einem Oktaeder aus Fluoratomen umgeben, und die Stöchiometrie verlangt, daß jedes Fluoratom gemeinsam von mehreren Metallatomen gehalten wird. In jedem dieser Kristalle werden die Moleküle so zu riesigen Polymeren verbunden, und die Schmelz- und Siedepunkte können nur durch einen Bruch der starken chemischen Bindungen zwischen Metall- und Nichtmetall-Atomen stattfinden: Folglich haben die Stoffe hohe Schmelz- und Siedepunkte. Die stabile Koordinationszahl von Silizium mit Fluor ist andererseits vier, so daß das SiF_4 Molekül wenig Neigung zur Bildung von Polymeren hat. Die Kristalle von Siliziumfluorid bestehen aus SiF_4-Molekülen, die von schwachen van der Waals'-Kräften zusammengehalten werden.

Charakteristisch für Paulings Talent, sich in Szene zu setzen, ist die erste Referenz zu N. V. Sidgwicks Klassiker *The Electronic Theory of Valency* und die zweite Referenz auf eine seiner eigenen Arbeiten. Durch diese Beispiele bestärkte Paulings Buch meine bereits von J. D. Bernal geformte Meinung, daß Kenntnis der dreidimensionalen Struktur unumgänglich ist und daß die Funktionen von lebenden Zellen ohne Kenntnis der Strukturen ihrer großen Moleküle nie verstanden werden können.

In einer Übung zur physikalischen Chemie in Wien mußte ich mir selbst beweisen, daß Essigsäure in einer Lösung Dimere bildet, aber erst Pauling machte mir die Bedeutung der Wasserstoffbindungen bewußt, die für deren Bildung verantwortlich sind:

> Obwohl die Wasserstoffbindung nicht stark ist, hat sie eine große Bedeutung in der Bestimmung der Eigenschaften von Stoffen. Wegen ihrer geringen Bindungsenergie und der mit ihrer Bildung und ihrem Zerfall verbundenen geringen Aktivierungsenergie ist die Wasserstoffbindung besonders gut für Reaktionen bei normalen Temperaturen geeignet. Man hat erkannt, daß Wasserstoffbindungen Proteinmoleküle in ihrer Struktur zusammenhalten, und ich glaube, daß wir mit der weiteren Anwendung der Methoden der Strukturchemie auf physiologische Probleme erkennen werden, daß die Bedeutung der

Wasserstoffbindung für die Physiologie größer ist als die jedes anderen strukturellen Merkmals.

Dies war eine erstaunliche Vorhersage 1939, zu einer Zeit, als über Proteinstrukturen noch nichts bekannt war.

Paulings phantasievolle Art, seine Synthese struktureller, theoretischer und praktischer Chemie, seine Fähigkeit, seine Verallgemeinerungen aufgrund einer Vielzahl von Beobachtungen zu beweisen, und sein lebhafter Stil brachten die trockenen Fakten der Chemie für mich und Tausende andere Studenten zum ersten Mal in ein intellektuell befriedigendes, zusammenhängendes Gefüge.

Ich traf Pauling zehn Jahre nach meiner Lektüre seines Buches, und ich war von seinen Vorlesungen beeindruckt, wo er atomare Radien, interatomare Entfernungen und Bindungsenergien mit der Begeisterung eines Organisten, der eine Bachfuge spielt, nur so heraussprudelte. Paulings Vorlesungen bestärkten die Hauptaussage seines Buches: Um die Eigenschaften der Moleküle zu verstehen, muß man deren Strukturen nicht nur kennen, sondern man muß sie sehr genau kennen.

Pauling leitete die Forschungsarbeiten vieler Leute und hielt einen Einführungskurs für Anfänger, den er 1947 auch in einem Lehrbuch für Allgemeine Chemie veröffentlichte. Die Ausgabe von 1970 umfaßt über 900 Seiten; sie beginnt mit einer Einleitung über die atomare und molekulare Struktur der Materie, behandelt die wichtigsten Aspekte der physikalischen und anorganischen Chemie, streift die Elemente der organischen Chemie und der Biochemie und schließt mit nuklearer Chemie. Die Vorlesungen waren spektakulär und oft dramatisch. Jack Dunitz beschrieb mir einmal solch eine Vorlesung: Ein großer Becher, offenbar mit Wasser gefüllt, stand am Pult. Pauling trat ein, nahm einen Würfel Natriummetall aus einer Flasche, warf ihn von einer Hand in die andere (dies ist sicher, solange man trockene Hände hat) und warnte vor einer gewaltigen Explosion im Fall einer Reaktion mit Wasser. Dann warf er den Würfel in den Becher. Sofort gingen alle Studenten aus Angst vor einer Explosion in Deckung, und er sagt nur leichthin „aber die Reaktion mit Alkohol ist wesentlich milder".

Pauling machte auch mehrere wichtige Ausflüge in die Biologie, zuerst in die Immunologie. Er hatte die Idee, daß Antikörper ihre Strukturen denen von Antigenen anpassen, indem sie ihre Polypeptidketten in Lösung neu falten. Er irrte, aber es war trotzdem eine vernünftige Theorie, bevor irgend etwas über die genetische Basis von Proteinstrukturen bekannt war. Als nächstes interessierte er sich für Hämoglobin. Er hatte gelesen, daß Faraday Blut diamagnetisch fand, obwohl Eisen und Sauerstoff paramagnetisch sind, und beauftragte seinen Studenten Charles Coryell mit der Messung der magnetischen Suszeptibilität von Hämoglobin mit und ohne Sauerstoff. 1936 fand Coryell Oxyhämoglobin diamagnetisch und Deoxyhämoglobin paramagnetisch mit einem Spin von $S = 2$.

Vierzig Jahre später fragte ich Pauling, wie er auf die Idee dieses Experiments kam, das sich später für das Verständnis der Funktion von Hämoglobin als entscheidend herausstellte. Pauling erwiderte, daß es nicht klar gewesen sei, ob Sauerstoff eine chemische Bindung mit dem Eisen des Hämoglobins bildete, oder ob es nur adsorbiert wurde, und er dachte, daß die Bildung einer chemischen Bindung mit einer geänderten magnetischen Suszeptibilität einhergehen würde. 1970 fand ich, daß der Spinwechsel des Eisens der Auslöser für die Strukturveränderung ist, die mit der Reaktion von Hämoglobin mit Sauerstoff einhergeht.

1940 nahmen Linus Pauling und Max Delbrück bereits die molekulare Komplementarität vorweg, die sich später als Grundlage von DNA-Struktur und Replikation herausstellte. Sie griffen den deutschen Theoretiker Pascual Jordan an, der die Idee aufgebracht hatte, daß es eine quantenmechanische stabilisierende Wechselwirkung gäbe, die bevorzugt zwischen identischen und nahezu identischen Molekülen wirksam wird, und die in biologischen Prozessen wie bei der Reproduktion von Genen wichtig ist. Pauling und Delbrück wiesen darauf hin, daß Wechselwirkungen zwischen Molekülen nun recht gut bekannt sind und gegenüberliegenden Molekülen *komplementärer* Struktur Stabilität gäben, und nicht zwei Molekülen mit *identischer* Struktur. Die Komplementarität sollte in der spezifischen Anziehung zwischen Molekülen und deren enzymatischer Synthese eine Hauptrolle spielen.

1948 ergänzte Pauling dies mit einer Voraussage: „Ich glaube, daß Enzyme Moleküle sind, die strukturell komplementär sind zu den aktivierten Komplexen der Reaktionen, die sie katalysieren, d. h. zur molekularen Konfiguration, die zwischen den reagierenden Stoffen und den Produkten der Reaktion liegt." Siebzehn Jahre später wurde tatsächlich bei Lysozym, der ersten gelösten Enzymstruktur, entdeckt, daß es ein aktives Zentrum komplementär zum Übergangsstadium seines Substrates hat, und das stimmt für alle seither gelösten Enzymstrukturen.

1949 gelang es jemandem, Pauling für die Sichelzellenkrankheit zu interessieren – eine genetische Krankheit, die hauptsächlich bei Schwarzen auftritt. Sie verursacht bei Verlust von Sauerstoff eine Verzerrung der roten Zellen in verschiedene Sichelformen. Pauling schlug seinen jungen Mitarbeitern Itano, Singer und Wells vor, daß sie die elektrophoretischen Beweglichkeiten von normalem Hämoglobin und Sichelzellenhämoglobin vergleichen sollten. Sie entdeckten, daß diese verschieden waren, denn Sichelzellenhämoglobin hat um zwei weniger negative Ladungen als normales Hämoglobin. Pauling veröffentlichte dieses Ergebnis in *Science* unter dem dramatischen Titel: „Sichelzellenhämoglobin, eine molekulare Krankheit". Dieser Artikel veranlaßte Vernon Ingram und John Hunt in meiner Medical Research Council Unit in Cambridge zur Entdeckung, daß sich das Sichelzellenhämoglobin vom normalen Protein nur durch den Ersatz eines einzigen Paares von Glutaminsäureresten durch Valin unterschied. Ihre Entdeckung der Wirkung einer genetischen Mutation auf die Aminosäuresequenz eines Proteins warf die Frage des genetischen Codes auf, die Crick, Brenner und ihre Kollegen einige Jahre später mit dem Befund beantworteten, daß Dreiergruppen von Nukleotiden die Aminosäuresequenz von Proteinen bestimmen.

Pauling ist unter Biochemikern besonders für seine Entdeckung der α-Helix berühmt, die den Höhepunkt der Röntgenanalysen von Aminosäurenstrukturen bildete, die seine Kollegen Robert Corey und Edward Hughes in den 30er und 40er Jahren als erste begonnen hatten. Damals waren Glyzin, Alanin und Diketopiperazin so komplex, daß die Röntgenanalyse ihre Grenzen erreichte. Die Ergebnisse brachten Pauling die stereochemischen Daten, die er für die Interpretation der mageren Röntgenbeugungsmuster brauchte, die Bill Astbury in Leeds aus Proteinfasern, wie Haaren, Nägeln und Muskeln, gewonnen hatte. Pauling argumentierte, daß in einer langen, aus chemisch gleichwertigen Einheiten bestehenden Polymerkette alle Einheiten geometrisch äquivalente Stellen einnehmen müßten, was nur in einer Helix möglich war. Weiters hatte die Struktur des Diketopiperazins gezeigt, daß die Peptidbindung teilweise einen doppelten Bindungscharakter hatte, so daß die Atome

$$\begin{array}{c} H \\ \diagdown \\ C\alpha_1 \end{array} N =\!=\!=\!= C \begin{array}{c} O \\ \diagup \\ C\alpha_2 \end{array}$$

alle in einer Ebene liegen müssen. Schließlich sollten alle sekundären Aminogruppen Wasserstoffbindungen mit Karbonyl- (CO-) Gruppen bilden.

Als er 1948 in Oxford mit einer Grippe im Bett lag, vertrieb sich Pauling die Zeit mit einem Papiermodell, und stellte eine Papierkette planarer Peptide her; er faltete sie zu einer Helix mit 3,6 Aminosäuren pro Drehung und konstruierte damit eine mögliche Struktur. Kurz danach besuchte er Kendrew und mich in Cambridge. Ich wußte nichts von seinem Experiment in Oxford und zeigte ihm stolz meine dreidimensionale Vektorstruktur des Hämoglobins, die eine Polymerkette andeutete, die ebenso wie Astburys Fasern gefaltet war, aber zu meiner Enttäuschung sagte Pauling nichts dazu. Er gab seine Entdeckung erst im folgenden Jahr in einer dramatischen Vorlesung in Pasadena bekannt. Dies trug auch dazu bei, daß ihm 1954 der Nobelpreis für Chemie verliehen wurde, aber er hatte ihn bereits für seine vielen früheren hervorragenden Beiträge zur Chemie verdient.

Nach der α-Helix schrieb Pauling nur noch eine grundlegende Arbeit. Als die Aminosäuresequenzen der Hämoglobine verschiedener Tiere langsam bekannt wurden, wurde es klar, daß die Anzahl der Aminosäurensubstitute mit der Entfernung zwischen den Arten am Baum der Evolution zunahmen. Dies brachte Pauling und seinen jungen Mitarbeiter Emile Zuckerkandl auf die Idee, daß es eine evolutionäre Uhr geben könnte, die mit einer Geschwindigkeit von zirka einem Aminosäurenersatz pro 100 Aminosäuren pro 5 Millionen Jahre tickt. Wie viele der Arbeiten Paulings, gab diese den Anstoß für ein ganzes komplett neues Forschungsfeld, das seither schon viele Wissenschaftler ihr Leben lang beschäftigt hat. Pauling veröffentlichte fast bis zum Ende seines Lebens wissenschaftliche Arbeiten, aber nichts davon war so fundamental wie seine früheren Arbeiten, vielleicht auch weil er zu beschäftigt war, zuerst mit der Bedrohung des Atomkriegs und später mit dem Vitamin C.

Während der McCarthy-Ära trug Pauling seine Antiatom-Einstellung den Ruf eines 'Roten' ein. 1952 organisierte die Royal Society eine Diskussion über die Struktur der Proteine, wo Pauling Hauptredner sein sollte, aber er konnte nicht kommen, denn das State Department hatte seinen Paß eingezogen. 1954 gab der englische Philosoph Bertrand Russell Weihnachtslesungen im Radio und warnte dabei vor den Gefahren eines Atomkrieges. Im folgenden Jahr schrieb er ein Manifest gegen Atomwaffen, das Albert Einstein ein paar Tage vor seinem Tod unterzeichnete. Dieses schloß mit den Worten: „Wenn wir es wollen, liegt vor uns beständiger Fortschritt an Glück, Wissen und Weisheit. Sollen wir statt dessen den Tod wählen, weil wir unsere Streitigkeiten nicht beilegen können? Wir rufen als Menschen zu Menschen: Bedenkt eure Menschlichkeit und vergeßt das Übrige. Wenn euch das gelingt, liegt der Weg ins Paradies offen; falls nicht, seht ihr der Gefahr eines universellen Todes entgegen." Pauling unterzeichnete dieses Manifest gemeinsam mit sieben prominenten Physikern und dem Genetiker Hermann Muller; es führte zur Einberufung der ersten Konferenz in Pugwash, bei der sowjetische und westliche Wissenschaftler Maßnahmen zur Verminderung der Gefahren eines Atomkrieges diskutierten.

1958 veröffentlichte Pauling ein Buch: *No More War* und überreichte Dag Hammarskjöld, dem Generalsekretär der Vereinten Nationen, eine Einschrift, die 9235 Wissenschaftler unterschrieben hatten:

> Wir fordern dringend ein internationales Abkommen zur Beendigung der Atomwaffenversuche ... denn Wissenschaftler sind imstande, die schwierigen, mit diesem Problem verbundenen Fragen zu beurteilen, wie die Größe der genetischen und somatischen Auswirkungen der freigesetzten radioaktiven Stoffe.

Im Mai 1961 organisierte Pauling eine Konferenz von vierzig Wissenschaftlern über nukleare Abrüstung in Oslo und führte im Anschluß daran hunderte Menschen in einer Fackelprozession gegen den Atomkrieg durch die Straßen dieser Stadt. Seine Kampagne, die er mit demselben Elan wie seine Chemievorlesungen führte, leistete für den Abschluß des Sperrvertrags für atmosphärische Versuche im Jahre 1963 einen entscheidenden Beitrag, und er erhielt dafür im Dezember desselben Jahres den Friedensnobelpreis. Er organisierte auch eine Kampagne gegen den Krieg in Vietnam, unbeeindruckt, daß ihn einige seiner Landsleute Verräter nannten.

Pauling litt öfters an schweren Erkältungen. 1966 folgte er dem Rat eines befreundeten Arztes und nahm täglich eine Dosis von 3 Gramm Vitamin C. In der Folge wurden seine Erkältungen seltener und wesentlich milder. Diese Erfahrung hat ihn vielleicht auf die Idee gebracht, daß große Dosen Vitamin C für die Gesundheit wesentlich wären, und daß sie normalen Schnupfen heilen würden und sogar Krebs. Apotheken in England verkaufen noch immer Vitamin C als „Linus Powder"; er nahm 18 Gramm pro Tag davon ein; von einer solchen Dosis können höchstens 100 Milligramm absorbiert werden, der Rest wird ausgeschieden. Ascorbinsäure reinigt den Körper von freien Radikalen, und daher kann ein Mangel an Vitamin C die Wahrscheinlichkeit des Auftretens von Krebs erhöhen; es gibt aber keinen wirklichen Beweis, daß eine solche massive Dosis eine prophylaktische Wirkung hat. Es scheint tragisch, daß dies für Pauling in den letzten 25 Jahren seines Lebens die wichtigste Rolle spielte und seinen Ruf als großen Chemiker beeinträchtigte. Vielleicht hing sein Verhalten mit seinem größten Fehler, seiner Eitelkeit, zusammen. Wenn jemand Einstein widersprach, dachte dieser darüber nach, und wenn er fand, daß er irrte, war er hocherfreut, weil er fühlte, daß er einem Irrtum entkommen war, und daß er es jetzt noch besser wußte als zuvor, aber Pauling würde niemals zugeben, daß er vielleicht im Unrecht war. Nachdem ich die Arbeit von Pauling und Corey über die α-Helix gelesen hatte, entdeckte ich einen Röntgenreflex bei 1,5 Å Abstand von Ebenen, die zur Achse von Proteinfasern senkrecht standen, wodurch alle Strukturen außer der α-Helix auszuschließen waren. Ich dachte, er würde sich freuen, aber er griff mich wütend an, weil er es nicht ertragen konnte, daß ein anderer an einen Test der α-Helix gedacht hatte, der ihm nicht selbst eingefallen war. Ich war sehr froh, als er später seinen Zorn vergaß, und wir gute Freunde wurden.

Paulings fundamentale Beiträge zur Chemie umfassen ein unglaublich weites Gebiet, und ihr Einfluß auf Generationen junger Chemiker war enorm. In den Jahren von 1930 bis 1940 verwandelte er die Chemie von einem weitgehend phänomenologischen Gegenstand in einen fest auf Strukturen und Quantenmechanik gegründeten. In späteren Jahren wurden die Valenzbindung und die Resonanztheorien, die das theoretische Rückgrat der Arbeiten von Pauling bildeten, von R. S. Mulliken mit seiner Theorie der molekularen Orbitale ergänzt, die ein tieferes Verständnis der chemischen Bindung ermöglichte. Zum Beispiel erlaubte sie C. Longuet-Higgins und W. Lipscomb die Voraussage und Erklärung der Strukturen der Borane, was aufgrund von Paulings Vorstellungen nicht möglich gewesen wäre. Resonanz und Hybridisierung sind Teil des alltäglichen Vokabulars von Chemikern geworden, und man spricht zum Beispiel zum Verständnisr der Planarität der Peptidbindung noch immer davon. Viele von uns halten Pauling für den größten Chemiker dieses Jahrhunderts.[3]

Anmerkungen und Literaturhinweise
Wie Moleküle zusammenhalten

[1] Sidgwick N. V. 1929. The electronic theory of valency. p. 88. Oxford University Press.

[2] Sidgwick N. V. The covalent link in chemistry. p. 52. Cornell University Press.

[3] Linus Pauling: 28. Februar 1901 – 19. August 1994; Nobelpreis für Chemie, 1954; Friedensnobelpreis für 1962, 1963. Ausgewählte Veröffentlichungen: *The nature of the chemical bond,* 1939 (3. Ausgabe, 1960); *College chemistry,* 1950 (3. Ausgabe, 1964); *No more war!,* 1958 (überarbeitet, 1962). Verheiratet mit Ava Helen Miller, 1923 (1981 verstorben).

Ich hätte Sie schon früher ärgern sollen

Vor fünfzig Jahren schien die Struktur der Proteine als das wichtigste Problem der Biologie.

Bill Astbury war Physiker und Röntgenkristallograph, arbeitete für die Wool Research Association in Leeds (United Kingdom) und entdeckte, daß das faserige Protein Keratin, das in Wolle, Horn, Nägeln und Muskeln vorkommt, ein Röntgenstrukturmuster aus nur zwei Reflexen aufwies, einer meridionalen bei 5,1 Å und eine äquatorialen bei 9,8 Å.

Astbury nannte es α-Keratinmuster. Wurden diese Fasern unter Dampf gedehnt, erschien ein neues Muster mit einem meridionalen Reflex von 3,4 Å und zwei äquatorialen bei 4,5 und 9,7 Å. Astbury nannte dies das β-Keratinmuster. Er zog den Schluß, daß es aus der regelmäßigen Wiederholung der Aminosäurereste entlang der geraden Polypeptidketten entstand, während die Ketten im α-Keratin so gefaltet oder gewunden sein müßten, daß mehrere Aminosäurereste ein sich alle 5,1 Å entlang der Faserachse wiederholendes Muster formen.

Der Schlüssel zum Verständnis der Proteinstruktur schien nun in der Aufklärung dieser überall vorhandenen Faltung zu liegen, aber die Röntgenstrukturbilder gaben nur magere Informationen ab und konnten dieses Rätsel nicht lösen.

1950 erkannten J. C. Kendrew und ich, daß dieselbe Faltung der Polypeptidkette auch in den zwei globulären Proteinen Myoglobin und Hämoglobin vorkam. W. L. Bragg, der erste Röntgenkristallograph, war unser Professor im Cavendish Laboratorium in Cambridge und ermutigte uns, Molekularmodelle zu bauen.

Um uns anzuregen, schlug er Nägel – das waren die Aminosäuren – im Muster einer Helix in einen Besenstiel ein, die eine axiale Entfernung zwischen aufeinander folgenden Drehungen von 5,1 cm hatten. Kendrew und ich hatten große Schwierigkeiten, ein wirkliches Modell helixförmiger Polypeptidketten in den korrekten Höhenabständen zu bauen. Wie auch immer wir sie bauten, mit zwei, drei oder vier Aminosäureresten pro Drehung, ihre Bindungswinkel waren immer verbogen. Nach einigen Monaten veröffentlichten wir unsere Arbeit gemeinsam mit Bragg in *Proceedings of the Royal Society,* konnten aber keine festen Schlüsse zur richtigen Faltung nennen.

Kurz nach der Veröffentlichung unserer Arbeit ging ich am Samstagmorgen in die Physik-Bibliothek und fand in der neuesten Ausgabe der *Proceedings of the National Academy of Sciences of the United States of America* eine Reihe von Arbeiten von Linus Pauling in Zusammenarbeit mit dem Kristallographen R. B. Corey. In ihrer ersten Arbeit schlugen sie eine Lösung für das noch immer ungelöste Rätsel der Struktur von α-Keratin vor, nämlich daß diese aus helixförmigen Polypeptidketten mit einer nicht integralen Wiederholung von 3,6 Aminosäuresequenzen pro Drehung bestehen. Der Abstand zwischen den Drehungen ihrer Helix war nicht 5,1 Å, wie er nach dem Röntgenbild von Astbury sein sollte, sondern 5,4 Å, was mit den Ergebnissen von C. H. Bamford und A. Elliott und ihren

Kollegen im Courtaulds-Forschungslaboratorium übereinstimmte, die genau diese Wiederholung in Fasern bestimmter synthetischer Polypeptide gefunden hatten.

Ich war von der Arbeit Paulings und Coreys wie vom Blitz getroffen. Im Gegensatz zu der Helix von Kendrew und mir, war ihre Helix nicht verzerrt; alle Amidgruppen waren eben und jede Karbonylgruppe bildete eine perfekte Wasserstoffbindung mit einer sekundären Aminogruppe jeweils nach vier Sequenzen entlang der Kette.

Die Struktur sah perfekt aus. Wie konnte ich sie verfehlen? Warum waren die Amidgruppen bei mir nicht eben? Warum hatte ich mich blind an die 5,1-Å-Wiederholungsabstände von Astbury gehalten? Andererseits, wie konnte die Helix von Pauling und Corey richtig sein, auch wenn sie so perfekt aussah, wenn sie die falsche Wiederholung hatte? Ich war vollkommen aufgewühlt. Ich fuhr mit dem Rad nach Hause zum Mittagessen und aß in Gedanken versunken, ohne auf das Geplauder meiner Kinder zu hören und ohne meine Frau zu beachten, die wissen wollte, was denn heute mit mir los sei.

Plötzlich hatte ich eine Idee. Paulings und Coreys α-Helix war wie eine spiralenförmige Treppe, die Aminosäuresequenzen formten die Stufen und die Höhe jeder Stufe war 1,5 Å. Nach der Beugungstheorie müßte diese regelmäßige Wiederholung einen starken Röntgenreflex von 1,5 Å im Abstand von zu den Faserachsen senkrecht stehenden Ebenen erzeugen. Soweit mir bekannt war, hatte niemand je von einem solchen Reflex berichtet, weder bei „natürlichen" Proteinen wie Haar und Muskel, noch bei synthetischen Polypeptiden. Daher zog ich den Schluß, daß die α-Helix falsch sein muß.

Aber warte! Plötzlich erinnerte ich mich an einen Besuch im Labor von Astbury und mir fiel ein, daß die Geometrie seiner Röntgenaufnahmen die Beobachtung der 1,5-Å-Reflexion ausschließen würde, denn er richtete seine Fasern mit ihren langen Achsen senkrecht zum Röntgenstrahl aus, während die Beobachtung des 1,5-Å-Reflexes nur unter dem Bragg-Winkel von 31° möglich wäre. Noch dazu benutzte Astbury eine flache Plattenkamera, die viel zu eng war, um einen vom einfallenden Röntgenstrahl um 2 x 31° abweichenden Reflex aufzunehmen.

Völlig verwirrt radelte ich ins Labor zurück und suchte nach einem Pferdehaar, das ich in einer Schublade aufbewahrt hatte. Ich steckte es auf einen Goniometerkopf in einem Winkel von 31° zum einfallenden Röntgenstrahl. Statt einer flachen Plattenkamera wie Astbury gab ich einen zylindrischen Film herum, der alle Reflexe mit Bragg-Winkeln bis zu 85° erfassen würde.

Nach ein paar Stunden entwickelte ich den Film; mein Herz schlug mir bis zum Hals. Sobald ich das Licht aufdrehte, entdeckte ich einen starken Reflex bei 1,5 Å, wie die α-Helix von Pauling und Corey es verlangte. Der Reflex allein bewies die α-Helix nicht, aber er schloß alle anderen Modelle aus, die wir selbst und andere entwickelt hatten, während nur die α-Helix paßte.

Am Montagmorgen stürmte ich in Braggs Büro und zeigte ihm mein Röntgenstrukturbild. Als er mich fragte, wie ich auf dieses entscheidende Experiment gekommen war, antwortete ich, weil ich so wütend mit mir war, daß ich diese schöne Struktur nicht selbst gebaut hatte. Bragg antwortete schlagfertig: „Ich hätte Sie schon früher ärgern sollen!" Denn die Entdeckung des 1,5-Å-Reflexes hätte uns geradewegs zur α-Helix geführt.

Der Widerspruch zwischen den 5,4 und 5,1 Å ließ mir nach wie vor keine Ruhe, bis eines Morgens etwa zwei Jahre später Francis Crick mit zwei Gummischläuchen ins Labor kam, um die er Korken festgemacht hatte, und zwar mit einer helixförmigen Wiederholung von 3,6 Korken pro Drehung und einer Höhe von 5,4 Zentimetern. Er zeigte mir, daß die beiden Schläuche in einer Doppelhelix umeinander gewunden werden können, sodaß die Korken sich miteinander verflochten. Dadurch wurde die Höhe der einzelnen Ketten, wenn sie auf die Faserachse projeziert wurde, von 5,4 auf 5,1 cm verkürzt, wie es das Röntgenbild von α-Keratin verlangte.

Eine solche Doppelhelix wurde schließlich von meinen Kollegen A. D. McLachlan und J. Karn im Muskelprotein Myosin gefunden.

Wie das Geheimnis des Lebens entdeckt wurde*

„Of course, now that we know the answer, it seems so completely obvious that no-one nowadays remembers just how puzzling the problem seemed then."[1]

(Jetzt natürlich, wo wir die Antwort kennen, erscheint sie uns so offensichtlich, daß sich heute niemand mehr erinnern mag, wie rätselhaft doch das Problem damals schien.)

Francis Crick

Im Jahre 1936 verließ ich meine Heimatstadt Wien und fuhr nach Cambridge, England, um den Großen Weisen aufzusuchen. Ich fragte ihn, „Wie kann ich das Rätsel des Lebens lösen?" Er antwortete: „Das Geheimnis des Lebens liegt in der Struktur der Proteine, und das Rätsel kann nur mit Hilfe der Röntgenkristallographie gelöst werden." Der „Weise" war John Desmond Bernal, ein begnadeter Ire, der die Kristallographieabteilung des Physik-Laboratoriums leitete und erstmals entdeckt hatte, daß Proteinkristalle in der Röntgenstrukturanalyse reiche Beugungsmuster bis zu Abständen ergeben, die den Entfernungen zwischen Atomen entsprechen.[2] Wir nannten ihn tatsächlich Weiser, weil er einfach alles wußte. Während eines Vortrags an der Royal Institution in London, 1939, sagte Bernal:

> Die Struktur der Proteine ist das größte ungelöste Problem an der Grenze von Chemie und Biologie. Die Bedeutung einer Forschung darüber für viele Wissenschaftszweige läßt sich kaum übertreiben. Das Protein ist der Schlüssel zur Biochemie und Physiologie... Alle Proteinmoleküle, die wir heute kennen, sind aus anderen Proteinmolekülen entstanden, und diese wiederum aus anderen.[3]

Als Bernal dieses Argument in einer BBC-Diskussion ausführte, fragte ihn der Physiker W. H. Bragg, woher das erste Protein gekommen sein. Anstatt zu sagen, „Ich weiß es nicht", wich Bernal der unangenehmen Frage geschickt aus. Bernal zog mich mit seiner Begeisterung in den Bann der Kristallographie, und ich begann mit der Arbeit an der Struktur des Hämoglobins, da es am häufigsten vorkommende Protein und am leichtesten zu kristallisieren war.

Was mich als Student in Wien bereits an Cambridge fasziniert hatte, waren Hopkins' Arbeiten über Vitamine und Enzyme. Er war der Begründer der biochemischen Forschung in Cambridge. In den 30er Jahren mußte er noch immer gegen den Vitalismus antreten und fand nur schwer Anerkennung für seine nach damaliger Ansicht ketzerischen Ansichten:

> Auf einem Niveau ihrer Organisation – es könnte auch höhere geben – ist die lebende Zelle der Sitz verschiedener, aber wohlorganisierter chemischer Reaktionen, in welchen chemisch identifizierbare Substanzen Veränderungen unterworfen sind, die chemisch verfolgbar sind. Die Moleküle dieser Substanzen werden aktiviert und ihre Reaktionen werden räumlich und zeitlich von Katalysatoren gelenkt, die als intrazelluläre Enzyme bekannt sind. Ihr Einfluß unterscheidet sich nicht wesentlich von Katalysatoren lebloser Systeme, außer daß er außerordentliche Spezifität besitzt.[4]

---

*) Vortrag anläßlich COGENE/Symposium, „From the Double Helix to the Human Genome: 40 Years of Molecular Genetics". UNESCO, Paris. 21. bis 23. April 1993.

Auch heute würden wohl manche Philosophen Hopkins Ansichten als reduktionistisch ablehnen.

Hopkins war **der** Professor für Biochemie. Der Dozent war J. B. S. Haldane, ein als englischer Squire verkleideter fanatischer Kommunist und einer der einfallsreichsten Wissenschaftler seiner Generation. 1937 wies er darauf hin, daß viele enzymatische Reaktionen sowie Blutgruppen genetisch kontrolliert werden.

> Es gibt jetzt zwei Möglichkeiten. Entweder ist das Gen ein Katalysator, der ein eigenes Antigen erzeugt, oder das Antigen ist einfach das Gen oder ein Teil davon, das sich aus seiner Verbindung mit dem Chromosom losgelöst hat. Das Gen hat zwei Eigenschaften. Es greift in den Stoffwechsel ein, manchmal zumindest durch die Erzeugung eines bestimmten Stoffes. Und es reproduziert sich selbst. Als Molekül betrachtet, muß sich das Gen in einer Bausteinebene ausbreiten. Sonst kann es nicht kopiert werden. Die Kopiermethode ist höchstwahrscheinlich ein Prozeß analog zur Kristallisation, ein zweiter gleicher Baustein, der auf den ersten aufgebaut wird.[3] Aber wir könnten uns einen Prozeß analog zum Kopiervorgang einer Schallplatte vorstellen, wo möglicherweise ein „Negatives" mit dem Original wie ein Antikörper mit einem Antigen verwandt ist.

Haldane verwarf die Idee, daß Gene aus Nukleinsäuren bestehen könnten, und stellte fest, daß sie mit größter Wahrscheinlichkeit aus Histonen bestehen, also aus Proteinen, die mit der DNA in den Chromosomen in Verbindung stehen.

Drei Jahre später veröffentlichten Pauling und Delbrück den schon im vorigen Kapitel erwähnten Angriff auf den deutschen Theoretiker Pascual Jordan, der die Idee aufgebracht hatte, daß es eine stabilisierende quantenmechanische Wechselwirkung gibt, die vorzugsweise zwischen identischen und fast identischen Molekülen stattfindet und biologische Prozesse, wie die Reproduktion von Genen, steuert.[5] Pauling und Delbrück hoben hervor, daß die Wechselwirkungen zwischen Molekülen darauf hindeuten, daß sie eher zwei Moleküle mit komplementären aneinanderliegenden Strukturen stabilisieren, als zwei Moleküle identischer Struktur.[6] Haldane sowie Pauling und Delbrück erwiesen sich als Propheten.

1944 wurde die weitverbreitete Ansicht, daß Gene aus Proteinen bestehen, von Avery, MacLeod und McCarty widerlegt, die entdeckten, daß das transformierende Prinzip der Pneumokokken aus DNA besteht. Oswald Avery, der schon als junger Mann die ersten Schritte auf diesem Gebiet tat und sich bis zu seinem Ruhestand dieser Forschung verschrieben hatte, war ein zögernder Revolutionär in der Biologie, fast noch mehr als Max Planck diese Rolle zu Beginn des Jahrhunderts in der Physik gespielt hatte. Er kam 1877 in Halifax, Nova Scotia, zu Welt. Er war der Sohn eines englischen Einwanderers, eines geistlichen Baptisten, der später Pastor einer Baptistenkirche in einem Armenviertel New Yorks wurde.

Die christliche Atmosphäre seines Elternhauses bewog Oswald Avery, Arzt zu werden, aber schon bald gab er zugunsten der Forschung seine Praxis auf. Seine Arbeiten waren nichts Besonderes, bis er im Alter von 36 Jahren Bakteriologe am Krankenhaus des Rockefeller-Instituts für medizinische Forschung in New York wurde. Damals erlagen in den Vereinigten Staaten jährlich 50.000 Personen der lumbalen Lungenentzündung. Auch Averys Mutter war daran gestorben. Avery überlegte, warum manche Patienten in seinem Krankenhaus daran starben, während andere wieder gesund wurden.

Die ersten Hinweise erhielt er 1916. Averys Freund A. R. Dochez entdeckte in einem Filtrat einer Pneumokokkenkultur eine spezifische lösliche Substanz, die mit einem gegen diese Pneumokokken wirksamen Antiserum ausgefallen war. Dochez und Avery fanden dann genau diese Substanz auch im Blut und im Urin ihrer Patienten und folgerten – fälschlicherweise, wie sich später herausstellte –, daß es ein Protein sei. Während der folgenden Jahre überzeugte sich Avery, daß es derselbe Stoff wäre wie die von Neufeld und Handel im Robert-Koch-Laboratorium in Berlin im Jahre 1910 beschriebene schleimige Bakterienkapsel.

Avery spürte, daß dieser spezifische lösliche Stoff in der Krankheit eine lebensentscheidende Rolle spielt, und wollte mehr darüber herausfinden. Als der Chemiker Michael Heidelberger am Institut zu arbeiten begann, hielt ihm Avery immer wieder ein Reagenzglas vor die Augen und sagte, „Michael, das ganze Geheimnis der Spezifität von Bakterien liegt in diesem Röhrchen. Wann kannst du das untersuchen?" Als Heidelberger sich schließlich damit auseinandersetzte, stellte er fest, daß die Substanz nicht aus Proteinen sondern aus Polysacchariden, langen Ketten zuckerähnlicher Moleküle, bestand.[7]

Noch im Jahr davor hatte Fred Griffith im Labor des britischen Gesundheitsministeriums in London die Unterscheidungskriterien zwischen virulenten und nichtvirulenten Pneumokokken entdeckt, die Avery so lange vergeblich gesucht hatte. Er stellte fest, daß virulente Kokken in einer schleimigen Haut eingekapselt sind, die den nicht virulenten fehlt. Griffith nannte die eingekapselten Kokken glatt (S für smooth) und die anderen rauh (R für rough). So bestand also der lösliche Stoff aus Polysacchariden und konnte mit Virulenz in Verbindung gebracht werden.

Heidelberger und Avery versuchten nun, ein Antiserum herzustellen. Dies gelang ihnen nicht, aber Avery produzierte ein wirksames Antiserum gegen Lungenentzündung, indem er Pferde mit virulenten Pneumokokken immunisierte, und vielen wurde damit das Leben gerettet.

Der nächste große Fortschritt kam 1928 mit einer überraschenden Entdeckung durch Griffith. Er versuchte ein Experiment, das jeder vernünftige Mensch als Zeitverschwendung betrachtet hätte. Er injizierte Mäusen ein Gemisch abgetöteter glatter Bakterien und lebender rauher, nachdem er doppelt überprüft hatte, daß die glatten tatsächlich tot waren. Zwei Tage später fand er zu seiner Überraschung alle Mäuse tot auf – und voller glatter virulenter Pneumokokken. Dies bedeutete, daß die toten glatten Pneumokokken die lebenden rauhen in glatte transformiert hatten. Griffith legte diese Umwandlung als eine Art Lamarcksche Anpassung aus.

> Wenn der R-Typus einer der Arten unter geeigneten Versuchsbedingungen einer großen Anzahl des S-Typs der anderen Art ausgesetzt wird, scheint es dieses Antigen als Pabulum (Nahrung) zu benutzen, um ein ähnliches Antigen aufzubauen, und es entwickelt sich daher zu einem S-Stamm dieser Art.[8]

Er dachte, daß die empfangenden rauhen Kokken die Kraft gewannen, die Kapsel-Polysacchariden des anderen Stamms synthetisch herzustellen und nur einen spezifischen Stimulus der abgetöteten eingekapselten Zellen benötigten, um sich anzupassen und die Kapsel aus Polysacchariden wieder herzustellen. Offensichtlich dachte er nicht im entferntesten an genetische Mutationen, vielleicht weil damals Bakterien nicht mit Genetik in Zusammenhang gebracht wurden.

Laut seinem Kollegen René Dubos wollte Avery die Ergebnisse von Griffith nicht glauben, bis ein anderer Mitarbeiter des Instituts, Henry Dawson, die Versuche wiederholte, als Avery krankheitshalber nicht da war.[9] Dawson und Sia ließen Mäuse Mäuse sein und setzten Kulturen in Rinderbrühen an, in denen sie rauhe Pneumokokken zu glatten umwandelten. Danach war Avery überzeugt und fragte Tag für Tag und Jahr für Jahr immer wieder: „Was ist der für die Umwandlung verantwortliche Stoff?" Aber er war Bakteriologe und kein Biochemiker.

Als Dawson im Jahre 1930 das Institut verließ, ermutigte Avery seinen Nachfolger, J. L. Alloway, das Problem weiter zu bearbeiten. Er löste virulente Kokken in Deoxycholat auf, einem aus Gallensaft gewonnenen natürlichen Reinigungsmittel, filterte alle Zellreste aus und stellte fest, daß die gewonnene Lösung aktiv war. Die transformierende Aktivität wurde bei Zugabe von Alkohol zu einem dicken sirupähnlichen Niederschlag. Es ist kaum zu glauben, daß es noch weitere 13 Jahre dauern sollte, bis man feststellte, woraus dieser Niederschlag bestand. Nicht einmal Colin MacLeods bedeutungsvolle Beobachtung im Jahre 1936 löste das Rätsel, als er feststellte, daß die transformierende Aktivität von ultraviolettem Licht zerstört wird, das bekannterweise Nukleinsäuren angreift.

Der langsame Fortschritt ist teilweise auf die sehr verschiedenen Ausbeuten an transformierender Aktivität aus Pneumokokken zurückzuführen. Erst 1941 umging Avery diese Schwierigkeit, indem er die umgewandelten Kokken 30 Minuten lang auf 65°C erhitzte, *bevor* er sie mit Deoxycholat auflöste. Dadurch wurden die bakteriellen Enzyme, die die Aktivität zerstörten, außer Kraft gesetzt, und das transformierende Prinzip blieb intakt.

Schließlich wurde mit dem Einstieg von Maclyn McCarty, einem jungen Mediziner mit guten biochemischen Kenntnissen, im Jahre 1941 ein neuer Ansatz gefunden. Es schien sehr wahrscheinlich, daß das transformierende Prinzip ein Protein war, weshalb proteinverdauende Enzyme es zerstören müßten. Heutzutage können solche Enzyme einfach fertig gekauft werden, aber damals mußte sich McCarty glücklich schätzen, zwei solcher Enzyme zu bekommen, Trypsin und Chymotrypsin. Er erhielt sie von Northrop, der am Rockefeller-Institut in Princeton diese erstmalig isoliert und in reiner Form kristallisiert hatte.

Die transformierende Aktivität blieb unter dem Einfluß der Enzyme Northrops intakt, was bedeutete, daß es kein Protein sein konnte. Konnte es aus Ribonukleinsäure (RNA) bestehen? Ein Kollege Northrops, Moses Kunitz, hatte eben erst Ribonuklease kristallisiert, ein Enzym, das RNA spaltet, und gab Avery einige seiner Kristalle. Auch Ribonuklease ließ die transformierende Aktivität intakt. Dasselbe Ergebnis brachten Enzyme, die Polysaccharide spalten. Deshalb versuchten Avery und McCarty nun, einen Extrakt der virulenten Bakterien – ohne Beeinträchtigung der transformierenden Aktivität – von Proteinen, RNA und Polysacchariden zu befreien und somit diese Aktivität in reiner Form zu isolieren.

Nach harter Arbeit erhielt McCarty schließlich einen Niederschlag aus weißen Fasern, das eine Färbeeigenschaft von DNA aufwies und ähnliche Eigenschaften wie die DNA zeigte, die ein anderes Mitglied des Rockefeller-Instituts, Alfred Mirsky, aus Kalbsthymus isoliert hatte. Nun folgte der alles entscheidende Versuch. Würde die transformierende Aktivität durch Deoxyribonuklease zerstört werden, durch das Enzym, das DNA spaltet? Niemand konnte dieses Enzym zur Verfügung stellen. McCarty mußte es mühsam aus der Darmschleimhaut von Hunden, aus Schweinenieren oder Kaninchenblut isolieren. Er stellte sicher, daß es weder Protein noch RNA noch Polysaccharide abbaute, aber es zerstörte tatsächlich die transformierende Aktivität, d.h. daß diese aus DNA bestehen mußte.[10] Avery und McCarty häuften nun einen Beweis nach dem anderen auf, um ihre Ergebnisse zu erhärten, aber ihre Erkenntnis war dermaßen revolutionär, daß Avery sich erst nach langer Zeit endlich zu einer Veröffentlichung entschloß. Der Bericht läßt keinerlei Zweifel offen, daß der transformierende Faktor aus DNA besteht, und zwar einzig und allein aus DNA.[11]

Erkannte Avery die volle Bedeutung seiner Entdeckung? Rollin Hotchkiss, der mit ihm am Rockefeller-Institut arbeitete, bezeugte, daß Avery „sich der Bedeutung von DNA transformierenden Wirkstoffen für die Genetik und für Infektionen wohl bewußt war". Der australische Virologe McFarlane Burnett besuchte Avery im Jahre 1943 und schrieb nach Hause an seine Frau, daß Avery „gerade eine unglaublich aufregende Entdeckung gemacht hatte, grob gesagt nichts geringeres als die Isolation eines reinen Gens in Form von DNA".[12] Es war eine revolutionäre Entdeckung, aber Avery war kein Revolutionär. Er war ein kleiner, schlanker, alleinstehender Junggeselle, der nur für seine Wissenschaft lebte, insbesondere für sein Lebensziel, Ursache und Heilmittel für virulente Lungenentzündungen zu finden. Er trug einen Zwicker, sprach in gewählten Worten, war immer vorsichtig mit öffentlichen Kundmachungen, ging nie auf Vortragstournee, schrieb keine Bücher und reiste nie. Er war niemals Mitautor wissenschaftlicher Artikel, an deren Ergebnissen er nicht aktiv mitgearbeitet hatte, reichte auf seine Entdeckung kein Patent ein und wurde niemals reich.

Aaron Levene, ein Chemiker am Rockefeller-Institut, hatte vorgeschlagen, daß alle DNA aus regelmäßigen Sequenzen der gleichen vier Nucleotide bestehen, weshalb sie keine Informationsträger sein könnten. Alfred Mirsky, der bereits jahrelang an der DNA arbeitete, ohne sich über deren Bedeutung bewußt zu sein, war sicher, daß die transformierende Aktivität von Proteinverunreinigungen in Averys DNA verursacht worden war. Noch 1947 erklärte Mirsky in Cold Spring Harbor: „In Anbetracht des gegenwärtigen Wissensstandes würde die Feststellung, daß das spezifische Agens bei der Transformierung von Bakterienarten DNA sei, über die experimentellen Fakten hinausgehen."[10] In Anbetracht der Tatsache, daß nur 3 Milliardstel Gramm DNA zur Transformierung der Kokken in der Hälfte der infizierten Röhrchen benötigt wurden, scheint die Idee, daß die Transformation auf Grund einer Proteinverunreinigung erfolgt sei, tatsächlich weit hergeholt. Vielleicht war diese ständige Verleumdungskampagne auch der Grund dafür, daß Avery, MacLeod und McCarty für eine der größten Entdeckungen des Jahrhunderts keinen Nobelpreis erhielten. Man muß aber der Londoner Royal Society zugute halten, daß sie Avery als Ehrenmitglied aufnahm und ihm ihre größte Auszeichnung, die Copley Medaille, verlieh. Präsident Sir Henry Dale sagte in seiner Ehrenrede: „Wir haben es hier eindeutig mit einer Veränderung zu tun, die, so auf höhere Organismen angewandt, eine genetische Variation bedeutet, die von einem Stoff verursacht wird, man ist versucht zu sagen, von einem in Lösung befindlichen Gen, das allem Anschein nach eine Nukleinsäure der deoxyribosen Art ist."[13]

Robert Olby beschließt seinen maßgebenden Bericht über die Geschichte des Transformationsfaktors mit den Worten: „Im Laufe der Zeit gewinnt die Arbeit von Avery, MacLeod und McCarty immer mehr Bedeutung, noch mehr als im Jahr 1953. Vielleicht war es die wichtigste Entdeckung auf dem Weg zur Doppelhelix."[12] Aber viele Jahre lange blieben die meisten noch immer skeptisch. Einige wurden überzeugt, als Hotchkiss[14] die Penizillinresistenz auf einen nichtresistenten Pneumokokkenstamm mittels DNA aus einem resistenten Stamm übertrug. Andere verloren ihre Zweifel, als Alfred Hershey und Martha Chase[15] bewiesen, daß bei einer Infektion von Kolibakterien mit einem Virus, einem sogenannten Phagen, nur die Phage-DNA und nicht das Phage-Protein in das Bakterium eindringt. Hinweise auf das Transformationsprinzip in mehreren Ausgaben von J. N. Davidsons Lehrbuch über Nukleinsäuren zeigen die noch über lange Zeit vorherrschende Skepsis. 1950 schrieb er:

> Wenn die aktive DNA tatsächlich frei von Proteinen ist, haben wir hier ein Beispiel einer spezifischen biologischen Eigenschaft, der Fähigkeit, die Synthese eines charakteristischen immunologischen Polysaccharids zu induzieren, das für eine Art DNA und keine andere typisch ist. Es ist dies nicht nur das erste gute Beispiel dafür, daß eine biologische Aktivität einer Nukleinsäure an sich zuzuschreiben ist, sondern es weist auch darauf hin, daß es wichtige Unterschiede zwischen einer Art von DNA zu einer anderen geben kann, die vielleicht nicht mit chemischen Mitteln zu entdecken sind.[16]

Und sogar noch im Jahre 1960, also sieben Jahre nach der Entdeckung der Doppelhelix durch Watson und Crick, schrieb er:

> Es scheint deshalb sinnvoll, die bakterielle Transformation dahingehend zu interpretieren, daß DNA offensichtlich das aktive Material des Gens ist ... Die Bestätigung dieser Hypothese durch Beweise hat sich als recht schwierig erwiesen.[17]

Worin diese Schwierigkeiten lagen, darüber gibt Davidson keine Auskunft.

Im September 1951 erschien eines Tages ein komischer Kauz mit Bürstenhaarschnitt und vorstehenden Augen an meiner Tür, grüßte kaum und fragte einfach: „Kann ich hier arbeiten?" Es war Jim Watson, der zu unserem kleinen Team stoßen wollte, dessen Leiter ich am Physiklabor in Cambridge, England, war, und das sich der Molekularbiologie verschrieben hatte.

Meine Kollegen waren John Kendrew, ein Chemiker wie ich selbst, und Francis Crick und Hugh Huxley, die beide Physiker waren. Wir dachten alle, daß die Natur des Lebens nur durch genaue Kenntnisse der Atomstruktur der lebenden Materie verstanden werden könne, und daß die Physik und die Chemie uns den Weg weisen würden, wenn wir ihn nur finden könnten.

In seinem Bestseller *The Double Helix* sieht sich Watson als Westerncowboy, der frech in unsere vornehmen Kreise eindringt, eine reine Karikatur. Watson hatte auf uns einen zündenden Einfluß, denn er brachte uns dazu, unsere Probleme genetisch zu betrachten. Er fragte nicht einfach, „Was ist die Atomstruktur der lebendigen Materie?", sondern hauptsächlich, „was ist die Struktur des Gens, das das Leben bestimmt?" Watsons Fragestellung fiel bei Crick auf fruchtbaren Boden, hatte er doch bereits begonnen, in ähnlicher Richtung Überlegungen anzustellen. Crick war 34 Jahre alt, ein mehr als reifer Dissertant auf Grund der durch den Krieg verlorenen Jahre. Watson war 22, ein Wunderkind aus Chicago, der mit 15 an die Universität kam und mit 20 bereits sein Doktorat für Genetik hatte.

Beide trugen eine souveräne Arroganz zur Schau, sie gaben sich als Intellektuelle, die selten ihresgleichen begegnet waren. Crick war groß, blond und penibel gekleidet, sprach in scharf akzentuiertem British English und unterbrach seine wohlüberlegten Sätze nur ab und zu durch Ausbrüche jovialen Gelächters, das durchs ganze Labor dröhnte. Watson gab sich partout als genaues Gegenteil und spazierte wie ein Landstreicher durch die Gegend, protzte damit, seine Schuhe ein ganzes Semester lang nicht geputzt zu haben (das war damals exzentrisch), ließ ab und zu mit leiser monotoner Stimme nasale Bemerkungen vernehmen, und verschluckte das Ende jedes Satzes mit einem Schnauben.

Daß sie Dummheit nicht ertragen konnten, wäre eine Untertreibung. Crick machte schneidende Bemerkungen über irrige Folgerungen, und Watson las bei langweiligen Seminaren demonstrativ die Zeitung. Watson hatte Crick auf die Spur der DNA-Struktur gebracht, aber trotzdem hatten sie so etwas wie ein Lehrer-und-Schüler-Verhältnis zueinander, denn es gab nur wenig, was Watson Crick lehren konnte, aber vieles, das Crick Watson lehren konnte. Crick hatte umfangreiche Kenntnisse auf dem Gebiet der schwersten aller Wissenschaften, der Physik, und ohne Physik wäre die Struktur der DNA niemals gelöst worden. Diese entscheidende Tatsache läßt Watson in *Double Helix* außer acht. Watson wiederum wußte intuitiv, welche Züge DNA haben müßte, um genetisch sinnvoll zu sein.

Manchmal gab es heftige Auseinandersetzungen, ob Gene aus zwei oder drei DNA-Ketten bestehen, die sich umeinander verschlingen. Watson wohnte bei einer ehemaligen Schauspielerin, die ein Mädchenpensionat führte. Eines Tages bemerkte sie, wie er ununterbrochen hin- und herlief und vor sich hin murmelte: „Es muß zwei geben ... es muß zwei geben ..." Sie meinte, es ginge um Herzensangelegenheiten. Aber wir wußten es besser. Er zog anhand genetischer Prinzipien den Schluß, daß es zwei DNA-Ketten geben müsse, und er hatte Recht.

Es scheint, daß Crick und Watson wie Leonardo dann am meisten bewerkstelligten, wenn sie am wenigsten zu arbeiten schienen. Sie vollbrachten ein riesiges Pensum harter Arbeit, studierten oft nächtelang im Verborgenen, aber man sah sie nur miteinander diskutieren und offensichtlich nichts arbeiten. Das war ihre Art, dieses Problem zu lösen, das nur mit einem gewaltigen Sprung an Phantasie, zusammen mit profundem Wissen, angegangen werden konnte. Die Phantasie steht sowohl bei künstlerischem als auch bei wissenschaftlichem Schaffen an erster Stelle. Aber in der Wissenschaft schaut uns die Natur immer über die Schulter, um Winston Churchill etwas verändert zu zitieren: „In der Wissenschaft braucht man nicht höflich zu sein, sondern nur recht zu haben." Er sagte das vom Krieg.

Anmerkungen und Literaturhinweise
Wie das Geheimnis des Lebens entdeckt wurde

[1] Crick F. 1988. *What mad pursuit.* Basic Books Inc., New York.

[2] Bernal J. D. und Crowfoot D. 1934. X-ray photographs of crystalline pepsin. *Nature* 133: 794-795.

[3] Haldane J. B. S. 1937. The biochemistry of the individual. In *Perspectives in biochemistry* (Herausgeber Needham J. und Green D. E.), pp. 1-10. Cambridge University Press, Cambridge.

[4] Hopkins F. G. 1949. Some aspects of biochemistry: the organising capacities of specific catalysts. Second Purser Memorial Lecture 1932. In *Hopkins and biochemistry* (Herausgeber Needham J. und Baldwin E.), pp. 226-242. W. Heffer, Cambridge.

[5] Jordan P. 1938. Zur Frage einer spezifischen Anziehung zwischen den Molekülen. *Phys. Z.* 39: 711-714.

[6] Pauling L. und Delbrück M. 1940. The nature of the intermolecular forces operative in biological systems. *Science* 92: 77-79.

[7] Avery O. T. und Heidelberger M. 1923. Immunological relationships of cell constituents of pneumococcus. *J. Exp. Med.* 38: 81-85.

[8] Griffith F. 1928. The significance of pneumococcal types. *J. Hyg.* (Cambridge, U.K.) 27: 113-159.

[9] Dubos R. 1976. *The professor, the institute and DNA.* Rockefeller University Press, New York.

[10] McCarty M. 1985. *The transforming principle.* Norton, New York.

[11] Avery O. T., MacLeod C. M. und McCarty M. 1944. Studies on the chemical nature of the substance inducing transformation of pneumococcal types. Induction of transformation by a desoxyribonucleic acid fraction isolated from pneumococcus type III. *J. Exp. Med.* 79: 137-158.

[12] Olby R. 1974. *The path to the double helix.* Macmillan, London..

[13] Dale H. 1946. Presidential address. *Proc. R. Soc. A.* 185: 127-243.

[14] Hotchkiss R. D. 1951. Transfer of penicillin resistance in pneumococci by the deoxyribonucleate derived from resistant cultures. *Cold Spring Harbor Symp. Quant. Biol.* 16: 457-460.

[15] Hershey A. D. und Chase M. 1952. Independent functions of viral protein and nucleic acid in growth of bacteriophage. *J. Gen. Physiol.* 36: 39-52.

[16] Davidson J. N. 1950 und 1953. *The biochemistry of the nucleic acids.* Methuen, London.

[17] Davidson J. N. 1960 und 1963. *The biochemistry of the nucleic acids.* Methuen, London.

Das zweite Geheimnis des Lebens

Why grasse is greene, or why our blood is red,
are mysteries which none have reach'd unto.
In this low forme, poore soule, what wilt thou doe?

(Warum das Gras grün, oder unser Blut rot ist,
sind Geheimnisse, die noch niemand gelöst hat.
So klein und unbedeutend, arme Seele, was willst du tun?)

John Donne, „Of the Progresse of the Soule"

Im Jahre 1937 wählte ich mir das Hämoglobin als das Protein, dessen Struktur ich lösen wollte, aber es stellte sich als bei weitem komplexer als alles zuvor gelösten heraus, und ich benötigte über 20 Jahre dazu. Der erste Erfolg kam 1959, als Ann F. Cullis, Hilary Muirhead, Michael G. Rossmann, Tony C. T. North und ich erstmalig die Architektur des Hämoglobinmoleküls in groben Zügen aufdecken konnten. Wir fühlten uns als Entdecker eines neuen Kontinents, aber es war noch lange nicht das Ende der Reise, denn unser viel bewundertes Modell konnte die Funktionen nicht erklären – es gab keinerlei Hinweis auf die molekularen Mechanismen des Atemtransports. Warum nicht? Wohlmeinende Kollegen waren rasch mit guten Ratschlägen zur Hand, daß unsere schwer erkämpfte Struktur nur ein Artefakt der Kristallisation war und sich von der Struktur des Hämoglobins in seiner natürlichen Umgebung, den roten Blutkörperchen, stark unterscheiden könnte.

Hämoglobin ist das lebenswichtige Protein, das Sauerstoff aus den Lungen in die Gewebe transportiert und den Rücktransport von Kohlendioxid aus den Geweben in die Lungen ermöglicht. Diese Funktionen und ihre raffinierten Mechanismen machen Hämoglobin zu einem der interessantesten Proteine. Wie alle Proteine, besteht es aus in Polypeptidketten verbundenen Aminosäuren. Es gibt 20 verschiedene Arten von Aminosäuren, und ihre Reihenfolge in der Kette ist genetisch bestimmt. Ein Hämoglobinmolekül besteht aus vier Polypeptidketten, zwei Alphaketten mit je 141 Aminosäurenresten und zwei Betaketten mit je 146 Resten. Die Alpha- und Betaketten haben verschiedene Reihenfolgen von Aminosäuren, falten sich aber zur gleichen dreidimensionalen Struktur. Jede Kette trägt ein Häm, das dem Blut die rote Farbe verleiht. Das Häm besteht aus einem Ring von Kohlenstoff-, Stickstoff- und Wasserstoffatomen, der Porphyrin genannt wird und in der Mitte, wie ein Juwel, ein Eisenatom hat. Eine einzelne Polypeptidkette, kombiniert mit einem einzelnen Häm, ist eine Untereinheit des Hämoglobins oder ein Monomer des Moleküls. In einem vollständigen Molekül sind vier Untereinheiten wie in einem dreidimensionalen Puzzle eng miteinander verbunden und bilden ein Tetramer.

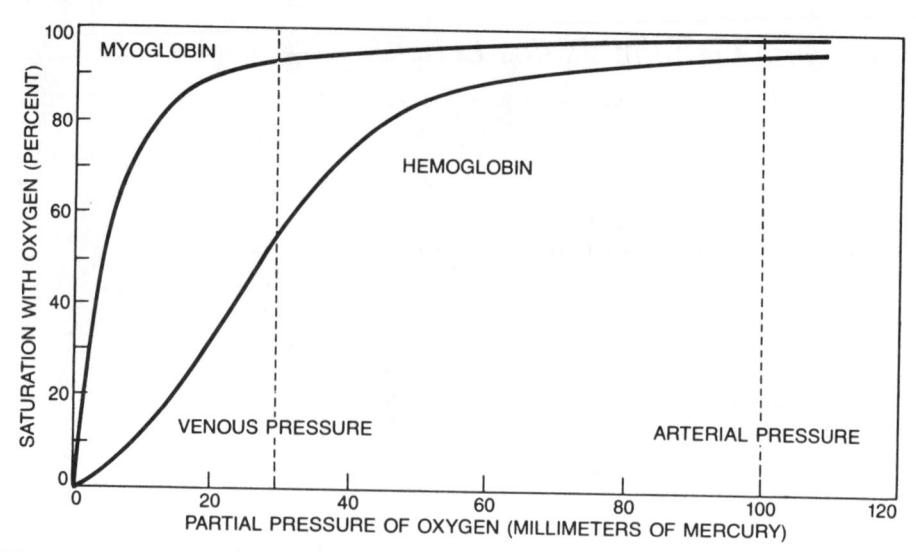

Abb. 1. Gleichgewichtskurven messen die Affinität von Sauerstoff zu Hämoglobin und dem einfacheren Myoglobin. Myoglobin, ein Muskelprotein, hat nur eine Hämgruppe und eine Polypeptidkette und ähnelt einer einzelnen Untereinheit des Hämoglobins. Die vertikale Achse gibt die Höhe der Sauerstoffbindung zu einem dieser Proteine an, ausgedrückt als Prozentsatz der gesamten zu bindenden Menge. Die horizontale Achse mißt den partiellen Sauerstoffdruck in einem Gasgemisch, mit dem die Lösung ein Gleichgewicht erreichen kann. Bei Myoglobin *(obere Kurve)* ist die Gleichgewichtskurve eine Hyperbel. Myoglobin absorbiert Sauerstoff leicht, aber ist bereits unter niedrigem Druck gesättigt. Die Hämoglobinkurve *(untere Kurve)* ist S-förmig: Zuerst nimmt das Hämoglobin wenig Sauerstoff auf, aber mit der Sauerstoffaufnahme steigt seine Affinität. Unter arteriellem Sauerstoffdruck sind beide Moleküle fast gesättigt, aber unter venösem Druck würde Myoglobin nur zirka 10 Prozent seines Sauerstoffs abgeben, während Hämoglobin zirka die Hälfte seines Sauerstoffs abgibt. Unter jedem partiellen Druck hat Myoglobin eine höhere Affinität als Hämoglobin, wodurch Sauerstoff vom Blut in die Muskeln transportiert werden kann.

Die Funktion des Hämoglobins

In den roten Muskeln gibt es ein weiteres Protein, das Myoglobin heißt und in Zustand und Struktur einer Beta-Untereinheit des Hämoglobins ähnelt, aber nur aus einer Polypeptidkette und einem Häm besteht. Myoglobin verbindet sich mit dem von den roten Blutkörperchen abgegebenen Sauerstoff, speichert ihn und transportiert ihn in die subzellulären Organellen namens Mitochondrien, wo der Sauerstoff durch die Verbrennung von Glukose zu Kohlendioxid und Wasser chemische Energie erzeugt. Myoglobin war das erste Protein, dessen dreidimensionale Struktur bestimmt wurde – die Struktur, die mein Kollege John C. Kendrew und seine Mitarbeiter lösten.

Myoglobin ist das einfachere der beiden Moleküle. Dieses Protein, mit seinen 2500 Kohlenstoff-, Stickstoff-, Sauerstoff-, Wasserstoff- und Schwefelatomen, existiert nur für den einzigen Zweck, sein einzelnes Eisenatom eine lose chemische Bindung mit einem Sauerstoffmolekül (O_2) eingehen zu lassen. Warum macht sich die Natur solche Mühe, um eine augenscheinlich so einfache Aufgabe zu erfüllen? Wie die meisten Eisenverbindungen, verbindet sich Häm alleine so stark mit Sauerstoff, daß seine Bindung mit einem Sauerstoffatom, sobald sie entstanden ist, nur

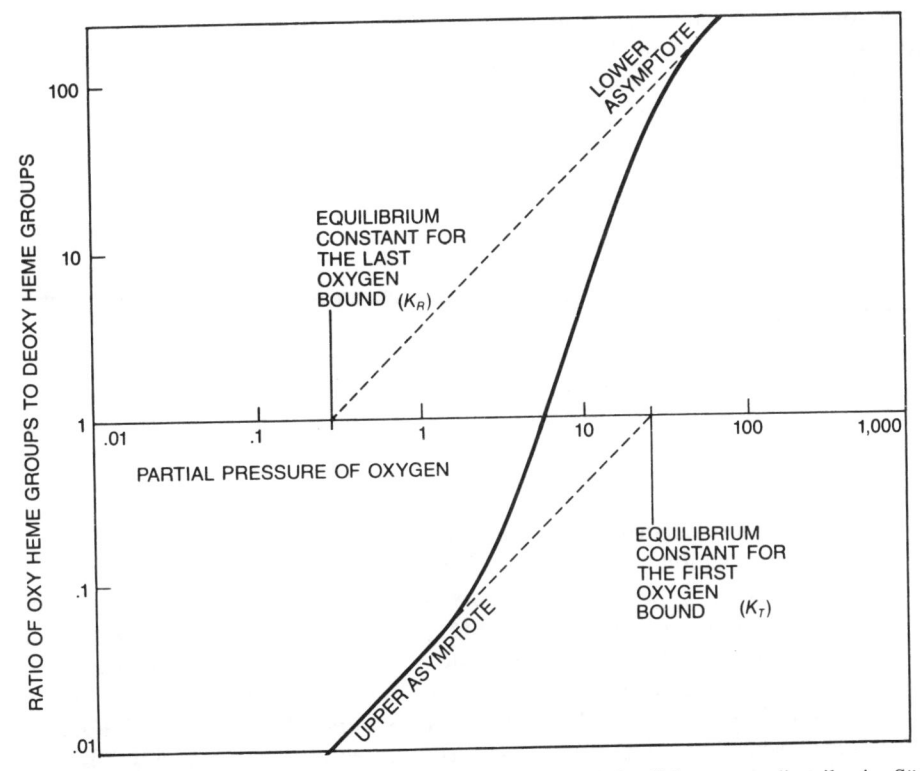

Abb. 2. Die S-förmige Sauerstoffgleichgewichtskurve erscheint deutlicher, wenn die teilweise Sättigung und der partielle Sauerstoffdruck an logarithmischen Maßstäben gemessen wird. Bei diesem Bild wird die Gleichgewichtskurve für Myoglobin zu einer geraden Linie in einem Winkel von 45 Grad zu den Achsen. Deren Schnittpunkte mit der horizontalen Linie auf Höhe gleicher Konzentration von Deoxyhämoglobin und Oxyhämoglobin zeigen die Gleichgewichtskonstanten für die ersten und letzten Sauerstoffmoleküle, die sich mit Hämoglobin verbinden. In der allosterischen Interpretation der Kurve sind das jeweils die Gleichgewichtskonstanten der R-Struktur (K_R) und der T-Struktur (K_T). Bei der gezeigten Kurve sind die beiden Konstanten jeweils 30 und 0,3 und zeigen, daß die Affinität für die letzte Sauerstoffbindung 100 mal so groß ist wie die Affinität für die erste. Dieses Verhältnis bestimmt die freie Energie der Interaktion zwischen Häm und Häm und ist ein Maß für den Einfluß, der durch die Kombination eines beliebigen der vier Häme mit Sauerstoff auf die Sauerstoffaffinität der übrigen Häme ausgeübt wird. Wenn der Anfang und das Ende dieser Kurve nicht genau gemessen werden können, zeigt die maximale Neigung der Kurve, bekannt als Hill-Koeffizient, den Grad der Häm-Häm-Interaktion an.

mehr schwer entzweit werden kann. Der Grund dafür liegt in der Fähigkeit des Eisenatoms, in zwei Stadien der Valenz zu existieren: zweiwertiges Eisen mit zwei positiven Ladungen, wie in Eisensulfat, das anämische Menschen zu sich nehmen sollen, und dreiwertiges Eisen mit drei positiven Ladungen, wie in Eisenoxid oder Rost. Normalerweise reagiert das zweiwertige Eisen mit Sauerstoff irreversibel zu dreiwertigem Häm, aber wenn das zweiwertige Häm in den Falten der Globinkette eingebettet ist, ist es so geschützt, daß seine Reaktion mit Sauerstoff reversibel ist.

Die Wirkung des Globins auf die Chemie des Häms ist mit der Entdeckung erklärt worden, daß die irreversible Oxidation des Häms mittels einer Zwischenverbindung vor sich geht, in der ein Sauerstoffmolekül eine Brücke zwischen den Eisenatomen und den beiden Hämen darstellt. Bei Myoglobin und Hämoglobin verhindern die Falten der Polypeptidkette die Bildung einer solchen Brücke, indem jedes Häm in einer eigenen Tasche isoliert wird. Zusätzlich ist das Eisen in dem Protein mit einem Stickstoffatom der Aminosäure Histidin verbunden, das negative Ladung überträgt, wodurch das Eisen mit dem Sauerstoff eine lose Bindung eingehen kann.

Eine sauerstofffreie Lösung von Myoglobin oder Hämoglobin ist purpurfarben wie venöses Blut, und sobald Sauerstoff durch solch eine Lösung blubbert, wird sie scharlachrot wie arterielles Blut. Wenn diese Proteine als Sauerstoffträger agieren sollen, dann muß Hämoglobin fähig sein, Sauerstoff aus den Lungen aufzunehmen, wo er ausreichend vorhanden ist, und ihn an das Myoglobin in den Kapillargefäßen der Muskeln abzugeben, wo davon weniger vorhanden ist: Myoglobin wiederum muß den Sauerstoff an die Mitochondrien weitergeben, wo davon noch weniger vorhanden ist.

Ein einfaches Experiment zeigt, daß Myoglobin und Hämoglobin diesen Austausch bewerkstelligen können, weil es ein Gleichgewicht zwischen freiem Sauerstoff und den im Hämeisen gebundenen Sauerstoff gibt. Wenn eine Lösung von Myoglobin in ein Gefäß gegeben wird, das so konstruiert ist, daß eine große Gasmenge damit gemischt werden kann, und daß seine Farbe dabei durch ein Spektroskop gemessen werden kann, dann wird ohne Sauerstoff nur die Purpurfarbe von Deoxymyoglobin beobachtet. Wird ein wenig Sauerstoff injiziert, verbindet sich etwas von diesem Sauerstoff mit etwas Deoxymyoglobin zu Oxymyoglobin, das scharlachrot ist. Das Spektroskop mißt das Verhältnis des Oxymyoglobins in der Lösung. Die Injektion von Sauerstoff und die spektroskopischen Messungen werden solange wiederholt, bis das ganze Myoglobin scharlachrot ist. Die Ergebnisse werden in einer Graphik dargestellt, mit dem partiellen Sauerstoffdruck an der horizontalen Achse und dem Prozentsatz von Oxymyoglobin an der vertikalen Achse. Die Graphik hat die Form einer rechteckigen Hyperbel – steil zu Beginn, wenn alle Myoglobinmoleküle frei sind, und flacher gegen Ende zu, wenn nur mehr so wenige Myoglobinmoleküle frei sind, daß nur ein hoher Sauerstoffdruck sie sättigen kann (Abb. 1).

Um dieses Gleichgewicht zu verstehen, muß man sich seine Dynamik vorstellen. Unter dem Einfluß von Hitze wirbeln die Moleküle in der Lösung und in dem Gas wild herum und stoßen ununterbrochen zusammen. Sauerstoffmoleküle treten ein und verlassen die Lösung, bilden Bindungen mit Myoglobinmolekülen und brechen wieder weg von ihnen. Die Zahl der Eisen-Sauerstoffbindungen, die in einer Sekunde brechen, ist proportional zur Zahl der Oxymyoglobinmoleküle. Die Zahl der Bindungen, die in einer Sekunde gebildet werden, ist proportional zur Häufigkeit der Zusammenstöße zwischen Myoglobin und Sauerstoff, die wiederum durch das Produkt aus ihren Konzentrationen bestimmt ist. Wenn mehr Sauerstoff dem Gas zugefügt wird, lösen sich mehr Sauerstoffmoleküle auf, kollidieren und binden sich mit Myoglobin. Das erhöht die Anzahl der vorhandenen Oxymyoglobinmoleküle und daher auch die Anzahl der Eisen-Sauerstoffbindungen, die brechen können, bis die Anzahl der Myoglobinmoleküle, die sich in einer Sekunde mit Sauerstoff verbindet, gleich hoch ist wie die Anzahl ihres pro Sekunde losgelösten Sauerstoffs. Wenn dies eintritt, entsteht ein chemisches Gleichgewicht.

Das Gleichgewicht wird am besten in einer Graphik dargestellt, in der der Logarithmus des Verhältnisses der Oxymyoglobinmoleküle (Y) zu Deoxymyoglobinmolekülen ($1-Y$) gegen den Logarithmus des partiellen Sauerstoffdrucks eingezeichnet wird. Die Hyperbel wird nun zu einer geraden Linie im Winkel von 45 Grad zu den Achsen. Der Schnittpunkt dieser Geraden mit der horizontalen Achse bei $Y/(1-Y) = 1$ ergibt die Gleichgewichtskonstante K. Das ist der partielle Sauerstoffdruck, bei dem genau die Hälfte der Myoglobinmoleküle Sauerstoff aufgenommen haben. Je größer die Affinität des Proteins für Sauerstoff, desto geringer ist der zur Erreichung der Halbsättigung erforderliche Druck und desto kleiner ist die Gleichgewichtskonstante. Die 45-Grad-Neigung bleibt unverändert, aber niedrigere Sauerstoffaffinität schiebt die Gerade nach rechts, und höhere Affinität schiebt sie nach links (Abb. 2).

Wird das gleiche Experiment mit Blut oder mit einer Hämoglobinlösung wiederholt, erhält man ein ganz anderes Ergebnis. Die Kurve steigt zuerst langsam an, wird dann steiler und schließlich wieder mit Annäherung an die Myoglobinkurve flach. Diese ungewöhnliche S-Form bedeutet, daß sauerstofffreie Moleküle (Deoxyhämoglobin) zuerst nur spärlich Sauerstoffmoleküle aufnehmen, aber daß ihr Appetit mit dem Essen zunimmt. Umgekehrt führt der Verlust von Sauerstoff durch einige Hämgruppen zu niedriger Sauerstoffaffinität der restlichen. Die Verteilung des Sauerstoffs unter den Hämoglobinmolekülen in einer Lösung folgt daher der biblischen Parabel von Reich und Arm: „Denn wer hat, dem wird gegeben, und er wird im Überfluß haben; wer aber nicht hat, dem wird auch noch weggenommen, was er hat." Dieses Phänomen läßt eine Art Kommunikation zwischen den Hämgruppen jedes Moleküls vermuten, die von Physiologen Häm-Häm-Wechselwirkung genannt wird.

In einer logarithmischen Darstellung beginnt die Gleichgewichtskurve mit einer geraden Linie im Winkel von 45° zu den Achsen, weil Sauerstoffmoleküle zuerst so spärlich vorhanden sind, daß nur ein Häm pro Hämoglobinmolekül die Chance hat, eines davon zu erhaschen, und alle Häme deshalb unabhängig voneinander reagieren, wie in Myoglobin. Fließt mehr Sauerstoff zu, beginnt eine Wechselwirkung zwischen den vier Hämen in jedem Molekül, und die Kurve wird steiler. Die Tangente zu ihrer steilsten Neigung bezeichnet man Hill-Koeffizient (n), nach dem Physiologen A. V. Hill, der erstmals eine mathematische Analyse des Sauerstoffgleichgewichts versuchte. Der normale Wert des Hill-Koeffizienten ist zirka 3; ohne Häm-Häm-Interaktion wird er zur Einheit. Die Kurve endet mit einer weiteren Geraden im Winkel von 45 Grad zu den Achsen, weil es nun so viel Sauerstoff gibt, daß wahrscheinlich nur mehr das letzte Häm jedes Moleküls frei davon ist, und alle Häme in der Lösung wiederum unabhängig voneinander reagieren (Abb. 2).

Kooperative Wirkungen

Der Hill-Koeffizient und die Sauerstoffaffinität von Hämoglobin sind von der Konzentration verschiedener chemischer Faktoren in den roten Blutkörperchen abhängig: Protonen (Wasserstoffatome ohne Elektronen, deren Konzentration als pH gemessen werden kann); Kohlendioxid (CO_2); Chlorid-Ionen (Cl^-); und eine Verbindung aus Glyzerinsäure und Phosphat, die 2,3-Diphosphoglycerat (2,3-DPG) genannt wird. Erhöht sich die Konzentration eines dieser Faktoren, wird die Sauerstoffgleichgewichtskurve nach rechts verschoben, in Richtung niedriger Sauerstoffaffinität, und die Kurve wird ausgeprägter S-förmig. Erhöhte Temperatur läßt die Kurve ebenfalls nach rechts wandern, aber macht sie weniger ausgeprägt S-förmig. Eigenartigerweise beeinflußt keiner dieser Faktoren, mit Ausnahme der Temperatur, die Sauerstoffgleichgewichtskurve von Myoglobin, obwohl Chemie und Struktur von Myoglobin eng mit jenen der einzelnen Ketten von Hämoglobin verwandt sind.

Was ist der Zweck dieser außergewöhnlichen Wirkungen? Warum genügt es den roten Blutkörperchen nicht, ein einfaches Transportprotein wie Myoglobin zu enthalten? Ein solcher Träger würde nicht genug Sauerstoffabgabe von den roten Blutkörperchen an das Gewebe gestatten, und genauso nicht genug Kohlendioxid zum Rücktransport durch das Blutplasma aufnehmen können. Der partielle Sauerstoffdruck in den Lungen ist zirka 100 Millimeter Quecksilbersäule, in jedem Fall ausreichend zur Sättigung von Hämoglobin mit Sauerstoff, egal, ob die Gleichgewichtskurve S-förmig oder eine Hyperbel ist. In venösem Blut beträgt der Druck zirka 35 Millimeter Quecksilbersäule; wäre die Kurve eine Hyperbel, würden weniger als 10 Prozent des transportierten Sauerstoffs bei diesem Druck freigegeben werden, sodaß ein Mensch auch bei normaler Atmung ersticken würde.

Je ausgeprägter die S-Form der Gleichgewichtskurve, desto größer ist der Sauerstoffanteil, der freigegeben werden kann. Mehrere Faktoren spielen zu diesem Zweck zusammen. Die Oxidation von Nährstoffen durch die Gewebe setzt Milchsäure und Kohlensäure frei; diese Säuren wiederum setzen Protonen frei, die die Kurve nach rechts verschieben, in Richtung niedriger Sauerstoffaffinität, und sie ausgeprägter S-förmig machen. Ein weiterer wichtiger Regulierungsfaktor der Sauerstoffaffinität ist DPG. Die Anzahl der DPG-Moleküle in den roten Blutkörperchen ist zirka die gleiche wie die Anzahl der Hämoglobinmoleküle, nämlich 280 Millionen, und bleibt zumeist während der Zirkulation konstant. Sauerstoffmangel verursacht jedoch die Erzeugung von mehr DPG, wodurch mehr Sauerstoff freigesetzt werden kann. Bei einer typischen S-förmigen Kurve kann fast die Hälfte des transportierten Sauerstoffs in den Geweben freigesetzt werden. Der menschliche Fötus besitzt ein Hämoglobin mit den gleichen Alpha-Ketten wie das Hämoglobin von Erwachsenen, aber andere Beta-Ketten, wodurch eine geringere Affinität zu DPG hervorgerufen wird. Dadurch erhält das Hämoglobin des Fötus eine höhere Sauerstoffaffinität und erleichtert den Sauerstofftransport vom Kreislauf der Mutter in den Kreislauf des Fötus.

Kohlenmonoxid (CO) verbindet sich mit dem Hämeisen an der gleichen Stelle wie Sauerstoff, aber es besitzt eine 150mal so große Affinität zu dieser Stelle; daher verdrängt Kohlenmonoxid den Sauerstoff und ist deshalb giftig. Bei starken Rauchern können bis zu 20 Prozent der Sauerstoffbindungsstellen mit Kohlenmonoxid blockiert sein, sodaß weniger Sauerstoff im Blut transportiert wird. Zusätzlich hat Kohlenmonoxid eine noch schwerwiegendere Wirkung. Die Verbindung von einem der vier Häme eines Hämoglobinmoleküls mit Kohlenmonoxid hebt die Sauerstoffaffinität der restlichen drei Häme durch die Häm-Häm-Wechselwirkung an. Die Sauerstoffgleichgewichtskurve verschiebt sich daher nach links, wodurch der Sauerstoffanteil, der in Gewebe freisetzt werden kann, herabgesetzt wird.

Wenn Protonen die Sauerstoffaffinität von Hämoglobin herabsetzen, so verlangt das Gesetz von Wirkung und Gegenwirkung, daß Sauerstoff die Affinität von Hämoglobin für Protonen herabsetzt. Die Freisetzung von Sauerstoff verursacht die Verbindung von Hämoglobin mit Protonen und umgekehrt; etwa zwei Protonen werden wieder freigesetzt, wenn vier Sauerstoffmoleküle aufgenommen werden. Diese gegenseitige Wirkung heißt Bohr-Effekt und ist der Schlüssel zum Mechanismus des Kohlendioxidtransportes (Abb. 3). Das von den atmenden Geweben freigesetzte Kohlendioxid ist nicht löslich genug, um eigenständig transportiert zu werden, kann aber in Verbindung mit Wasser ein Bikarbonat-Ion und ein Proton bilden und damit löslicher gemacht werden. Die chemische Reaktion ist folgende:

$$CO_2 + H_2O \leftrightarrow HCO_3^- + H^+$$

Ohne Hämoglobin würde diese Reaktion schon bald durch den Überschuß an produzierten Protonen gestoppt werden, wie ein Feuer, das bei zuwenig Zug ausgeht. Deoxyhämoglobin agiert als Puffer, nimmt Protonen auf und verlagert das Gleichgewicht in Richtung von löslichem Bikarbonat. In den Lungen findet der entgegensetzte Prozeß statt. Dort werden, sobald sich der Sauerstoff mit Hämoglobin verbindet, Protonen abgestoßen, dadurch wird das Kohlendioxid aus der Lösung entfernt und kann ausgeatmet werden. Die Reaktion zwischen Kohlendioxid und Wasser wird durch Kohlensäureanhydrase katalysiert, einem Enzym in den roten Zellen. Das Enzym beschleunigt die Reaktion bis zu einer Geschwindigkeit von etwa einer halben Million Molekülen pro Sekunde, eine der schnellsten bekannten biologischen Reaktionen.

Es gibt einen zweiten, weniger wichtigen, Mechanismus zum Transport von Kohlendioxid. Das Gas verbindet sich leichter mit Deoxyhämoglobin als mit Oxyhämoglobin, so daß es bei Freisetzung von Sauerstoff aufgenommen und bei

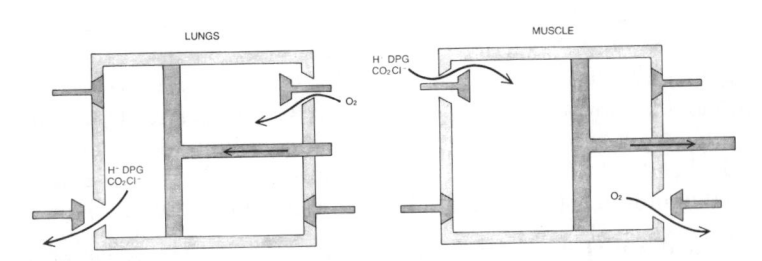

Abb. 3. Die Wechselwirkungsmaschine dient als Modell der kooperativen Wirkungen von Hämoglobin. Der Kolben wird durch die aus der Reaktion von Hämoglobin mit Sauerstoff (O_2) freigesetzten Energie nach rechts gedrückt und von den aus den atmenden Geweben freigesetzten Protonen (H^+) und Kohlendioxid (CO_2) nach links gedrückt. Diphosphoglycerat (DPG) und Chlorid-Ionen (Cl^-) sind Passagiere, die gemeinsam mit Protonen und Kohlendioxid mitgehen.

gebundenem Sauerstoff abgestoßen wird. Die beiden Mechanismen des Kohlendioxidtransports wirken entgegengesetzt. Für jedes mit Deoxyhämoglobin verbundene Kohlendioxidmolekül werden entweder ein oder zwei Protonen freigesetzt, die der Umwandlung anderer Kohlendioxidmoleküle zu Bikarbonat entgegenstehen. Positiv geladene Protonen, die in die rote Zelle eindringen, ziehen negativ geladene Chlorid-Ionen mit sich hinein, und diese Ionen werden ebenfalls eher durch Desoxyhämoglobin als durch Oxyhämoglobin gebunden. DPG wird in der roten Zelle selbst synthetisch erzeugt und kann nicht durch die Zellmembranen durchsickern. Es wird durch Deoxyhämoglobin stark, durch Oxyhämoglobin nur schwach gebunden.

Die Häm-Häm-Wechselwirkung und das Zusammenspiel zwischen Sauerstoff und den anderen vier Liganden werden gemeinsam die kooperative Wirkungen von Hämoglobin genannt. Ihre Entdeckung erfolgte Schritt für Schritt durch die Arbeit von Physiologen und Biochemikern, benötigte mehr als ein halbes Jahrhundert und führte zu vielen Kontroversen. 1938 machte Felix Haurowitz an der Karl-Universität in Prag eine weitere wichtige Beobachtung. Er entdeckte, daß Deoxyhämoglobin und Oxyhämoglobin verschiedene Kristalle bilden, als ob sie aus verschiedenen chemischen Stoffen bestünden, was darauf hinwies, daß Hämoglobin nicht ein Sauerstoffbehälter ist, sondern eine molekulare Lunge, denn es verändert seine Struktur mit jeder Sauerstoffaufnahme oder -freisetzung.

Die Theorie der Allosterie

Die Entdeckung einer Wechselwirkung zwischen den vier Hämen machte es offensichtlich, daß sie einander berühren, aber in der Wissenschaft ist etwas Offensichtliches nicht unbedingt wahr und richtig. Als die Struktur des Hämoglobins schließlich gelöst war, zeigte sich, daß die Häme in isolierten Taschen an der Oberfläche der Untereinheiten liegen (Abb. 4). Wie konnte eines von ihnen ohne Kontakt zu den anderen spüren, ob sich die anderen mit Sauerstoff verbunden hatten? Und wie konnte eine dermaßen heterogene Schar von chemischen Wirkstoffen wie Protonen, Chlorid-Ionen, Kohlendioxid und Diphosphoglycerat die Sauerstoffgleichgewichtskurve auf ähnliche Weise beeinflussen? Es erschien nicht plausibel, daß auch nur eines davon sich direkt mit den Hämen verbinden kann oder daß sie sich alle an einer anderen Stelle verbinden könnten, aber auch hier irrten wir, wie sich später herausstellte. Noch geheimnisvoller war die Tatsache, daß keiner dieser Wirkstoffe einen Einfluß auf das Sauerstoffgleichgewicht von Myoglobin oder isolierten Untereinheiten von Hämoglobin ausübte. Wir wissen jetzt, daß alle kooperativen Wirkungen verschwinden, sobald das Hämoglobinmolekül nur in die Hälfte geteilt wird, aber das hatte man übersehen. Wie Agatha Christie, hielt die Natur des Rätsels Lösung möglichst lange zurück, um die Spannung zu erhöhen.

Es gibt in der Wissenschaft zwei Wege aus einer Sackgasse: experimentieren oder nachdenken. Vielleicht auf Grund unseres Temperaments experimentierte ich, während Jacques Monod nachdachte. Am Ende fanden beide Wege zusammen.

Monod widmete sein wissenschaftliches Leben der Erforschung der regulierenden Mechanismen für das Wachstum von Bakterien. Der Schlüssel zu dieser

Abb. 4. Das Hämoglobinmolekül wird hier, abgeleitet von Röntgenstrukturanalysen, von oben (*oberes Bild*) und von der Seite (*unteres Bild*) betrachtet. Die Zeichnungen folgen dem Plastellinmodell, das der Autor gebaut hatte. Die unregelmäßigen Blöcke repräsentieren die Elektronendichtemuster auf verschiedenen Ebenen im Hämoglobinmolekül. Das Molekül besteht aus vier Untereinheiten: zwei identischen Alphaketten (*hellen Blöcke*) und zwei identischen Betaketten (*dunklen Blöcke*). Der Buchstabe *N* auf der oberen Abbildung zeigt die Aminoenden der beiden Alphaketten; der Buchstabe *C* zeigt die Karboxyl-Enden. Jede Kette umhüllt eine Hämgruppe (*Scheibe*), die eisenhältige Struktur, die Sauerstoff an das Molekül bindet.

Problemstellung lag in der Regulierung der Synthese und katalytischen Tätigkeit von Enzymen. Monod und François Jacob hatten entdeckt, daß die Aktivität bestimmter Enzyme durch Auf- und Abschalten ihrer Synthese durch Gene kontrolliert wird. Sie und andere fanden dann einen zweiten Regulierungsmechanismus, der offensichtlich die Schalter bei den Enzymen selbst darstellte.

1965 erkannten Monod und Jean-Pierre Changeux vom Pasteur-Institut in Paris, gemeinsam mit Jeffries Wyman von der Universität Rom, daß die Enzyme der letzteren Art bestimmte Eigenschaften hatten, die auch Hämoglobin besitzt. Sie alle bestehen aus mehreren Untereinheiten, so daß jedes Molekül mehrere Stellen mit derselben katalytischen Aktivität besitzt, so wie Hämoglobin mehrere sauerstoffbindende Häme besitzt, und sie alle zeigen ähnliche kooperative Wirkungen. Monod und seine Kollegen wußten, daß Deoxyhämoglobin und Oxyhämoglobin verschiedene Strukturen haben, was sie vermuten ließ, daß die Enzyme ebenfalls in zwei (oder zumindest in zwei) Strukturen existieren. Sie folgerten, daß sich diese Strukturen wahrscheinlich durch die Anordnung der Untereinheiten und durch die Anzahl und Stärke der Bindungen zwischen ihnen unterscheiden.

Gibt es nur zwei alternative Strukturen, würde die eine mit weniger und schwächeren Bindungen zwischen den Untereinheiten seine katalytische Aktivität (oder Sauerstoffaffinität) frei entwickeln können; diese Struktur wurde deshalb R

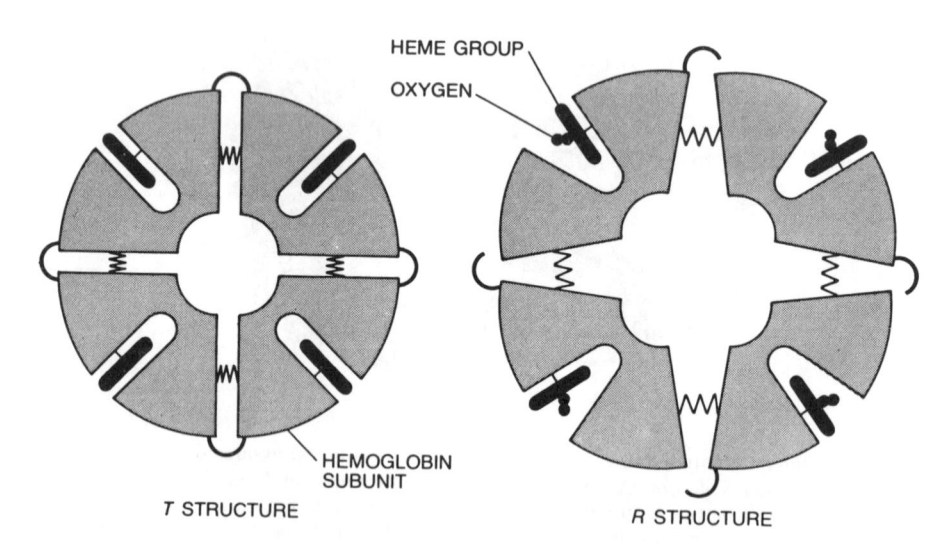

Abb. 5. Die allosterische Theorie erklärt die Häm-Häm-Wechselwirkung, ohne daß eine direkte Kommunikation zwischen den Hämgruppen erforderlich ist. Es wird angenommen, daß das Hämoglobinmolekül zwei alternative Strukturen besitzt, die T für „tense" – gespannt – und R für „relaxed" – entspannt – bezeichnet werden. In der T-Struktur sind die Untereinheiten des Moleküls gegen den Druck von Sprungfedern geklammert, und ihre engen Taschen verhindern den Eintritt von Sauerstoff. Bei der R-Struktur öffnen sich alle Klammern, und die Hämtaschen sind breit genug, um Sauerstoff leicht einzulassen. Die Aufnahme von Sauerstoff durch die T-Struktur übt auf die Klammern so lange Spannung aus, bis sie alle gemeinsam aufbrechen, und sich das Molekül in der R-Struktur entspannt. Sauerstoffverlust verengt die Hämtaschen, und die T-Struktur kann sich wieder bilden.

für „relaxed" – entspannt – bezeichnet. Die Aktivität würde in der Struktur mit mehr und stärkeren Bindungen zwischen den Untereinheiten gedämpft sein; diese wird daher T für „tense" – gespannt – bezeichnet (Abb. 5). Bei beiden Strukturen sollte die katalytische Aktivität (oder Sauerstoffaffinität) aller Untereinheiten in einem Molekül immer gleich bleiben. Anhand dieses Postulates der Symmetrie konnten die Eigenschaften von allosterischen Enzymen durch eine passende mathematische Theorie mit nur drei unabhängigen Variablen ausgedrückt werden: K_R und K_T, die bei Hämoglobin die Sauerstoffgleichgewichtskonstanten der R- und T-Strukturen bezeichnen; und L, das die Anzahl der Moleküle der T-Struktur dividiert durch deren Anzahl in der R-Struktur angibt, ein Verhältnis, das ohne Sauerstoff gemessen wird. Der Ausdruck Allosterie (von griechisch *allos*, „andere," und *stereos*, „fester Stoff") wurde geprägt, weil das regulierende Molekül, das die Aktivität des Enzyms auf- und abdreht, eine andere Struktur hat als das Molekül, dessen chemische Umsetzung vom Enzym katalysiert wird.

Diese geniale Theorie vereinfachte die Interpretation der kooperativen Wirkungen in hohem Maß. Die fortschreitende Zunahme an Sauerstoffaffinität, die mit der Parabel des Reichen und des Armen erläutert wurde, ist nicht die Folge einer direkten Wechselwirkung zwischen den Hämen, sondern vom Übergang aus der T-Struktur mit niedriger Affinität zur R-Struktur mit hoher Affinität. Diese Transformation sollte entweder stattfinden, wenn das zweite Sauerstoffmolekül gebunden wird, oder sobald das dritte gebunden wird. Chemische Wirkstoffe, die sich mit den Hämen nicht verbinden, könnten die Sauerstoffaffinität vermindern, indem sie das Gleichgewicht zwischen den beiden Strukturen in Richtung der T-Struktur beeinflussen, wodurch der Übergang zur R-Struktur, sagen wir, eher nach der Bindung von drei Sauerstoffmolekülen als nach der Bindung von zwei Sauerstoffmolekülen erfolgt. Laut allosterischer Theorie würden solche Wirkstoffe L, d.h. den Teil der Moleküle der T-Struktur, anheben, ohne die Gleichgewichtskonstanten K_T und K_R der beiden Strukturen zu verändern (Abb. 5).

Atomare Strukturen

Mein eigener Zugang zu dem Problem war auch von der Entdeckung von Haurowitz beeinflußt, daß Oxyhämoglobin und Deoxyhämoglobin verschiedene Strukturen haben. Mit der Zeit erkannte ich, daß wir die komplexen Funktionen des Hämoglobins nie würden erklären können, ohne die Strukturen beider Kristallformen bei einer so hohen Auflösung zu lösen, daß die Atomstruktur erkennbar wäre.

Im Jahre 1970, 33 Jahre nachdem ich meine ersten Röntgenstrukturanalysen von Hämoglobin aufgenommen hatte, war dieses Stadium schließlich erreicht. Milary Muirhead, Joyce M. Baldwin, Gwynne Goaman und ich machten eine Analyse der Elektronendichteverteilung, nicht bei Oxyhämoglobin, aber beim eng verwandten Methämoglobin des Pferdes, bei dem Eisen dreiwertig ist, und wo der Sauerstoff durch ein Wassermolekül ersetzt ist. William Bolton und ich machten eine Analyse vom Deoxyhämoglobin des Pferdes, und Muirhead und Jonathan Greer eine des menschlichen Deoxyhämoglobins. Diese Analysen dienten als Basis für die Konstruktion eines Atommodells, jedes ein Dschungel an Messingspeichen und

Stahlklammern, die von Stahlstäben getragen wurden, Gebäude so komplex wie Labyrinthe mit einem Durchmesser von mehr als einem Meter. Zuerst konnte man fast die Bäume vor lauter Wald nicht sehen.

Laut allosterischer Theorie stellte unser Methämoglobinmodell die *R*-Struktur dar und unsere beiden Deoxyhämoglobinmodelle die *T*-Struktur. Wir durchsuchten sie nach Hinweisen auf den allosterischen Mechanismus, konnten aber zuerst keine finden, weil die Struktur der Untereinheiten bei allen drei Modellen gleich war. Die Alphaketten hatten sieben und die Betaketten acht helixförmige Segmente, die von Ecken und nichthelixförmigen Segmenten unterbrochen wurden. Jede Kette hielt sein Häm in einer tiefen Tasche umschlossen, sodaß nur der Rand zu sehen war, wo zwei Propionsäureseitenketten des Porphyrins ins umgebende Wasser eintauchten (Abb. 6).

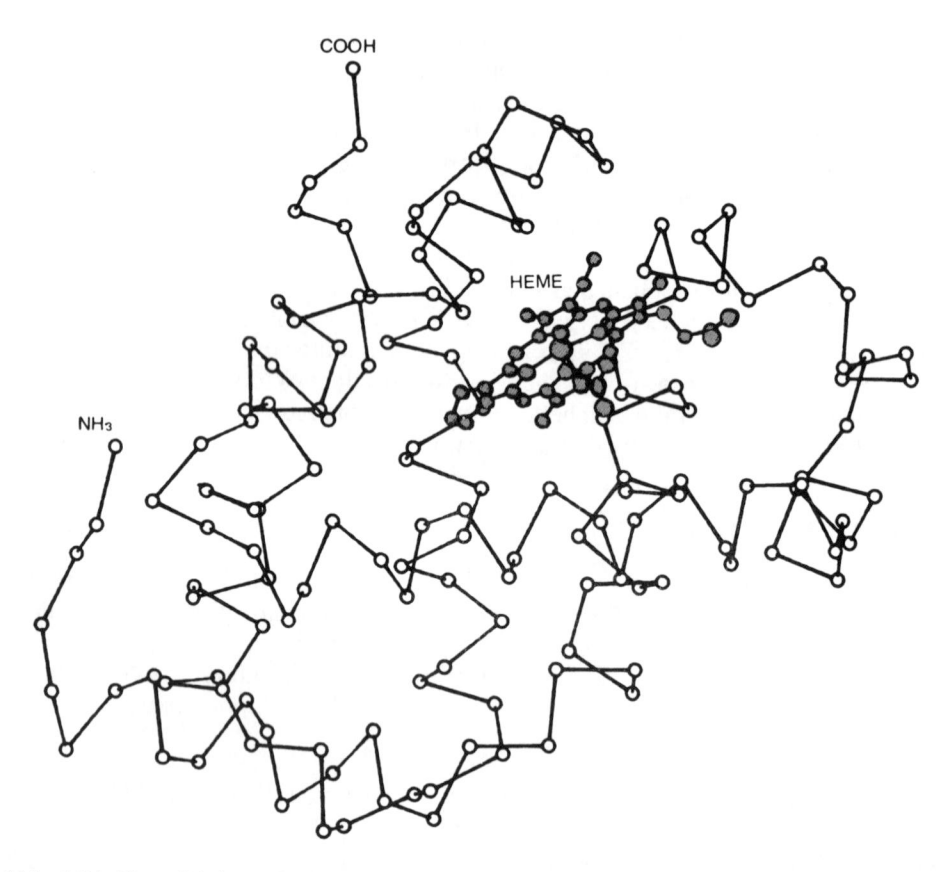

Abb. 6. Die Untereinheit von Hämoglobin besteht aus einer Hämgruppe (grau), die in einer Polypeptidkette eingebettet ist. Das Polypeptid ist eine lineare Sequenz von Aminosäurenresiduen, welche hier jedes als ein Punkt dargestellt wird und die Stellung des zentralen (Alpha-) Kohlenstoffatoms anzeigt. Die Kette beginnt mit einer Aminogruppe (NH_3^+) und endet mit einer Karboxylgruppe (COO^-). Das Polypeptid ist fast zur Gänze zu helixförmigen Segmenten gedreht, aber es gibt auch nichthelixförmige Segmente. Die Computergraphik einer Untereinheit des Pferdehämoglobins wurde von Feldmann und Porter erstellt.

Das Häm ist mit 16 Aminosäurenseitenketten aus sieben Segmenten der Kette in Kontakt. Die Seitenketten sind großteils Kohlenwasserstoffe; die beiden Ausnahmen sind zwei Histidine, die an jeder Seite des Häms liegen und eine wichtige Rolle bei der Bindung von Sauerstoff spielen. Die Seitenketten der Histidine enden in einem Imidazolring aus drei Kohlenstoffatomen, zwei Stickstoffatomen und vier oder fünf Wasserstoffatomen. Eines dieser Histidine, das proximale Histidin, bildet eine chemische Bindung mit dem Hämeisen (Abb. 7). Das andere, das distale Hi-

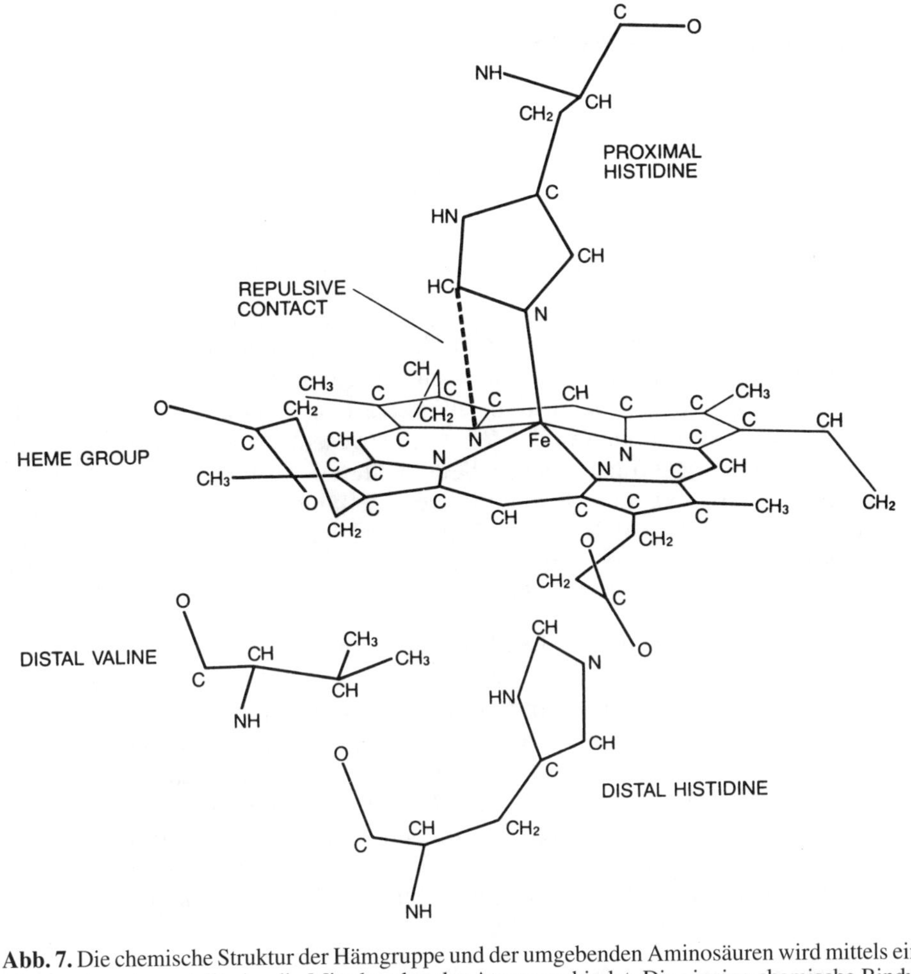

Abb. 7. Die chemische Struktur der Hämgruppe und der umgebenden Aminosäuren wird mittels eines Liniennetzes dargestellt, das die Mittelpunkte der Atome verbindet. Die einzige chemische Bindung zwischen dem Häm und dem Protein, die stattfindet, ist die Verbindung zwischen dem Eisenatom und der Aminosäure im oberen Bildteil und wird proximales Histidin genannt. Die beiden Aminosäuren im unteren Bildteil (das distale Histidin und das distale Valin) berühren das Häm, sind aber nicht daran gebunden. Das proximale Histidin ist der Hauptweg für die Kommunikation zwischen dem Häm und dem übrigen Molekül. Im gezeigten Deoxy-Stadium liegt das Eisen über dem Porphyrin und kann von der abstoßenden Kraft zwischen einer Ecke des proximalen Histidins und einem der Stickstoffatome des Porphyrins an der Rückkehr zu einer zentralen Position gehindert werden.

stidin, liegt auf der anderen Seite des Häms, ist mit diesem und mit dem gebundenen Sauerstoff in Kontakt, aber bildet mit keinem der beiden eine kovalente chemische Bindung. Neben diesen Histidinen sind die meisten dieser Seitenketten im Inneren der Untereinheiten, wie die Kohlenwasserstoffe nahe den Hämgruppen. Das Äußere des Hämoglobinmoleküls ist mit Seitenketten verschiedenster Art umgeben, hauptsächlich mit elektrisch geladenen und dipolaren. Daher ist jede Untereinheit innen wachsartig und außen seifig, wodurch sie in Wasser löslich, aber wasserundurchlässig ist.

Die vier Untereinheiten sind an den Scheitelpunkten eines Tetraeders um eine zweifache Symmetrieachse angeordnet. Da ein Tetraeder sechs Ecken hat, gibt es sechs Kontaktstellen zwischen den Untereinheiten. Durch die zweifache Symmetrie entstehen vier verschiedene Kontakte, die etwa ein Fünftel der Oberfläche der Untereinheiten einnehmen. Sechzig Prozent der Kontaktflächen gehören Alpha$_1$-Beta$_1$- und Alpha$_2$-Beta$_2$-Kontakten, jeder davon trägt etwa 35 Aminosäuren, die eng mit 17 bis 19 Wasserstoff-Brückenbindungen verbunden sind. Wasserstoff-Brücken entstehen zwischen Stickstoff (N)- und Sauerstoff (O)-Atomen durch ein zwischengeschaltetes Wasserstoffatom (H), zum Beispiel N-H...N, H-H...O, O-H...O oder O-H...N. Der Wasserstoff ist mit dem Atom an der linken Seite fest verbunden und nur leicht mit dem Atom auf der rechten Seite.

Durch die zahlreichen Wasserstoff-Brücken zwischen den Alpha$_1$-Beta$_1$- und Alpha$_2$-Beta$_2$-Untereinheiten sind diese so fest miteinander verbunden, daß ihr Kontakt bei Reaktion mit Sauerstoff kaum angegriffen wird, und sie sich im Übergang von der *T*-Struktur zur *R*-Struktur als starre Körper bewegen. Andererseits sieht der Alpha$_1$-Beta$_2$-Kontakt in der *R*-Struktur wesentlich anders aus als in der *T*-Struktur. Dieser Kontakt hat weniger Seitenketten als Alpha$_1$-Beta$_1$ und hat die Form eines Kippschalters mit zwei alternativen Stellungen, jede mit einer anderen Kombination an Wasserstoff-Brücken. Zuerst überlegten wir, ob diese Bindungen in der *T*-Struktur stärker und zahlreicher wären als in der *R*-Struktur, aber dies schien nicht der Fall zu sein (Abb. 8).

Wo waren dann die zusätzlichen Bindungen zwischen den Untereinheiten in der *T* Struktur, die die allosterische Theorie erforderte? Wir entdeckten sie an den Enden der Polypeptidketten. Bei der *T*-Struktur bildet die letzte Aminosäure jeder Kette zu den benachbarten Untereinheiten Salzbrücken (eine Bindung zwischen einem Stickstoffatom mit positiver Ladung und einem Sauerstoffatom mit negativer Ladung). In unseren Analysen der *R*-Struktur waren die letzten beiden Aminosäuren jeder Kette verwischt. Zuerst dachte ich, es sei ein Bildfehler, aber verbesserte Aufnahmen meiner Kollegen Elizabeth Heidner und Robert Ladner überzeugten uns, daß die letzten Resten unsichtbar bleiben, weil sie nicht mehr fixiert sind, sondern sich wie im Wind hin- und herbewegen.

Geometrisch betrachtet besteht der Übergang zwischen den beiden Strukturen aus einer Drehung zwischen dem Dimer Alpha$_1$-Beta$_1$ und dem Dimer Alpha$_2$-Beta$_2$. Joyce Baldwin zeigte, daß ein Dimer, wenn das andere festgehalten wird, eine Drehung von etwa 15 Grad um eine imaginäre Achse vollzieht und sich dabei entlang dieser Achse etwas verschiebt. Die Drehung entsteht durch kleinste Veränderungen in der internen Struktur der Untereinheiten, die mit der Bindung und Dissoziation von Sauerstoff einhergehen (Abb. 9).

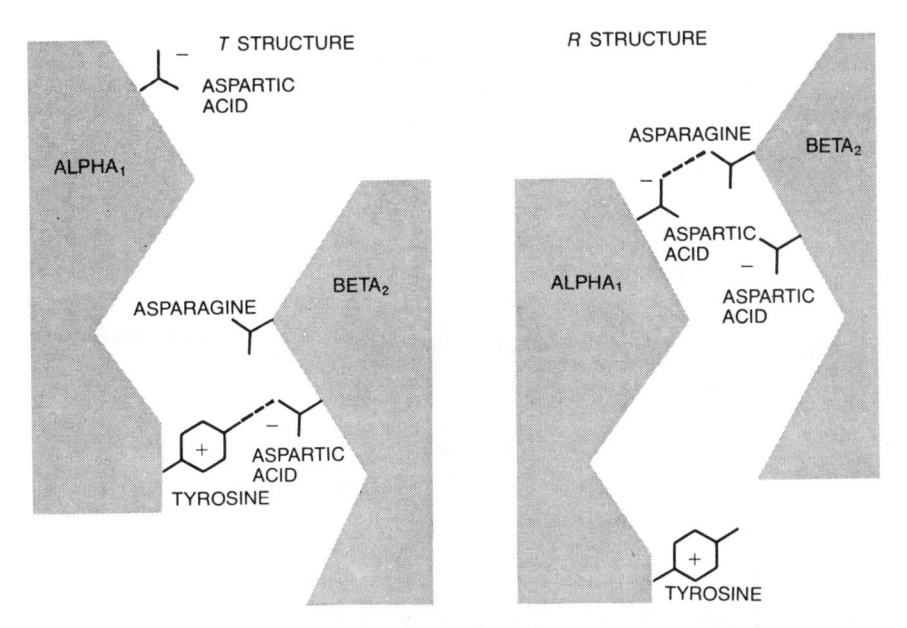

Abb. 8. Der Kontakt zwischen den beiden Dimeren hat zwei stabile Stellungen, eine für die T-Struktur und die andere für die R-Struktur. Beim Übergang zwischen diesen Strukturen schnappen die Dimere von einer Stellung in die andere. Sie werden von verschiedenen Wasserstoffbindungen stabilisiert, die sich zwischen den an den Kontakten der Dimeren angehängten Aminosäurenseitenketten bilden. Die beiden hier gezeigten Bindungen wurden erstmals in Kristallstrukturen entdeckt. 1975 bewiesen Leslie Fung und Chien Ho an der Universität Pittsburgh das Vorhandensein dieser Bindungen in Lösung. Dadurch war der Beweis erbracht, daß die beiden in Kristallen gefundenen Strukturen denen der roten Blutkörperchen gleichen.

Funktionen der Salzbrücken

Die Salzbrücken an den Enden der Polypeptidketten stellen eindeutig zusätzliche Bindungen zwischen den Untereinheiten in der T-Struktur her, wie Monod, Changeux und Wyman sie voraussagten. Sie erklären auch den Einfluß der verschiedenen chemischen Faktoren auf die Sauerstoffgleichgewichtskurve, der uns so rätselhaft erschienen war. Alle Wirkstoffe, die die Sauerstoffaffinität senken, tun dies entweder durch Stärkung existierender Salzbrücken in der T-Struktur oder durch Schaffung neuer Brücken (Abb. 10).

Die Salzbrücken erklären sowohl die Herabsetzung der Sauerstoffaffinität durch Protonen als auch die Aufnahme von Protonen bei Abgabe von Sauerstoff. Protonen erhöhen die Anzahl der Stickstoffatome mit positiver Ladung. Zum Beispiel kann der Imidazolring der Aminosäure Histidin in zwei Formen existieren, ohne Ladung, wenn nur eines seiner Stickstoffatome ein Proton trägt, und positiv geladen, wenn beide ein Proton besitzen. In neutraler Lösung ist jedes Histidin mit einer Wahrscheinlichkeit von 50 Prozent positiv geladen. Je saurer die Lösung, oder in anderen Worten, je höher die Konzentration von Protonen, desto größer ist die Chance einer positiven Ladung eines Histidins und der Bildung einer Salz-

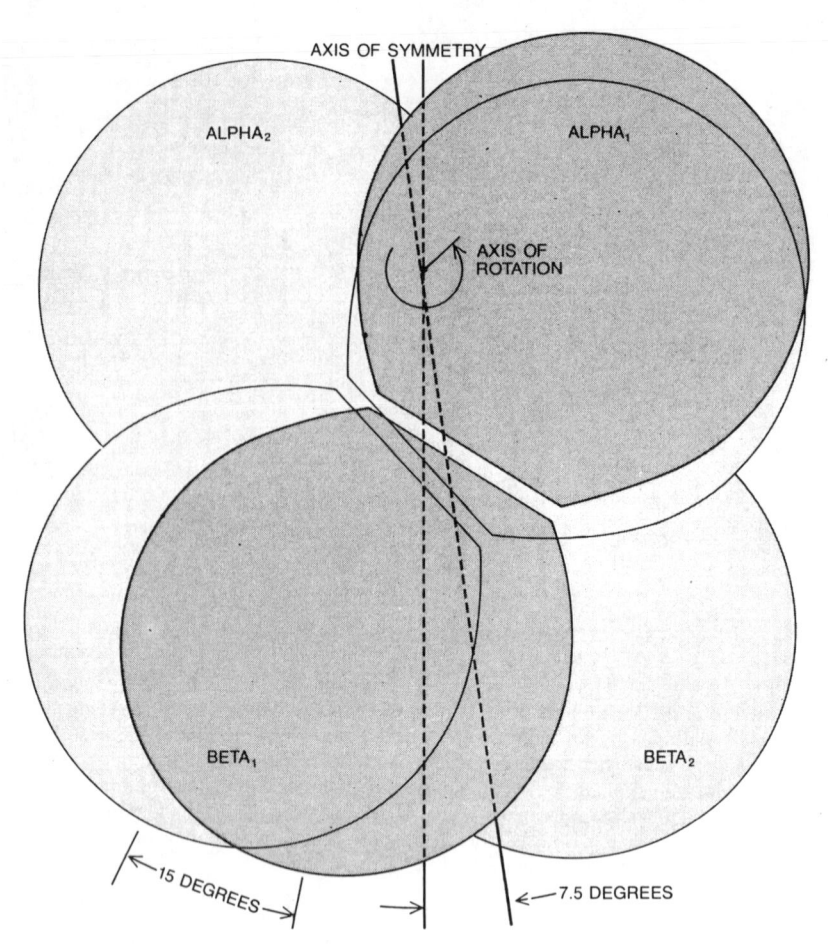

Abb. 9. Die Bewegung der Untereinheiten während des Übergangs von der *T*-Struktur zur *R*-Struktur besteht hauptsächlich in einer Rotation des einen Paares der Untereinheiten um das andere Paar. Jede Alphakette wird fest an eine Betakette gebunden, und die so gebildeten Dimere bewegen sich als starre Körper. Hält man ein Dimer fest, dreht sich das andere um 15 Grad um eine aus der Mitte verschobene Achse und verschiebt sich etwas entlang dieser Achse. Die zweifache Symmetrie der Moleküle bleibt gewahrt, aber die Symmetrieachse wird um 7,5 Grad gedreht. Die Graphik basiert auf einer Abbildung von Baldwin.

brücke mit einem Sauerstoffatom, das negativ geladen ist. Umgekehrt bringt der Übergang von der *R*-Struktur zur *T*-Struktur negativ geladene Sauerstoffatome in die Nähe eines ungeladenen Stickstoffatoms und verringert damit die zur positiven Ladung des Stickstoffatoms benötigte Arbeitsleistung. Folglich ist ein Histidin, das in der *R*-Struktur nur mit 50prozentiger Wahrscheinlichkeit positiv geladen ist, in der *T*-Struktur mit 90prozentiger Wahrscheinlichkeit positiv geladen, sodaß in der *T*-Struktur von Hämoglobin mehr Protonen aus der Lösung aufgenommen werden.

Hämoglobin besitzt noch eine weitere Art von Gruppen, die sich so verhalten: Es sind dies die Aminogruppen am Anfang der Polypeptidketten, aber ihre Stick-

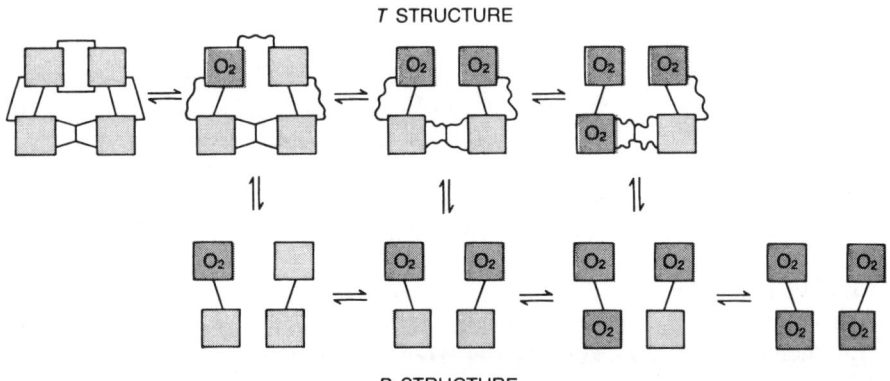

Abb. 10. Der Übergang von der *T*-Struktur zur *R*-Struktur. Bei diesem realistischeren Modell brechen die die Untereinheiten der *T*-Struktur verbindenden Salzbrücken um so eher auf, je mehr Sauerstoff zugeführt wird, und auch die noch nicht gebrochenen Salzbrücken werden geschwächt; dieser Prozeß ist mit gewellten Linien gekennzeichnet. Der Übergang von *T* auf *R* ist nicht von der Bindung einer bestimmten Anzahl von Sauerstoffmolekülen abhängig, sondern wird nur mit jeder weiteren Sauerstoffbindung wahrscheinlicher. Der tatsächliche Übergang zwischen den beiden Strukturen wird von mehreren Faktoren beeinflußt, darunter Protonen, Kohlendioxid, Chlorid und DPG. Je höher deren Konzentration, desto mehr Sauerstoff muß zur Auslösung des Übergangs gebunden werden. Voll gesättigte Moleküle in der *T*-Struktur und Moleküle vollkommen ohne Sauerstoff in der *R*-Struktur werden nicht gezeigt, da diese zu instabil sind, um in signifikanter Zahl aufzutreten.

stoffatome nehmen Protonen nur dann auf, wenn die Kohlendioxidkonzentration niedrig ist. Ist diese hoch, verlieren diese Stickstoffe leicht Protonen und können sich dann statt dessen mit Kohlendioxid zu einer Carbaminoverbindung verbinden. Die Physiologen F. J. W. Roughton und J. K. W. Ferguson schlugen im Jahre 1934 vor, daß dieser Mechanismus eine Rolle beim Transport von Kohlendioxid spielt, aber ihre Idee wurde skeptisch aufgenommen, bis sie 35 Jahre später von meinem Kollegen John Kilmartin, in Zusammenarbeit mit Luigi Rossi-Bernardi von der Universität Mailand, bestätigt wurde. Ich freute mich, daß Roughton, der ihr Experiment angeregt hatte, noch die Bestätigung seiner Ideen erleben konnte. Mein Kollege Arthur R. Arnone, der jetzt an der Universität von Iowa arbeitet, konnte dann beweisen, daß negativ geladene Carbaminogruppen in der *T*-Struktur mit positiv geladenen Globingruppen Salzbrücken bilden und daher stabiler sind als in der *R*-Struktur. Dieses Forschungsergebnis erklärt auch, warum Deoxyhämoglobin eine höhere Kohlendioxidaffinität besitzt als Oxyhämoglobin, und umgekehrt, warum Kohlendioxid die Sauerstoffaffinität von Hämoglobin verringert.

Der erstaunlichste Unterschied zwischen *T*- und *R*-Struktur besteht in der Breite des Zwischenraums zwischen den beiden Betaketten. Bei der *T*-Struktur stehen die beiden Ketten weit auseinander, und die Öffnung zwischen ihnen ist mit Aminosäuren positiver Ladung ausgefüllt. Diese Öffnung ist für das Molekül von 2,3-Diphosphoglycerat maßgeschneidert und kompensiert seine negative Ladung, sodaß mit der Bindung von DPG der *T*-Struktur eine weitere Anzahl Salzbrücken hinzugefügt wird. Bei der *R*-Struktur verengt sich der Zwischenraum, und DIPG muß herausfallen.

Der Auslöser

Wie bewirkt die Kombination des Hämeisens mit Sauerstoff das Umschalten von der *T*-Struktur auf die *R*-Struktur? Im Verhältnis zum Hämoglobinmolekül ist ein Sauerstoffmolekül wie ein Floh, durch dessen Biß der Elefant springt. Wie verhindert umgekehrt die *T*-Struktur die Aufnahme von Sauerstoff? Welcher Unterschied besteht zwischen diesen beiden Strukturen beim Häm, der eine mehrhundertfache Veränderung der Sauerstoffaffinität bewirkt? Beim Oxyhämoglobin ist das Hämeisen an sechs Atome gebunden: an vier Stickstoffatome des Porphyrins, die die beiden positiven Ladungen des zweiwertigen Eisens neutralisieren; an ein Stickstoffatom des proximalen Histidins, das das Häm an eines der helixförmigen Segmente der Polyptidkette bindet (Helix *F*); und an eines der beiden Atome des Sauerstoffmoleküls. Bei Deoxyhämoglobin bleibt die Stelle des Sauerstoffs frei, so daß das Eisen nur an fünf Atome gebunden ist (Abb. 7).

Ich fragte mich, ob die Hämtaschen in der *T*-Struktur schmäler sind als in der *R*-Struktur, so daß sie sich zur Aufnahme von Sauerstoff erweitern müßten. Diese Erweiterung könnte zum Brechen der Salzbrücken führen, so wie der einfache in Abbildung 5 dargestellte Mechanismus. Als das Atommodell des Pferdedeoxyhämoglobmins langsam Gestalt annahm, fanden Bolton und ich diese Idee gar nicht so widersinnig, weil in den Beta-Untereinheiten die Aminosäure Valin neben dem distalen Histidin genau den Platz blockierte, den der Sauerstoff einnehmen würde. Bei den Alpha-Untereinheiten war jedoch keine Blockade dieser Art vorhanden. Dann entdeckten wir die unerwarteten Stellungen der Eisenatome. Bei Methämoglobin der *R*-Struktur waren die Eisenatome nur wenig von der Porphyrinebene entfernt in Richtung des proximalen Histidins angeordnet, aber bei Deoxyhämoglobin (der *T*-Struktur) waren sie aus der Porphyrinebene herausgeschoben.

Jedes Eisenatom lag 0,55 (± 0,1) Å von der mittleren Ebene des Porphyrins ($1 \text{ Å} = 10^{-10}$ m). Das Stickstoffatom des proximalen Histidins, an das das Eisen gebunden ist, lag von dieser Ebene 2,7 (± 0,1) Å entfernt. Bei Oxyhämoglobin lag das Eisen innerhalb 0,1 und der Stickstoff des Histidins innerhalb 2,1 Å von der Porphyrinebene. Das bedeutete, daß der Stickstoff 0,6 Å näher an der Porphyrinebene lag als bei Deoxyhämoglobin. Dieser Stellungswechsel löst den Übergang der *T*-Struktur zur *R*-Struktur aus (Abb. 11).

Wie wird diese Bewegung zu den Kontaktstellen zwischen den Untereinheiten und den Salzbrücken weitergegeben? Genauso könnte man überlegen, wie eine Katze von einer Mauer herunterspringt, indem man ein Bild der Katze auf der Mauer und ein Bild der Katze am Boden miteinander vergleicht, denn unsere statischen Modelle von Deoxyhämoglobin und Methämoglobin zeigten nicht, was beim Übergang zwischen *T*- und *R*-Struktur tatsächlich passiert.

Wenn die Näherung des proximalen Histidins und des Eisens an das Porphyrin die Salzbrücken brechen, dann müßte die Herstellung dieser Brücken umgekehrt das Histidin und das Eisen vom Porphyrin wegbewegen. Das Sauerstoffmolekül auf der anderen Seite kann deshalb nicht folgen, weil es auf die vier Stickstoffatome des Porphyrins stößt, und daher wird die Eisen-Sauerstoffbindung solange gedehnt, bis sie schließlich aufschnappt.

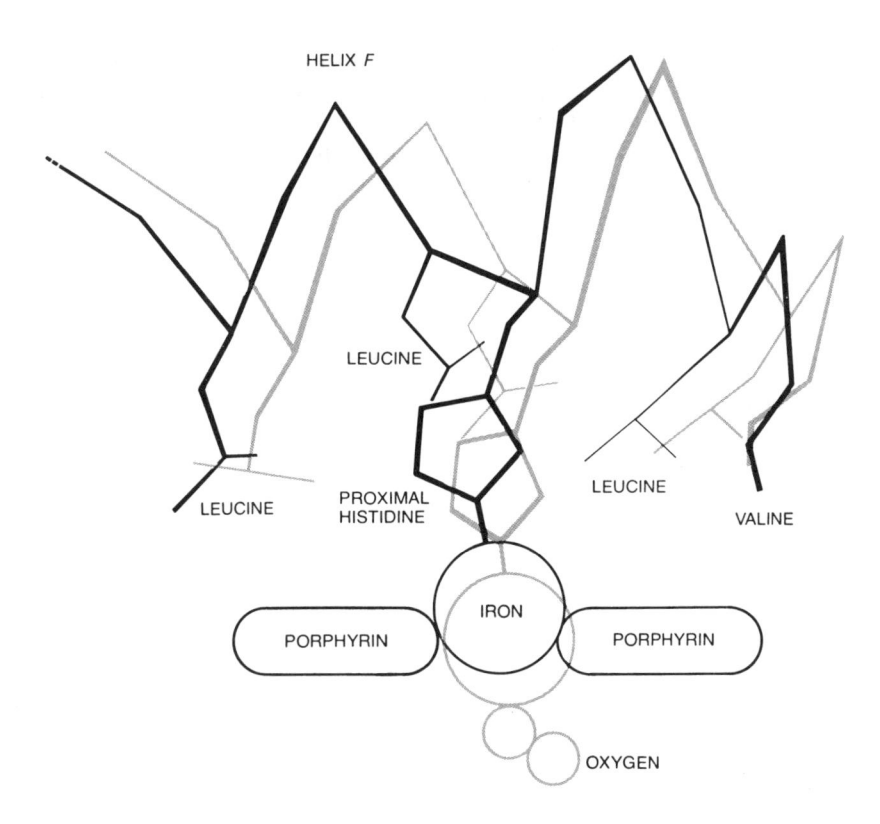

Abb. 11. Der den Übergang von *T*- nach *R*-Struktur auslösende Mechanismus ist eine Bewegung des Hämeisens zur Ebene des Porphyrinrings (1 Å = 10^{-10} Meter). Wenn sich das Molekül in die *R*-Struktur umschaltet *(graue Linien)*, bewegt sich das Eisen in die Ebene hinein und zieht dabei das proximale Histidin und Helix *F* mit sich. Sobald sich das Eisen in die Ebene hinunterbewegt hat, kann es leicht ein Sauerstoffmolekül binden. Beim umgekehrten Übergang (von *R* auf *T*) wird das Eisen aus der Ebene herausgezogen, und der Sauerstoff bleibt zurück, weil er auf die Stickstoffatome des Prophyrins stößt. Dadurch wird die Eisen-Sauerstoffbindung geschwächt und kann leicht brechen. Diese Bewegungen der Eisenatome werden zu den Kontaktstellen zwischen den Untereinheiten fortgepflanzt und fördern einen Übergang zwischen *T*- und *R*-Struktur (nach einer Zeichnung von John Cresswell, University College London).

Daß wir mit Hilfe der Atommodelle den molekularen Mechanismus des Atemtransports verstehen lernen könnten, erschien uns wie ein Traum. Aber war es richtig? Würde der Mechanismus der experimentellen Prüfung standhalten? Man sagt, daß Wissenschaftler nicht die Wahrheit verfolgen, sondern die Wahrheit sie verfolgt. Sie verfolgte mich 25 Jahre lang, bis Massimo Paoli, ein Dissertant an der Universität York, die Antwort entdeckte. Er tauchte Deoxyhämoglobinkristalle des Menschen in ein Medium ein, das sie so fest umschloß, daß die Moleküle auch dann die *T*-Struktur beibehielten, wenn sich alle Eisenatome mit Sauerstoff verbunden hatten. Zur Bindung mit Sauerstoff bewegten sich die Eisenatome in Richtung Porphyrinebene, aber die Spannung der *T*-Struktur hielt die Histidine zurück, so daß ein Teil der Bindungen zwischen Histidinen und Eisen gebrochen waren. Diese Spannung muß von den Salzbrücken kommen, weil der Bruch von Salzbrücken die Sauerstoffaffinität der *T*-Struktur erhöht.

Im Jahre 1937, als ich meine Röntgenarbeit mit Hämoglobin begann, hatte ich keine Ahnung, daß einer scheinbar so einfachen physiologischen Funktion ein dermaßen komplexer molekularer Mechanismus zugrunde liegt, und nicht im entferntesten konnte ich ahnen, daß meine Arbeit mich dazu führen würde, diesen zu enträtseln. Ich bin dankbar, daß ich die Bestätigung dieser Arbeit erleben durfte.

Wie W. L. Bragg die Röntgenstrukturanalyse erfand

Bragg erfand die Röntgenanalyse zur Bestimmung der Anordnung von Atomen in Kristallen, und er bestimmte die Atomstrukturen der Mineralien, aus denen die Erde hauptsächlich besteht. Diese Erfindung war für die Grundlagen der Chemie, Mineralogie und Metallurgie revolutionär.[1-4]

Ich lernte Bragg im Herbst 1938 in Cambridge kennen, als er gerade als Nachfolger von Rutherford zum Cavendish Professor für experimentelle Physik ernannt worden war. Eines Tages stürmte ich in sein Zimmer und verkündete stolz, „Ich wurde mit einer Ehre ausgezeichnet, mit der Sie nicht konkurrieren können; nach mir wurde ein Gletscher benannt". – „Ich habe eine, mit der *Sie* nicht konkurrieren können", gab Bragg zurück, „nach mir wurde ein Tintenfisch benannt." Er erzählte mir dann, daß er als Junge in Adelaide ein leidenschaftlicher Sammler war und eine neue Art fand, die seine älteren Freunde prompt *Sepia Braggi* genannt hatten.

Braggs Vater hatte in Cambridge Mathematik studiert und legte dort die mathematische Abschlußprüfung mit Auszeichnung als Bester seines Jahres ab. Aufgrund dieser Leistung wurde er im Alter von nur 23 Jahren an der neu gegründeten Universität Adelaide zum Professor für Mathematik und Physik ernannt, obwohl er Physik gar nicht studiert hatte. Auf der Überfahrt nach Adelaide las er das Buch *Electricity and Magnetism* von Deschanel und blieb bis 1909 in Adelaide. Dann kehrte er als Professor für Physik nach England an die Universität Leeds zurück.[5] Willie Bragg wurde im Jahre 1890 geboren; im Alter von 15 Jahren inskribierte er Mathematik an der Universität Adelaide und graduierte mit 18. Im folgenden Jahr begann er an der Universität Cambridge mit dem Studium von Mathematik und Physik. Eines Tages schrieb er an seinen Vater nach Leeds: „Lieber Vater, ich bin froh, daß Dir die Bemerkungen über Jeans gefallen haben. Ich erhielt eine Menge Hinweise von einem Dänen, der mich gesehen hat, als ich Jeans Fragen stellte. Er ist unglaublich gescheit und interessant, sein Name ist Böhr oder so ähnlich." Dies war der Beginn einer lebenslangen Freundschaft mit Niels Bohr. Bragg graduierte 1911 in Cambridge. In seiner Biographie vermerkt er: „Dann kam die Zeit der Forschung im Cavendish. Es war ein trauriger Ort. Es gab viel zu viele junge Forscher (etwa 40), die des guten Rufes wegen dorthin kamen, zu wenige Ideen für sie alle, um daran zu arbeiten, zu wenig Geld und zu wenig Geräte. Wir waren fast gänzlich auf uns allein gestellt, und die Mittel waren wirklich mager. Es gab ein paar ältere Leute, die sich selbst ihr kleines Reich mit guten Gerätschaften eingerichtet hatten, aber die meisten von uns mußten sich mit herzzerreißend wenig Mitteln zufrieden geben. J. J. Thomson gab sein bestes, um uns mit Ideen zu versorgen und uns zu leiten, aber wir waren viel zu viele, und er war der einzige Leiter der Forschung. C. T. R. Wilson (der Erfinder der Nebelkammer) arbeitete gern für sich allein, und kein anderer war an Forschung interessiert" (unveröffentlichte Memoiren).

Nach einem frustrierenden Jahr besuchte er im Sommerurlaub seine Familie an der Küste von Yorkshire. Sein Vater war ganz aufgeregt über einen eben in München erschienenen Artikel von Friedrich, Knipping und Laue. Sein Vater hatte Röntgenstrahlen als „winzige Energiebündel, kleinste Einheiten, die sich wie Parti-

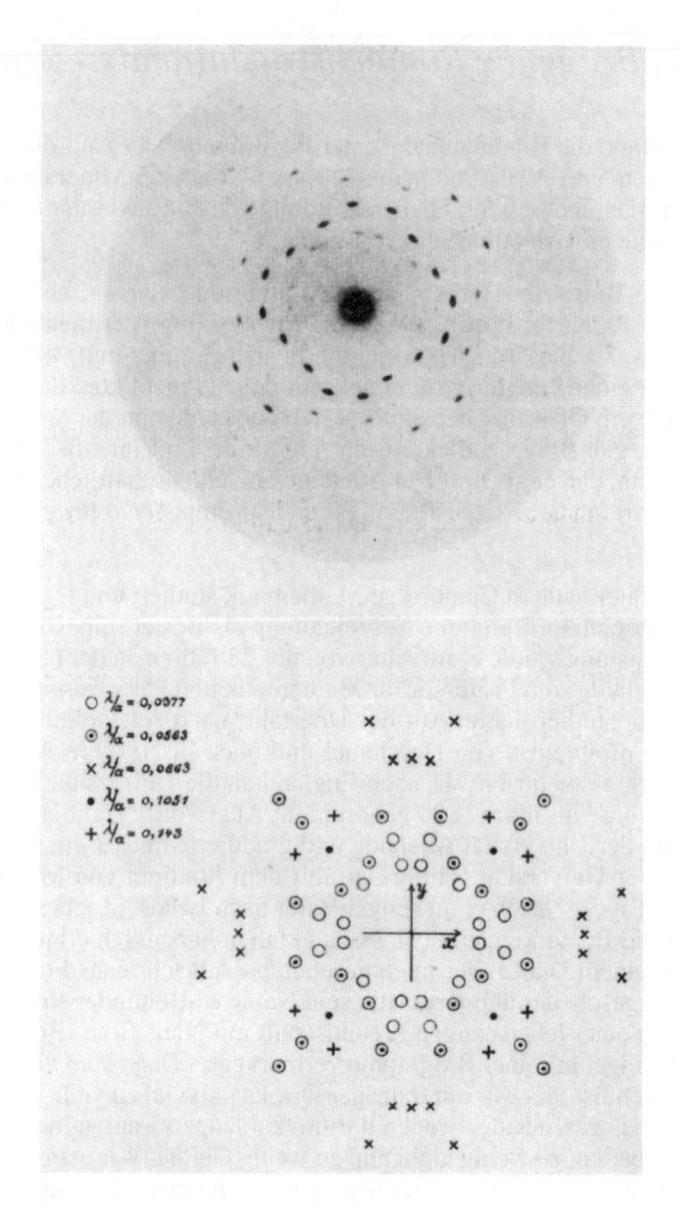

Abb. 1. Das Röntgenbeugungsbild von Friedrich, Knipping und Laue, aufgenommen mit dem Röntgenstrahl entlang der Würfelachsen, sowie die Zuordnungen von fünf verschiedenen Wellenlängen zu den einzelnen Punkten.

kel, aber mit Lichtgeschwindigkeit bewegen" bezeichnet. Im Gegensatz dazu glaubte Max von Laue, ein Physiktheoretiker an der Universität München, daß sie elektromagnetische Wellen wären. Es kam ihm in den Sinn, daß die Wellenlänge der Röntgenstrahlen von gleicher Größe wie der Abstand zwischen den Atomen in Kristallen sein könnte; in diesem Fall würden Kristalle als Beugungsgitter für Röntgenstrahlen dienen können. Friedrich und Knipping bewiesen diese Voraussage durch die Entdeckung der Röntgenbeugungsmuster, die Kristalle aus Kupfersulfat,

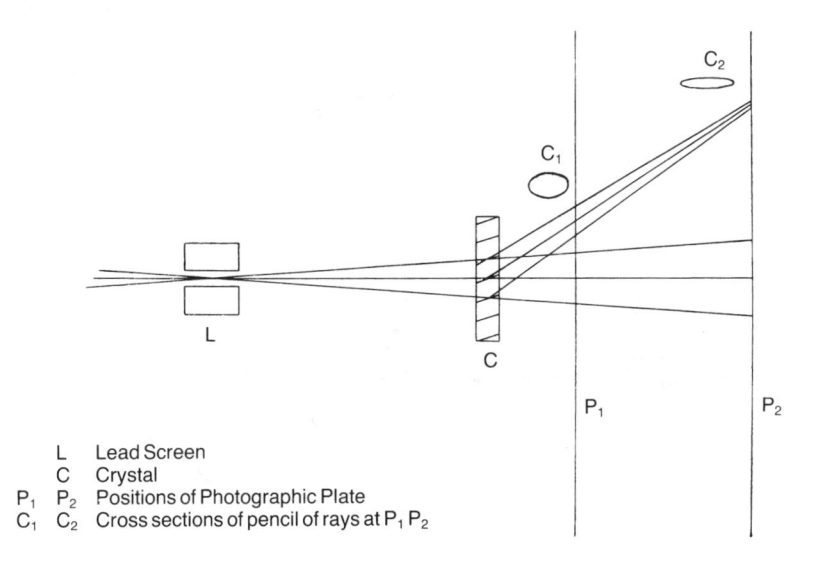

L	Lead Screen
C	Crystal
P_1 P_2	Positions of Photographic Plate
C_1 C_2	Cross sections of pencil of rays at P_1 P_2

Abb. 2. Veränderung der Form der Röntgenreflexe, sobald die Platte vom Kristall weiter entfernt positioniert wird. Reflexionen, die gefunden wurden, wenn die Platte nahe dem Kristall war, wurden bei weiterem Abstand der Platte horizontal auseinander gezogen. Bragg wies darauf hin, daß die Reflexion durch die Gitterebenen eines einfallenden Röntgenkegels ständig wechselnder Wellenlänge in vertikaler Richtung gebündelt, aber sich in horizontale Richtung ausbreiten würde.[7]

Zinkblende und anderen einfachen Verbindungen abgeben (Abb. 1).[6] Braggs Vater meinte, daß die Röntgenmuster der Deutschen nicht durch Beugung, sondern durch neutrale Partikel entstanden sein könnten, die durch verschiedene Kanäle ihrer Kristalle flossen. Nach seiner Rückkehr nach Cambridge grübelte der Sohn weiter über Laues Ergebnisse und war bald überzeugt, daß es sich um Ergebnisse der Beugung handeln mußte. Er schrieb an seinen Vater: „Ich habe gerade bereits nach ein paar Minuten Bestrahlung eine Serie herrlicher Reflexe der Strahlen von Glimmerplatten zustande gebracht! Riesige Freude" und unterschrieb mit „Dein Dich liebender Sohn, W. L. Bragg." Das waren noch höfliche Zeiten. Und der Vater schrieb: „Mein lieber Rutherford, mein Junge hat herrliche Röntgenreflexe von einem Blatt Glimmer so einfach erzeugt, wie man Licht spiegelt," aber in Cambridge hänselte man den Sohn, weil er die Partikeltheorie seines Vaters widerlegt hatte, indem er Röntgenstrahlen mittels Reflex von einem gebogenen Blatt Glimmer fokussiert hatte.

Laue hatte angenommen, daß die Atome in seinem Zinkblendekristall an den Ecken eines Würfels liegen. Er argumentierte, daß die von diesen Atomen gebeugten Röntgenstrahlen aus dem Kristall in die jeweilige Richtung austreten würden, wo Atome eine ganze Zahl von Wellenlängen auseinander liegen, so daß ihr Beitrag zur Beugung sich gegenseitig verstärkte. Laue selbst fand, daß etwas an dieser Interpretation falsch sein mußte, weil es zu viele Richtungen gab, wo sich die von den Zinkblendekristallen gebeugten Strahlen hätten verstärken sollen, wo aber keine Reflexe auftraten. Er versuchte das mit der Annahme zu erklären, daß die Röntgenstrahlen nur aus fünf verschiedenen Wellenlängen bestünden, die vom Kristallgitter gewählt wurden.[6]

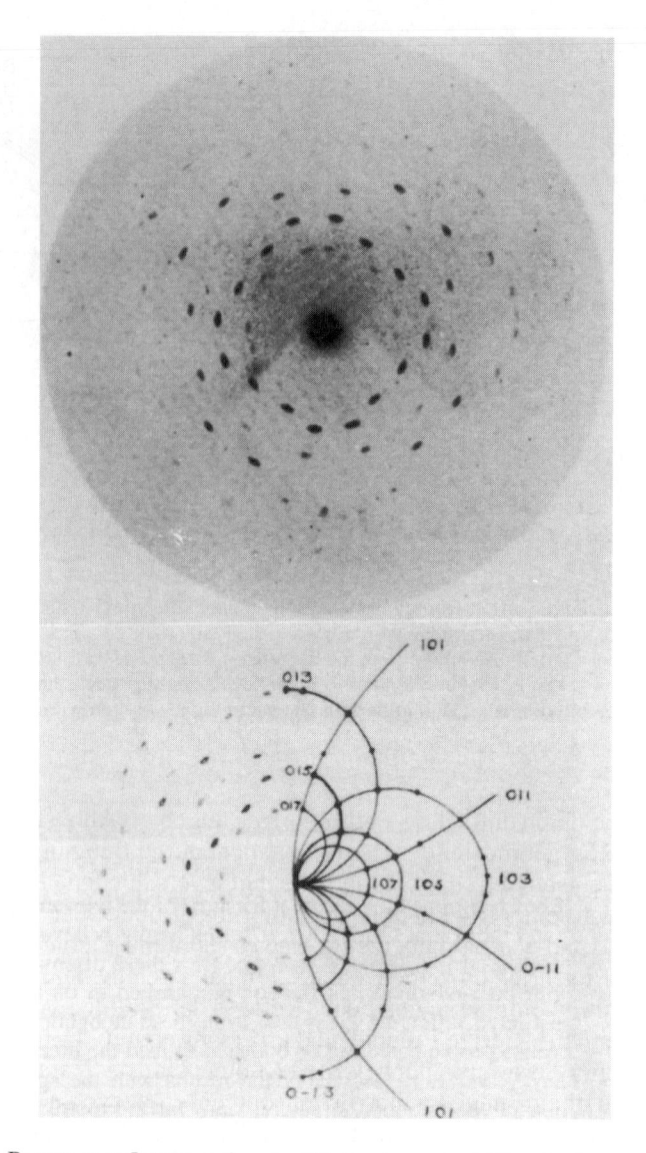

Abb. 3. W. L. Braggs neue Interpretation des Röntgenbeugungsbildes der Deutschen. Er indizierte die Reflexe durch Zuordnung der Zinkblende eines flächenzentrierten Würfelgitters und eines ununterbrochenen Spektrums an Röntgenstrahlen. Er zeigte, daß die Reflexe auf den Schnittpunkten der fotografischen Platte mit einer Reihe von Kegeln liegen, wobei jeder Kegel die Reflexionen von den zu einer Zonenachse parallelen Ebenen enthält.[7]

Am 11. November 1912, nur vier Monate nachdem er die Arbeit von Laue kennengelernt hatte, hielt Bragg vor der Cambridge Philosophical Society eine Vorlesung mit der korrekten Interpretation der Ergebnisse der Deutschen.[7] Er beschreibt seinen Erfolg als „interessantes Beispiel, wie offensichtlich unzusammenhängende Erkenntnisse sich zu etwas völlig Neuem zusammenfügen. J. J. Thomson hatte uns eine Vorlesung über die Impulstheorie von Röntgenstrahlen gehalten, die diese als elektromagnetische Impulse erklärt, die durch das plötzliche Anhalten von

Elektronen erzeugt werden. C. T. R. Wilson hatte in gewohnt brillanter Weise über die Äquivalenz eines gestaltlosen Impulses und kontinuierlicher „weißer" Strahlung gesprochen. Pope und Barlow hatten eine Theorie über Kristallstrukturen, und unsere kleine Gruppe hielt eine abendliche Diskussion, in der Gossling über diese Theorie sprach. Es war das erste Mal, daß ich mit der Idee, daß ein Kristall ein regelmäßiges Muster hätte, konfrontiert wurde. Ich kann mich genau an die Stelle in den Parkanlagen hinter den Colleges von Cambridge erinnern, wo mir plötzlich einfiel, daß Laues Flecken durch Reflexe von Röntgenimpulsen von Atomebenen im Kristall verursacht waren" (unveröffentlichte Memoiren).

Bragg bemerkte, daß Flecken, die rund waren, wenn seine fotografische Platte nahe am Kristall war, zu Ellipsen wurden, sobald die Platte weiter weg geschoben wurde. Es war ein brillanter Einfall, der Bragg erkennen ließ, daß ein solcher fokussierender Effekt nur dann auftreten würde, wenn die Röntgenstrahlen von aufeinanderfolgenden atomaren Ebenen reflektiert würden (Abb. 2), und er formulierte die von Laue aufgestellten Bedingungen der Beugung um. Diese Formulierung wurde später Bragg-Gesetz genannt und stellt eine direktere Beziehung zwischen der Kristallstruktur und seinem Beugungsmuster dar ($n\lambda = 2d \sin\theta$). Dann bemerkte er noch etwas: Die deutsche Gruppe hatte den Kristall um 3° aus seiner symmetrischen Position gekippt. Wenn die Röntgenstrahlen aus fünf verschiedenen Wellenlängen bestünden, wie Laue angenommen hatte, müßten die Flecken verschwunden sein, weil die Beugungsbedingungen für die Ebenen, von denen diese Wellenlängen reflektiert wurden, nicht länger richtig waren. Tatsächlich veränderten die gleichen Flecken ihre Lage um 6° und änderten auch ihre Intensität. Dies führte Bragg zur Erkenntnis, daß Gruppen von parallelen Ebenen aus einem ununterbrochenen Spektrum (oder Impuls, wie er es nannte) diejenigen Wellenlängen auswählten, die dem integralen Vielfachen der Wegdifferenz zwischen den Reflexen aufeinanderfolgender atomarer Ebenen entsprachen, so daß jeder Laue-Fleck aus mehreren Obertönen einer bestimmten Wellenlänge bestand. Schließlich konnte er beweisen, daß die Gegenwart von Reflexen mit gewissen Kombinationen von Indizes, und die Abwesenheit von anderen im Röntgenbeugungsmuster von Zinkblende, mit der Annahme erklärt werden konnte, daß es sich um ein flächenzentriertes Gitter und nicht ein primitives kubisches Gitter handelte. Mit dieser Annahme konnte das gesamte Beugungsmuster erklärt werden (Abb. 3).[7]

Warum gelang es diesem 22jährigen Studenten, die von einem 11 Jahre älteren anerkannten Theoretiker und zwei Experimentalphysikern errechneten und entdeckten Beugungsmuster richtig zu interpretieren? Bragg selbst nennt es bescheiden eine „Zusammenfügung glücklicher Umstände," aber wenn man seine eindrucksvolle Arbeit liest, erkennt man rasch, daß Bragg eine besondere Gabe hatte, komplexe physikalische Vorgänge zu durchschauen und das wesentlich Einfache in ihnen zu sehen.

Kurz nach seinem ersten Artikel veröffentliche Bragg einen weiteren, in Zusammenarbeit mit seinem Vater. Dieser behandelte das von ihnen neu entwickelte Röntgenspektrometer. Eine dritte Arbeit, die er allein schrieb, löste die Struktur des Kochsalzes und zeigte, wie Laues Röntgenbilder mehrerer einfacher Minerale indizieren konnten. Weiters folgt die Struktur des Diamanten, die, wie er sagt, in erster

Linie von seinem Vater gelöst wurde, sowie die Strukturen von Flußspat, Zinkblende, Eisenkies, Kalkstein und Dolomit, die er allein löste. Schließlich veröffentlichte er am 16. Juli 1914 eine Arbeit über die Struktur metallischen Kupfers.[8-11]

Angesichts dieser Veröffentlichungen und der Tatsache, daß sich in dieser Zeit der Vater in Leeds und der Sohn in Cambridge aufhielt, erscheint es fast unglaublich, daß die wissenschaftliche Öffentlichkeit diese Entdeckungen zumeist dem Vater zuschrieb, oft sogar mit dem Unterton, daß der Sohn sich mit den Lorbeeren des Vaters schmückte. Der Sohn hat unter diesen gedankenlosen und faulen Urteilen sehr gelitten. Faul deshalb, weil sich die Leute nicht die Mühe machten, die Literatur zu lesen.

Viele Jahre später schrieb Bragg: „Offensichtlich waren die Ergebnisse mit Hilfe des Spektrometers, speziell die Lösung der Diamantenstruktur, spektakulärer und leichter verständlich als meine umfangreiche Analyse der Fotografien von Laue, und so war es mein Vater, der die neuen Ergebnisse bei der British Association und bei der Solvay-Konferenz ankündigte und im ganzen Land und in Amerika Vorträge hielt, während ich daheim blieb." Andrade schrieb: „Seine Zuhörer waren von Sir William Bragg immer sehr angetan, wenn er mit einem liebevollen Unterton in der Stimme in seinen Vorträgen eine Gelegenheit hatte, die eine oder andere Arbeit 'meines Jungen' zu erwähnen."[12] Aber „der Junge" reagierte auf diese Art der Bevormundung anders: „Mein Vater hat meinen Beitrag immer voll anerkannt, aber ich litt dennoch."

So haben ihre großen Entdeckungen, die ihnen schließlich den Nobelpreis für Physik im Jahre 1915 brachten, Zeit ihres Lebens ihr Verhältnis zueinander getrübt. In seinen vielen Vorträgen über die Entwicklung der Röntgenanalyse definierte W. L. Bragg immer gerne ganz genau, welche Rolle er und welche sein Vater dabei gespielt hatte, aber er spielte nie auf dieses angespannte Verhältnis an; erst ein paar Tage vor seinem Tod schrieb er mir: „Ich hoffe, daß es viele Dinge gibt, die Ihr Sohn besonders gut kann, von denen Sie selbst keine Ahnung haben, denn das ist die beste Grundlage für ein gutes Verhältnis zwischen Vater und Sohn."

Bei den meisten von Vater und Sohn Bragg dargestellten Strukturen von Elementen oder einfachen Verbindungen hatte die Kristallsymmetrie mögliche atomare Anordnungen sehr eingeengt, so daß nur wenige atomare Parameter offen blieben. Zum Beispiel wurde so die Struktur des Diamanten bestimmt, wie sie 1913 in *Proceedings of the Royal Society* von „Professor W. H. und Herrn W. L. Bragg" veröffentlicht wurde. Die Kristalle waren kubisch. Da auf den Laue-Diagrammen gewisse Reflexe anwesend und andere abwesend waren, mußten die Kohlenstoffatome auf flächenzentrierten Würfeln liegen. Die Länge der Würfelkanten konnten aus den Streuwinkeln der Reflexe berechnet werden. Das ergab das Volumen der Würfel. Das mit der Dichte multiplizierte Volumen ließ folgern, daß der Würfel acht Kohlenstoffatome enthielt und nicht vier. Davon müßten je vier die Ecken und Flächenzentren eines Würfels besetzen. Wie weit waren die Viergergruppen voneinander weg? Das war die einzige Unbekannte. Die beiden Braggs zeigten, daß dieser Parameter einfach aus den Reflexen folgte, die durch Interferenz ausgelöscht, und jenen, die verstärkt wurden.

Die Strukturanalyse von Mineralien, die mehrere Atome verschiedener Art enthielten, stellte fordernde neue Probleme, die sich nicht einfach durch Beobachtung anwesender und abwesender Reflexe lösen ließen. Bragg beschrieb seine genialen neuen Methoden zur Lösung solcher Strukturen in einem zukunftsweisenden Artikel, „A Technique for the X-ray Examination of Crystal Structures with Many Parameters," den er gemeinsam mit J. West in der *Zeitschrift für Kristallographie* im Jahre 1928 veröffentlichte; in einem weiteren Artikel schrieb er über die Anwendung dieser Methoden an Diopsid.[13, 14]

In den 20er und 30er Jahren nahmen die meisten Kristallographen Röntgenbeugungsmuster fotografisch auf und konnten daraus die *relative* Intensität der Röntgenreflexe ersehen. Sie waren mit qualitativen Daten zufrieden, aber Bragg begann seine Forschungsarbeiten nach dem Krieg in Manchester gemeinsam mit R. W. James und C. H. Bosanquet mit der Einführung quantitativer Messungen. Er verwendete ein Röntgenspektrometer, den Vorgänger des heutigen Diffraktometers, um die *absolute* Intensität von Röntgenreflexen zu messen, d.h. den genauen Bruchteil der vom Kristall gebeugten einfallenden Intensität. Dadurch erhielt er wesentlich sinnvollere Daten zur Lösung der Strukturen und zur Überprüfung des Ergebnisses als jene, die von den meisten anderen auf diesem Gebiet tätigen Wissenschaftlern verwendet wurden.

Diopsid ist ein Silikatmineral, von dem man annahm, daß es Moleküle von $CaSiO_3$ und $MgSiO_3$ enthielt. 1928 hielt man die Lösung seiner Struktur für eine besondere Pionierleistung, denn man mußte dafür 14 unabhängige Parameter bestimmen. Zum Vergleich hatte die Struktur des photochemischen Reaktionszentrums von H. Michel, J. Deisenhofer und R. Huber, die dafür 1988 gemeinsam den Nobelpreis erhielten, 36.000 atomare Parameter.

Diopsidkristalle sind monoklin und haben eine flächenzentrierte Elementarzelle. So nennen Kristallographen die kleinste Gruppierung eines atomaren Musters, das sich in alle Richtungen wiederholt. Bei Diopsid besteht diese Zelle aus vier Molekülen $CaMg(SiO_3)_2$. Die Kristallsymmetrie begrenzt die Kalzium- und Magnesiumatome auf vier mögliche Stellungen, gibt aber nicht an, welche die richtige ist; für die Lage der Silizium- und Sauerstoffatome gibt es keinen Anhaltspunkt.

Wie nun die Siliziumatome zu finden sind, kann anhand des Reflexes 804 erläutert werden, der zu schwach ist, um sichtbar zu sein (Abb. 4). Ein Beitrag von +47 Elektronen kommt von den vier Ca- und Mg-Atomen, ein weiterer von +44 bis −44 von den acht Siliziumatomen, sowie von +41 bis −41 von 24 Sauerstoffatomen. Der Beitrag des Sauerstoffs ist innerhalb dieser Grenzen unbekannt. Die Siliziumatome können keinen positiven Beitrag zu F(804) leisten, da es in diesem Fall, auch wenn ein negativer Beitrag aller Sauerstoffatome angenommen wird, zu einem positiven Beitrag kommen müßte, der sichtbar wäre. Andererseits kann ein negativer Beitrag einer beliebigen Anzahl Siliziumatome angenommen werden. Die Ebenen (804) werden nun gezeichnet, und wo sich Atome mit positiven Beiträgen befinden könnten, werden parallele Streifen schattiert dargestellt. In diesen Feldern können sich keine Siliziumatome befinden. Bragg wiederholte diesen Vorgang für viele Reflexe, bis er die Stellungen des Siliziums auf vier mögliche Stellen eingrenzen

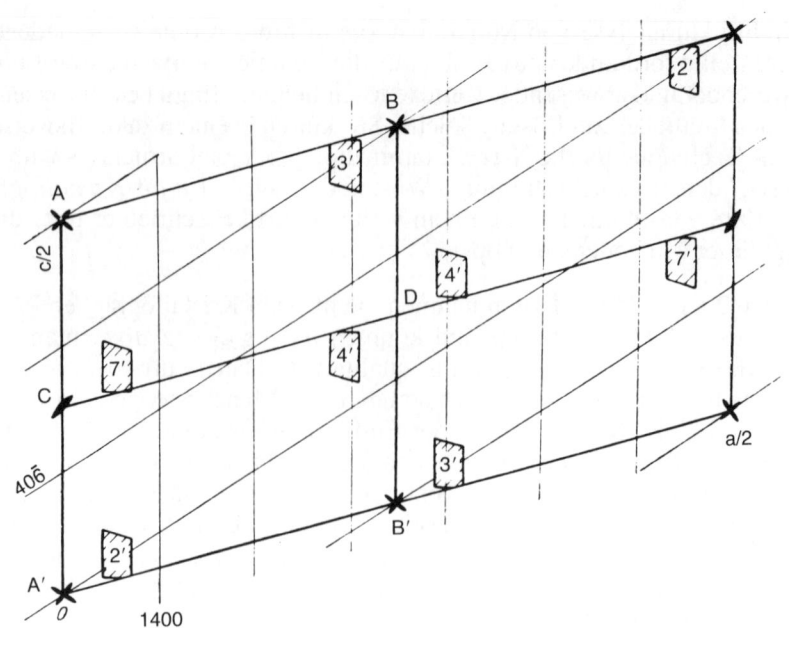

Abb. 4. Die Elementarzelle von Diopsid wird entlang der b-Achse projiziert, und schattierte Flächen, wo keine Siliziumatome sein können, eingezeichnet.[13] Die Symmetriezentren sind angekreuzt, die zweifachen Rotationsachsen sind mit schwarzen Ellipsen gekennzeichnet.

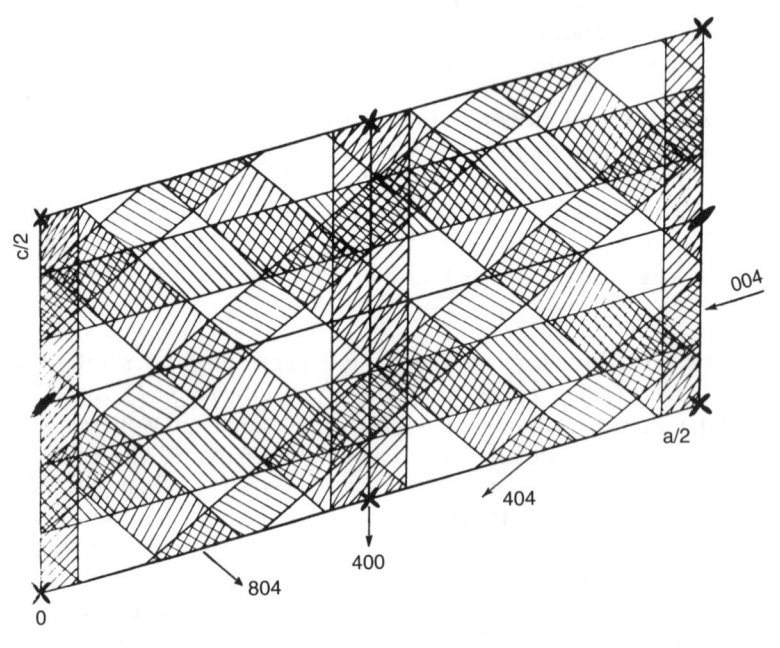

Abb. 5. Die Elementarzelle von Diopsid wird hier mit den möglichen Stellungen der Siliziumatome dargestellt. Die durch die Kristallsymmetrie möglichen Stellungen von Kalzium- und Magnesiumionen sind mit A, B, C und D bezeichnet. Die beobachteten Intensitäten der Reflexe 406 und 1400 schließen A, B und D aus.[13]

konnte (Abb. 5). Dann bemerkte er, daß bei drei Stellungen die benachbarten Atome aus Gründen der Symmetrie so eng beisammen sein würden, daß sie einander überlappen. So blieben nur noch 4 und 4' als mögliche Siliziumstellungen. Da er nun wußte, wo die Siliziumatome sind, konnte Bragg nun die richtigen aus den vier möglichen Stellungen für Ca und Mg bestimmen. Reflex 14 0 0 war so stark, daß sich die Phasen aller Atome addieren mußten (Abb. 6). Wären die Ca- und Mg-Atome entweder bei B oder bei D, würden sie phasenverschoben mit den Si-Atomen streuen; daher konnten diese beiden Stellungen ausgeschlossen werden. 406 ist genauso stark. Wären die Ca- und Mg-Atome entweder bei A oder bei B, würden sie ebenfalls phasenverschoben zu den Si-Atomen streuen. So blieben die Stellungen C an den zweifachen Symmetrieachsen als einzige nicht auszuschließende übrig.

So weit, so gut! Aber die Schwierigkeit begann mit der Bestimmung der Stellungen der sechs Sauerstoffatome; ob die Summe ihres Streuungsbeitrages, zusammen mit den Beiträgen der Ca-, Mg- und Si-Atome mit den beobachteten Amplituden der hundert vorhandenen Reflexe übereinstimmt. Es war ein verwickeltes Schachspiel, wo jeder Zug in Übereinstimmung mit der beobachteten Amplitude eines Reflexes die gefundene Übereinstimmung mit 10 anderen wieder aufheben konnte. Wenn die berechnete Amplitude auch nur eines der hundert Reflexe sich

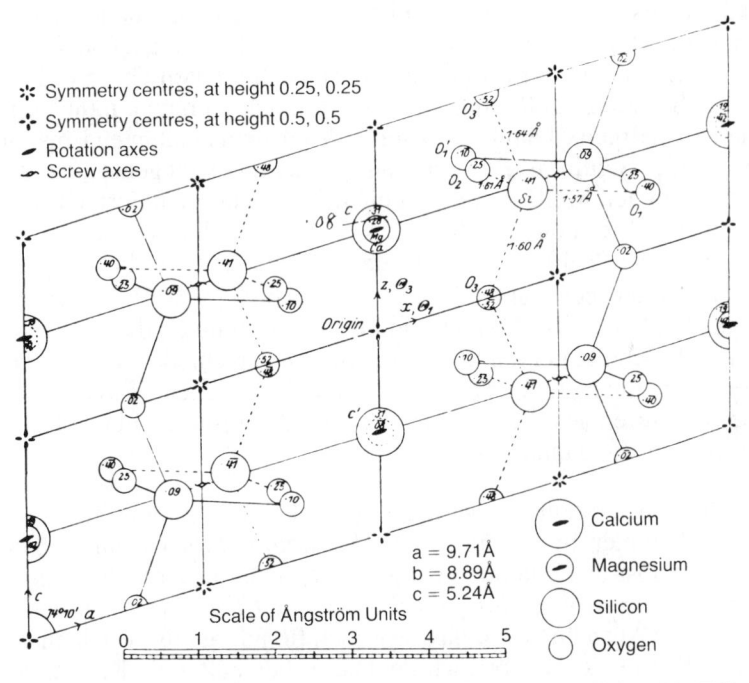

Abb. 6. Die Atomstellungen von Diopsid werden entlang der *b*-Achse projiziert. Die Ziffern bezeichnen die y-Koordinaten der Atome.[13]

extrem von der beobachteten unterschied, war die Struktur falsch, und man mußte von vorne anfangen. Aber Bragg löste sie richtig! (Abb. 6).

War die Antwort diese Mühe wert? Oder spielte Bragg nur ein ausgeklügeltes intellektuelles Spiel, so wie sich heute manche mit künstlicher Intelligenz oder Topologie beschäftigen? Unter seinen Notizen, die Bragg mir mit seiner Sammlung von Nachdrucken hinterließ, findet sich folgende Bemerkung:

> Die Analyse von Diopsid war für unsere Ideen über Silikatstrukturen ein Wendepunkt. Ich zeigte, daß das „SiO_3" der chemischen Formel nicht aus SiO_3-Säuregruppen besteht, sondern aus einer Reihe von SiO_4-Gruppen, die durch gemeinsame Sauerstoffatome verbunden sind. Es war der entscheidende Beweis, daß Silizium immer in Tetraedergruppen von Sauerstoffatomen auftritt.

Zur Beurteilung, wie neuartig die Ergebnisse von Bragg tatsächlich waren, müssen wir uns 70 oder 80 Jahre zurück versetzen und uns fragen, welches Grundsatzwissen der anorganischen Chemie und Mineralogie damals vorhanden war. Ich sah mir zu Beginn dieses Jahrhunderts erschienene Lehrbücher an und versuchte mich an die Vorlesungen zur anorganischen Chemie zu erinnern, die ich als Student in Wien besucht hatte. So wird im Lehrbuch der anorganischen Chemie von J. R. Partington aus dem Jahre 1925, 12 Jahre nachdem Bragg die Struktur von Kochsalz gelöst hatte, die Frage der atomaren Anordnung der Natrium- und Chloratome, ihr Zustand der Ionisierung oder welche Kräfte den Kristall zusammenhalten, überhaupt nicht erwähnt. Minerale wurden anhand ihrer Morphologie und ihrer optischen und chemischen Eigenschaften beschrieben, aber niemand fragte, wodurch sie zusammengehalten werden. Viele der in Lehrbüchern angegebenen chemischen Formeln stellten sich später als falsch heraus, auch die von Diopsid. Das veraltete Kapitel über Silizium bei Partington erinnerte mich an meine mündliche Prüfung bei meinem damaligen Chemieprofessor in Wien, dem bekannten Ernst Späth, zum Abschluß meines Studiums. Ein paar Tage vorher hatte ich gehört, daß er ein Mädchen durchfallen ließ, weil sie die verschiedenen kristallinen Formen von Siliziumdioxid nicht aufzählen konnte. Ich lernte sie noch schnell auswendig und konnte sie bei der mündlichen Prüfung zur vollsten Zufriedenheit des Professors aufsagen: α-Quarz, links oder rechts unter 575°, β-Quarz von 575–800°, Tridymit über 800° und Cristobalit über 1480°. Späth brummte zufrieden und lud mich ein, bei ihm zu dissertieren. Welche atomaren Strukturen diesen verschiedenen Formen zugrunde lagen, kümmerte ihn nicht, und er wußte offensichtlich nicht, daß laut Röntgenanalyse diese Strukturen aus SiO_4-Tetraedern mit gemeinsamen Ecken bestanden, die aber verschieden aneinandergesetzt waren.

Für die neuen Erkenntnisse der Röntgenkristallographie interessierten sich nur wenige Chemiker, bis Pauling 1939 *The Nature of the Chemical Bond* herausbrachte, aber selbst dann nahmen einige diese nicht zur Kenntnis, bis 1945 A. F. Wells schließlich sein Werk *Structural Inorganic Chemistry* veröffentlichte. Eine bemerkenswerte Ausnahme war das Lehrbuch für anorganische Chemie von T. M. Lowry, das 1922 herausgegeben wurde. Dieses beinhaltet ein Kapitel über die bereits bekannten Kristallstrukturen und weist darauf hin, daß die Kochsalzkristalle keine Natriumchloridmoleküle enthalten, sondern Natrium- und Chlorionen.

Bragg und andere aus seiner Schule bewiesen, daß die meisten Kristalle anorganischer Verbindungen nicht aus einzelnen Molekülen bestehen, sondern aus einem Kontinuum von abwechselnd positiven und negativen Ionen. Die positiven sind klein und werden von den größeren negativen Ionen umgeben, die an den Ecken von Polyedern angeordnet sind; alle Ionen sind eng gepackt, und alle elektrischen Ladungen heben einander lokal auf. Die Erdkruste besteht hauptsächlich aus Silikaten; diese sind aus SiO_4-Tetraedern aufgebaut, die entweder voneinander getrennt sind oder gemeinsame Ecken oder Kanten haben; abhängig von ihrer Struktur, ist jedes Mineral fest oder weich. Braggs geniales und ungeheuer mühevolles Rätsellösen erlaubte es uns zum ersten Mal, die Atomstruktur der Erdkruste, auf der wir stehen, zu verstehen, und das war sicher der Mühe wert.

Gab es einen leichteren Weg zum Ziel? Als Bragg Vater 1915 den ehrenvollen Baker-Vortrag vor der Royal Society hielt, schlug er vor, die regelmäßige Wiederholung des atomaren Musters in Kristallen durch Fourier-Reihen darzustellen.[16]

> Wenn wir wissen, wie sich die Dichte des Mediums periodisch verändert, können wir es nach der Fourier-Methode als Reihe harmonischer Terme analysieren. Die von einer Gruppe von Kristallebenen reflektierten Spektren können als einzelne harmonische Terme betrachtet werden. Es wäre sogar denkbar, daß die Verteilung der Streuungszentren, der Elektronen und Atomkerne, von den relativen Intensitäten der Spektren abgeleitet werden könnte; aber es wäre vorzeitig, zu viel zu erwarten, bevor alle anderen Ursachen der Intensitätsvariationen, wie zum Beispiel der Einfluß der Temperatur, aufgeklärt sind.

Der amerikanische Physiker R. J. Havighurst verwendete später eine dreifache Fourier-Reihe zur Ableitung der elektronischen Dichte entlang der Würfelkanten und der Würfeldiagonalen in einem Natriumchloridkristall, und verwendete dabei die von Bragg, James und Bosanquet gemessenen absoluten Intensitäten.[17]

Bragg erweiterte die Fourier-Reihe auf zwei Dimensionen. Jeder der schattierten Streifen seiner Versuchsreihe über Diopsid wurde nun als Sinuswelle betrachtet. Die Symmetrie verlangte, daß jede Welle an den Stellungen der Magnesium- und Kalziumionen entweder einen Kamm oder ein Tal haben mußte, und die Entscheidung, was richtig ist, war leicht. Die Summe aller Wellen war wie eine Landkarte, die die Lage der Sauerstoffatome darstellte, obwohl diese nicht zur Entscheidung herangezogen wurden, ob einer bestimmten Welle ein Kamm oder ein Tal zuzuweisen ist (Abb. 7).[15]

Der Arbeitsaufwand für Bragg zur Berechnung der Fourier-Projektionen von Diopsid auf drei Hauptebenen war enorm. Allein für die Projektion auf der *b*-Achse mußte er den Wert jeder der 26 verschiedenen Wellen an 288 verschiedenen Punkten berechnen, das heißt 7488 Zahlen addieren. Für die beiden anderen Projektionen mußte er jeweils 3360 bzw. 6912 Zahlen addieren, also insgesamt 17.760 Zahlen. Es war dies die Geburt der Fourier-Projektionen, mit deren Hilfe in den nächsten 30 Jahren hunderte von Kristallstrukturen gelöst wurden, bis schließlich mit Beginn des digitalen Zeitalters die Computerberechnung von Fourier-Reihen in drei Dimensionen möglich wurde.

Bragg ist alleiniger Verfasser der wissenschaftlichen Arbeit *The Determination of Parameter in Crystal Structures by Means of Fourier Series*. Er erwähnt keine Mitarbeiter. Wie hat er nur all diese mühsamen Additionen zu einer Zeit

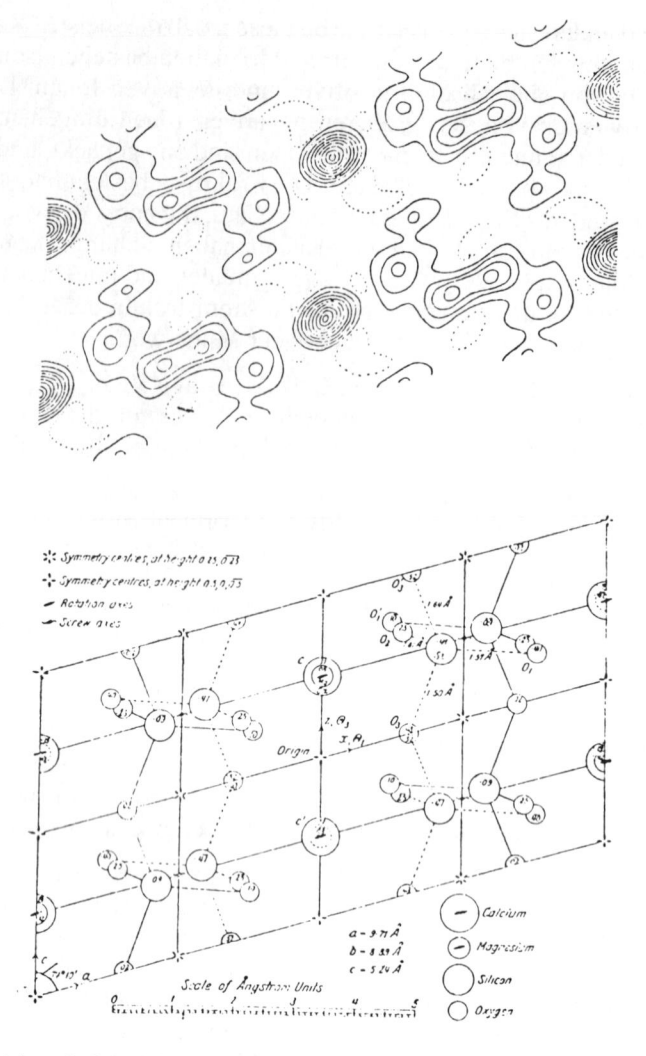

Abb. 7. Vergleich zwischen der Fourier-Darstellung, die allein aus den bekannten Stellungen der Kalzium-, Magnesium- und Siliziumionen errechnet wurde, und der kompletten Struktur, wie sie durch Ausprobieren (trial and error) gelöst wurde. Die niedrigeren Maxima der Fourier-Karte stimmen mit den durch Ausprobieren bestimmten Sauerstoffstellungen überein.[15]

bewerkstelligen können, als es noch keine Rechenmaschinen gab? Wir werden es nie erfahren.

Übrigens werden Berichte über ständige Spannungen zwischen ihm und seinem Vater im letzten Absatz dieser Arbeit Lügen gestraft:[15]

> Mit großer Freude möchte ich meinem Vater, Sir William Bragg, für seine Vorschläge Dank aussprechen, die wesentlich zu der in diesem Artikel beschriebenen Arbeit beigetragen haben. Als ich die Verbindung zwischen unseren üblichen Analysemethoden und der Analyse anhand von Fourier-Reihen

untersuchte, wie sie auch kurz in dem von Herrn West und mir verfaßten Artikel beschrieben wird, zeigte mir mein Vater einige Ergebnisse, die er unter Verwendung der relativen Werte der ersten paar Glieder von zwei- und dreidimensionalen Fourier-Reihen erhalten hatte, um die allgemeine Verteilung der Streuungsmaterie in gewissen organischen Verbindungen aufzuzeigen. Es waren hauptsächlich seine Vorschläge, die mich ermutigten, alle notwendigen Berechnungen für diese zweidimensionalen Reihen durchzuführen; ich verwendete dafür die absoluten Werte, die wir an bestimmten Kristallen gemessen hatten.

In seinen Notizen, die er mir hinterließ, schrieb Bragg: „Dieser Artikel hätte eigentlich von meinem Vater geschrieben werden müssen. Er hatte die entscheidende Idee mit den zweidimensionalen Fourier-Reihen; ich hatte zufällig alle Untersuchungsergebnisse, um zu erkennen, wie eine solche Reihe anzuwenden wäre. Es war die erste wissenschaftliche Arbeit, bei der Fourier-Reihen zur Bestimmung von Parametern angewendet wurden."

Die Anwendung der Fourier-Methode an Diopsid setzte voraus, daß Bragg die Kalzium-, Magnesium- und Siliziumstellungen kannte; nur so konnte er bestimmen, ob eine bestimmte Wellengruppe an den Kalzium- und Magnesiumstellungen einen Kamm oder ein Tal hatte. 1927 bewies J. M. Cork, ein amerikanischer Dissertant von Bragg, daß dieses Problem der Plus- oder Minus-Zeichen mit der Methode des isomorphen Ersatzes mit schweren Atomen gelöst werden kann.[18] Alumen bilden isomorphe Reihen der allgemeinen Formel $AB(SO_4)_2 \cdot 12H_2O$, wobei „A" jedes Alkalimetall und „B" ein dreiwertiges Metall wie Aluminium sein kann. Cork bestimmte die Zeichen der Fourier-Glieder in einer eindimensionalen Reihe mittels Analyse der Intensitätsschwankungen, die der Ersatz des einen Metallions durch ein anderes in den Reflexen einer Gruppe von Ebenen verursachte. Mit der Lösung der Alumen legte die Bragg-Schule den Grundstein für die Methode des isomorphen Ersatzes, die ich 25 Jahre später zur Lösung der Hämoglobinstruktur verwendete.

Peter Medawar schrieb, daß „jede Entdeckung, jede Erweiterung des Verständnisses, ihren Ursprung in der Vorstellung des möglichen Wirklichen hat."[19] Bragg hatte bei der Lösung von Strukturen Erfolg, weil er über eine besondere Vorstellungskraft für die Mechanismen natürlicher Phänomene hatte, besonders jene der Optik und der Eigenschaften der Materie. Nach Karl Popper und Peter Medawar besteht die Forschung in der Formulierung von Hypothesen, die mittels Experimenten falsifiziert werden können. Genau so fand Bragg die Lage der Atome, aber er hatte nicht nur die Vorstellungskraft, sondern er bewältigte auch ein ungeheures Arbeitspensum. Popper und Medawar argumentieren weiter, daß keine Hypothese jemals vollkommen bewiesen werden kann, denn sie kann experimentell nicht bewiesen, sondern nur widerlegt werden, und kommt also der Wahrheit stufenweise immer näher. Die Strukturen, die Bragg gefunden hat, sind aber keine vorläufigen Annäherungen, die vielleicht noch widerlegt werden können; ein Student, der die Strukturen von Kalzit, Quarz oder Beryll neu zu bestimmen versucht, wird enttäuscht werden.

T. S. Kuhn argumentierte, daß der Fortschritt der Wissenschaft auf einer Abfolge von Paradigmen beruht,[20] aber trotz sorgfältiger Prüfung alter Lehrbücher für

Chemie und Mineralogie konnte ich bis zum Jahre 1912 kein einziges Paradigma für die Atomstruktur von festen Stoffen finden. Die Ergebnisse der Röntgenanalyse eröffneten eine neue Welt, wie man sie sich vorher nicht einmal vorstellen konnte.

Bei der Bearbeitung von wissenschaftlichen Arbeiten anderer versuche ich manchmal, ihre Ergebnisse umzuschreiben, aber wenn ich versuche, die Arbeit von Bragg in anderen Worten darzustellen, fand ich immer, daß er es viel besser gesagt hatte. Braggs einzigartige Gabe, sich einfach und dabei exakt auszudrücken, seine Begeisterung, sein lebhafter Stil, sein Charme und seine anschaulichen Darstellungen machten ihn zu einem der besten wissenschaftlichen Vortragenden, die es jemals gab.

Bragg vereinte beide Kulturen von C. P. Snow, denn sein Zugang zur Wissenschaft war künstlerisch und reich an Phantasie. Er dachte eher visuell als mathematisch, meistens anhand von konkreten Modellen, die entweder statisch, wie seine Kristallstrukturen, oder dynamisch sein konnten, wie die Wechselwirkung zwischen Kristallen und elektromagnetischen Wellen oder die Übergänge von Ordnung zu Unordnung und bewegliche Verlagerungen (dislocations) bei Metallen. Seine künstlerische Ader offenbarte sich in zarten Zeichnungen und Aquarellen und in seiner klaren Prosa.[21]

In den 20er und 30er Jahren war er außerordentlich fruchtbar, aber trotzdem war er, wie man mir erzählt, nie in Eile und hatte immer Zeit für seine Familie, denn seine hohe Intelligenz und Konzentrationsfähigkeit machten die Arbeit für ihn leicht. Statt sich in einem Labyrinth widersprüchlicher Beobachtungen und Arbeiten zu verstricken, die er nur selten überhaupt las, dachte er darüber nach, wie die Kräfte zwischen den Atomen beschaffen sein mußten, um stabile Strukturen zu ergeben.

Heutzutage möchten uns Zyniker glauben machen, daß Wissenschaftler nur für Ruhm und Geld arbeiten, aber Bragg rackerte sich mit schwierigen Problemen ab, als er bereits ein gut gestellter Nobelpreisträger war. Er wurde von Neugier getrieben. Er war keine öffentliche Persönlichkeit, und er arbeitete lieber zuhause als im Flugzeug. Zusammenleben mit einem Genie kann die Hölle sein, aber Bragg war ein liebenswerter Mensch, dessen Schöpfungskraft einem glücklichen Familienleben entsprang. Typischerweise war er gerade bei der Gartenarbeit, wenn man ihn besuchte, Lady Bragg, Kinder und Enkelkinder im Hintergrund, und stolz zeigte er seine neuesten Rosen, um erst dann Kristallstrukturen zu erörtern. Er starb 1971.

Anmerkungen und Literaturhinweise
Wie W. L. Bragg die Röntgenstrukturanalyse erfand

[1] Bragg W. L. 1933. *The crystalline state.* G. Bell & Sons, London.

[2] Bragg W. L. 1937. *Atomic structure of minerals.* Cornell University Press, Ithaca, New York.

[3] Bragg L., Sir und Claringbull G. F. 1965. *Crystal structure of minerals.* G. Bell & Sons, London.

[4] Bragg L., Sir. 1975. *The development of X-ray analysis.* G. Bell & Sons, London.

[5] Caroe G. M. 1978. *William Henry Bragg 1862 - 1942: Man and scientist.* Cambridge University Press, Cambridge.

[6] Friedrich W., Knipping P. und Laue M. 1912. *Interferenz-Erscheinungen bei Röntgenstrahlen. Sitzungsber. Kgl. Bayrischen Akad. Wiss.,* pp. 303 - 322.

[7] Bragg W. L. 1913. The diffraction of short electromagnetic waves by a crystal. *Proc. Cambr. Soc.* 17: 43 - 57.

[8] Bragg W. L. 1913. The structure of some crystals as indicated by their diffraction of X-rays. *Proc. R.. Soc. Lond. A* 89: 248 - 277.

[9] Bragg W. L. 1914. The analysis of crystals by the x-ray spectrometer. *Proc. R. Soc. Lond. A* 90: 468 - 489.

[10] Bragg W. L. 1914. The structure of copper. *Philos. Mag.* 27: 355 - 360.

[11] Bragg W. H. und Bragg W. L. 1913. The structure of diamond. *Proc. R. Soc. Lond. A* 89: 272 - 291.

[12] da C. Andrade E. N. C. 1943. William Henry Bragg: Obituary. *Notices of Fellows of the Royal Society* 4: 277 - 300.

[13] Bragg W. L. und Warren B. 1928. The structure of diopside, $CaMg(SiO_3)_2$. *Z. Kristall.* 69: 168 - 193.

[14] Bragg W. L. und West J. 1928. A technique for the x-ray examination of crystal structures with many parameters. *Z. Kristall.* 69: 118 - 148.

[15] Bragg W. L. 1929. The determination of parameters in crystal structures by means of Fourier series. *Z. Kristall.* 69: 118 - 148.

[16] Bragg W. H. 1915. X-rays and crystal structure. *Philos. Trans. R.. Soc. Lond. A* 215: 253 - 275.

[17] Havighurst R. J. 1927. Electron distribution in the atoms of crystals. Sodium chloride, and lithium, sodium and calcium fluoride. *Physiol. Rev.* 29: 1.

[18] Cork J. M. 1927. The crystal structure of some of the alums. *Philos. Mag.* 4: 688 - 698.

[19] Medawar B. P. 1979. *Advice to a young scientist.* Harper & Row, New York.

[20] Kuhn T. S. 1970. *The structure of scientific revolutions.* University of Chicago Press, Illinois.

[21] Phillips D., Sir. 1979. William Lawrence Bragg, 31 March 1890 - 1 July 1971. *Biogr. Mem. Fell. R.. Soc.* 25: 75 - 143.

*Der Energiezyklus des Lebens**

*) Zum Buch *Reminiscences and Reflections* von Hans Krebs (in Zusammenarbeit mit Anne Martin; Oxford University Press).

Am 14. Dezember 1932 sandte der Dekan der medizinischen Fakultät an der Universität Freiburg, Professor E. Rehn, folgenden Bericht an den Unterrichtsminister:

> Als Assistenzarzt hat Dr. Krebs nicht nur außergewöhnliche wissenschaftliche Fähigkeiten bewiesen, sondern hat sich auch menschlich besonders ausgezeichnet. Seine ... Arbeit über die Synthese von Harnstoff im Tierkörper ... wird als Klassiker der medizinischen Forschung angesehen werden.

Vier Monate später, kurz nach der Machtübernahme durch Hitler, führte derselbe Dekan gehorsam die Weisungen des Ministers gegen die jüdische Rasse aus und schickte ihm eine „Benachrichtigung über die sofortige Entfernung aus dem Dienst."

Krebs hob sich mehrere solche Briefe und auch einige Zeitungsausschnitte aus diesen Tagen auf und veröffentlichte sie als Faksimiles in seinem Buch. Hier gibt es auch das „Manifest gegen den un-deutschen Geist," das von der Freiburger Studentenunion veröffentlicht und an der Universität ausgehängt wurde: „Unser gefährlichster Gegner ist der Jude und jeder, der ihm dient. Der Jude kann nur als Jude denken. Schreibt er deutsch, lügt er. Der Deutsche, der deutsch schreibt, aber un-deutsch denkt, ist ein Verräter..." Der Rektor der Universität, von Möllendorf, ordnete die Entfernung der Plakate an, worauf ihn der Minister durch den Existentialisten und Philosophen Martin Heidegger ersetzte, der sie billigte und einen Aufruf verfaßte: „Deutsche Studenten! ... Eure Existenz darf nicht von erlernten Axiomen und Ideen geleitet sein... Nur der Führer allein begründet heute und morgen Wirklichkeit und Gesetz. Täglich und stündlich müßt ihr Euren treuen Gehorsam stärken..." Die meisten Kollegen von Krebs verhielten sich ruhig, nur einer, Dr. Arthur Jores, wagte es, seinem und Krebs' ehemaligem jüdischen Vorgesetzten, der sich bereits in New York aufhielt, einen Nachdruck mit einer persönlichen Widmung zu senden. Der Umschlag wurde von einem Nazi-Kollegen geöffnet, der ihn anzeigte. Jores wurde vom Dienst entlassen, öffentlich als Landesfeind gebrandmarkt und schließlich verhaftet.

Trotz dieser schrecklichen Erlebnisse und der Vernichtung von 20 seiner Verwandten folgte Krebs nicht dem Beispiel Einsteins, der Deutschland nie mehr betreten wollte, sondern erklärt in seinem Buch: „Eine antideutsche Einstellung erscheint mir genauso schlecht wie Antisemitismus." Nach dem Krieg überzeugte er deshalb die britische biochemische Gesellschaft, den Kontakt zu Deutschland wieder aufleben zu lassen, indem mehrere bekannte Antinazis zum ersten internationalen Kongreß für Biochemie in Cambridge eingeladen wurden.

F. Gowland Hopkins, damaliger Professor für Biochemie in Cambridge und Präsident der Royal Society, wurde auf Krebs durch seine Entdeckung des Ornithinzyklus in der Harnstoffsynthese aufmerksam. Als er von seiner Entlassung hörte, lud er Krebs sofort nach Cambridge ein. Die Rockefeller Foundation, die die Forschungsarbeiten von Krebs bereits in Freiburg unterstützt hatte, stellte das Geld zur Verfügung, und unterstützte seine Forschung weitere 30 Jahre lang. Der herzliche Empfang, der ihm an der biochemischen Abteilung in Cambridge bereitet wurde, und die großzügige Gastfreundschaft und Freundlichkeit der Engländer im allgemeinen berührten Krebs zutiefst. Sein Buch zeugt von tiefer Zuneigung zu England, und er drückt diese in den Worten von Carl Zuckmayer aus, der ebenfalls Flüchtling war: „Heimat ist nicht dort, wo ein Mensch geboren wurde, sondern dort, wo er sterben möchte."

Wie preußisch doch Krebs trotz allem blieb! Er schreibt,

... Ich erwartete viel von meinen Mitarbeitern – harte disziplinierte Arbeit und die Fähigkeit, meine Kritik annehmen zu können... Ich versuchte, gerecht zu sein, ehrlich und hilfreich, und von anderen nicht mehr zu verlangen, als ich selbst gab... Wir kritisierten einander rücksichtslos – wir wußten, daß es ehrlich war, in gutem Glauben und im Geiste der Hilfsbereitschaft.

Ein Engländer würde kaum in solch ernsthaften Worten über sich selbst sprechen. Ich kann mir nicht vorstellen, daß Francis Crick in seinen Memoiren berichten würde, daß er mein geliebtes Hämoglobinmodell von 1949 „ehrlich, in gutem Glauben und im Geiste der Hilfsbereitschaft" widerlegte, statt zuzugeben, daß er bei dieser bösen Tat eine gewisse Schadenfreude empfand.

Für Menschen, die sich beschweren, daß es schwirig geworden ist, Forschungsgelder zu bekommen, ist es heilsam, über die frühe Karriere von Krebs zu lesen. Sein Vater war Arzt in Hildesheim und mußte ihn während seiner gesamten Studienzeit der Medizin unterstützen. Nach seinem Abschluß wollte Krebs in die Forschung, aber es gab nur wenige bezahlte Forschungsstellen, die niemals ausgeschrieben wurden, sondern nur mit Protektion zu bekommen waren, wie man in meiner Heimatstadt Wien zu sagen pflegte, mit einer Mischung aus Kriecherei, Vetternwirtschaft und einem Netzwerk alter Bekanntschaften. Schließlich fand Krebs eine unbezahlte Stelle an der dritten medizinischen Klinik in Berlin, wo ein weiterer, später sehr bekannter Biochemiker, Bruno Mendel, einer seiner Kollegen war. Eines Abends waren die Mendels bei Familie Einstein eingeladen, als auch Otto Warburg unter den Gästen anwesend war. Als Warburg Mendel erzählte, daß er einen Mitarbeiter suche, empfahl Mendel ihm Krebs, und es gelang ihm auch, privat Geld aufzutreiben, um ihm ein bescheidenes Gehalt bezahlen zu können. Krebs empfindet die vier Jahre mit Warburg als entscheidend und zollt seinem wissenschaftlichen Genie höchste Bewunderung, trotz seines herrschsüchtigen, egoistischen und manchmal böswilligen Benehmens und seines Mangels an Vertrauen in Krebs und dessen Können, und obwohl er sich weigerte, Krebs bei der Suche nach einer Universitätsstelle zu helfen, weil Krebs dort ja nur für „irgendeinen alten Esel von Professor" tätig sein müßte. Nur in der Medizin könnte Krebs sich seinen Lebensunterhalt verdienen, sagte ihm Warburg. Warburg verlangte von seinen Mitarbeitern, daß sie sechs Tage in der Woche pünktlich von acht Uhr früh bis sechs am Abend arbeiteten, eine Vorschrift, die Krebs offensichtlich selbst Zeit seines Lebens einhielt. Nachdem ich über das strenge Regime von Warburg gelesen hatte, betrat ich am Montag morgens um 11 Uhr mein eigenes Biochemielabor und traf nur einen meiner drei Mitarbeiter an. „Die beiden anderen haben noch immer gearbeitet, als ich um Mitternacht wegging," erzählte mir der eine. Dies überzeugte mich wieder, daß das freie Kommen und Gehen in Cambridge für den persönlichen

Einsatz in der Forschungsarbeit förderlicher ist als die eiserne Disziplin im alten Berlin.

Krebs machte seine erste große Entdeckung, den Ornithinzyklus in der Harnstoffsynthese, in den Jahren 1931 und 1932. Er verwendete Gewebsschnitte und Manometertechniken, wie er sie bei Warburg gelernt hatte; ein weiterer entscheidender Faktor war seine eigene Erfindung der Krebs-Ringer-Lösung. Ich fand seine Schilderungen spannend zu lesen, wie er im Dunkeln tappte und methodisch alle denkbaren Zwischenprodukte der Reihe nach testete, bis er entdeckte, daß „ein Ornithinmolekül die Bildung von über zwanzig Harnstoffmolekülen hervorrufen konnte, falls gleichzeitig Ammoniak vorhanden war." Von da an war das Aufspüren weiterer Zwischenprodukte anhand weiterer logischer Schritte möglich. Es war der erste biologische Prozeß, bei dem Zwischenprodukte nur als Katalysatoren wirksam wurden. Krebs machte diese grundlegende Entdeckung, während er für eine medizinische Abteilung mit über 40 Betten verantwortlich war; sein Erfolg ist auch aus diesem Grund bemerkenswert.

Krebs entdeckte im Jahre 1937 den Zitronensäurezyklus, der ihm später noch größeren Ruhm einbringen sollte, aber sein Brief an *Nature* über diese Arbeit lehnte der damalige Redakteur, Sir Richard Gregory ab; er entschied meistens allein.

Gegen beide Zyklen wurden zuerst Einsprüche erhoben. Jene, die sich gegen den Ornithinzyklus richteten, stellten sich später als falsche Experimente oder inkorrekte Interpretationen heraus, während die Kritik an der Chemie des Zitronensäurezyklus grundsätzlich war. Biochemiker argumentierten, daß das radioaktiv markierte CO_2, das in den Zyklus eintritt, zwischen den beiden Karboxylgruppen der α-Ketoglutarsäure zufällig verteilt werden würde, eines Zwischenproduktes zwei Stufen nach der Zitronensäure, weil ein Enzym nicht zwischen den beiden symmetrischen Karboxylgruppen der Zitronensäure unterscheiden könnte. Tatsächlich konnte nur eine Markierung der dem Karboxyl am nächsten liegenden Ketogruppe der α-Ketoglutarsäure nachgewiesen werden; es wurde daher der Schluß gezogen, daß die Zitronensäure im Krebs-Zyklus kein Zwischenprodukt sein könne. Dies war im Jahre 1941. Ich wäre wohl verzweifelt gewesen, wenn gegen eine meiner bedeutendsten Entdeckungen, bei der ich selbst keinen Fehler finden konnte, ein offensichtlich gültiger Einwand vorgebracht worden wäre, aber Krebs schildert dies alles so, als ob es ihm nie schlaflose Nächte bereitet hätte. War er wirklich so überzeugt, daß er nicht ununterbrochen alle denkbaren Erklärungen für dieses Paradox in Erwägung zog, oder hat er dank seines späteren Ruhms diese sieben dunklen Jahre der Unsicherheit vergessen? Schließlich deckte eine kurze und inzwischen klassisch gewordene Mitteilung von A. Ogston in *Nature* den Trugschluß des Einwandes auf: Ein symmetrisches Molekül, das sich an drei Punkten an ein Enzym anheftet, kann sich nur in eines von zwei möglichen asymmetrischen Reaktionsprodukten verwandeln. Es war dies die Geburtsstunde der Prochiralität.

Der Ruhm wurde zuerst im Oktober 1952 von übereifrigen Journalisten angekündigt, die Krebs mitteilten, daß ihm in Kürze der Nobelpreis verliehen werden würde, aber die Gerüchte stellten sich als falsch heraus, denn S. W. Waksman erhielt den Preis. Krebs erzählt stolz, daß er und seine Frau die Gerüchte gelassen hinnahmen. Aber war das wirklich so? Neun Jahre später gab es ähnliche Gerüchte über John Kendrew und mich in unserem Labor. Wir glaubten nicht daran, bis eines Tages meine Sekretärin hereinstürzte und zwei Telegramme, eines an Kendrew und das andere an mich, in der Hand hielt. Das war es also. Als wir sie schnell aufrissen, stellte sich heraus, daß die Päpstliche Akademie aus Rom anfragte, wieviel Nachdrucke wir von den Vorträgen haben wollten, die wir dort vergangenen Herbst gehalten hatten. Auch wir gaben stoische Ruhe vor. Gelassen oder nicht, Krebs erhielt den Preis tatsächlich ein Jahr später.

Nach fast 20 glücklichen Jahren und der Gründung einer blühenden Schule für Biochemie in Sheffield wurde Krebs Professor für Biochemie in Oxford und blieb dort bis zu seinem Tod 1981. Ich war über seine Behauptung überrascht, daß Oxford seit 600 Jahren an der Spitze des Lernens geblieben sei. Hatte er nie Edward Gibbon gelesen, der Oxfords Niedergang in die Faulheit im achtzehnten Jahrhunderts beschrieb, als es die Universitätslehrer nicht einmal der Mühe wert fanden, ihre Studenten zu unterrichten? Von der Universität Oxford gewinnt man zur Zeit, als Krebs dieses Buch schrieb, den Eindruck einer Zitadelle ungerechter, von den Parteimitgliedern eifersüchtig gehüteter Privilegien. Krebs gelang es zwar, von der unterprivilegierten Solidarität aktiver Forscher ins Zentralkomitee gewählt zu werden, aber alle seine mutigen Versuche, das System zu reformieren, wurden von der starken und schlauen alten Garde zurückgeschlagen, die sogar so weit ging, daß sie die von einem Regierungskomitee genehmigten Mittel für die Schaffung zusätzlicher wissenschaftlicher Professuren ablehnten, damit nicht noch mehr Dissidenten und Parteifeinde wie Krebs als Professoren ernannt würden. Trotz dieser Rückschläge beschreibt Krebs sein Leben in Oxford als glücklich und erfolgreich. Als man ihn eines Tages nach seinem Lebensmotto fragte, antwortete Krebs, „Was du heute kannst besorgen, das verschiebe nicht auf morgen." Das klingt wie eines dieser tugendhaften Rezepte, das man Kindern früher auf Tücher stickte und über ihre Betten hängte. Der König von Frankreich drückt es in *Ende gut, alles gut* weniger prosaisch aus:

> Am Stirnhaar laß den Augenblick uns fassen,
> Denn wir sind alt, und unsre schnellsten Pläne
> Beschleicht der unhörbare leise Fuß
> Der Zeit, eh' sie vollzogen sind.

Krebs wird in diesem Buch als dynamischer Wissenschaftler und engagierter, warmherziger Mensch dargestellt, der voll in seiner Forschung und Lehre aufgeht. Er zitiert Noel Coward, der sagt, „Arbeit ist Spaß, nichts macht mehr Spaß als Arbeit." Ich stimme zu.

Das Wachstumshormon der Nerven*

1986 erhielt Rita Levi-Montalcini gemeinsam mit Stanley Cohen den Nobelpreis für Physiologie oder Medizin für die Erforschung von Wachstumsfaktoren, eine Entdeckung, die sie bereits 30 Jahre vorher machten, als sie in St. Louis zusammenarbeiteten. Ihr Buch beschreibt ihr Leben von Kindheit an bis zu ihrer Rückkehr nach Italien aus Amerika im Jahre 1963. Der erste Teil des Buchs gibt einen interessanten Bericht über das Leben einer jüdischen bürgerlichen Familie im faschistischen Italien vor und während des zweiten Weltkriegs, insbesondere während der Schreckensherrschaft der Nazis, als die Familie Levi von warmherzigen und mutigen Nichtjuden, die vorgaben nicht zu wissen, daß es Juden waren, unter falschem Namen in Florenz versteckt wurde. In Italien überlebte ein viel größerer Teil der Juden als in den meisten anderen europäischen Ländern, weil barmherzige Nichtjuden - oft unter Gefährdung ihres eigenen Lebens - ihnen halfen und sie versteckten.

Levi-Montalcini leitet den Titel ihres Buches von einem Gedicht von Yeats ab:

> The intellect of man is forced to choose
> Perfection of the life, or of the work,
> And if it take the second must refuse
> A heavenly mansion, raging in the dark

> (Der menschliche Verstand muß zwischen der
> Vervollkommnung des Lebens oder der Arbeit wählen,
> nimmt er letzteres, muß er ein himmlisches Haus
> zurückweisen und in Dunkelheit wüten)

Sie wählte die Arbeit. Der französische Biologe André Lwoff schrieb einmal, daß es „die Kunst des Wissenschaftlers ist, vor allem einen guten Lehrer zu finden," und ich möchte hinzufügen „und als nächstes ein gutes Problem zu finden." Levi-Montalcini fand ihre Aufgabe in einem Labor, das sie sich während des zweiten Weltkriegs in ihrem Schlafzimmer notdürftig eingerichtet hatte, als Mussolinis antisemitische Gesetzgebung, eine feige Nachahmung der deutschen Rassengesetze, die Universität Turin zwang, alle Juden auszuschließen, einschließlich ihres Professors Giuseppe Levi, der einer der führenden europäischen Anatomen war. Er hatte ihr Interesse an der Entwicklung des Nervensystems geweckt, als sie als Assistenzärztin tätig war. Er arbeitete mit ihr in ihrem improvisierten Labor und gab ihr, solange er lebte, Zuversicht und Unterstützung. (Sie waren nicht verwandt.) Gemeinsam überlegten sie, was die wohlgeordnete Entwicklung des Nervensystems bei Hühnerembryos in einem so frühen Stadium ermöglicht, weil sich deren Rückenmark noch vor dem Wachstum der Gliedmaßen bildet; erst dann wachsen Nerven aus dem Rückenmark in die Gliedmaßen. Als Rita und Guiseppe Levi die knospenden Gliedmaßen aus den Embryos entfernten, noch bevor Nerven zu wachsen begannen, entwickelten sich die Nerven nicht mehr weiter. Nach dem Krieg

---

*) Zum Buch *In Praise of Imperfection: My Life and Work* von Rita Levi-Montalcini (übersetzt in die englische Sprache von Luigi Attardi; Basic Books).

wurde Viktor Hamburger, ein deutscher Auswanderer und Schüler des großen Embryologen Hans Spemann, auf ihre Arbeiten aufmerksam. Hamburger lud Levi-Montalcini ein, ein Semester mit ihm an der Washington University in St. Louis zu verbringen. Aus einem Semester wurden sechzehn Jahre.

Die entscheidende Beobachtung kam von einem Experiment, das zeigte, wie wichtig es bei der Forschung ist, schon zu wissen, wonach man sucht. Der ehemalige Schüler von Hamburger, Elmer Bueker, sandte ihm einen Aufsatz mit der Beschreibung, wie eine Krebsgeschwulst einer Maus, das einem Hühnerembryo aufgepflanzt wurde, von Nervenfasern des Embryos durchdrungen wurde. Bueker schloß daraus, daß der Tumor für das Wachstum der Nervenfasern ein reichlicheres Niveau darstellte, als das nächstliegende Glied des Embryos, aber Levi-Montalcini erkannte etwas anderes. Begeistert ließ sie alle andere Arbeit sein, um den Versuch von Bueker zu wiederholen. Nach der Transplantation auf ihre Embryos wurden die Tumoren, die Bueker verwendet hatte, wie von ihm beschrieben, mit Nerven durchzogen, aber ein anderer Tumor, den sie (irrtümlich?) erhalten hatte, wirkte viel dramatischer. Er verursachte das Wachstum von großen Nervenfaserbündeln in Organen des Embryos, die sonst keine Nervenfasern besitzen, wie Eingeweide und Blutgefäße. Sie schloß daraus, daß der Tumor eine chemische Verbindung freigesetzt hatte, einen Faktor, der sich in den Körperflüssigkeiten auflöste, das normale Wachstum der Nervenfasern in den vorbestimmten Organen beschleunigte und auch ein übermäßiges Wachstum von abnormen Nerven verursachte.

Wenn ein Biochemiker den Verdacht hegt, daß Tumoren einen solchen Faktor erzeugen, stellt er als nächstes einen Extrakt aus dem Tumor her, um zu sehen, ob dieser dieselbe Wirkung hat wie der Tumor selbst. Rita Levi-Monalcini stellte solche Extrakte her und machte damit Versuche, nicht beim ganzen Hühnerembryo, sondern bei Nervenknoten, die sie aus deren Rückenmark gewonnen hatte. Nachdem Rita Levi ihre Tumorextrakte auf die Nervenknoten aufgetragen hatte, wuchsen Nervenfaserringe um sie herum, aber nur dann, wenn die Tumoren zuerst in die Hühnerembryos transplantiert und wieder herausgeschnitten worden waren, als ob der Embryo den Anstoß zur Synthese der Verbindung, die sie suchte, gab.

Levi-Montalcini und Cohen verbrachten das folgende Jahr mit dem Versuch, eine ausreichende Menge dieses Wachstumsfaktors aus solchen transplantierten Mäusetumoren zu gewinnen, aber die Ernte war so mager, daß sie nicht einmal eindeutig bestimmen konnten, ob ihr Faktor aus Nukleinsäure und Protein oder nur aus Protein bestand. Cohen überlegte, ob die Nukleinsäure eine Verschmutzung sein könnte und fragte den späteren Nobelpreisträger Arthur Kornberg, der damals an der Washington University tätig war, um Rat. Kornberg schlug vor, den Extrakt mit Schlangengift zu behandeln, da es ein Enzym enthält, das Nukleinsäuren abbaut. Als Cohen dies versuchte, steigerte sich die Wirksamkeit des Extrakts im Übermaß. Es stellte sich heraus, daß Schlangengift mindestens die tausendfache Konzentration des Wachstumsfaktors enthielt als die Mäusetumoren. Mit Hilfe dieser Entdeckung konnte Cohen den Faktor isolieren und charakterisieren, und Levi-Montalcini erhielt nun den reinen Stoff, um ihn ihren Embryos zu injizieren. Hätten sie das reine Enzym, das jetzt im Handel erhältlich ist, kaufen können, hätten sie diese Entdeckung niemals gemacht.

Zuerst betrachtete man den Nervenwachstumsfaktor als Naturerscheinung ohne weitere allgemeine Bedeutung, aber dann entdeckte Stanley Cohen den epidermischen Wachstumsfaktor, und seither fanden Wissenschaftler mehrere andere Wachstumsfaktoren, die bei der Entwicklung von Tieren von entscheidender Wichtigkeit sind. Werden sie im Übermaß erzeugt, oder gerät der chemische Mechanismus, der sie normalerweise in Bewegung setzt, außer Kontrolle, können sie auch Krebs verursachen. Levi-Montalcini und Cohen haben mit ihrer Entdeckung die Grundlage für Forschungsarbeiten zu diesem Thema geliefert, und deshalb wurde ihnen schließlich der Nobelpreis verliehen. Paul Ehrlich sagte, daß der Erfolg in der Forschung die vier G's voraussetzt: *Glück, Geduld, Geschick und Geld.* In ihrem Buch zeigt Levi-Montalcini, daß sie die ersten drei ausreichend besaß und vom vierten nur wenig benötigte.

*Nerven als Elektrizitätsleiter**

Im August 1939 vereinten Alan Hodgkin und Andrew Huxley ihre Kräfte im Labor der Marine Biological Association in Plymouth und machten dort Versuche über die Übertragung von Nervenimpulsen durch die Riesenaxone des Tintenfisches. Hodgkin war ein junger Forscher im Trinity College in Cambridge, und Huxley hatte dort eben sein Studium der Physiologie abgeschlossen. Am 23. August schrieb Hodgkin an seine Mutter: „Wir hatten eine Menge Schwierigkeiten, aber Andrew ist ein Zauberer mit Apparaturen und löste sie unglaublich rasch."

Huxley hatte versucht, die Viskosität des Axoplasmas zu messen, indem er Quecksilbertropfen durch dieses fallen ließ, aber zu seinem Erstaunen stellte sich heraus, daß es ein festes Gel war. Dadurch kamen sie auf die Idee, zur direkten Messung des Spannungswechsels zwischen dem Inneren und der Oberfläche des Nervs während der Übertragung eines Impulses eine Elektrode einzuführen. Damals war bereits bekannt, daß das Innere einer ruhenden Nervenfaser im Vergleich zum Äußeren negativ geladen ist, aber man dachte, daß diese negative Spannung während eines Impulses auf fast Null fällt. Hingegen entdeckten Hodgkin und Huxley, daß die Größe des Spannungswechsels während des Impulses etwa doppelt so hoch war wie die Ruhespannung, so daß die innere Spannung positiv wurde. Diese Ergebnisse öffneten den Weg zur Entdeckung der zugrundeliegenden physikochemischen Vorgänge, aber gerade dann brach der zweite Weltkrieg aus.

Hodgkin schreibt in seiner Autobiographie: „Nur durch körperlich und geistig anspruchsvollste Arbeit konnte ich mich von meinem Ärger und meiner Enttäuschung ablenken, nach 5 bis 6 Jahren harter Arbeit die ungeheuer spannenden Versuche mit Nerven aufgeben zu müssen, gerade dann, als die Arbeit begann, Früchte zu tragen." Er verlegte sich auf Flugmedizin und später auf die Entwicklung von Flugzeugradargeräten für Bomber und Küstenkommandos. Die Luftaufklärung hatte ergeben, daß zwei Drittel der in der Nacht über Deutschland abgeworfenen Bomben, bei schweren Verlusten von Mannschaften und Flugzeugen, in offenes Feld gefallen waren. Radar half den Piloten, ihre Ziele zu finden. Dies waren nicht Bahnhöfe und Fabriken, wie die Royal Air Force verlautbarte, sondern Städte, denn nur solche konnte das Radar finden. Hodgkin schreibt über seine Erleichterung, als die Bomber im Frühling 1944 zum Einsatz bei der Besetzung Frankreichs verlegt wurden, ihm waren „die nächtlichen Bombenangriffe schon mehr als zuwider gewesen."

Hodgkin berichtet, daß alle Wissenschaftler die Ansicht von Patrick Blackett und Henry Tizard vertraten, daß die Entwicklung von Flugzeugradargeräten besser zur Entdeckung von deutschen U-Booten durch die Küstenkommandos dienen sollte, und er erzählt stolz, daß dieser Einsatz schließlich die Verluste von alliierten Schiffen von untragbaren 600.000 Tonnen pro Monat auf nur 50.000 senkte. Er zitiert Hitlers Klage, daß „der derzeitige Rückschlag unserer U-Boote auf eine einzige Erfindung unserer Feinde zurückzuführen ist."

---

*) Zum Buch *Chance and Design: Reminiscences of Science in Peace and War* von Alan Hodgkin (Cambridge University Press)

1944 machte Hodgkin Zwischenstation in Washington, und er nützte diese Gelegenheit für einen Besuch des Strahlenlabors am Massachusetts Institute of Technology, wo er von „den scheinbar unerschöpflichen Mengen an Menschen mit einem College-Abschluß in Technik" sehr beeindruckt war, die seinen Kollegen, die am Radar arbeiteten, zur Verfügung standen; „In England", sagt er, „könntest du von Glück sprechen, wenn Du Schulabgänger mit Physik in dem schon mit 16 Jahren erhaltenen Abschlußzeugnis findest." Auch nach dem Krieg wurde dieser Mangel als Hauptgrund für das schlechte Abschneiden der englischen Wirtschaft im Vergleich zum internationalen Wettbewerb gesehen, und erst jetzt haben technisch ahnungslose Mitglieder der Regierung, des Parlaments und der Beamtenschaft das bemerkt. Im Juni 1947 konnte Hodgkin schließlich nach Plymouth zu seinen Forschungsarbeiten über die Riesennervenfasern des Tintenfisches zurückkehren. Am 8. Juli schrieb er an seinen Freund Victor Rothschild, er meinte, den Beweis erbracht zu haben, warum die Spannung der Nervenmembran sich während ihrer Tätigkeit umkehrt: „Der Grund liegt einfach darin, daß die aktive Membran für Na viel durchlässiger wird als für K, aber nicht für alle Ionen frei durchlässig wird (wie die herkömmliche Erregungstheorie besagte)." Im September 1947 bewiesen Hodgkin und Bernard Katz, daß die Umkehrspannung V_{Na} sich in der physiologischen Bandbreite mit der externen Natriumkonzentration verändert, wie es von der Nernst-Gleichung vorausgesagt wird.

$$V_{Na} = \frac{RT}{F} \ln \frac{[Na]_{outside}}{[Na]_{inside}}$$

Im nächsten Jahr bewiesen Hodgkin und Huxley streng quantitativ, daß Ionenströme für die Leitung von Impulsen in der Nervenmembran verantwortlich sind. Sie maßen die zeitliche Veränderung der Membrandurchlässigkeit für Natrium- und Kaliumionen, während die Membranspannung plötzlich wechselt, und zeigten, daß diese Veränderungen die Amplitude und Dauer des sich fortpflanzenden Impulses quantitativ erklären. Zum Beweis ihrer Ergebnisse maß Hodgkins Dissertant Richard Keynes den Ionenfluß mit Hilfe von radioaktivem Natrium und Kalium, das er selbst im Zyklotron des Cavendish Labors in Cambridge hergestellt hatte. 1952 entwickelten Hodgkin und Huxley, die beide mathematisch bewandert waren, Differentialgleichungen, die die Fortpflanzung des Aktionspotentials auf Grund der beobachteten Ionenströme beschrieben.

Man könnte meinen, daß diese Arbeit jeden halbwegs aufgeschlossenen und vernünftigen Wissenschaftler hätte überzeugen sollen, aber laut Hodgkin gab es jede Menge Vorbehalte. Sogar das Nobelpreiskomitee konnte nicht glauben, daß Nervenimpulse nicht durch einen energiegetriebenen Prozeß entlang des Axoplasmas übertragen werden, bis Peter Baker und Trevor Shaw 10 Jahre später das Axoplasma eines Riesennervs eines Tintenfisches mit einer Salzlösung der gleichen Zusammensetzung ersetzten und damit zeigten, daß ein so durchspülter Nerv ohne Mitwirkung eines biochemischen Prozesses fast eine Million Impulse leitet. Wissenschaftler verschließen oft ihre Augen vor neuen Ideen, besonders in ihrem eigenen Fachgebiet.

Neben seiner bedeutenden Arbeit in der Neurophysiologie findet sich noch viel Interessantes in Hodgkins Autobiographie. Für den Physiker gibt es eine technische Beschreibung der Entwicklung von Flugzeugradargeräten. Das Buch enthält auch für jeden Leser interessante, lebhafte Schilderungen seiner glücklichen Kindheit unter den oft exzentrischen Mitgliedern seiner weitverzweigten Quakerfamilie und der Gesellschaft in Cambridge der 30er Jahre. Er erzählt uns zum Beispiel, wie er als Student an einem Hungermarsch der Arbeitslosen nach London teilnahm, mit dabei auch der spätere Spion Guy Burgess, der versteckt unter dem Zippverschluß seines Wollpullovers eine Eton-Kravatte trug, damit er sie im Fall einer Verhaftung durch die Polizei herzeigen könnte. Und als der zweite Spion, Anthony Blunt, am Trinity College ein Forschungsstipendium erhielt, stellte ihn der für seine Entdeckung des Elektrons, aber durchaus nicht für sein Feingefühl berühmte Professor J. J. Thomson mit folgenden Worten vor: „Dies ist das erste Mal, daß wir einem Kunsthistoriker ein Stipendium verleihen, und ich hoffe sehr, es ist das letzte Mal."

Hodgkins Beschreibungen seines ersten Besuchs in New York und seiner mexikanischen Reise sind belebt mit seinen reizenden Briefen an seine Mutter. Am Rockefeller-Institut war er über das gut ausgestattete Labor, das man ihm zur Verfügung stellte, angenehm überrascht, hatte er sich doch in Cambridge alle Geräte für seine Versuche selbst herstellen müssen. Hodgkin erzählt über seine Liebe zu Peyton Rous ältester Tochter Marni, von ihrer glücklichen Heirat nach langer Trennung während der Kriegsjahre und schließlich über seine Nobelpreisverleihung gemeinsam mit Huxley und John Eccles, der den Preis für seine Grundlagenforschung über synaptische Erregungsübertragung erhielt.

In diesem amüsanten Buch lernt man Hodgkin als herzlichen und menschlichen Wissenschaftler kennen, der sich vor und nach der Verleihung des Nobelpreises leidenschaftlich und vorbehaltlos seiner Forschung widmete. 36 Jahre lang führte er die meisten Versuche selbst durch und fand trotzdem Zeit für seine Familie, Zeit für Literatur, Malerei und Musik, Zeit zum Beobachten von Vögeln und zur Pflege langjähriger Freundschaften mit vielen bedeutenden Persönlichkeiten. Feinde hat er keine.

Mein Buch der Zitate

Van het concert des levens
krijgt niemand een programma.

(Für das Konzert des Lebens
bekommt niemand ein Programm)

Holländischer Spruch

Wieviel sind Deine Werke Oh Gott.
Wer fasset ihre Zahl?

Haydn in: Die Schöpfung

Über Wissenschaft und Wissenschaftler

It cannot be that axioms established by argumentation can suffice for the discovery of new works, since the subtlety of nature is greater many times than the subtlety of argument.

(Aus Argumenten abgeleitete Axiome führen zu keinen neuen Entdeckungen, denn die Natur ist viel raffinierter als alle Argumente.)

Sir Francis Bacon

Nature and Nature's laws lay hid in night,
God said: "Let Newton be", and all was light.

(Natur und Naturgesetze lagen im Dunkeln verborgen,
Gott sprach: „Es werde Newton," und es ward Licht.)

Alexander Pope

In experimental philosophy particular propositions are inferred from the phenomena and afterwards rendered general by induction.

(In der experimentellen Naturforschung werden einzelne Lehrsätze von Naturerscheinungen abgeleitet und dann durch Induktion verallgemeinert.)

Newton in: Scholium to Principia

Newton, when asked how he made discoveries: "By always thinking about them. I keep the subject constantly before me and wait until the first dawnings open little by little into the full light."

(Newton auf die Frage, wie er Entdeckungen machte: „Indem ich immer daran denke. Ich habe das Thema ständig vor Augen und warte, bis mir Schritt für Schritt die Erkenntnis dämmert und schließlich ans Licht kommt.")

Zitiert von Cyril Hinshelwood in: *Nature* 207: 1057 (1965)

Men that look no further than their outsides, think health an appurtenance unto life, and quarrel with their constitutions for being ill; but I, that have examined the parts of man, and know upon what tender filaments that fabric hangs, do wonder that we are not always ill; and considering the 1000 doors that lead to death do thank my God that we can die but once.

(Leute, die sich nur von Außen ansehen, glauben, Gesundheit gehört zum Leben und hadern mit ihrer Verfassung, wenn sie krank sind, aber ich, der ich die Bestandteile des menschlichen Körpers untersucht habe und weiß, an welchen zarten Banden sie hängen, wundere mich, daß wir nicht immer krank sind; und angesichts der tausend Tore, die zum Tod führen, danke ich meinem Gott, daß wir nur einmal sterben können.)

Sir Thomas Browne in: *Religio Medici* (1643)

Of experiments intended to illustrate a preconceived truth and convince people of its validity: a most venomous thing in the making of sciences; for whoever has fixed on his cause, before he has Experimented, can hardly avoid fitting his Experiment to his cause, rather than the cause to the truth of the Experiment itself.

(Über Versuche, die vorhaben, Leute von einer vorgefaßten Meinung zu überzeugen: Gift für die Forschung. Denn einer, der sich schon vor seinen Experimenten an ihren Zweck bindet, wird unfehlbar das Experiment dem Zweck anpassen, anstatt den Zweck dem Resultat des Experiments.)

Thomas Spratt in: *History of the Royal Society* (1667)

The utmost effort of human reason is to reduce the principles, productive of natural phenomena, to a greater simplicity, and to resolve many particular effects into a few general causes, by means of reasonings from analogy, experience and observation. But as to the cause of these general causes, we should in vain attempt their discovery; nor should we ever be able to satisfy ourselves by any particular exploration of them.

(Der höchsten Anstrengung des menschlichen Verstandes gelingt es, Naturphänomene zu vereinfachen und viele Einzeleffekte auf Grund von Analogien, Erfahrungen und Beobachtungen auf wenige allgemeine Ursachen zurückzuführen. Aber nach den Ursachen dieser Ursachen suchen wir vergeblich und ihre Erforschung wird uns nie befriedigen.)

David Hume in: *On human Understanding*

The initiative for the kind of action that is distinctly scientific is held to come, not from the apprehension of "facts", but from an imaginative preconception of what might be true.

(Die Initiative für ein wirklich wissenschaftliches Unterfangen entspringt nicht der Wahrnehmung von Tatsachen, sondern einer fantasievollen Vorstellung dessen, was wahr sein könnte.)

Peter Medawar über Karl Poppers *Hypothetico-deductive Method* in: *Induction and Intuition*

Scientific reasoning is a kind of dialogue between the possible and the actual, between what might be and what is in fact the case.

(Wissenschaftliches Denken ist eine Art Zwiegespräch zwischen dem Möglichen und dem Tatsächlichen, zwischen dem, was sein könnte, und dem, was tatsächlich der Fall ist.)

If we accept falsifiability as a line of demarcation, we obsiously cannot accept into science any system of thought (for instance psycho-analysis) which contains a built-in antidote to disbelief: to discredit psycho-analysis is an aberration of thought which calls for psycho-analytical treatment.

(Wenn wir die Grenze dessen, was wir wissenschaftlich nennen, bei Widerlegbarkeit ziehen, dann können wir kein Gedankensystem als wissenschaftlich bezeichnen, wenn darin schon ein Mittel gegen Skepsis eingebaut ist, wie zum Beispiel in der Psychoanalyse: sie zu verleugnen ist ein Irrtum, der der Psychoanalyse bedarf.)

Peter Medawar in: *Induction and Intuition*

Psychoanalyse ist jene Geisteskrankheit, für deren Therapie sie sich hält.

Karl Kraus[1]

It is high time laymen recognised the misleading belief that scientific enquiry is a cold dispassionate enterprise, bleached of imaginative qualities, and that a scientist is a man who turns the handle of discovery: for at every level of endeavour scientific research is a passionate undertaking, and the Promotion of Natural Knowledge depends above all upon a sortie into what can be imagined, but is not yet known.

(Es ist höchste Zeit, daß Laien den falschen Glauben aufgeben, die Forschung sei ein nüchternes, rein sachliches Unterfangen, arm an Fantasie, und ein Wissenschaftler sei ein Mensch, der die Kurbel der Entdeckung dreht: Denn die wissenschaftliche Forschung ist auf allen Stufen leidenschaftlich, und Fortschritt hängt in höchstem Maße von dem ab, was vorstellbar, aber noch unbekannt ist.)

Peter Medawar in: *Times Literary Supplement* (25. Oktober 1963)

There is a real world independent of our senses; the laws of nature were not invented by man, but forced upon him by the natural world.

(Es gibt eine wirkliche Welt unabhängig von unseren Sinnen: Die Naturgesetze wurden nicht vom Menschen erfunden, sondern wurden ihm von der Natur aufgezwungen.)

Max Planck in: *Philosophy of Physics*

Wenn ein Problem im Prinzip gelöst ist, ist es noch lange nicht im konkreten Fall gelöst. Neue Erkenntnisse werden im allgemeinen nicht in derartig deduktiver Weise gewonnen, wenn es auch hinterher so aussieht. Zunächst muß der Zufall zu Hilfe kommen.

Manfred Eigen anläßlich der Nobelpreisverleihung (1967)

If you go on hammering away at a problem, it seems to get tired, lies down and lets you catch it.

(Wenn man an einem Problem drauflos hämmert, scheint es zu ermüden, legt sich nieder und läßt sich einfangen.)

W. L. Bragg

We do not suggest that science invented intellectual honesty, but we do suggest that intellectual honesty invented science.

(Wir behaupten nicht, daß die Wissenschaft die intellektuelle Ehrlichkeit erfunden hat, sondern wir behaupten, daß intellektuelle Ehrlichkeit die Wissenschaft erfunden hat.)

Jim Erikson, zitiert in Fußnote 42 in: *Rationality of Scientific Revolutions*
in: Rom Harre, Ed. *Problems of Scientific Revolutions* (1975)

Leonardo explained that men of genius sometimes accomplish most when they work least.

(Leonardo erklärte, daß Genies oft am meisten schaffen, wenn sie am wenigsten zu arbeiten scheinen.)

Vasari in: *Lives of the Artists*

Was fruchtbar ist allein ist wahr.

Goethe

When anybody contradicted Einstein he thought it over, and if he was found wrong he was delighted, because he felt that he had escaped from an error, and that now he knew better than before.

(Wenn jemand Einstein widersprach, dachte er darüber nach, und wenn es sich herausstellte, daß er irrte, war er hocherfreut, denn er meinte, einem Irrtum entronnen zu sein und es jetzt besser zu wissen als vorher.)

Otto Robert Frisch über Einstein

The ardour of my mind is so ungovernable that every object that interests me engages my whole attention, and is pursued with a degree of indefatigable zeal which approaches to madness.

(Das Feuer meines Geistes ist so unbezwinglich, daß jeder Gegenstand meines Interesses meine gesamte Aufmerksamkeit beansprucht, und mit einem unermüdlichen Eifer verfolgt wird, der an Wahnsinn grenzt.)

Graf Rumford an Pictet (1800)

Der Zwang zum Wissen ist wie eine Trunksucht, wie Liebesverlangen, wie Mordlust, indem sie einen Charakter aus dem Gleichgewicht wirft. Es stimmt doch gar nicht, daß der Wissenschaftler hinter der Wahrheit her ist, sie ist hinter ihm her. Er leidet darunter.

Robert Musil in: *Der Mann ohne Eigenschaften*

The real scientist is ready to bear privation, if need be starvation, rather than let anyone dictate to him which direction his research must take.

(Der wahre Wissenschaftler ist bereit, Entbehrungen zu erdulden, ja sogar zu verhungern, bevor er sich von irgend jemandem vorschreiben läßt, welche Richtung seine Forschung zu nehmen hat.)

Albert Szent-Györgyi in: *Science Needs Freedom* (1943)

Noch nie hat die Natur, nach Erklärung eines ihrer wunderbaren Vorgänge, als ein entlarvter Jahrmarktsscharlatan dagestanden, der den Ruf des Zaubern-Könnens verloren hat; stets waren die natürlichen ursächlichen Zusammenhänge großartiger und tiefer ehrfurchtsgebietend als selbst die schönste mythische Deutung.

Konrad Lorenz

I don't know what's the matter with people; they don't learn by understanding: they learn some other way, by rote, or something. Their knowledge is so fragile.
(Ich weiß nicht, was mit den Menschen los ist; sie lernen nicht durch Verständnis: Sie lernen irgendwie anders, rein mechanisch oder so ähnlich. Ihr Wissen ist so zerbrechlich.)

Richard Feynman in: *You Must be Joking Mr. Feynman*

Es gibt eine eigentümliche Faszination der Technik, eine Verzauberung der Gemüter, die uns daran bringt, zu meinen, es sei ein fortschrittliches und ein technisches Verhalten, daß man alles, was technisch möglich ist, auch ausführt. Mir scheint das nicht fortschrittlich, sondern kindisch.

Carl Friedrich von Weizsäcker in: *Bedingungen des Friedens*

One concrete example is better than a mountain of prose.

(Ein konkretes Beispiel ist besser als ein Berg Prosa.)
Freeman Dyson in: *Scientific American*

Be not the first by whom the new is tried,
Nor yet the last to set the old aside.

(Sei nicht der erste, der das Neue ausprobiert,
aber auch nicht der letzte, der das Alte zur Seite legt.)
Alexander Pope

It was a reaction from the old idea of protoplasm, a name which was a mere repository of ignorance.

(Es war eine Reaktion gegen die alte Idee des Protoplasmas, ein Name, der nichts als Unwissenheit in sich trägt.)
J. B. S. Haldane in: *Perspectives in Biochemistry* (1938)

If we were compelled to suggest a model we would propose Mother's Work Basket – a jumble of beads and buttons of all shapes and sizes, with pins and threads for good measure, all jostling about and held together by "colloidal forces".

(Wären wir gezwungen, ein Modell aufzustellen, würden wir Mutters Arbeitskorb vorschlagen – ein Gewirr von Perlen und Knöpfen in allen möglichen Formen und Größen, mit passenden Nadeln und Fäden, die sich gegenseitig stoßen und drängen und von „Kolloidkräften" zusammengehalten werden.)
Francis Crick über das Protoplasma (1949)

What is called myself is, I feel, done by something greater than myself within me.

(Was mein Ich genannt wird, ist – glaube ich – von etwas Größerem geschaffen als dem, was in mir ist.)
Clerk Maxwell auf seinem Totenbett

Man soll einen ehrlichen Menschen achten, auch wenn der andere Meinungen hat und vertritt als man selbst.
Albert Einstein

Ich habe nichts dagegen, wenn Sie langsam denken, Herr Doktor, aber ich habe etwas dagegen, wenn Sie rascher publizieren, als Sie denken.
Wolfgang Pauli

A first rate laboratory is one where mediocre scientists can produce outstanding work.

(Ein erstklassiges Laboratorium ist eines, wo mittelmäßige Wissenschaftler außergewöhnliche Arbeiten vollbringen.)

P. M. S. Blackett

La science n'a pas de patrie, mais le savant doit en avoir une.

(Die Wissenschaft hat kein Vaterland, aber der Wissenschaftler sollte eines haben.)

Louis Pasteur

I am just a chap who messes around in the lab.

(Ich bin nur ein Kerl, der im Labor herumpfuscht.)

Fred Sanger zum Autor (14. Oktober 1978)

What is known for certain is dull.
I rarely plan my research; it plans me.

(Was man sicher weiß, ist langweilig.
Ich plane meine Forschung selten; sie plant mich.)

Max Perutz

L'art du chercheur, c'est d'arbord de se trouver un bon patron.

(Die Kunst des Wissenschaftlers ist es, vor allem sich einen guten Lehrer zu finden.)

André Lwoff

I was obliged, at last, to come to the conclusion that the contemplation of nature alone is not sufficient to fill the human heart and mind.

(Ich mußte schließlich erkennen, daß die Betrachtung der Natur allein nicht ausreicht, um das Herz und den Geist des Menschen zu erfüllen.)

H. W. Bates in: *The Naturalist on the Amazon,* p. 274

I cannot understand what makes scientists tick. They are always wrong and they always go on.

(Ich kann nicht verstehen, was Wissenschaftler antreibt. Sie irren sich immer, aber machen immer weiter.)

Fred Hoyle in: *The Black Cloud*

Cosmologists are often in error, but never in doubt.

(Kosmologen irren oft, aber zweifeln nie.)

Lev Landau

Science sans conscience n'est que le ruine de l'âme.

(Wissenschaft ohne Gewissen ist das Verderben der Seele.)
Rabelais in: *Pantagruel* (1332)

It takes many years of training to ignore the obvious.

(Man braucht viele Jahre der Übung, um das Offensichtliche zu übersehen.)
The Economist über Theories of Economic Growth

In Eurem Kopf liegt Wissenschaft und Irrtum, geknetet innig wie ein Teig zusammen; mit jedem Schnitt gebt ihr mir von Beidem.
Heinrich Kleist in: *Der Zerbrochne Krug2*

Success in science comes from people, not equipment.

(Der Erfolg in der Wissenschaft kommt von Menschen, nicht von Geräten.)

The more fundamental a scientific law the more briefly it can be stated.

(Je grundlegender ein wissenschaftliches Gesetz ist, desto kürzer kann es formuliert werden.)

We should not worry if students don't know everything, but only if they know everything badly.

(Wir sollten uns nicht sorgen, wenn Studenten nicht alles wissen, sondern nur, wenn sie alles schlecht wissen.)

Secrecy in science robs it of the main element that keeps it healthy: scientific public opinion.

(Geheimniskrämerei in der Wissenschaft beraubt sie von dem wichtigsten Element, das sie gesund erhält: der wissenschaftliche öffentliche Meinung.)

Errors are many, truth is unique.

(Es gibt viele Irrtümer, aber nur eine Wahrheit.)
Peter Kapitsa

François Jacob: La Souris, La Mouche et l'Homme

Es ist nicht das Wissen, sondern das Nichtwissen, das gefährlich ist.

Wie die Kunst ist die Wissenschaft keine Kopie der Natur. Sie erschafft sie neu.

Hat die Wissenschaft das Glück versprochen? Sie hat die Wahrheit versprochen und fragt sich, ob man jemals aus der Wahrheit das Glück finden kann.

Es ist nicht genug, die Wahrheit zu sagen. Man muß die ganze Wahrheit sagen. Nichts sollte geheim gehalten werden. In diesem Punkt trägt der Wissenschaftler die ganze Verantwortung.

Märchen und Sagen können dem natürlichen Hausverstand besser näher stehen als die Aussagen von Biochemikern und Molekularbiologen.

Dädalos versinnbildlicht ein Übel unserer Zeit: den hochfliegenden Techniker, der seine Talente Ideologien zur Verfügung stellt, ohne sich um deren Bedeutung und Werte zu kümmern.

In der Poesie kann der Inhalt so zusammenschrumpfen, daß die Ästhetik eines Gedichtes nur mehr in seinem Rhythmus liegt, in der Musik der Worte. Dagegen bestimmt in der Wissenschaft der Inhalt allein den Wert eines Werkes. Und der Inhalt eines Aufsatzes oder eines wissenschaftlichen Buches kann oft in ein paar Sätzen zusammengefaßt werden.

Lewis Thomas meinte, man sollte die Bedeutung einer Arbeit am Grad des Erstaunens messen, das sie hervorruft.

Allgemeine Fragen führen nur zu beschränkten Anworten. Dagegen haben enge Fragen oft zu allgemeinen Gesetzen geführt.

Im Laufe der Zeit macht einem die Expertise in einem Fach zu einem Gefangenen dessen, was man tut und was man weiß.

Einige rühmen die Verwendung des gefrorenen Spermas von weise ausgewählten Spendern. Ja einige preisen sogar das Sperma von Nobelpreisträgern. Nur wenn man Nobelpreisträger nicht kennt, würde man sie so reproduzieren wollen.

Über Retortenbabys. Jahrtausendelang hat man versucht, das Vergnügen zu genießen ohne Kinder zu zeugen. Schließlich wird man Kinder ohne Vergnügen zeugen.

Aber das Außergewöhnliche an der Geburt eines Kindes, das Wundervolle am Erscheinen eines neuen menschlichen Wesens, ist nicht die Art des Gefäßes, in dem der erste Schritt vor sich geht. Auch nicht einmal der Erfolg, diese ganze Entwicklung in einer Retorte zu bewerkstelligen. Das Unglaubliche ist der Vorgang an sich. Es ist das Zusammentreffen des Spermas mit dem Ei, das eine unermeßliche Reihe an Reaktionen hervorruft, hunderttausende Reaktionen, die hintereinander ablaufen, einander überlappen und überkreuzen in einem unglaublich komplexen Netzwerk. Das endet, unter welchen Umständen auch immer, im Erscheinen eines menschlichen Babys und nicht eines kleinen Kanarienvogels, einer Giraffe oder eines Schmetterlings.

Das menschliche Gehirn ist vielleicht nicht fähig, das menschliche Gehirn zu verstehen.

Die Briefe Darwins

The old saying, *vox populi, vox dei* cannot be trusted in science.

(Dem alten Spruch, *die Stimme des Volkes sei die Stimme Gottes,* kann in der Wissenschaft nicht getraut werden.)

Charles Darwin in: *Origin of Species,* 6. Ausgabe, p. 134 (1872)

Whether true or false, others must judge; for the firmest conviction of the truth of a doctrine by its author, seems, alas, not to be the slightest guarantee of truth.

(Ob wahr oder falsch, müssen andere entscheiden; denn ist der Autor von der Wahrheit seiner Aussage auch noch so fest überzeugt, scheint dies leider nicht die geringste Gewährleistung für ihre Wahrheit zu sein.)

Charles Darwin, Brief an Lyell (25. Juni 1858)

I am just beginning to discover the difficulty of expressing one's ideas on paper. As long as it consists solely of descriptions it's pretty easy; but when reasoning comes into play, to make a proper connection, a clearness and a moderate fluency, is to me, as I have said, a difficulty of which I had no idea.

(Ich entdecke gerade eben, wie schwierig es ist, seine eigenen Ideen am Papier auszudrücken. Solange es sich nur um Beschreibungen handelt, ist es recht leicht, aber sobald Überlegungen ins Spiel kommen, um einen geeigneten Zusammenhang herzustellen, in klarem und einigermaßen flüssigem Stil, wird es für mich so schwierig, wie ich nie gedacht hätte.)

Charles Darwin gegen Ende von: *Voyage of the Beagle*

Talk of fame, honour, pleasure, wealth, all dirt compared to affection.

(Reden über Ruhm, Ehre, Vergnügen, Reichtum – alles Mist, verglichen mit Zuneigung.)

Charles Darwin an Hooker (1860)

It is seldom that one individual has the power of giving another such a sense of pleasure as you have this day granted me. I know not whether the conviction of being loved, be more delightful or the corresponding one of loving in return.
(Selten hat ein einzelner Mensch die Macht, einem anderen ein solches Gefühl der Freude zu verschaffen, wie Du mir heute gegeben hast. Ich weiß nicht, ob die Überzeugung, geliebt zu werden, wunderbarer ist, oder umgekehrt, die, den anderen zu lieben.)

Charles Darwin an seine Schwester Caroline (6. April 1832)

In short, I am convinced it is a most ridiculous thing to go around the world when by staying quietly, the world will go around you.

(Kurz gesagt, bin ich überzeugt, daß es höchst lächerlich ist, um die Welt zu reisen, wo sich doch, wenn Du ruhig bleibst, die Welt sich um Dich dreht.)

Charles Darwin, Brief aus Südamerika (1836)

William Shakespeare[3]

Es gibt mühevolle Spiele, und die Arbeit
Versüßt die Lust dran; mancher schnöde Dienst
Wird rühmlich übernommen, und das Ärmste
Führt zu dem reichsten Ziel.

Ferdinand in: Der Sturm

Sag', ist mein Reich hin? War's doch meine Sorge;
Welch ein Verlust denn, sorgenfrei zu sein?

Richard II zu Scroop

Oft ist's der eigne Geist, der Rettung schafft,
Die wir beim Himmel suchen. Unsrer Kraft
Verleiht er freien Raum, und nur dem Trägen,
Dem Willenlosen stellt er sich entgegen.

Helena in: Ende gut, alles gut

Der Ehre Saat
Gedeiht weit minder durch der Ahnen That,
Als eignen Wert;

Der König in: Ende gut, alles gut

Am Stirnhaar laß den Augenblick uns fassen,
Denn wir sind alt, und unsre schnellsten Pläne
Beschleicht der unhörbare leise Fuß
Der Zeit, eh' sie vollzogen sind.

Der König in: Ende gut, alles gut

Du bist nicht nach der Sitte dieser Zeiten,
Wo niemand mühn sich will als um Beförderung.

Orlando in: Wie es euch gefällt

Was Menschen Übles thun, das überlebt sie,
Das Gute wird mit ihnen oft begraben.

Marcus Antonius in: Julius Cäsar

Wer bessern will, verdirbt oft das Gute.

Herzog von Albanien in: *König Lear*

Krankheit versäumt jeden Dienst, zu dem
Gesundheit ist verpflichtet; wir sind nicht wir,
Wenn die Natur, im Druck, die Seele zwingt,
Zu leiden mit dem Körper.

König Lear in: *König Lear*

Dem edleren Gemüte
Verarmt die Gabe mit des Gebers Güte.

Ophelia in: *Hamlet, Prinz von Dänemark*

Die Sprache, die ich vierzig Jahr gelernt,
Mein mütterliches Englisch soll ich missen;
Und meine Zunge nützt mir nun nicht mehr
Als, ohne Saiten, Laute oder Harfe,
Ein kunstreich Instrument in einem Kasten,
Das, aufgethan, in dessen Hände kommt,
Der keinen Griff kennt, seinen Ton zu stimmen,
Ihr habt die Zung' in meinen Mund gekerkert.

Mowbray, Herzog von Norfolk, bei seiner Verbannung
in: *König Richard der Zweite*

Herr, Weise jammern nie ihr Weh,
Sie schneiden gleich des Jammers Wege ab.

Bischof von Carlisle zu Richard II

George Eliot

Und wenn man dann seine Meinung äußert, dann ist es reine Dummheit, es nicht mit einem Anschein von Überzeugung und wohlbegründetem Wissen zu tun. Man macht eine Meinung zu seiner eigenen, wenn man sie ausspricht, und natürlich erwärmt man sich selbst für sie.

Die Mühle am Floss[4]

Having early had reason to believe that things were not likely to be arranged for her peculiar satisfaction, she wasted no time in astonishment or annoyance at that fact.

(Da sie schon früh erkennen mußte, daß sich die Dinge nicht nach ihren Wünschen entwickelten, verlor sie keine Zeit damit, sich darüber zu erstaunen oder zu ärgern.)

The Mill on the Floss

The Vicar did feel then as if his share of duties would be easy. But duty has a trick of behaving unexpectedly – something like a heavy friend whom we have amiably asked to visit us, and who breaks his leg within our gates.

(Der Vikar hatte das Gefühl, daß sein Anteil an Pflichten leicht zu erfüllen wäre. Aber die Pflicht entwickelt sich oft unerwartet – wie ein schwerer Freund, den wir freundlich eingeladen haben, und der sich an unserer Schwelle das Bein bricht.)

Middlemarch

He was a creature who entered into everyone's feelings and could take the pressure of their thought instead of urging his own with iron insistance.

(Er konnte sich in andere leicht einfühlen und ihre Gedanken nachempfinden, statt ihnen seine eigenen mit eiserner Beharrlichkeit aufzudrängen.)

Middlemarch

Men outlive their love, but they don't outlive the consequences of their recklessness.

(Männer überleben ihre Liebe, aber sie überleben nicht die Folgen ihres Leichtsinns.)

Middlemarch

Boris Pasternak: Doktor Schiwago[5]

Aber [das Evangelium] sagt: ... [es gibt] keine Völker, sondern nur Individuen.

..., für mich aber ist die Hauptsache, daß Christus in Gleichnissen aus dem täglichen Leben spricht, wenn er die Wahrheit im Licht der Alltäglichkeit erläutert. Dem liegt der Gedanke zugrunde, daß der Umgang zwischen Sterblichen unsterblich ist und das Leben symbolisch, weil voller Bedeutung.

Bewußtsein ist Licht, das nach außen drängt, Bewußtsein beleuchtet unseren Weg, damit wir nicht straucheln.

Um Gutes zu tun, fehlte ihm bei seiner Prinzipienfestigkeit die Prinzipienlosigkeit des Herzens, die keine allgemeinen Fälle, sondern nur Einzelfälle kennt und dadurch groß ist, daß sie das Kleine tut.

Er meinte, die Kunst tauge nicht für einen Beruf, so wie auch angeborener Frohsinn oder Neigung zur Melancholie kein Beruf sein kann. Er interessierte sich für Physik und Naturwissenschaft und fand, im praktischen Leben müsse man sich etwas Gemeinnützigem widmen.

Warum befreien sich die intellektuellen Führer der Juden nie von Weltschmerz und Ironie? Warum sagen sie nicht zu den Juden: „Jetzt ist's genug. Haltet ein! Klammert Euch nicht an Eure Identität; drängt Euch nicht alle zusammen! Verstreut Euch unter den Anderen!"

Ich war auch revolutionär gestimmt, aber jetzt meine ich, mit Gewalt ist nichts zu erreichen. Gutes ist nur mit Gutem zu schaffen.

Bertrand Russell

Uncertainty, in the presence of vivid hopes and fears, is painful, but must be endured if we wish to live without the support of comforting fairy tales.

(Angesichts lebhafter Hoffnungen und Ängste ist Ungewißheit schmerzhaft, muß aber ertragen werden, wenn wir ohne tröstende Märchen leben wollen.)

History of Western Philosophy, p. 8

To teach people to live without certainty, and yet without being paralysed by hesitation, is perhaps the chief thing that philosophy, in our age, can still do for those who study it.

(Die Menschen zu lehren, ohne Gewißheit zu leben, und trotzdem nicht durch Zögern gelähmt zu sein, ist vielleicht das Wichtigste, das die Philosophie jetzt noch für jene tun kann, die sie studieren.)

History of Western Philosophy, p. 11

Contact with those who have no doubts has intensified a thousandfold my own doubts, not about socialism itself, but as to the wisdom of holding a creed so firmly that for its sake men are willing to inflict widespread misery.

(Kontakt mit jenen, die keine Zweifel hegen, hat meine eigenen Zweifel vertausendfacht; nicht am Sozialismus an sich, sondern ob es weise ist, so fest von etwas überzeugt zu sein, daß Menschen bereit sind, dafür weitverbreitetes Unglück zu stiften.)

The Theory and Practice of Bolshevism

The success of non-violent resistance depends upon certain virtues in those against whom it is employed. When the Indians lay down on railways, and challenged the authorities to crush them under trains, the British found such cruelty intolerable. But the Nazis had no such scruples.
(Der Erfolg von gewaltlosem Widerstand hängt von bestimmten Tugenden derer ab, gegen die er sich richtet. Als die Inder sich auf die Schienen legten und den Behörden drohten, sich von den Zügen niederfahren zu lassen, war solche Grausamkeit für die Engländer unerträglich. Aber die Nazis hatten keine solchen Skrupel.)

Autobiography Pt. II, p. 192

One should not demand of anybody everything that adds value to a human being. To have some of them is all that should be demanded.

(Man sollte von niemandem verlangen, daß er alles besitzt, was einen Menschen wertvoll macht. Etwas davon zu haben, ist alles, was man verlangen kann.)

On the Webs in Portraits from Memory

He had a great love of mankind combined with a contemptuous hatred for most individual men.

(Er liebte die Menschheit und haßte und verachtete alle einzelnen Menschen.)

On the Webs in Portraits from Memory

Einstein's ... is a kind of simplicity which comes of thinking only about the subject concerned, and forgetting completely its relation to one's own ego.

(Bei Einstein kam eine Art Einfachheit davon, daß er nur über den zu behandelnden Gegenstand nachdachte und dabei völlig die Beziehung zum eigenen Ich vergaß.)

Listener (30. April 1959)

Do not fear to be eccentric in opinion, because every opinion now accepted was once eccentric.

(Fürchte nicht, eine exzentrische Meinung zu vertreten, denn jede heute gültige Meinung war einmal exzentrisch.)

In fact, no opinion should be held with fervour. No-one holds with fervour that 7 x 8 = 56, because it is known that this is the case. Fervour is necessary only in commending an opinion which is doubtful or demonstrably false.

(Tatsächlich sollte eine Meinung nie leidenschaftlich vertreten werden. Keiner steht mit Leidenschaft dahinter, daß 7 x 8 = 56 richtig ist, denn jeder weiß es. Leidenschaft braucht man nur zur Vertretung einer Meinung, die zweifelhaft oder falsch ist.)

Voltaire, zitiert von Bertrand Russell

Verschiedene Autoren

Morallehren

Non nobis nati sumus. (Wir sind nicht für uns allein geboren.)

Cicero, *De Officiis*

The concept of "if I were you", is the fundamental moral concept.

(Die Idee „wäre ich an deiner statt" ist die Grundidee der Moral.)

Philip Toynbee, *The Observer* (23. Dezember 1962)

Example is not the main thing in influencing others; it is the only thing.

(Beispiel ist nicht die wichtigste Art, andere zu beeinflussen; es ist die einzige Art.)

Albert Schweitzer (23. Oktober 1955)

Love men, slay errors!

(Liebe die Menschen, erschlage die Fehler!)

Heiliger Augustinus

Without humility rectitude is blind and no amount of competence can save it.

(Ohne Demut ist Rechtschaffenheit blind und noch so große Fähigkeit kann sie nicht retten.)

The Times über Neville Chamberlain

Gastfrei zu sein vergesset nicht; denn dadurch haben etliche ohne ihr Wissen Engel beherbergt.

Der Brief an die Hebräer XIII: 2

When Thou givest to Thy Servants to endeavour any great matter, grant us also to know that it is not the beginning but the continuing of the same, until it is thoroughly finished, which yieldeth the true glory.

(Wenn du deine Diener etwas Großes unternehmen läßt, dann laß uns auch erkennen, daß nicht das Beginnen, sondern die Fortführung bis zur Vollendung den wahren Ruhm bringt.)

Sir Francis Drake

Es ist nichts außerhalb des Menschen, das ihn könnte gemein machen, so es in ihn geht; sondern was von ihm ausgeht, das ist's, was den Menschen gemein macht.

Jesus in: Evangelium des Markus, 7. Kapitel, 15, über jüdische Fastenregeln

Jamais on ne fait le mal si pleinement et si gaiement que quand on le fait par conscience.

(Niemals geschieht das Böse so einfach und froh wie aus Gewissensgründen.)

Pascal

For Montaigne the conduct of the Spaniards in the New World was the supreme example of the failure of Christianity. Hypocrisy and cruelty go together and are unified in zeal.

(Für Montaigne war das Benehmen der Spanier in der Neuen Welt das beste Beispiel für das Versagen des Christentums. Heuchelei und Grausamkeit gehen Hand in Hand und werden vom Eifer geeint.)

Judith Shklar, *Daedalus* (Sommer 1982)

Great God, how can we possibly be always right and the others always wrong?

(Gütiger Himmel, wie können wir denn immer recht haben und die anderen immer unrecht?)

Montesquieu, *Cahiers*

Montesquieu glaubte, daß „Wissen die Menschen weichherzig macht" und Unwissen ihre Herzen verhärtet.

Le pittoresque est la misère des autres.

(Das Malerische ist das Elend der anderen.)

Weill

Ohne Freiheit gibt es kein sittliches Handeln: Unfreiheit hebt die höchsten Wertmaße auf. Gib Dich um keinen Preis in die Macht der Menschen.

F. A. Kaufmann, zitiert von Herbert Peiser

First they came for the Jews and I did not speak out – because I was not a Jew. Then they came for the communists and I did not speak out – because I was not a communist. Then they came for the trade unionists and I did not speak out – because I was not a trade unionist. Then they came for me – and there was no one left to speak out for me.

(Zuerst holten sie die Juden, und ich sprach nicht dagegen – da ich kein Jude war. Dann holten sie die Kommunisten, und ich sprach nicht dagegen – da ich kein Kommunist war. Dann holten sie die Gewerkschaftler, und ich sprach nicht dagegen – da ich kein Gewerkschaftler war. Dann holten sie mich – und es gab niemanden mehr, der für mich sprach.)

Pastor Niemöller

A hundred good turns are forgotten more easily than one bad one.

(Hundert gute Taten werden leichter vergessen als eine schlechte.)

An injury is never forgiven.

(Ein Unrecht wird niemals verziehen.)

Cosimo di Medici

Men must consider more than the moment when making judgements with Nature.

(Die Menschen müssen sich über den Augenblick hinwegsetzen, wenn sie über die Natur richten.)

R. W. Decker in: *Encyclopedia Britannica Science Yearbook* (1971)

Und der Abreisende begann nur noch von sich selbst zu reden und merkte nicht, daß das für die anderen nicht so interessant war wie für ihn.

Leo Tolstoj in: *Die Kosaken*6

Never lift a foot until you come to the stile.

(Heb nie den Fuß, ehe du den Zauntritt erreicht hast.)

Sprichwort

It is nothing to be proud of that your parents are rich enough to keep your hands clean of joyless, killing toil, at an age when many better men are rich in slavery.

(Du brauchst nicht stolz zu sein, daß deine Eltern reich genug sind, damit du deine Hände nicht mit freudloser, tödlicher Plackerei beschmutzen mußt, während viele Bessere gleichen Alters in der Versklavung reich sind.)

T. H. Huxley

Geschichte und Politik

Jede Umkehr der Welt hat jene Enterbte,
Denen das Frühere nicht mehr,
Und noch nicht das Nächste gehört.

Rainer Maria Rilke

It arose from the common fallacy that attributes too much importance to the part played in human affairs by deliberate intent.

(Es entstand durch den weitverbreiteten Irrtum, der der vorsätzlichen Absicht in menschlichen Angelegenheiten zu viel Bedeutung zubilligt.)

Harold Nicholson, *The Observer* (April 1955)

Professor J. Z. Young urged speakers not to be apocalyptic, but to remember that at each stage of history thoughtful people had maintained that the world was in a very unpromising condition.

(Professor J. Z. Young forderte die Redner auf, keine Weltuntergangsstimmung zu verbreiten, sondern sich zu erinnern, daß nachdenkliche Menschen schon immer der Meinung waren, die Welt wäre in einem recht aussichtslosen Zustand.)

Nature 1954; 174: 817

In all negotiations of difficulty, a man may not look to sow and reap at once, but must prepare business, and so ripen it by degrees.

(Bei schwierigen Verhandlungen darf ein Mensch nicht säen und gleich ernten wollen, sondern muß seine Sache vorbereiten und Schritt für Schritt reifen lassen.)

Sir Francis Bacon, Essay 47, Of Negotiating

Nations, like people, are inconsistent in their character, which changes according to mood and circumstance and the way they are treated by others.

(Völker sind wie die Menschen selbst unbeständig in ihrem Wesen, das je nach Laune und Umständen wechselt und davon abhängigt, wie sie von anderen behandelt werden.)

Max Perutz

Everything is always decided for reasons other than the real merits of the case.

(Alles wird immer aus Gründen entschieden, die nichts mit der Sache selbst zu tun haben.)

Maynard Keynes über die Regierung Lloyd Georges,
zitiert von Roy Harrod, Life of Keynes

The history of the industrial revolution gives no support to the view that a bleak present is a necessary, or even a plausible, preliminary to a glorious future.

(Die Geschichte der industriellen Revolution gibt keinen Halt dafür, daß eine trübe Gegenwart die notwendige, oder gar plausible Voraussetzung für eine reiche Zukunft ist.)

Nathan Rosenberg in: How the West Grew Rich

The Gods' interference does not acquit men of folly; rather it is men's desire for transferring responsibility for folly.

(Das Eingreifen der Götter enthebt die Menschen nicht von Torheit; eher ist es der Wunsch der Menschen, ihre Torheit auf die Götter zu übertragen.)

Barbara Tuchman in: The March of Folly

Those who clamour the loudest for public economy are those for whom public services do the least. It is evident that tax reduction that affects public services has a double effect in comforting the comfortable and afflicting the poor. The philosophy of modern conservatives will not help erase poverty. The modern conservative is, in fact, not especially modern. He is engaged, on the contrary, in one of man's oldest pursuits, best financed and most applauded and, on the whole least successful exercises in moral philosophy. This is the search for a truly superior moral justification for selfishness.

(Jene, die am lautesten öffentliche Sparsamkeit fordern, sind die, die öffentliche Dienste am wenigsten in Anspruch nehmen. Eine Steuersenkung hat immer eine doppelte Wirkung, sie macht das Leben der im Wohlstand Lebenden noch sorgenfreier und beeinträchtigt die Armen. Die Philosophie des modernen Konservativen fördert nicht die Ausrottung der Armut. Der moderne Konservative ist eigentlich nicht wirklich modern. Er verfolgt nämlich eine der ältesten Bestrebungen des Menschen, finanziell abgesichert, hochgelobt und am wenigsten erfolgeich in der moralischen Philosophie. Dies ist die Suche nach einer wirklich guten moralischen Rechtfertigung für Eigennutz.)

Kenneth Galbraith

Liberalism remains the basis of all essential decencies: scepticism, curiosity, love of the individual and the personal, the concept of an inner conscience.

(Der Liberalismus bleibt die Grundlage allen Anstands: Zweifel, Neugier, Liebe zum Individuellen und Persönlichen, die Idee eines inneren Gewissens.)

Malcolm Bradbury im *Independent* (2. Dezember 1990)

It became clear then, and I believe it is clear today, that military force – especially when wielded by an outside power – cannot bring order to a country that cannot govern itself.

(Es stellte sich dann heraus und ist, wie ich meine, heute klar, daß militärische Gewalt – besonders durch eine äußere Macht – in einem Land, das sich nicht selbst regieren kann, niemals Ordnung bringen kann.)

Robert McNamara über den Vietnamkrieg (1995)

People are best judged by their actions.

(Menschen beurteilt man am besten an ihrem Tun.)

Max Perutz

Literatur

Le secret d'ennuyer est celui de tout dire.

(Wie langweilt man Leute? Indem man alles erzählt.)

Iris Origo in: *Images and Shadows*

The writer's task was "to make out of the material of the human spirit something which was not there before."

Die Aufgabe des Schriftstellers war es, „aus dem im menschlichen Geist Vorhandenen etwas nie Dagewesenes zu machen."

William Faulkner anläßlich der Nobelpreisverleihung (1950)

Originality in literature and art consists in working something original out of something ordinary.

(In Literatur und Kunst entsteht Originelles, wenn man aus Gewöhnlichem Ungewöhnliches schafft.)

Edmond de Goncourt

Le génie ressemble au balancier qui imprime l'effigie royale aux pièces de cuivre comme aux écus d'or.

(Das Genie gleicht einem Prägemeister, der das königliche Emblem in gleicher Weise auf Kupfermünzen und auf Goldkronen prägt.)

Victor Hugo

Without loss there would be no literature.

(Ohne Verlust gäbe es keine Literatur.)

Günther Grass

I was so long writing my review that I never got around to reading the book.

(Ich habe so lange an meiner Buchbesprechung geschrieben, daß ich nicht dazu kam, das Buch zu lesen.)

Why, a four-year-old child could understand this report.
Run out and find me a four-year-old child. I can't make head or tail of it.

(Aber geh', ein vierjähriges Kind könnte diesen Bericht verstehen.
Geh und such mir ein vierjähriges Kind. Ich kann mir keinen Reim draus machen.)

Groucho Marx

The writer must cultivate: "the reader over your shoulder."

(Der Schriftsteller muß sich immer bewußt sein: „der Leser sieht Dir über die Schulter."
Robert Graves

Nobody ever acquired strength by publishing someone else's weakness.

(Nie hat jemand Kraft gewonnen, indem er eines anderen Schwäche veröffentlichte.)
The New Yorker (22. Dezember 1952)

Leichter das Falsche zu geisseln,
Als das Echte zu meisseln.
Rainer Maria Rilke

Ile write, because Ile give,
Your critics means to live:
For sho'd I not supply
The Cause, th'effect wo'd die.

(Schreibe, weil Du Deinen Kritikern
das Brot zum Leben gibst:
Denn gibst Du nicht die Ursache,
wäre die Wirkung dem Tod geweiht.)
Robert Herrick, *To Criticks*

Gaben, wer hätte sie nicht, Talente, Spielzeug für Kinder,
Erst der Ernst macht den Mann, erst der Fleiß das Genie.
Theodor Fontane

This solitary place formed a wild and deserted retreat, full of the force of beauty which touches sensitive souls and appears horrible to others.

(Dieser einsame Ort war wild und verlassen, voll Schönheit, die feinfühlige Seelen berührt und anderen schrecklich erscheint.)
Jean Jacques Rousseau über die Alpen in: *La Nouvelle Héloise*

I cannot imagine feeling lackadaisical about a performance. I treat each encounter as a matter of life and death. The important thing I have learned over the years is the difference between taking one's work seriously and taking oneself seriously. The first is imperative and the second disastrous.

(Ich kann mir nicht vorstellen, bei einer Vorstellung langweilige Gleichgültigkeit zu empfinden. Für mich geht es jedes Mal um Leben und Tod. Im Laufe der Jahre habe ich gelernt, wie wichtig es ist zu unterscheiden: seine Arbeit ernst zu nehmen oder sich selbst ernst zu nehmen. Ersteres ist ein Gebot und letzteres das Verderben.)

Margot Fonteyn, *Memoirs*

People who tie themselves to systems cannot encompass the whole truth and try to catch it by the tail; a system is like the tail of the truth, but truth is like a lizard: it leaves its tail in your fingers and runs away, knowing that it will grow a new one quickly.

(Menschen, die sich an Systeme klammern, können nicht die ganze Wahrheit erfassen und versuchen sie am Schwanz zu erhaschen; ein System ist wie der Schwanz der Wahrheit, aber die Wahrheit ist wie eine Eidechse: sie läßt dir den Schwanz und läuft weg, weil sie sich schnell einen neuen wachsen lassen kann.)

Turgenjew an Tolstoj

Flattery slipped off the Prince like water off leaves in a fountain.

(Schmeicheleien glitten vom Prinzen ab wie Wasser von den Blättern eines Brunnens.)

Giuseppe Tomasi di Lampedusa in: *The Leopard*

Anmerkungen und Literaturhinweise
Mein Buch der Zitate

[1] Karl Kraus. 1996. *In zweifelhaften Fällen entscheide man sich für das Richtige.* Sammlung Friedrich Pfefflin, Marbach, Insel Verlag, Frankfurt am Main und Leipzig.

[2] Heinrich von Kleist. 1993. *Der zerbrochne Krug.* Philipp Reclam jun. GmbH & Co., Stuttgart.

[3] *Shakespeares sämtliche dramatische Werke*. Übersetzt von Schlegel und Tieck, Max Hesse's Verlag, Leipzig.

[4] George Eliot. 1983. *Die Mühle am Floss.* Aus dem Englischen übersetzt, mit Anmerkungen und Nachwort von Eva-Maria König, Philipp Reclam jun., Stuttgart.

[5] Boris Pasternak. März 1998. *Doktor Schiwago.* Deutsch von Thomas Reschke, S. Fischer Verlag GmbH, Frankfurt am Main.

[6] Leo N. Tolstoj. 1961. *Die Kosaken und andere Erzählungen*. Herausgegeben von Gisela Drohla, Insel Verlag, Frankfurt am Main.

Index

A

Abtreibung
  Häufigkeit 187f
  Religion 186
  RU 486 186ff

Agrarproduktion, Düngemittel 1, 16

AIDS (acquired immunodeficiency syndrome), Tuberkulose 126, 133ff

Ammoniak
  Entdeckung 3
  Herstellung 3f
  Synthese 1, 3ff, 16

Antibakterielle Wirkstoffe
  PAS 132f, 136
  Resistenz 132ff
  Streptomycin 130ff
  Suche nach 128f
  Sulfanilamid 128f

Arandora Star
  Deportation durch die Engländer 83ff
  deutsche Vertriebene 63, 84
  italienische Vertriebene 63, 84
  österreichische Vertriebene 63, 84
  Überlebende 84ff
  Versenkung durch die Deutschen 84ff

Arber, Werner, Restriktionsenzyme 141

Armut
  England, Geschichte 201ff
  Gesetz 201f
  Kindersterblichkeit 202
  Verteilung von Wohlstand und 201f

Astbury, Bill, Proteinstruktur 215f

Atomsperrvertrag, Szilards Vorschlag 36

Atomtests, Stillhalteabkommen
  Abkommen mit Rußland 49
  radioaktiver Niederschlag 49f

Atomenergie, Aufklärung der Öffentlichkeit 35

Atombombe, Projekt zum Bau der
  Bauzeit 41
  Britischer Geheimdienst 44
  Compton 32f
  deutsche Fortschritte 37f, 39ff
  Einsatz der Atombombe 37f
  Fermi 27, 31
  Graphit 31ff
  Hiroshima 23, 43
  internationale Kontrolle 34f
  Kettenreaktion 29ff, 31f
  Raketenabwurf 34
  Roosevelt 31
  Rußland 32f
  Szilard 27ff
  Teller 31, 33
  Uran 21f, 30f, 41

Atomkraftwerke
  Auswirkungen, Leben im Meer 196
  Cäsium 137 196
  Gefahren durch 191ff
  Großbritannien 191ff
  Leukämie 197f
  Plutonium, freigesetzes 196f
  Polonium, freigesetztes 193f
  radioaktiver Abfall 195f
  Radioaktivität, freigesetzte 191, 193f, 200f
  Radiojod, freigesetztes 193f
  Sellafield 194ff, 201, 203
  Three Mile Island 195
  Tschernobyl 194f, 203
  Unfälle 193ff
  Verseuchung des Meeres 191, 195ff, 200f
  Windscale-Feuer 193ff, 201

Atomreaktoren
  deutsche Forschung 41f, 44
  Komponenten 41
  physikalische Aspekte 191ff

Avery, Oswald
  Anerkennung der Leistungen 222f
  Erziehung und Forschung 219
  Gene, Zusammensetzung 219
  Lehre
  Pneumokokken 219ff
  zur Person 222

B

Bacilli Calmette-Guérin (BCG)
  Tuberkuloseimpfstoff 127f
  Wirksamkeit 127f

Bakterielle Phagen, DNA 223

Barium-Isotopen
  Uran 18ff
  Spaltprodukte 21

Baulieu, Etienne-Emile, RU 486 186ff

Bevölkerungswachstum, *siehe auch* Geburtenkontrolle
  Aufklärungsprogramme 189f
  Bangladesh 183
  explosives 183f
  Lebensmittelproduktion 183
  weltweit 183

Bergschiff
  Ende des Habakuk-Projektes 80f

    Entwicklung 76f
    hochrangige Konferenzen 78f
    Modell 78, 93f
    Zweck 76
Bernal, John D.
    Beschreibung 78, 81, 218
    Habakuk-Projekt 70ff, 78
    Proteinstruktur 156, 218f
Berthelot, C. L. 3
Bohr, Niels
    Atomphysik 39
    Bragg 247ff
    Heisenberg 44f
    Licht und Leben 138f
    Uranspaltung 21
Boltzmann, Ludwig, Selbstmord 15
Bondi, Hermann 65
Bonhoeffer, Karl F. 42
Born, Max 6
Bosch, Carl, Nobelpreis 3
Bragg, W. H.
    Fourier-Reihen 257ff
    Physikprofessor 247
    Zusammenarbeit mit seinem Sohn 251ff
Bragg, W. L.
    anorganische Verbindungen 257
    Bragg-Gesetz 251
    Diopsidstruktur 253ff
    Fourier-Reihen 258f
    Nobelpreis 252
    Röntgenstrahlen, Beugung 249ff
    Röntgen-Kristallographie 218, 249ff
    Röntgenspektrometer 251ff
    Schule und Studium 247
    Widerlegung der Theorie seines Vaters 249
    zur Person 260
    Zusammenarbeit mit seinem Vater 251ff
Briggs, Lyman J. 31
Buch der Gemeinplätze IX, 272ff

C

Cambridge
    Biochemie 112, 218
    deutsche Gelehrte 62ff
    schöpferische Leistung VII
Casimir, Hendrick 45
Chadwick, James, Neutron, Entdeckung 29
Changeux, Jean-Pierre, Allosterie-Theorie 236f, 241
Chappell, M. A., Hämoglobin-Polymorphismus 151f

Chemische Bindungen
    Pauling 207ff
    Proteinstruktur 211ff
    Resonanztheorie 208, 214
    Wasserstoff 209
Chlorgas, erster Weltkrieg 5ff
Chruschtschew, Nikita
    Atombomsperrvertrag 36
    Sacharow 49f
    Szilard 36f
Churchill, Winston
    Deportation von Ausländern 82f
    Habakuk-Projekt 75f
Cohen, Stanley
    Nervenwachstumsfaktor 267f
    Nobelpreis 266, 268
Compton, Arthur, Atombombe 32f
Coster, Dirk 17
Crick, Francis
    Doppelhelix 217
    Perutz 263
    Watson 223f
Crowfoot, Dorothy, *siehe* Hodgkin, Dorothy
Curie, Irene, Uranstrahlung 17f
Cyclosporin, Immunsuppression 94

D

Darwin, Charles, Zitatesammlung 281f
Darwinismus
    aktiver Darwinismus 148ff
    Anpassung 151f
    Genmutation 150f
    Hämoglobin 150ff
    natürliche Selektion 148
    passiver Darwinismus 148ff
    Popper 148ff
Delbrück, Max
    Bakteriophagen 138ff
    Genetik 138f, 219
    Luria 138
    Nobelpreis 139
    Skeptik 140
Deoxyribonukleinsäure (DNA)
    chemische Bestandteile 221f
    Genetik 222ff
    Pneumokokkentransformation 222f
    Transformation von Bakterien 219ff
Desowitz, Robert S., Tropenkrankheiten 119ff
Deutschland (*siehe* auch Nationalsozialismus)
    alliiertes Bombardement 44
    Atombombe 37ff
    Deutsche an Bord der Arandora Star 63, 84

Einmarsch in Norwegen 82
im Zweiten Weltkrieg 37ff
Physiker 39, 42ff
schweres Wasser 32, 41f
Wetterkatastrophen-Forschung
Uranspaltung 40f
Versenkung der Arandora Star 84ff

Diopsid, Röntgen-Kristallographie 253ff, 259

2,3-Diphosphoglycerat (DPG), Hämoglobin 232, 234

Djerassi, Carl
Erfinder der Antibabypille 183ff
Forschung 183ff
Kindheit, Schule, Studium 183

Dochez, A. R., Mitarbeiter von Avery 220

Domagk, Gerhard
Nobelpreis 129
Sulfanilamid, Isolierung 128f

Düngemittel
Ausgangsprodukte 1, 3f
Synthese 1, 3f, 16

E

Eccles, John, Nobelpreis 271

Einstein, Albert
Nationalsozialismus 10f
Szilard 28, 33f
Uranspaltung 20f

Eliot, George, Zitatesammlung 283f

England
Ausländer als Spione 90
Deportation von Ausländern 62f, 81ff, 89ff
Internierung deutscher Gelehrter 89ff
im Zweiten Weltkrieg 62ff, 81ff, 89f

Eis
Verstärkung der Härte 70ff
Pykrete 70ff, 76, 79

Erbkrankheiten
Genetik 142ff
genetische Lokalisation 143f
Huntington Chorea 142
Sichelzellenkrankheit 211
Thalassämie 145ff

F

Farm Hall, Niederschriften der Gespräche von deutschen Physikern 39, 42ff

Fermi, Enrico
Atombombe 27, 31, 33
Nobelpreis 30
Szilard 30f

Fischer, Emil
Meitner 15
Nobelpreis 4
Selbstmord 9

Flerov, George N., Warnung vor der Atombombe 32

Frankreich
Einmarsch der Deutschen 56
Jakobs Eindrücke 57f

Franck, James 6

Freie Radikale
Deaktivierung 117f
in lebenden Geweben 117

Frisch, Otto
Meitner 19ff, 23f
Peierls 21f
Uranspaltung 19ff

Fuchs, Klaus
Atombombe 22
Internierung 65
russischer Agent 65

G

Geburtenkontrolle
Abtreibungspille 183ff
Aufklärung 189f
Freiheiten 189
Kontrazeptiva 183ff
Religion 183
RU 486 186ff
Verläßlichkeit 188

Geison, Gerald, Kritik an Pasteur 102f, 106ff

Genetik
adaptive Mutationen 150f
chemische Eigenschaften 138f, 219f, 224
DNA 222ff
Druckfehler 142ff
Erbkrankheiten 141ff
Genomprojekt 144
Hämoglobin 150ff
Huntington Chorea 142f
Kartographie 141f
Lokalisierung von Genschäden 143f

Genetischer Code
DNA 141
fehlerhafter 141ff

Giftgas
Einführung von 1
als Schädlingsbekämpfungsmittel 11
Gebrauch im Ersten Weltkrieg 1, 6ff
Herstellung nach dem Ersten Weltkrieg 1, 8f

Gold, aus Meereswasser 10

Gorbatschow, Michail, Einladung an
    Sacharow 54
Graphit
    als Moderat 32, 41
    deutsche Forschung 32, 41f
    Kernreaktoren 32, 41
    Kettenreaktion 32, 41
    Neutronenbewegung 32
Griffith, Fred, Pneumokokkenvirulenz 220f
Groves, Leslie R.
    Atombombenforschung, deutsche 44
    Manhattan-Projekt 34

H

Habakuk-Projekt
    Bergschiff 76f, 80f
    Churchill 75f
    Ende des Projektes 80f
    Eis, verstärktes 70ff
    Perutz 70ff
    Prototyp 77ff
    Pyke 70ff
    Pykrete 71f, 76ff
    Zweck 74ff
Haber, Clara
    Entdeckungen ihres Ehemanns 1
    Heirat 2
    Selbstmord 7
    wissenschaftliche Tätigkeit 2f
Haber, Fritz
    Ammoniaksynthese 1, 3, 16
    Giftgas 1, 5ff
    Heirat 2, 7, 10
    im Ersten Weltkrieg 5ff
    nach dem Ersten Weltkrieg 5ff
    Patente 4
    Tod 11
    wissenschaftlicher Werdegang 2ff
    zur Persönlichkeit 1ff
Hahn, Otto
    Farm-Hall-Niederschriften 43
    Giftgas 5f, 9
    Meitner 4, 15ff
    Nobelpreis 22
    Uran 17f, 29f
Haldane, J. B. S., genetische Kontrolle 219
Harteck, Paul, atomare Sprengkraft,
    Möglichkeiten 40
Heisenberg, Werner
    als Physiker 39f
    Atombombe 39ff
    Farm-Hall-Niederschriften 39, 44
    Kernreaktoren 44
    Mordanschläge 44
    Nationalsozialismus 39f, 43ff
    Nobelpreis 39

Hämoglobin
    Allosterie 234ff
    Auslöser-Mechanismus 244ff
    DPG-Effekte 232, 234
    dreidimensionales Modell 235
    Kohlendioxidtransport 232f
    Kohlenmonoxidbindung 232f
    Eisen 228ff, 244f
    fötale Formen 145f
    Funktionen 228
    Genetik 150ff
    Häm 228, 238ff
    Häm-Wechselwirkung 234ff
    Hill-Koeffizient 231f
    kooperative Wirkungen 231ff
    Kristallformen 237
    Modelle 233ff
    Myoglobin 228
    Oxy-Deoxy-Formen 230f, 237f, 243f
    Perutz 227ff
    Polymorphismus 151f
    Röntgen-Kristallographie 227ff
    Salzbrücken, Funktioenn 241ff
    Sauerstoffaffinität 151f, 228, 241, 244
    Sauerstoffbindungen 210f, 228ff
    Sichelzellenanämie 153, 211
    Spezies, Unterschiede bei verschiedenen
        150ff
    Thalassämie 145f, 152f
    Untereinheiten 238ff
Hämophilie, Genetik 141
Hertz, Gustav 6
Hill, A. V., Sauerstoffaffinität des Hämoglobins
    231f
Hitler, Adolf, Pakt von München 30
Hodgkin, Alan
    Aktivitäten im Zweiten Weltkrieg 269f
    Membranpotential 270
    Nervenleitung 269ff
    Nobelpreis 271
Hodgkin, Dorothy (Crowfoot)
    Insulinstruktur 156
    Kindheit, Schule, Studium 156
    Nobelpreis 155
    Penizillinstruktur 155
    Röntgen-Kristallographie 155ff
    Schüler von 156f
    Vitamin B_{12}-Struktur 155
    zur Person 156f
Hopkins, F. Gowland
    Cambridge, Biochemie 112, 218
    Szent-Györgyi 112
House Un-American Activities Committee,
    Hetzjagd 35
Human Rights (*siehe* auch Menschenrechte)
    American Bill of Rights on 175f

Huntington Chorea
    Entdeckung des Verursacher-Gens 142f
    Wexler, Nancy 142
Huxley, Andrew
    Nervenleitung 269ff
    Nobelpreis 271

I

Immunantwort
    Impfstoff, Entwicklung 105f
    Pasteur 105f, 108f
    Pauling 210f
Impfstoffe
    Cholera 105
    Milzbrand 105f
    Pasteur 105
    Tollwut 107ff
    Tuberkulose 127f
Italien
    anbord der Arandora Star 63, 84
    Behandlung von Juden im
      zweiten Weltkrieg 266
    Deportation durch die Engländer 83ff

J

Jacob, François
    Aktivitäten im zweiten Weltkrieg 56f
    als Medizinischer Hilfsoffizier 56ff
    Erziehung 55
    Gene, Reihenfolge 59
    Lwoff, Einfluß von 59
    Monod 60f, 234f
    Nobelpreis 61
    Regulatorgene 60f
    Zitatesammlung 279ff
    zur wissenschaftlichen Forschung 59
Japan, Atombombe 38
Judenverfolgung 43
Jüdische Wissenschaftler
    Faschismus, Italien 266ff
    Internierung durch die Briten 62ff
    Nationalsozialismus 1f, 10f, 17, 28f, 262f
    Wohlfahrtsorganisation 29
Joliot, Frederic, Uran, Strahlung 21, 30, 40

K

Kaiser-Wilhelm-Institut
    Gründung 4
    Hahn 15f
    jüdische Wissenschaftler 16f
    Meitner 15f
    Nationalsozialismus 10f
Kanada, Internierung deutscher Gelehrter 64ff

Kendrew, John C.
    Myoglobinstruktur 228ff
    Perutz 215ff
    Proteinstruktur 215ff
Kernspaltung
    deutsche Forschung 31, 40
    Energieproduktion 20, 29f
    militärische Nutzung 31
    Uran 20f, 29f
Kettenreaktion, *siehe* Nukleare Kettenreaktion
Kindbettfieber 128f
Koch, Robert, Tuberkelbazillen, Entdeckung 127
Kowarsky, Lev, Uran, Strahlung 21, 30, 40
Kontrazeptiva, *siehe* Geburtenkontrolle
Krankheiten, ansteckende
    Impfstoffe 105ff
    Pasteur 101ff, 105f
Krebs
    Bevölkerungszustrom 197
    Infektionen 197
    Leukämie 197f
    Radioaktivität 193ff
    Schilddrüse 193f
Krebs, Hans
    Cambridge 262f
    Oxford 265
    Nationalsozialismus, Deutschland 262f
    Nobelpreis 264
    Ornithinzyklus 262ff
    Warburg 263
    Zitronensäurezyklus 264

L

Landwirtschaft, Düngemittel 1, 16
Lanthan, Uran, Strahlung 17ff
Laurent, Auguste, Lehrer von Pateur 103
Lavern, Alphonse
    Malaria 121f
    Nobelpreis 121
Lehmann, Jorgen
    Dicumarol 132f
    PAS 132f
Leishmania Donovan
    DDT-Kampagne 120
    Krankheitsursache 119f
    Sandmücke 120
Le Rossignol, Robert, Ammoniaksynthese 3
Levi-Montalcini, Rita
    Faschismus, Italien 266
    Nervenwachstumsfaktor 266f
    Nobelpreis 266, 268

Lewontin, Richard, Genmutationen 150f
Limentani, Uberto 83, 89
Luria, Salvadore
    Bakteriophagen 139f
    Deportation durch die Briten 83
    Delbrück 139f
    Nobelpreis 139
Lwoff, André
    Lehrer von Jacob 59
    Nobelpreis 61

M

Manson, Patrick, Filarieninfektion 122
MacLeod, Colin
    Avery 219ff
    DNA als bakterientransformierender Faktor 219ff
Malaria
    Anopheles-Mücke 122f
    im amerikanischen Bürgerkrieg 120
    Parasiten, Entdeckung 121f
    Thalassämie 145f, 153
    Übertragungswege 122f
Manhattan-Projekt
    Groves 34
    Szilard 33f
Mark, Hermann, Verstärkung von Plastik 70f
McCarty, Maclyn, pneumokokkentransformierender Faktor 221ff
Medawar, Peter
    Aufsätze 93ff, 97f
    Biographie 95ff
    Lymphzellen 93f
    Nobelpreis 93
    Plädoyer für die Wissenschaft 96f, 118
    Psychoanalytiker, Beurteilung von 98f
    Schlaganfälle 93f, 97
    Suche nach Wissen 95f
    Transplantatabstoßung 93f
    Vorstellungskraft 259
    wissenschaftliche Laufbahn 93ff
    wissenschaftlicher Betrug 99f
    zum Diebstahl geistigen Eigentums
Medizinische Behandlung, Verantwortung 146f
Meitner, Lise
    akademische Laufbahn 15f
    Anerkennung 23f
    Atombombe 22f
    Frisch 19ff, 22, 24
    Hahn 4, 15ff
    in der Nachkriegszeit (zweiter Weltkrieg) 23f
    Nationalsozialismus 14, 17f
    Planck 15
    Schule und Studium 14f
    Tod 25
Menschenrechte
    American Bill of Rights 175f
    Demokratie 172
    Folter 179f
    Frauenrechte 178, 189
    Freiheit 172ff
    Geschichte 172ff
    Gleichheit 171
    internationales Recht 172, 179
    Locke 174f
    Magna Carta 173f
    Menschen, freie, Rechte der 173f
    Mill 177f
    Naturgesetze 173ff, 181
    Religion 174
    Vereinte Nationen 171f
    Verletzung der 225f
Mikroorganismen
    ansteckende Krankheiten 105f
    Pasteur 101ff
Milch, Erhard 42
Mirsky, Alfred, DNA 222f
Monod, Jacques
    Jacob 60f
    Nobelpreis 61
    Theorie der Allostere 234ff, 241
Mountbatten, Louis, Habakuk-Projekt 70ff
Myoglobin
    Häm 228ff
    Hämoglobin 228
    Kendrew 228f
    Sauerstoffbindung 228ff
    Struktur 228f
Myosin, Muskelkontraktion 114f

N

Nationalsozialismus, jüdische Wissenschaftler 1, 10 f, 44f
Nernst, Walter 8
Nervenleitung
    Aktionspotential 270
    Membran 270
    physikochemische Vorgänge 269
Nervenwachstumsfaktor 266ff
Nobelpreis
    Freigabe der Unterlagen 133
    Medawars Ansicht 98
Nukleare Kettenreaktion
    als Energiequelle 29, 40
    deutsche Studien 39ff
    englische Studien 42

Graphit 31ff, 41
    kritische Masse 42
    schweres Wasser 32, 41f
    Szilard, Patent auf 29f
    Uran 31, 41f
Nervenwachstumsfaktor 266ff

O

Oppenheimer, Robert, zur Niederlage Deutschlands 45
Organtransplantation, Medawar 94
Ornithinzyklus, Entdeckung durch Krebs 262ff
Österreicher an Bord der Arandora Star 63, 84

P

Paoli, Massimo, Hämoglobinstruktur 245
Parasiten, Infektion
    Kala-Azar 119ff
    Malaria 120ff
Pascoe, Kenneth, Pykrete-Projekt 71
Pasternak, Boris, Zitatesammlung 284f
Pasteur, Louis
    ansteckende Krankheiten 101ff, 105f
    Einfluß auf die Medizin 101ff
    Erziehung 101
    Gärung 101ff
    Immunantwort 105
    Impfstoffe 105ff
    Kritik an 102ff
    spontanes Auftreten 101, 103ff
    Weinsäure 102f
Pauling, Linus
    Alpha-Helix 211f, 214, 215f
    Anti-Atomkraft-Standpunkt
    Buch *Nature of the Chemical Bond* 208ff, 256
    chemische Bindungen
    Hämoglobin 210ff
    Immunologie 210
    Manifest gegen Atomwaffen 212f
    molekulare Komplementarität 211, 219
    Nobelpreis 212, 139
    Schule und Studium 207
    Sichelzellenkrankheit 211
    Vitamin-C-Therapie 213
    Wasserstoffbindungen 209f
Pearl Harbor, Angriff auf, Atombombe 33
Peierls, Rudolf
    Fuchs 21f
    Uran, kritische Masse 21
Penizillin
    chemische Struktur 155
    Entdeckung 130

Perutz, Max F.
    als Chemiestudent 208
    als feindlicher Ausländer 62ff, 83
    Bergschiff 76ff
    britische Staatsbürgerschaft 78f
    Cambridge 62ff, 69, 208, 211, 215ff, 218, 223f, 263f
    Habakuk-Projekt 70ff
    Hämoglobinstruktur 215ff, 227ff
    Internierung 62ff, 83f
    Internierungsende 67ff
    Kendrew 215f
    Pykrete 70ff, 76
    Zitatesammlung (Buch der Gemeinplätze) IX, 272 ff
    zu Watson 223f
Planck, Max
    Hitler 10
    Meitner 15f
Plutonium, nuklearer Niederschlag im Meerwasser 195f, 200f
Polen, Einmarsch der Deutschen 31
Popper, Karl
    als Wissenschaftsphilosoph 20, 99, 148
    Darwinismus 148ff
    zur Biochemie 149ff
    zur Biologie 149f
Pneumokokkentransformierende Aktivität
    Antiserum 220f
    DNA 222ff
    Isolierung in reiner Form 220ff
    virulente und nichtvirulente Formen 219ff
Prinz Friedrich von Preußen, als Internierter 63
Proteinstruktur, *siehe auch* Hämoglobin bzw. Myoglobin
    Alpha-Helix 211f, 214, 216f
    Doppel-Helix 217
    Pauling 210ff
    Perutz 215ff
    Röntgen-Kristallographie 211f, 215ff
Pyke, Geoffrey
    Bergschiff 76f, 81
    Habakuk-Projekt 70ff, 80f
    Werdegang 72ff
Pykrete, Habakuk-Projekt 70ff

R

Radar, Entwicklung 269
Radioaktivität
    frühe Studien 15f
    Isotopen 16
    Verwandlung von Elementen 16

Radon, Strahlenbelastung 199
Rekombinante Techniken
    Entdeckung 141
    Restriktionsenzyme 141f
Röntgen-Beugungsmuster
    Atommodell 289f
    Diamanten 251ff
    Diopsid 253ff
    Fourier-Reihen 257ff
    Interpretation 249ff
    Quantifizierung 252f
    Zink-Blende 249ff
Röntgenstrahlen, physikalische Eigenschaften 247ff
Roosevelt, Franklin D.
    Szilard, Brief 34
    Szilard und Wagner, Brief 31
    Tod 34
Ross, Ronald
    Malaria, Übertragungswege 121ff
    Nobelpreis 123f
    zur Person 124
Roughton, F. J. W., Kohlendioxidtransport 243
Roux, Emilie, Zusammenarbeit mit Pasteur 105, 107f
RU 486
    Baulieu 186ff
    Schwangerschaftsabbruch 186ff
    Widerstand gegen 186ff
Russell, Bertrand, Zitatesammlung 285f
Rußland
    Atombombe 32ff
    deutsche Invasion 47
    Stillhalteabkommen zu nuklearen Testversuchen 49
    Wasserstoffbombe, Entwicklung 46ff
Rutherford, Ernest, Umwandlung von Elementen 16

S

Sacharow, Andrej
    Atomkrieg 51ff
    Aufsätze 51
    KGB, Untersuchungen durch den 50ff
    Memoiren 53f
    Menschenrechte 46ff, 50ff
    Schule und Studium 46f
    Stillhalteabkommen zu nuklearen Testversuchen 49f
    Wasserstoffbombe, Entwicklung 46ff
    zur Person 47f, 52f
Sandmücke, Kala-Azar-Krankheit 119ff
Savitch, Pavel, Uran, Strahlung

Schatz, Albert, Streptomycin 130ff
Scherrer, Paul, als OSS-Informant 44
Schwangerschaftsabbruch 186ff.
Schweres Wasser
    als Moderator 32, 41
    deutsche Produktion 41f
Scott, Merlin, Brief eines Soldaten 89ff
Shakespeare, William, Zitatesammlung 282f
Sichelzellenkrankheit
    Hämoglobin 153, 211
    Pauling 211
Siegbahn, Manne 17, 22
Sime, Ruth 24f
Snyder, L. R. H., Hämoglobin-Polymorphismus 151f
Society for the Protection of Science and Learning 29
Sommerfield, Arnold 207
Speer, Albert, Atombombe 40ff
Stalin, Josef, Atombombe 32f
Stolzenberg, Hugo, Chlorgas
Strassmann, Fritz
    Hahn 17, 22f, 29f
    Meitner 17, 24
    Nationalsozialismus 24f
    Uran, Strahlung 17ff, 21f, 29f
Streptomycin
    Entdeckung 130
    Tuberkulosebehandlung 130ff
Sulfanilamide
    Entdeckung 128f
    Prontosil 128f, 136
    Tuberkelbazillen 129
    Wirksamkeit 128f
Strahlung, ionisierende
    Anstieg 196f
    Grenzwerte 193ff
    Grenzwerte in Großbritannien und den USA 199
    Leukämie 197f
    Messung, Einheiten, Nomenklatur 194f
    Quellen 198f
Svirbily, Joseph, Vitamin C 113
Szent-Györgyi, Albert
    Cambridge 112, 116
    Erziehung 111
    Manifest zum zweiten Weltkrieg 115f
    Muskeln 114ff
    Nobelpreis 113f
    Oxidation von Nährstoffen 112, 114
    Schüler von 115
    Vitamin C, Isolierung 111ff

zu lebendem Gewebe 117
zur Person 111, 116ff

Szilard, Leo
als Außenseiter 28f, 33f, 43f
Atombombe 29ff
Atomkrieg, Angst vor 34ff
Einstein 28, 34
Fermi 30f
früher Lebensabschnitt 27f
Genialität 28f
Heirat 35
Patente 28f
Roosevelt, Briefe an 31, 34f
Tod 37
zur Kontrolle von Atomwaffen 35ff

T

Teller, Edward
Atombombe 33
Star Wars 33

Thalassämie
Fallstudie 145ff
Hämoglobin 145f
Malaria 153

Thomson, J. J.
Cambridge 247, 271
Röntgentheorie 250

Toussaint, J. J. H., Impfstoffproduktion 105f

Transurane, frühe Stadien 16ff

Tuberkulose
AIDS 126, 133f
BC 127, 135
Behandlung 132f
berühmte Opfer 125f
Impfstoff 127f, 134f
Koch 127
PAS 132f
Programme zur Bekämpfung 126, 133f
Resistenz gegen Medikamente 132ff
Streptomycin 130ff
Vorkommen 125f, 133ff

Turner, Louis 32

U

United Nations (UN), Menschenrechtserklärung
Universitäten, akademische Laufbahn 2
Unsicherheitsprinzip 39
Uran
Atomkraftwerke 191ff
Bariumisotope 18ff
deutsche Produktion 42
Energiemenge 20
Isotope 16
Kettenreaktion 21, 29, 31, 192f

kritische Menge 21, 29f
Lagerstätten 31
Masse, kritische 30, 42, 192
Neutronenbeschuß 30
Spaltung 19ff, 29f, 192
Strahlung 17ff, 30f

V

Vereinte Nationen, Menschenrechtserklärung
Vitamin C
Streit um die Entdeckung 113f
Szent-Györgi, Isolation von
Vitamin C 111ff
wie Pauling es populär machte 213
Volmer, Max 28
von Halban, Hans, Uran, Strahlung 21, 30, 30
von Laue, Max
Nationalsozialismus 11
Röntgen-Beugungsmuster 248f
von Neumann, John, Atombombe 33
von Weizsäcker, Karl F., deutsche
Atombombenforschung 40ff

W

Waksman, Selman
Nobelpreis 131
Streptomycin 129ff
Tuberkulose 129ff

Warburg, Otto, und Hans Krebs 263

Wasserstoffbombe
russische Entwicklungen 46ff
russische Tests 48ff
Sacharow 46ff

Watson, James
Beschreibungen von 59, 223f
Crick 223f

Weizmann, Chaim 1

Weltkrieg, Erster
deutsche Niederlage 8f
Giftgas 1, 6ff
Hager Konvention 5
Sprengstoff 5, 12

Weltkrieg, Zweiter
Atomwaffenforschung 31, 37ff
britische Internierung deutscher
Gelehrter 64ff

Wien, intellektuell stimulierende
Atmosphäre 14

Wigner, Eugene, Uran 31, 33

Wissenschaft
Fortschritte 153f, 260
Hypothesen 259, 272, 278

Macht 1
Phantasie, Vorstellungskraft 148, 224, 259, 273, 274f
Plädoyer für die 96f, 118
Schwindel 99f
schöpferische Leistung VII
Suche nach Erkenntnissen IX
wissenschaftliches Denken 274
Zitatesammlung 272ff

Wissenschaftler
Anerkennung in der wissenschaftlichen Welt VII
Antrieb (Motivation) VII
Erwartungshaltung, Zielvorstellung 267, 272f
experimentelle Philosophie 148
jüngere Mitarbeiter 132
Kritik an 101ff
Menschenrechte 171
moralische Verantwortung 1
Nationalsozialistmus 10f, 44f
Theorien 117
Voraussetzungen für Erfolg 268, 275, 277f

Z

Zinn, Walter, Beschießen von Uran 30

Zitatesammlung
Eliot, George 283f
Geschichte und Politik 289ff
Literatur 292ff
Moral 285f
Pasternak, Boris 284f
Perutzsches Buch der Gemeinplätze IX, 272ff
Russell, Bertrand 285f
Shakespeare, William 282f
zu Wissenschaft und Wissenschaftler 272ff

Zitronensäurezyklus, Entdeckung durch Krebs 264

Zyklon B, Auschwitz 11